轻质材料焊接技术

QINGZHI CAILIAO HANJIE JISHU

李亚江　等编著

化学工业出版社

·北京·

本书从实用的角度出发，详细介绍了各种轻质材料的焊接技术，包括钛和钛合金的焊接、铝和铝合金的焊接、镁和镁合金的焊接、叠层材料的焊接、异种轻金属的焊接、轻质复合材料的焊接等内容。从各种轻质材料的特性、焊接性、焊接工艺要点等方面做了系统阐述，并给出了一些轻质材料焊接研发和生产的成功案例，为读者掌握轻质材料的焊接和工程应用提供理论指导和实践经验。

本书适用面较广，主要供从事轻质材料研发、焊接生产和制造相关工作的工程技术人员、管理人员、质量检验人员使用，也可供高等院校师生参考。

图书在版编目（CIP）数据

轻质材料焊接技术/李亚江等编著. —北京：化学工业出版社，2019.6

ISBN 978-7-122-34154-9

Ⅰ.①轻… Ⅱ.①李… Ⅲ.①轻质材料-焊接 Ⅳ.①TG457

中国版本图书馆 CIP 数据核字（2019）第 053957 号

责任编辑：张兴辉　金林茹　　　　　　　　　　文字编辑：陈　喆
责任校对：宋　玮　　　　　　　　　　　　　　装帧设计：王晓宇

出版发行：化学工业出版社（北京市东城区青年湖南街 13 号　邮政编码 100011）
印　　装：三河市延风印装有限公司
787mm×1092mm　1/16　印张 21　字数 482 千字　2019 年 7 月北京第 1 版第 1 次印刷

购书咨询：010-64518888　　　　　　　　　　售后服务：010-64518899
网　　址：http://www.cip.com.cn
凡购买本书，如有缺损质量问题，本社销售中心负责调换。

定　　价：89.00 元

前言

　　轻质材料所具有的特殊优异性能和发展潜力使其在减轻结构质量、节能减排、提高装备性价比等方面独具特色，成为世界各国重点发展与应用的先进结构材料。 我国近年来加快了轻质材料的研发和产业化进程，完成了一批关键技术的突破，扩大了轻质材料的应用范围，使其在尖端科学和高新技术领域发挥了重要的作用。

　　虽然轻质材料（如轻金属及合金、轻质复合材料等）在工程应用中所占的比例较小，处于补充地位，但轻质材料的重要作用却是其他材料无法代替的，特别是在航空航天、舰船和国防装备领域，轻质材料更是占据着举足轻重的地位，受到世界各国的高度重视。 随着近年来市场经济的发展，轻质材料的应用越来越广泛，已从原来的航空航天、军工部门逐渐扩展到电子、通信、车辆、船舶等民用领域，轻质材料的焊接也日益受到人们的关注。

　　轻质材料焊接有自己独特的特点，比常规钢铁材料的焊接复杂得多，这给焊接工作带来很大的困难。 本书的特点是从实用的角度阐述轻金属（如钛、铝、镁及其合金等）以及轻质复合材料的焊接特点、焊接方法和焊接工艺要点，给出一些轻质材料焊接研发和生产应用的成功案例。为读者掌握轻质材料的焊接和工程应用提供理论指导和实践经验。

　　本书适用面广，主要供从事轻质材料研发、焊接生产和制造相关工作的工程技术人员、管理人员、质量检验人员使用，也可供高等院校师生参考。

　　参加本书撰写的其他人员还有王娟、夏春智、魏守征、刘坤、陈茂爱、刘如伟、蒋庆磊、刘鹏、沈孝芹、吴娜、李嘉宁、马群双、许有肖。

　　在此向所引用文献的作者表示感谢。 书中不足之处，恳请广大读者批评指正。

作者

目录

第 6 章 异种轻金属的焊接 ——— 231

第1章
概　述

轻质材料的种类和品种很多，范围很大，本书中特指与焊接相关的轻质材料，大多指以金属材料为基的。当前全世界金属材料的产量超过 10 亿吨，其中轻金属材料约占 5%，处于补充地位。但轻质材料在国防建设和社会发展中的重要地位却是钢铁或其他材料无法代替的。特别是在航空航天、舰船、现代交通和国防装备等领域，轻质材料更是占据着举足轻重的地位，其发展受到各国的高度重视。

1.1　轻质材料焊接的发展

本书所针对的轻质材料是指与其焊接应用联系密切的、以轻金属为基的钛及钛合金、镁及镁合金、轻质复合材料等。近年来随着市场经济的发展，钛合金、镁合金、铝基复合材料等的应用越来越广泛，已从原来的航空航天部门逐渐扩展到电子、通信、现代交通、医疗器械和民用领域。轻质材料的焊接也引起人们越来越多的关注。

1.1.1　轻质材料发展的战略意义

为满足结构轻量化和节能降耗的要求，现代工业对结构件的设计要求更加严格。近年来，轻质材料在各个领域得到极大的推广和应用，例如，制造了全铝车身、镁合金变速箱体、钛合金飞机机舱散热片等产品。随着科学技术的发展，轻质材料在工业中的应用范围及比重将持续增大。

近年来，世界范围内的能源消耗不断增长，而且在可以预见的未来还将持续增长。以液体燃料为动力的航空、舰船、轨道交通、汽车等领域的能耗是能源消耗整体的主要方面。减重增效已被发达国家公认为是提高能源利用率的战略方向。由于具有高比强度 (R_{m}/ρ) 和高比刚度 (E/ρ)，轻质材料及其焊接结构被广泛使用，且成为减轻整体结构质量、提高能源利用率的有效途径之一。

例如，轻质材料焊接结构在空客 A380 和波音 787 等大型飞机制造中得到成功应用，按质量百分比，空客 A380 中铝合金占 61%，钛合金占 10%；波音 787 中铝合金占 20%，钛合金占 15%。美国新一代战机 F-22 中也大量使用轻质材料焊接结构，钛合金占结构质量的 41%，铝合金占 11%；美军大型运输机 C17 中钛合金占结构质量的 19%，铝合金占 77%。发达国家高速列车制造中，以铝合金或铝基复合材料取代耐候钢比用不锈钢替代车体质量还可再降低 25%。

轻质材料所具有的特殊优异性能和发展潜力促使世界各国越来越重视对其进行研发、焊接与推广应用。近年来世界各国投入大量人力物力加快轻质材料的研发和产业化进程，完成了一批关键技术的突破，扩大了轻质材料的应用范围，在尖端科学和高新技术领域发挥了重要的作用。

我国的《国家中长期科学和技术发展规划纲要》中也明确将轻量化作为中国科技发展的战略方向之一。我国近期实施的重大科技发展项目，如大飞机项目、高速列车项目和载人航天项目等，都对结构的轻量化有明确的要求。但是，由于轻质材料自身的特点和焊接工艺的特殊性，决定了这些材料的焊接接头区域组织和性能发生了显著的变化，这些变化对轻质材料整体焊接结构的性能和寿命有重要的影响。

1.1.2 轻质材料焊接现状

随着我国航空航天、舰船、轨道交通等国家重大项目的实施，轻质材料在减轻结构质量、降低能耗、提高装备性价比等方面独具特色，成为国家重点发展与应用的先进结构材料发展的方向。先进焊接技术是轻质材料结构制造的关键技术之一，随着日益严格的服役环境和高可靠性的要求，对轻质材料研发与先进焊接技术同步发展也提出了更高的要求。

近年来，我国的轻质材料焊接技术取得了长足发展。针对铝合金、钛合金、铝基复合材料等的焊接研发和产业化已取得突破性进展，拥有一大批具有独立知识产权的先进焊接技术。镁合金的焊接研发及应用也取得了可喜的进展。例如近些年来出现的轻金属焊接新工艺，如 A-TIG 焊、真空电子束焊、激光焊、激光-电弧复合焊以及搅拌摩擦焊等，特别是搅拌摩擦焊技术近年来得到快速发展。这些针对轻质材料的先进的焊接技术在航空航天、轨道交通、舰船、电子信息、化工等领域得到了一定程度的应用。

轻质材料焊接对中国在大飞机、高速列车、新型汽车、新一代战机、医疗器械和国防领域整体结构制造技术的发展具有重要的意义。由于轻量化结构材料自身的特点，发达国家已将轻质材料焊接技术应用于大型飞行器、巡航导弹、高速列车的制造中。我国对轻质结构材料的焊接性及应用的研发已有几十年的历史，但这些研发工作较分散，特别是在应用方面具有很大的局限性，目前仍难以形成轻质结构材料焊接的完整理论与技术。总体来说，国内还未完全和系统地掌握关键轻质结构材料（如高强轻质复合材料、叠层复合材料等）焊接结构制造的理论基础和关键技术，如智能化焊接工艺、焊接中热质传递规律、焊接区微观组织性能控制、接头的力学行为评价、焊接整体结构的可靠性和抗疲劳性等。

轻质材料焊接技术依然是中国大型轻质结构制造的瓶颈所在，仍制约着轻质材料焊接结构的制造水平和应用。轻质结构材料的应用与高新技术的发展密切相关，先进焊接（如激光焊、电子束焊、扩散焊、搅拌摩擦焊等）对推进轻质结构材料的应用有重要的意义。要突破发达国家在轻质材料焊接结构制造方面的技术壁垒，掌握轻质材料焊接的完整理论和技术，对轻质材料焊接方面存在的一系列关键共性基础问题的系统研究是重要前提。

1.2 轻金属的分类及性能

1.2.1 轻金属的分类

轻金属的特点是密度小于 $4.5 g/cm^3$，包括铝（Al）、镁（Mg）、钠（Na）、钾（K）、钙（Ca）、锶（Sr）、钡（Ba）等。例如，铝的密度是 $2.75 g/cm^3$，镁的密度是 $1.7 g/cm^3$，而钾的密度只有 $0.875 g/cm^3$，钠的密度只有 $0.975 g/cm^3$。这些金属的另一个特点是化学活性大，与氧、硫、碳和卤素的化合物非常稳定。

按冶金工业中有色金属的分类法，密度小于 $4.5 g/cm^3$ 的金属并不都归入轻金属，如锂（Li）、铷（Rb）、铯（Cs）、铍（Be）归入稀有金属（分属稀有轻金属），钛（Ti）归入稀有金属中的难熔金属。

轻金属的划分如下：

① 有色轻金属 有色轻金属指密度小于 $4.5 g/cm^3$ 的有色金属材料，包括铝、镁、钠、

钾、钙等纯金属及其合金。这类有色金属的特点是：密度小（0.53～4.5g/cm³）、化学活性大，与氧、硫、碳和卤族元素的化合物都相当稳定。在工业上应用最为广泛的是铝及铝合金，它的产量已超过有色金属总产量的 1/3。

② 稀有轻金属 稀有金属指那些在自然界中含量很少、分布稀散或难以从原料中提取的金属，分为稀有轻金属和稀有高熔点金属两类。稀有轻金属包括钛、铍、锂、铷、铯五种金属及其合金，主要特点是密度小、化学活性强；这类金属的氧化物和氯化物具有很高的化学稳定性，很难还原。

本书中涉及的轻金属是与焊接有密切联系的钛及钛合金、铝及铝合金、镁及镁合金等。

1.2.2 轻金属的主要特性

由一种轻金属作为基体，加入另一种或几种金属或非金属组分所组成的既具有基体轻金属通性又具有某种特定性能的物质，称为轻金属合金。

（1）三种常用的轻金属合金

轻金属合金的分类方法很多，按基体金属可分为铝合金、镁合金、钛合金等；按其冶炼和生产方法，又可分为铸造合金与变形合金；根据组成合金的元素数目，可分为二元合金、三元合金和多元合金。一般，合金组分的总含量小于 2.5% 的为低合金，总含量为 2.5%～10% 的为中合金，总含量大于 10% 的为高合金。

轻金属按纯度分为工业纯度轻金属和高纯度轻金属两类。以冶炼和压力加工方法生产出来的各种板材、管材、棒材、线材、型材等轻金属及其合金半成品材料，按金属及合金系可分为铝及铝合金、镁及镁合金、钛及钛合金。制造业常用的轻金属见表 1.1。

表 1.1 制造业常用的轻金属

分类名称		说　明
纯金属		铝（Al）、镁（Mg）、钛（Ti）
铝合金	压力加工用 （变形用）	非热处理强化铝合金：防锈铝（Al-Mn 合金、Al-Mg 合金）
		热处理强化铝合金：硬铝（Al-Cu-Mg 或 Al-Cu-Mn 合金）、锻铝（Al-Cu-Mg-Si 合金）、超硬铝（Al-Cu-Mg-Zn 合金）等
	铸造用	Al-Si 合金、Al-Cu 合金、Al-Mg 合金、Al-Zn 合金、Al-RE 合金等
钛合金	压力加工用	Ti-Al-Mo 合金、Ti-Al-V 合金等
	铸造用	Ti-Al 合金、Ti-Al-Mo 合金、Ti-Al-V 合金等
镁合金	压力加工用	Mg-Al 合金、Mg-Mn 合金、Mg-Zn 合金等
	铸造用	Mg-Zn 合金、Mg-Al 合金、Mg-Al-Zn、Mg-RE 合金等

采用铸造方法制造的铸件和铸锭，可以直接浇铸成各种形状的机械零件，按不同的合金系可分为铸造铝合金、铸造镁合金等。化学元素对轻金属合金有重要的影响，例如，化学元素对铝及其合金性能的影响见表 1.2。

表 1.2 化学元素对铝及其合金性能的影响

类型	化学元素的影响
纯铝	①杂质元素：所有杂质元素均降低铝的导电性 ②铁（Fe）、硅（Si）：铁与硅如并存于铝中，会使铝的塑性、耐蚀性降低 ③铜（Cu）：使铝的耐蚀性降低 ④锌（Zn）：降低铝的耐蚀性

续表

类型	化学元素的影响
变形铝合金	①铜(Cu)、镁(Mg)：铜能明显提高铝合金的强度和硬度；镁除了能提高强度和硬度外，主要提高铝合金的耐蚀性；铜和镁共同作用，通过淬火时效作用能强化铝合金 ②锌(Zn)：能提高铝合金的时效强化效率，改善切削加工性能和热塑性，但使其疲劳强度和抗晶间腐蚀能力都降低 ③锰(Mn)：主要能提高铝合金的强度 ④钛(Ti)、硼(B)：可细化铝合金的晶粒和提高其强度 ⑤硅(Si)：能提高铝合金的热塑性，并增强其热处理强化效果 ⑥铁(Fe)、镍(Ni)：在锻铝中能提高淬火时效后的强度
铸造铝合金	①硅(Si)：能提高铸造铝合金的流动性、强度和耐蚀性，降低收缩率和减少裂纹 ②铜(Cu)、镁(Mg)：能通过淬火时效来提高铝合金的强度、硬度；铜还能提高其流动性，镁却反之，不过镁能提高其耐蚀性 ③锌(Zn)：能提高铸造铝合金的铸造性和强度，但降低其耐蚀性 ④镍(Ni)：能提高铸造铝合金的热强性

（2）轻金属及合金的牌号

1）纯金属加工产品

纯金属指的是提纯度高于一般工业生产用金属纯度的金属，纯度高于纯金属的金属称为高纯金属。高纯金属主要用于研究和其他特殊用途，不同金属的高纯度成分标准是不同的。铝、镁、钛的纯金属加工产品分别用英文第一个字母 A、M、T 加顺序号表示。

2）合金加工产品

合金加工产品的代号，用汉语拼音字母、元素符号或汉语拼音字母及元素符号结合表示成分的数字组或顺序号表示。

① 铝合金　以铝为基础，加入一种或几种其他元素（如 Cu、Mg、Si、Mn 等）构成的合金，称为铝合金。由于纯铝强度低，应用受到限制，工业上多采用铝合金。铝合金密度小，有足够高的强度、塑性，耐蚀性好，大部分铝合金可以经过热处理得到强化。铝合金在航空航天、汽车、电子制造业中得到广泛应用。

根据 GB/T 3190—2008 和 GB/T 16474—2011 的规定，纯铝和变形铝及铝合金牌号表示方法采用四位字符体系。牌号的第一位数字表示铝及铝合金的组别，1～7 分别表示纯铝以及以 Cu、Mn、Si、Mg、Mg 和 Si（Mg_2Si 相为强化相）、Zn 为主要合金元素的铝合金，8 表示以其他元素为主要合金元素的铝合金，9 表示备用合金组。牌号的第二位字母表示纯铝或铝合金的改型情况；最后两位数字用以标识同一组中不同的铝合金或表示铝的纯度。

在最初的铝及铝合金牌号中，铝合金用"L"加合金组别的汉语拼音字母及顺序号表示。例如，防锈铝的代号为 LF、锻铝为 LD、硬铝为 LY、超硬铝为 LC、特殊铝为 LT、硬钎焊铝为 LQ。

② 钛合金　钛合金是以钛为基加入其他元素组成的合金。钛及钛合金是 20 世纪 50 年代发展起来的一种重要的轻结构金属，钛合金因具有比强度高、耐蚀性好、耐热性好等特点而被广泛用于多个领域。世界上许多国家都认识到钛合金材料的重要性，相继对其进行研究开发，并得到了实际应用。20 世纪 50～60 年代，主要是发展航空发动机用的高温钛合金和飞机机体用的结构钛合金；70 年代开发出一批耐蚀钛合金；80 年代以后，耐蚀钛合金和高强钛合金得到进一步发展。钛合金主要用于制作飞机发动机压气机部件，其次为火箭、导弹和高速飞机的结构件。钛合金在造船、化工、医疗器械等方面也获得了应用。

③ 镁合金　以镁为基体的合金，常称之为超轻质合金。镁合金近年来在工业（如航空

航天、电子、通信、仪表、汽车等行业）上的应用越来越多。镁合金具有密度很小（比铝轻1/3）、比强度高、能承受较大的冲击载荷、有良好的切削加工性等优点，获得应用并具有广泛的应用前景。根据加工方法的不同，镁合金分为变形镁合金（压力加工）和铸造镁合金两大类。

轻金属及其合金产品牌号的表示方法见表1.3。轻金属产品状态名称、特性及其汉语拼音字母的代号见表1.4。

表1.3　轻金属及其合金产品牌号的表示方法

分类	牌号举例		牌号表示方法说明
	名称	代号	
铝及铝合金	纯铝	1060	1　A　99 ①　②　③ ①组别代号，1×××为纯铝，2×××～7×××系列分别为以铜、锰、硅、镁、镁＋硅、锌为主要合金元素的铝合金，8×××和9×××系列为其他合金元素为主要合金元素的铝合金和备用合金组 ②A表示原始纯铝，B～Y表示铝合金的改型情况 ③1×××系列（纯铝）表示最低铝百分含量；2×××～8×××系列用来区分同一组中不同的铝合金
	防锈铝合金	3A21 5A02	
	硬铝	2B12 2A16	
镁合金	变形镁合金	MB1	MB　8　M ①　②　③ ①分类代号：M为纯镁；MB为变形镁合金 ②金属或合金的顺序号 ③状态代号，见表1.4
		MB8-M	
		MB15	
钛及钛合金	—	TAl-M，TA4	TA　1　M ①　②　③ ①分类代号，表示合金或合金组织类型：TA为α型Ti合金；TB为β型Ti合金；TC为（α＋β）型Ti合金 ②金属或合金的顺序号 ③状态代号，见表1.4
		TB2	
		TC1，TC4	
		TC9	

表1.4　轻金属产品状态名称、特性及其汉语拼音字母的代号

名称	代号	名称		代号	名称	代号
（1）产品状态代号		（2）产品特性代号			（3）产品状态、特性代号组合举例	
热加工（如热轧、热挤）	R	优质表面		O	不包铝（热轧）	BR
退火	M	涂漆蒙皮板		Q	不包铝（退火）	BM
淬火	C	加厚包铝的		J	不包铝（淬火、冷作硬化）	BCY
淬火后冷轧（冷作硬化）	CY	不包铝的		B	不包铝（淬火、优质表面）	BCO
淬火（自然时效）	CZ	硬质合金	表面涂层	U	不包铝（淬火、冷作硬化、优质表面）	BCYO
淬火（人工时效）	CS		添加碳化钽	A	优质表面（退火）	MO
硬	Y		添加碳化铌	N	优质表面淬火、自然时效	CZO
3/4硬、1/2硬	Y1、Y2		细颗粒	X	优质表面淬火、人工时效	CSO
1/3硬	Y3		粗颗粒	C	淬火后冷轧、人工时效	CYS
1/4硬	Y4		超细颗粒	H	热加工、人工时效	RS
特硬	T		—	—	淬火、自然时效、冷作硬化、优质表面	CZYO

3）铸造产品

GB/T 8063—2017《铸造有色金属及其合金牌号表示方法》规定了采用化学元素符号和百分含量的表示方法。铸造有色金属牌号由"Z"和相应纯金属的化学元素符号及表明产品纯度百分含量的数字或用一短横加顺序号组成。例如，GB/T 1173—2013《铸造铝合金》中规定的牌号表示方法为：铸铝的汉语拼音字母"ZL"及其后面三位数字，第一位数字表示合金系列，其中1、2、3、4分别表示铝硅、铝铜、铝镁、铝锌系列合金；"ZL"后面第二、三位数字表示合金的顺序号。

在原标准中，当合金化元素多于两个时，合金牌号中应列出足以表明合金主要特性的元素符号及其名义百分含量的数字。合金化元素符号按其名义百分含量递减的次序排列，当百分含量相等时，按元素符号字母顺序排列。

除基体元素的名义百分含量不标注外，其他合金元素的百分含量标注于该元素符号之后。当合金元素含量规定为大于或等于1%的某个范围时，采用其平均含量，必要时也可用带一位小数的数字标注。合金含量小于1%时一般不标注。

对具有相同主成分、需要控制低间隙元素的合金，在牌号后的圆括弧内标注EL1。对杂质限量要求严、性能高的优质合金，在牌号后面标注大写字母"A"表示优质。

轻金属的主要特性见表1.5。

表 1.5　轻金属的主要特性

序号	名称	主要特性
1	铝及其合金	密度小($2.7g/cm^3$)，比强度高，耐蚀性好，导电性、导热性、反光性良好，塑性好，易加工成形和铸造各种零件
2	镁及其合金	密度小($1.7g/cm^3$)，比强度和比刚度高，能承受大的冲击载荷，有良好的机械加工性能和抛光性能，对有机酸、碱类和液体燃料有较高的耐蚀性
3	钛及其合金	密度小($4.5g/cm^3$)，比强度高，高温强度高，硬度高，耐蚀性良好

1.3　轻质材料的焊接应用

轻质材料所具有的特殊优异性能和发展潜力促使世界各国越来越重视对轻金属和轻质复合材料的研发和推广应用，近年来轻质材料的发展取得显著成效。

1.3.1　轻金属焊接的难易程度

轻金属具有自己特殊的性能，例如，轻金属（钛、铝、镁及其合金）都具有很强的氧化性，材料表面极易与氧形成致密的氧化膜，如TiO_2、Al_2O_3、MgO等。对于熔焊，这些氧化膜阻碍焊接电弧燃烧和焊接时的熔合，而且容易在焊缝中形成夹杂物。对于压焊，这些氧化膜阻碍被连接件之间的结合。因此，轻金属焊接比常规钢铁材料的焊接更复杂，这给焊接工作带来很大的困难。

轻金属焊接的难易程度见表1.6。

异种轻金属焊接时（如铝与铜、钛与铝、铝与镁等）焊缝中形成的各种脆性的金属间化合物，易导致产生裂纹或影响焊缝的性能，这是在异种轻金属焊接中应尽量避免的。常见异种轻金属的焊接方法和焊缝中的形成物见表1.7。

表 1.6　轻金属焊接的难易程度一览表

有色金属及其合金		焊条电弧焊	埋弧焊	CO_2气体保护焊	惰性气体保护焊	电渣焊	电子束焊	气焊	气压焊	点焊缝焊	闪光对焊	铝热剂焊	钎焊
轻金属	纯铝	B	D	D	A	D	A	B	C	A	A	D	B
	非热处理铝合金	B	D	D	A	D	A	B	C	A	A	D	B
	热处理铝合金	B	D	D	B	D	A	B	C	A	A	D	C
	纯镁	D	D	D	A	D	B	D	C	A	A	D	B
	镁合金	D	D	D	A	D	B	C	C	A	A	D	C
	纯钛	D	D	D	A	D	A	D	D	A	D	D	C
	钛合金（α相）	D	D	D	A	D	A	D	D	A	D	D	D
	钛合金（其他相）	D	D	D	B	D	A	D	D	B	D	D	D

注：A—通常采用，B—有时采用，C—很少采用，D—不采用。

表 1.7　常见异种有色金属的焊接方法和焊缝中的形成物

被焊金属	焊接方法		焊缝中的形成物	
	熔焊	压焊	固溶体	金属间化合物
Al+Cu	氩弧焊、埋弧焊	冷压焊、电阻焊爆炸焊、扩散焊	Al 在 Cu 中的溶解度在 9.8% 以下	$CuAl_2$
Al+Ti	氩弧焊、埋弧焊	扩散焊、摩擦焊	Al 在 α-Ti 中溶解度在 6% 以下	$TiAl$、$TiAl_3$
Al+Mg	氩弧焊	扩散焊	α-Mg 固溶体 α-Al 固溶体	$MgAl$、Mg_3Al_2、$Mg_{17}Al_{12}$
Ti+Ta	电子束焊、氩弧焊	—	连续系列	—
Ti+Cu	电子束焊、氩弧焊	—	Cu 在 α-Ti 中的溶解度为 2.1%，在 β-Ti 中溶解度在 17% 以下	Ti_2Cu、$TiCu$、Ti_2Cu_3、$TiCu_2$、$TiCu_3$

1.3.2　钛及其合金的焊接应用

钛合金兼有钢、不锈钢和铝材的许多优点，有广阔的应用前景，人们对其发展寄予厚望，称为正在崛起的"第三金属"。钛作为年轻的材料，它要发展，性价比是竞争的焦点。从钢铁等材料的发展史可以看出，影响材料发展的五个要素是：需求、性能、成本、资源、经济技术环境。一种材料要获得迅速的发展，必须在诸多因素中取得某几项优势。

从 20 世纪 50 年代开始，由于航空航天技术的迫切需要，钛及钛合金得到了迅速的发展。第一种实用的钛合金是 1954 年美国研制成功的 Ti-6Al-4V 合金，由于它的耐热性、强度、塑性、韧性、成形性、可焊性、耐蚀性和生物相容性均较好，而成为钛合金工业中的王牌合金，该合金使用量已占全部钛合金的 75%～85%。其他许多钛合金都可以看作是 Ti-6Al-4V 合金的改型。钛及钛合金不仅是航空航天工业中不可缺少的结构材料，在造船、化工、冶金、医疗器械等方面也获得了广泛的应用。

钛合金的应用决定于钛及钛合金的特点和对产品的要求。目前钛合金的主要应用可大致分为三类，即喷气发动机、航空构架和工业应用。不同用途对产品的要求有不同的侧重点，见表1.8。

表1.8 钛合金用途及产品要求

用途	产品要求
喷气发动机	高温抗拉强度，蠕变强度，高温稳定性，疲劳强度，断裂韧性
航空构架	高抗拉强度，疲劳强度，断裂韧性，可加工性能
工业应用	抗腐蚀性，适当强度，有竞争力的制造成本

在美国，钛合金主要应用于宇航领域；在日本，大部分钛合金用于非航空航天方面。目前，全世界约有30多个国家从事钛合金的研究和开发，其中美国、俄罗斯研发钛合金的历史较长，实力最强。表1.9所示为各国家及地区钛及钛合金的应用结构比较，从应用情况看，美国、西欧和俄罗斯的钛及钛合金的60%~70%应用于航空航天领域，应用于民用工业的相对较少；日本和中国则有所不同，民用工业领域应用的钛及钛合金约占85%~90%，航空航天领域应用的约占10%~15%。

表1.9 各国家及地区钛及钛合金的应用结构　　　　　　　　　　　　　　%

领域	美国	俄罗斯	西欧	日本	中国
航空航天	70~80	60	60	10	10~15
工业应用	20~30	40	40	90	85~90

应用中对钛及钛合金的要求是基于特定用途的具体要求，例如喷气发动机的要求集中在高温抗拉强度、蠕变性能和高温下的组织性能稳定性，其次是考虑疲劳强度和断裂韧性；喷气发动机的应用包括涡轮盘及叶片。

（1）钛合金在航空领域的应用

20世纪50年代，美国开发了第一种真正用于飞行的钛合金（Ti-13V-11Cr-3Al），这种高强可热处理的钛合金在高速预警机中得到了应用。20世纪60年代，钛合金在非军用的航空发动机和宽体喷气式飞机（如波音747）中得到了广泛的应用。70年代，钛合金在航空及航天领域的应用占美国整个钛合金市场应用量的90%。80、90年代，欧洲、俄罗斯飞机上钛及钛合金的应用呈大幅度增加趋势，日本在飞机上的钛合金的用量也在逐年增加。

纯金属的强度一般很低（如纯铁的抗拉强度为250MPa，纯铝、纯镁的强度更低），但纯钛的抗拉强度可达550MPa，已接近高强铝的水平，而且塑性好、容易焊接，焊缝强度可达基体的90%，抗腐蚀性能好，可以直接用于在350℃以下温度下工作的飞机构件，如飞机蒙皮、隔热板等。首先应用的是那些受力不大的中小型结构件，包括支座、接头、框架等。

航空构架则是要求高抗拉强度并结合有良好的疲劳强度和断裂韧性，由钛合金制造的飞机构架从小零件到大型起落架支撑梁、机身后段及转向梁等，制造构架的难易程度也是一个重要的因素。

钛合金是军用飞机蒙皮材料的最佳选择。传统上飞机蒙皮材料都采用铝合金，但当飞机飞行时速超出一定限度时（如马赫数超过12.5），飞机表面温度高于200℃，铝合金蒙皮已不适用，需采用钛合金替代。

近年来美国、俄罗斯军用飞机上钛合金和复合材料的应用比例不断加大，而铝合金应用的比例呈下降趋势。表 1.10 列出了美国战斗机结构中各种材料的应用比例（质量分数）。F-22 和 F/A-18E/F 战机是 21 世纪的美军主力战机，其中 F-22 战机是举世公认的第四代战机的典型代表，它的主要特点是：机身和机翼采用了大量的钛合金和复合材料，具有隐身能力，发动机的推重比达到 10，可超音速巡航等。

从表 1.10 可见，F-22 战机所使用的材料中 41% 为钛合金，其中 86% 以上为 Ti-6Al-4V 合金；另一种为 Ti-6Al-2Sn-2Zr-2Cr-2Mo-0.5Si 钛合金（Ti-6-22-22S），这种合金的强度高于 Ti-6Al-4V 合金，并具有较好的损伤容限性能。F-22 战机的低龙骨翼舱使用了 Ti-6-22-22S 钛合金锻件，约 22kg。

表 1.10　美国战斗机结构中各种材料的应用比例（质量分数）　　　%

机型	铝合金	钛合金	钢	复合材料	其他
F-15	37.3	25.8	5.5	1.2	30.2
F-16	64	3	3	2	28
YF-17	73	7	10	8	2
F/A-18A/B	49.5	12	15	9.5	14
F/A-18C/D	50	13	16	10	21
F/A-18E/F	29	15	14	23	19
YF-22	35	24	5	23	13
F-22	15	41	5	24	15

钛合金和复合材料作为新一代的航空材料，已成为与铝合金和高强钢并驾齐驱的四大飞机结构材料之一，其应用水平已是衡量飞机先进性的重要标志。第四代战斗机要实现超音速巡航和隐身能力，复合材料与钛合金必不可少。因此，复合材料和钛合金焊接加工技术也被认为是第四代战机制造的标志性技术之一。

钛合金是当代战机的主要结构材料之一，美国 20 世纪 80 年代以后设计的各种先进军用战斗机和轰炸机中，钛合金的使用量在 20% 以上，如第三代 F-15 战机的钛合金用量占 27%，而第四代 F/A-22 战机的钛合金用量占 41%。美 B-2 轰炸机、法幻影 2000 和俄罗斯的苏-27CK 战机的钛合金用量也分别达到 26%、23% 和 25%。

钛合金在民用飞机上的应用也受到重视，例如波音 777 客机上采用了约 11% 的钛合金结构，用于起落架、垂直尾翼稳定板、排气管和空气调节管道等，见表 1.11。

表 1.11　波音 777 客机上使用的钛合金材料

零部件名称	钛合金材料
垂直尾翼稳定板	厚度为 5mm 的 Ti-6Al-4V 热轧板
辅助动力装置排气管道	单边长度约为 1m 的 Ti-6Al-4V 精密铸件
起落架	Ti-10V-2Fe-3Al 锻压件
空气调节管道	Ti-15V-3Cr-3Al-3Sn 管件
发动机短舱	钛材 21S，在高温磷酸水溶液中有优良的耐腐蚀和耐氢脆性

近年来，钛合金铸件被大量用于飞机骨架中承受大应力和要求严格的部件。钛合金在航

空发动机上已取代铝合金、镁合金及一些钢构件，主要用作压气机盘、涡轮盘、叶片和机匣等，它们在发动机减重中也起到了举足轻重的作用。目前，国外先进航空发动机的钛合金用量可达30%左右，如V2500航空发动机的钛合金用量高达31%；我国批量生产的一种涡喷发动机的钛合金用量达到15%，我国研制的一种涡扇发动机的钛合金用量超过20%。

此外，航天飞行器和人造卫星也大量应用了钛合金，主要是一些支座、板架与接头等结构件，尺寸大多是100～500mm。人造卫星上的照相机框架和水平镜壳体也采用了钛合金，这不仅因为钛合金有质量轻、抗腐蚀性等特点，更重要的是钛合金的热膨胀性能与光学玻璃材料相近，它们的匹配性能良好。

（2）钛合金在武器装备上的应用

钛合金在军事和武器装备上的应用，包括用于导弹、舰艇、战车、火炮、精密机械等。其中的部分用途也可用于民用，如舰船、精密机械等。钛合金在这些领域的应用，往往是从军用开始，扩大到民用上来的。

20世纪50年代后期，美国的钛合金应用重点从航空领域转向导弹领域。目前钛合金在导弹上的应用较普遍，如导弹尾翼、弹头壳体、火箭壳体及连接座等。这是因为导弹技术与钛合金是在同一时期发展起来的，而钛合金的密度小、强度高、抗腐蚀性和复杂件成形好等特点，适合从小型的空-空导弹到大型的洲际导弹的需要。例如，巡航导弹的升降副翼壳体是一个复杂的钛合金薄壁件。

地面武器装备（装甲车、火炮）大量应用钛合金是武器装备减重的有效途径，可大幅度增强其运送能力和机动性。例如，美军M2装甲战车改用钛合金材料后减重达35%，并大大增加了机动性和防弹能力。但相对于钢铁材料，钛合金还是太贵，如果价格能降至可接受的水平，将极大地改进武器装备的机动性能。近年来美国对低成本钛合金的研发力度加大，开发了一些军用低成本钛合金。例如以Fe-Mo代替Al-Mo中间合金研发的62S钛合金，其力学性能和抗弹能力等性能指标等于或超过了Ti-6Al-4V合金，但制造成本却比较低。在战车和火炮系统中，美军将用低成本钛合金替代轧制均质装甲钢和铝合金，制造低成本钛合金的装甲和零部件。

钛合金在海军装备中也有很大的应用潜力，因为钛及钛合金具有优异的抗海水腐蚀性能。与不锈钢和铜合金相比，钛合金在海水中具有不可比拟的稳定性，是非常优秀的航海材料。钛合金可应用于各种舰船（包括大型气垫船、水翼船、摩托艇）所用的螺旋推进器、海水泵和球阀等。例如，美国海军舰船上每年因海水腐蚀需要更换97km热交换器用的铜镍合金管，用钛合金制造该管可大幅度延长使用寿命，仅此一项节省的维修和维护费用就十分可观。

海军舰艇严酷的工作环境需要性能优良的材料。用钛合金制造舰船通信天线和其他设备，能充分发挥装备的技术性能，提高装备可靠性、延长使用寿命。我国已经开发出用TC10钛合金管材（内部是TA3钛管）制造的新一代潜用液压伸缩天线和短波大功率通信伸缩天线，大大提高了舰艇的战斗力。

美国海军近年来开发了一种强度适中、韧性高、焊接性好的钛合金（命名为钛材5111），其化学成分为Ti-5Al-1Zr-1Sn-1V-0.8Mo-0.1Si。该合金突出的特点是既具有良好的断裂韧性及抗应力腐蚀性能，又具有良好的室温蠕变性能。其冲击韧性约为Ti-6Al-4V合金的3倍，并且焊接性好，可以进行大规模型材结构的焊接，主要用于舰船制造和海洋工程。在该合金基础上添加0.05%Pd研发的钛材5111Pd，进一步提高了耐缝隙腐蚀性能，具有多种用途。

（3）钛合金的其他应用

钛合金的工业应用要求有良好的抗蚀性，并要求适当的强度、成形能力及相对于其他抗蚀合金有竞争性的价格。钛及钛合金因密度小、比强度高、耐高温、耐腐蚀、无磁性、生物相容性好等特点，在电子、石油化工、汽车（包括自行车、摩托车）、能源、医疗器械、日常生活（如体育器械、照相器材、手表等）等民用领域也得到日益广泛的应用。近年来国内外结构钛合金、高温钛合金、耐蚀钛合金、高强钛合金、低温钛合金等均取得了很大进展，也得到了实际应用。

到目前为止，我国研制的钛合金已有 50 多种，列入国家标准的钛及钛合金牌号有近 30 个。我国的钛合金已由仿制过渡到创制与仿制相结合的阶段。TiAl 金属间化合物、钛基复合材料等新材料的研发取得很大的进展，已初步形成了不同使用温度和不同强度级别的航空钛材、舰船钛材和耐蚀钛材三大系列。目前，我国钛合金研发水平大体与国外接近，但在应用和生产规模上仍存在较大的差距。

20 世纪 80 年代，国际钛工业占较重要地位的 6 个国家是苏联、美国、日本、英国、法国、中国。近年来，形成了美、日、俄三足鼎立的局面，这三个国家钛材的产量占世界总产量的 95% 以上。钛及钛合金要获得大的发展，除了要在冶炼和金属钛制取技术上取得突破，还要在加工技术上像钢一样实现连铸连轧，且要大力发展钛的应用技术，如成形、焊接、机加工和表面处理技术等。

中国是一个钛资源丰富的国家，目前已探明的钛资源储量在 8.7 亿吨左右，占全世界已探明钛矿产总量的 48%。因此，从钛资源角度看，我国有着发展钛工业良好的物资保证和先决条件。目前，我国民用钛材占 87%，航空及军工用钛材仅占 13%，这是因为我国航空制造业不发达，民航飞机仍大量进口。我国民用钛材应用的最大用户是化学工业（约占 59%），钛及钛合金主要用于制造各种热交换器、压力容器、反应器、泵、阀和管道等。我国电力能源用钛材约占 18%，冶金行业用钛材约占 5%。我国钛材品种构成如下：板材约占 43.5%，管材约占 27.5%，棒材约占 20.4%，铸锻件约占 7.9%，线丝和箔材约占 0.7%。

在非航空航天领域，如舰船和热交换器、管道、医疗器械、运动器材、手表等，也开始应用钛合金。我国钛及钛合金的研发和应用具有重要的战略意义和现实意义，已经受到相关决策部门和研究者的重视，在未来几年中必将取得快速发展。

1.3.3 铝及其合金的焊接应用

铝是地壳中含量最多的一种金属元素（约为 8%），呈银白色，是轻金属中用量最大的一种，其产量和消费量仅次于钢铁，是第二大金属。铝合金不但具有高的比强度、比模量、断裂韧度、疲劳强度和耐腐蚀稳定性，同时还具有良好的成形工艺性和良好的焊接性，因此成为应用最广泛的一类轻金属结构材料。

铝合金是航空航天产品的主要结构材料之一。例如，铝合金是飞机、运载火箭及各种航天器的主要结构材料。美国的"阿波罗"飞船的指挥舱、登月舱，航天飞机氢氧推进剂储箱、乘务员舱等都采用了铝合金作为结构材料。我国研制的各种大型运载火箭也广泛采用铝合金作为主要结构材料。

随着材料技术的发展，铝合金家族不断壮大。在美国和俄罗斯，2219、1201、1420 铝合金已得到广泛应用，2195 铝合金也已开始应用。在国内，S147 和 2195 铝合金等在航天领域中的应用前景不容忽视。载人航天和可重复使用航天器对焊接结构的可靠性提出了更高的要求。随着这一进程的出现，先进焊接技术在航天焊接生产中的应用将获得突飞猛进的发展，焊接自动化和高质量及可靠性保证能力将是 21 世纪对焊接技术的基本要求。尤其是铝合金中厚板和厚板焊接技术将成为航天焊接研究和推广的热点之一。

航空航天技术的发展对铝合金的强度和减重提出了更高的要求，铝锂合金在近几十年得到了快速发展。因为每加入 1% 的 Li，可使铝合金质量减小 3%、弹性模量提高 6%、比弹性模量提高 9%，这种合金与在飞机产品上使用的 2024 和 7075 合金相比，密度下降 7%～11%，弹性模量提高 12%～18%。俄罗斯 1420 合金与硬铝 1024（LY16）合金相比，密度下降 12%，弹性模量提高 6%～8%，抗腐蚀性好，疲劳裂纹扩展速率低，抗拉强度、屈服强度和伸长率相近，焊接性较好。

美国在 20 世纪 70 年代初的航空航天工业中，已采用 15kW 的 CO_2 激光焊技术针对飞机制造业中的各种轻金属零部件进行焊接性试验。在欧盟国家中，意大利首先于 20 世纪 70 年代末从美国引进 15kW 的 CO_2 激光焊，随后由欧盟对航空发动机、航天工业中的各种容器及轻量级结构立项，开展了长达 8 年的激光焊接应用研究。近年来新的应用成果是铝合金飞机机身的制造，用激光焊接技术取代传统的铆接，从而使飞机机身的质量减小近 20%，强度提高近 20%，此项技术用于空中客车 318、380 以及一些无人驾驶飞机的制造。

铝合金的应用非常广泛，除了用于航空航天领域之外，还广泛用于民用工业，如交通工具（汽车、舰船）、化学工业、轻工、日常炊具等。表 1.12 列出了铝及铝合金的一些应用示例。

表 1.12 铝及铝合金的应用示例

分类	牌号	典型应用示例
工业纯铝	1050	食品、化学和酿造工业用挤压盘管，各种软管，烟花粉
	1060	适用于要求抗蚀性与成形性均高但对强度要求不高的场合，化工设备是其典型用途
	1100	用于加工需要有良好的成形性和高的抗蚀性但不要求有高强度的零件部件，例如化工产品、食品工业装置与储存容器、薄板加工件、深拉或旋压凹形器皿、焊接零部件、热交换器、印刷板、铭牌、反光器具
	1145	包装及绝热铝箔、热交换器
	1199	电解电容器箔、光学反光沉积膜
	1350	电线、导电绞线、汇流排、变压器带材
硬铝合金	2100	螺钉及要求有良好切削性能的机械加工产品
	2014	应用于要求高的强度与硬度（包括高温）的场合。例如飞机上的重型结构、锻件、厚板和挤压材料，车轮与结构元件，多级火箭第一级燃料槽与航天器零件，卡车构架与悬挂系统零件
	2017	是第一种获得工业应用的硬铝合金，但应用范围较窄，主要用于加工铆钉，通用机械零件、结构与运输工具结构件，螺旋桨与配件
	2024	飞机结构、铆钉、导弹构件、卡车轮毂、螺旋桨元件及其他结构件
	2036	汽车车身钣金件
	2048	航空航天器结构件与兵器结构零件
	2124	航空航天器结构件
	2218	飞机发动机和柴油发动机活塞，飞机发动机气缸头，喷气发动机叶轮和压缩机环
	2219	用于加工航天火箭焊接氧化剂槽、超音速飞机蒙皮与结构零件，工作温度为 $-270 \sim 300\,℃$。焊接性好，断裂韧性高，T8 状态有很高的抗应力腐蚀开裂能力
	2319	焊接 2219 合金的焊条和填充焊料
	2618	模锻件与自由锻件，活塞和航空发动机零件

续表

分类	牌号	典型应用示例
硬铝合金	2A01	工作温度小于等于100℃的结构铆钉
	2A02	工作温度为200~300℃的涡轮喷气发动机的轴向压气机叶片
	2A06	工作温度为150~250℃的飞机结构件及工作温度为125~250℃的航空器结构铆钉
	2A10	强度比2A01合金的高,用于制造工作温度小于等于100℃的航空器结构铆钉
	2A11	飞机的中等强度的结构件、螺旋桨叶片、交通运输工具与建筑结构件,航空器的中等强度的螺栓与铆钉
	2A12	航空器的蒙皮、隔框、翼肋、翼梁、铆钉等,建筑与交通运输工具结构件
	2A14	形状复杂的自由锻件与模锻件
	2A16	工作温度为250~300℃的航天航空器零件,在室温及高温下工作的焊接容器与气密座舱
	2A17	工作温度为225~250℃的航空器零件
锻铝合金	2A50	形状复杂的中等强度零件
	2A60	航空器发动机的压气机轮、导风轮、风扇、叶轮等
	2A70	飞机蒙皮,航空器发动机的活塞、导风轮、轮盘等
	2A80	航空发动机的压气机叶片、叶轮、活塞、涨圈及其他工作温度高的零件
	2A90	航空发动机活塞
防锈铝合金	3003	用于加工需要有良好的成形性能、高的抗蚀性、好的可焊性的零件部件,或既要求有这些性能又要求有比纯铝强度高的工件,如厨具,食物和化工产品处理与储存装置,运输液体产品的槽、罐,以薄板加工的各种压力容器与管道
	3004	全铝易拉罐罐身,要求有比3003合金强度更高的零部件,化工产品生产与储存装置,薄板加工件,建筑加工件,建筑工具,各种灯具零部件
	3105	房间隔断、挡板、活动房板、檐槽和落水管、薄板成形加工件,瓶盖、瓶塞等
	3A21	飞机油箱、油路导管、铆钉线材等;建筑材料与食品等工业装备等
特殊铝合金	5005	与3003合金相似,具有中等强度与良好的抗蚀性。用作导体、炊具、仪表板、壳与建筑装饰件。阳极氧化膜比3003合金上的氧化膜更加明亮,并与6063合金的色调协调一致
	5050	薄板可用于制造制冷机与冰箱的内衬板、汽车气管、油管与农业灌溉管。也可加工厚板、管材、棒材、异形材和线材等
	5052	有良好的成形加工性能、抗蚀性、疲劳强度与中等的静态强度,用于制造飞机的油箱、油管,以及交通车辆、船舶的钣金件,仪表,街灯支架与铆钉,五金制品等
	5056	镁合金与电缆护套、铆钉、拉链、钉子等。包铝的线材广泛用于加工农业捕虫器罩,以及需要有高抗蚀性的其他场合
	5083	用于需要有高的抗蚀性、良好的可焊性和中等强度的场合,诸如舰艇、汽车和飞机的板焊接件,需严格防火的压力容器、致冷装置、电视塔、钻探设备、交通运输设备、导弹元件、装甲等
	5086	用于需要有高的抗蚀性、良好的可焊性和中等强度的场合,例如舰艇、汽车、飞机、低温设备、电视塔、钻井装置、运输设备、导弹零部件与甲板等
	5154	焊接结构、储槽、压力容器、船舶结构与海上设施、运输槽罐
	5182	薄板用于加工易拉罐盖、汽车车身板、操纵盘、加强件、托架等零部件
	5252	用于制造有较高强度的装饰件,如汽车等的装饰性零部件。在阳极氧化后具有光亮透明的氧化膜
	5254	过氧化氢及其他化工产品的容器

分类	牌号	典型应用示例
特殊铝合金	5356	焊接镁含量大于3%的铝-镁合金焊条及焊丝
	5454	焊接结构、压力容器、海洋设施管道
	5456	装甲板、高强度焊接结构、储槽、压力容器、船舶材料
	5457	经抛光与阳极氧化处理的汽车及其他装备的装饰件
	5652	过氧化氢及其他化工产品的储存容器
	5657	经抛光与阳极氧化处理的汽车及其他装备的装饰件,但在任何情况下都必须确保材料具有细的晶粒组织
防锈铝合金	5A02	飞机油箱与导管、焊丝、铆钉、船舶结构件
	5A03	中等强度焊接结构、冷冲压零件、焊接容器、焊丝,可用来代替5A02合金
	5A05	焊接结构件、飞机蒙皮骨架
	5A06	焊接结构、冷模锻零件、焊接容器受力零件、飞机蒙皮骨部件
	5A12	焊接结构件、防弹甲板
锻铝合金	6005	挤压型材与管材,用于要求强度大于6063合金的结构件,如梯子、电视天线等
	6009	汽车车身板
	6010	薄板用于汽车车身
	6061	要求有一定强度、可焊性与高抗蚀性的各种工业结构性,如制造卡车、塔式建筑、船舶、电车、家具、机械零件以及精密加工等用的管、棒、型材、板材
	6063	建筑型材、灌溉管材以及供车辆、台架、家具、栏栅等用的挤压材料
	6066	锻件及焊接结构挤压材料
	6070	重载焊接结构与汽车工业用的挤压材料与管材
	6101	公共汽车用高强度棒材、导电体与散热器材等
	6151	用于模锻曲轴零件、机器零件与生产轧制环,以达到既有良好的可锻性能、高的强度又有良好的抗蚀性的目的
	6201	高强度导电棒材与线材
	6205	厚板、踏板与耐高冲击的挤压件
	6262	要求抗蚀性优于2011和2017合金的有螺纹的高应力零件
	6351	车辆的挤压结构件,水、石油等的输送管道
	6463	建筑与各种器具型材,以及经阳极氧化处理后有明亮表面的汽车装饰件
	6A02	飞机发动机零件、形状复杂的锻件与模锻件
超硬铝合金	7005	挤压材料,用于制造既要有高的强度又要有高的断裂韧性的焊接结构,如交通运输车辆的桁架、杆件、容器,大型热交换器,以及焊接后不能进行固熔处理的部件;还可用于制造体育器材如网球拍与垒球棒
	7039	低温器械与储存箱、消防压力器材、军用器材
	7049	用于锻造静态强度与7079-T6合金的相同而又要求有高的抗应力腐蚀开裂能力的零件,如飞机与导弹零件——起落架液压缸和挤压件。零件的疲劳性能大致与7075-T6合金的相等,而韧性稍高
	7050	用于制造飞机结构件用中厚板、挤压件、自由锻件与模锻件。制造这类零件对合金的要求是:抗剥落腐蚀和抗应力腐蚀开裂能力、断裂韧性与抗疲劳性能都高
	7072	空调器铝箔与特薄带材,2219、3003、3004、5050、5052、5154、6061、7075、7475、7178合金板材与管材的包覆层

续表

分类	牌号	典型应用示例
超硬铝合金	7075	用于制造飞机结构及其他要求强度高、抗腐蚀性能强的高应力结构件、模具
	7175	用于锻造航空器用的高强度结构件。T736材料有良好的综合性能,即强度、抗剥落腐蚀与抗应力腐蚀开裂性能、断裂韧性、疲劳强度都高
	7178	制造航空航天器的要求抗压屈服强度高的零部件
	7475	机身用的包铝的与未包铝的板材、机翼骨架、桁条等,其他既要有高的强度又要有高的断裂韧性的零部件
	7A04	飞机蒙皮、螺钉,以及受力构件如大梁桁条、隔框、翼肋、起落架等

在高铁车辆制造领域中,铝合金搅拌摩擦焊已经用于制造高铁列车、车厢、地铁车厢和轨道电车等。近年来发展的搅拌摩擦焊技术为现代车辆轻金属结构的制造提供了巨大的可能。图1.1所示为高速列车用铝合金结构的搅拌摩擦焊的焊缝。

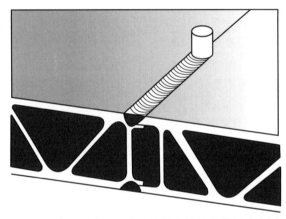

图1.1　高速列车用铝合金结构的搅拌摩擦焊示意图

1.3.4　镁及其合金的焊接应用

镁及镁合金由于性能独特,正成为继钢铁、铝及铝合金之后的第三大金属工程材料,被誉为"21世纪绿色工程材料"。世界镁产业正以每年15%～25%的幅度增长,这在近代工程金属材料的开发应用中是前所未有的。

镁合金被广泛应用于航空航天、交通工具、电子电器产品、纺织和印刷等领域。

（1）镁合金焊接在航空领域的应用

在航空材料的发展过程中,结构减重、承载和功能一体化是飞机机体结构材料发展的重要方向。镁合金由于其低密度、高比强度的特性很早就在航空工业上得到应用。但是镁合金易腐蚀在一定程度上限制了其应用范围。

航空材料减重的经济效益和性能改善十分显著,民用飞机与汽车减重相同质量带来的燃油费用节省,前者是后者的近100倍。而战斗机的燃油费用节省又是民用飞机的近10倍,更重要的是其机动性能改善可极大地提高其战斗力。因此,航空工业正采取各种措施增加镁合金的用量,在相应的零部件上得以开发应用。

例如,航空发动机零件、飞机蒙皮和舱体、壁板、飞机长桁、翼肋、飞机舱体隔框、战机座舱舱架、喷气发动机前支撑壳体、起落架外筒等各种承力构件以及各种附件等都应用了镁合金。具体实例包括：用 ZM2 合金制造 WP7 各型发动机的前支撑壳体和壳体盖；用 ZM5 合金制造地空导弹舱体、战机座舱骨架等；添加稀土的 ZM6 合金用于直升机 WZ6 发动机和歼击机翼肋等重要零件；研制的稀土高强镁合金（MB25、MB26）已替代部分中强铝合金，在高性能战机上获得应用。

常用镁合金在航空工业中的应用示例见表 1.13。

表 1.13　常用镁合金在航空工业中的应用示例

镁合金	性能	缺点	应用
AZ91 AZ91E	最常用的镁合金，属于低成本镁合金，新型高纯度 AZ91E 能提供优良的抗腐蚀能力	力学性能中等，在厚壁件中较差；工作环境温度不超过 122°F；要求 T6 态热处理	用于航空器控制装置，如各种支架、传动器壳体以及机轮等
AZ92	由于 Zn 含量高，比 AZ91 有更高的室温抗拉强度；高纯度牌号有高的抗腐蚀性能，但生产较困难	比 AZ91 力学性能更好，但仍不能用于高温环境；要求 T6 态热处理	与 AZ91 的应用相近
ZE41	较容易生产；工作环境温度提高到了 350°F；属于成本中等的镁合金；要求 T5 态热处理	中等强度、中等抗腐蚀性合金，比 AZ 合金更倾向于氧化	广泛应用的中等强度、较好的高温性能镁合金；用于航空发动机部件、辅助推进装置、直升机变速箱、发动机壳体等
QE22	优良的室温强度性能；良好的高温性能使其能应用于 400°F 的环境	比 ZE41 更难铸造；高的综合腐蚀率；含有银，成本高；要求 T6 态热处理	高强度高温合金，用于航空发动机壳体、发动机内部结构等高温环境中工作的部件
WE43A	很高的室温强度性能；极好的高温性能，工作温度可高达 550°F；优异的抗腐蚀能力	最难铸造的镁合金，需额外熔化和控制手段；含有钇使其成本高；要求 T6 热处理	高强度的高温抗蠕变合金，用于发动机变速箱和直升机传动箱
EZ33	生产较容易；极好的振动吸收性能；工作环境可达 475°F；中等成本合金；要求 T5 热处理	低强度合金，中等综合腐蚀率；比 AZ 合金更易氧化	适于较高工作温度的低强度应用，特别是要求铸造质量和减振的部件；适用于减振部件、齿轮传动部件等

与铸造镁合金相比，变形镁合金的组织细密、成分更均匀、内部更致密，因此变形镁合金具有高强度和高伸长率等优势。在航天航空器（特别是导弹、卫星和航天飞机）上大量应用各种变形镁合金。

例如，B-36 重型轰炸机每架使用 4086kg 的镁合金薄板；喷气式战机"洛克希德 F-80"的机翼也是用镁合金制造的，使结构零件的数量从 4.7 万多个减少到 1.6 万多个；B-52 轰炸机也采用了 1633kg 的镁合金（其中挤压件 199 件）；Falon GAR-1 空对空导弹有 90% 的结构采用镁合金制造，其中弹体是由 1.02mm 厚的 AZ31B-H24 薄板轧制、纵向焊接而成的；发射宇航飞船的"大力神"火箭也曾使用了约 600kg 变形镁合金，直径 1m 的"维热尔"火箭外壳是用变形镁合金挤压管材制造的。

战术航空导弹、鱼雷壳体、军用雷达、地球卫星等，也都大量应用了变形镁合金。

（2）镁合金在汽车等交通工具上的应用

镁合金具有的优异变形及能量吸收能力大大提高了汽车的安全性能。镁合金用作汽车零部件有以下的优点：

① 降低废气排放和燃油成本，据测算，汽车所用燃料的 60% 消耗于汽车自重，汽车自重每减轻 10%，燃油效率可提高 5% 以上。

② 质量减轻可以增加车辆的装载能力和有效载荷，还可以改善刹车和加速性能。

③ 可以极大地改善车辆的噪声、振动现象。

北美是镁合金用量最多的地区，以美国、加拿大为代表。著名的汽车公司（如福特、通用和克莱斯勒等）在过去十几年里一直致力于镁合金汽车零部件的开发和应用，替代效果明显，大大促进了镁合金的发展。除了成功地开发出镁合金汽车轮毂、镁合金离合器片和汽车传动零件外，在北美，镁合金汽车零件的使用以仪表板托架、横梁及方向盘、转向柱应用最多，合计约占车用镁合金件的 68%。

欧洲汽车工业镁合金的用量仅次于北美，其中主要以德国为代表。德国大众公司开创了汽车工业大规模商业化应用镁合金的时代，主要采用 AS42 和 AZ81 制造空冷发动机与齿轮箱的一些部件。在方向盘和坐椅上使用镁合金，可使汽车提高受到撞击后吸收冲击力的能力和轻量化。

在国内镁合金零部件在汽车上的应用与欧美相比有较大的差距，最早应用的是以上海为中心的长三角地区，自主开发了变速箱上盖、离合器壳等镁合金汽车零部件，并有一些产品取得了实际应用。

镁合金在汽车上应用的零部件可归纳为 2 类。

① 壳体类。如离合器壳体、阀盖、仪表板、变速箱体、曲轴箱、发动机前盖、气缸盖、空调机外壳等。

② 支架类。如方向盘、转向支架、刹车支架、座椅框架、车镜支架、分配支架等。

汽车工业应用镁合金主要是为了减轻重量，以达到降低油耗、减轻废气排放的目的。根据测算，汽车自重每降低 100kg，每百公里油耗可减少 0.7L 左右，每节约 1L 燃料可减少 CO_2 排放 2.5g，年排放量减少 30% 以上。所以减轻汽车重量对环境和能源的影响非常大，汽车的轻量化已成必然趋势。

相比之下，摩托车工业应用镁合金的减重效果更为明显，镁合金由于具有极佳的减振性能，在驱动部件和传动部件上应用镁合金对于提高摩托车的舒适性至关重要。

欧洲人崇尚运动，每年欧洲各国的摩托车大奖赛多如牛毛，为了追求超凡的驾驶体验，他们采用了大量的先进技术用于摩托车生产，其中镁合金摩托车部件是这些技术中引人关注的亮点。例如，用镁合金制造的摩托车变速箱壳体、曲轴箱体、轮毂、制动盘、离合器外壳、前叉架等十多种零部件，推动了摩托车制造技术和整体性能的提高。目前用镁合金制造的摩托车零部件已多达 50 多种。

日本四大著名摩托车生产企业（本田 HONDA、铃木 SUZKI、雅马哈 YAMAHA、川崎 KAWASAKI）对于镁合金部件的采用依照欧美的模式，最初也是从发动机入手，而后扩展到其他部件。日本摩托车上采用镁合金部件的种类虽然不如欧洲摩托车多，但是其应用的规模不比欧洲逊色，其中最成功的是川崎 ZX 系列，其部件几乎包括了日本摩托车的所有镁合金部件。例如，仅川崎 ZX-6 发动机就采用了镁合金气缸盖、机油箱面板、离合器盖、油泵盖，整个发动机减重达 4kg。

镁合金在国内摩托车上的应用还较少，但已有厂家针对发动机曲轴箱体、箱盖及前后轮毂、尾盖、后扶手等十几个零部件采用了镁合金材料。特别是摩托车轮毂用镁合金制造，减重效果非常明显，仅轮毂就减重近 3kg，整台摩托车总减重 6kg 左右。批量生产的摩托车镁合金发动机箱盖、箱体、轮毂等配件已经在摩托车上实现了大规模的应用。

（3）镁合金在武器装备上的应用

镁合金是最轻质的金属结构材料，是减轻武器装备质量，实现武器装备轻量化，提高武器装备战术性能的理想结构材料。近年来，镁合金及镁基复合材料已在武器装备和弹药上得到广泛的应用，发展十分迅速。

例如，法国装甲部队的主要装备 AMX-30 坦克的 105mm 线膛炮的炮管热护套采用了镁合金，MK50 式反坦克枪榴弹部分零件应用了镁合金，全弹质量仅 800g；英军 120mm 大口径无后坐力反坦克火炮采用了镁合金，大大减轻了质量，总重才 300kg；美军装备的 M274A1 型军用吉普车采用了镁合金车身及桥壳，质量轻，具有良好的机动性和越野性能，4 个士兵可以抬起来，有的还安装了袖珍自行火炮；俄罗斯 POSP6×12 枪用变焦距观测镜采用镁合金壳体。欧美一些国家已将镁合金用于便携式火器支架、单兵用通信器材壳体，德国、以色列采用镁合金制造枪托。

美国利用 SiC 镁合金复合材料制造直升机螺旋桨、导弹尾翼等，在海军卫星上已将镁合金复合材料用于支架、轴套、横梁、T 形架、管件卫星天线、航天站镜架等结构件，其综合性能优于铝基复合材料。

从武器的使用特点和性能要求分析，枪械武器、装甲车辆、导弹、火炮、弹药、光学仪器等，采用镁合金材料制造相关零部件在技术上是可行的。例如，采用镁合金及镁基复合材料替代武器装备中的中、低强度要求的铝合金零件和部分黑色金属零件，实现武器装备轻量化；也可用镁合金替代工程塑料，解决零部件老化、变形和变色等影响武器战术性能的问题。

此外，手机和笔记本电脑上的液晶屏幕的尺寸年年增大，在它们的支撑框架和背面的壳体上使用了镁合金。虽然镁合金的热导率不及铝合金，但是比塑料高出数十倍，因此，镁合金用于电器产品上，可有效地将内部的热散发到外面。也可在内部产生高温的电脑和投影仪等的外壳和散热部件上使用镁合金。电视机的外壳上使用镁合金可做到无需散热孔。

镁合金的电磁波屏蔽性能比在塑料上电镀屏蔽膜的效果好，因此，使用镁合金可省去电磁波屏蔽膜的电镀工序。还可在计算机硬盘驱动器的读出装置等的振动源附近的零件上使用镁合金。在计算机风扇的风叶上使用镁合金，可减小振动达到低噪声。

1.3.5　轻质复合材料的焊接应用

轻质复合材料是应航空、航天以及先进武器系统的发展要求而发展起来的。目前其焊接研究及应用范围已不再局限于这些军工领域，在现代交通、航海、医疗器械、机械、化工、电力与电信等领域也获得了广泛应用。

（1）主要应用领域示例

① 航空航天领域　航空航天领域是轻质复合材料应用最广泛的领域，飞机正在从金属结构逐渐演变为轻质复合材料结构，目前轻质复合材料构件已占到 30% 以上，如所需要的飞机的主承力结构以及卫星、导弹、航天飞行器的结构和防热部件。无论是树脂基复合材料、轻金属基复合材料还是陶瓷基复合材料都得到了大量应用。而航天飞机中轻质复合材料结构所占的比例更大。雷达天线罩、固体火箭发动机及燃烧室、卫星本体、太空站等均大量采用轻质复合材料。例如碳/碳复合材料，由于线胀系数小、散热快、温度上升慢，加上它具有的耐高温、重量轻、耐久性好等特点，特别适合制造高速车辆及飞机的制动部件、导弹头、火箭的鼻锥和喷嘴喉衬、航天飞机的鼻锥和翼前缘以及发动机引擎部件等，还适合制造核聚变反应堆中的部件。轻质复合材料的应用中，也有大量的零部件需要焊接或连接。

② 现代交通运输领域　现代交通运输（如高铁、地铁、轨道交通、汽车、摩托车等）

是应用轻质复合材料较多和有发展前景的领域。轻金属基复合材料已用来制造汽车和高铁刹车片、活塞和连杆等，还用来制造高铁部件、舰船部件和电动车车架等，很多轻质复合材料零部件的制造需要焊接或连接。树脂基复合材料已用来制造船体、车厢、自行车车架等。大部分轻质复合材料的焊接性与其基体的焊接性相差很大，需要采取一些特殊的工艺措施。

③ 化工领域　树脂基复合材料具有比强度高、耐腐蚀、抗疲劳等特点，成形工艺简单，已广泛用于化工、电器及医疗器械等领域。一些化工容器、防腐设备、水处理设备等还广泛使用轻金属基复合材料，树脂基复合材料也已用于制作化工容器的衬里、输酸管道及水处理设备的部件。与热固性树脂基复合材料相比，热塑性树脂基复合材料具有耐热性好、韧性高、可再生利用和焊接性好等优势，已逐步取代热固性树脂基复合材料，在化工领域成为先进树脂基复合材料发展的主流。

（2）应用前景及存在的问题

轻质复合材料的应用前景十分广阔，如航空航天、舰船、现代交通运输、军工装备、化工、通信、能源动力、高端装备制造、医疗器械、体育用品等各个方面，受到世界各发达国家的普遍重视。但是，轻质复合材料的应用是一门综合性很强的交叉学科，它以许多其他学科（如物理学、化学、材料科学、热力学与动力学等）为基础。轻质复合材料焊接及应用的课题正在研究发展之中，相关的理论和应用研究都有待不断深入。

轻质复合材料有其独特的制造工艺，对于不同基体也有不同的焊接方法。在其具体的焊接/连接工艺方面也存在着许多问题，常用的铆接、螺栓连接等方法都不合适。对树脂基复合材料仍只能采用黏结剂连接工艺，轻质金属基复合材料的焊接接头强度仍有待提高。对轻质复合材料整体结构可靠性的无损质量评价也有待进一步提高。因此，为尽量避免焊接/连接而利用轻质复合材料整体成形的特点解决部分问题，又增加了设计和施工的难度。实际上，轻质复合材料的焊接/连接问题是难以回避的。

目前虽有"当今社会将进入复合材料的时代"的提法，但复合材料实际上并不可能完全取代其他材料。针对轻质复合材料，在基础理论和焊接工艺方面也有许多问题有待解决。最根本的是对轻质复合材料的一些特殊性质的认识还不够深入，现在应用的许多理论和概念大多是从均质材料研发中套用过来的。尽管如此，从轻质复合材料的可设计性特点、综合性要求和应用前景等来看，轻质复合材料仍具有极大的自由度、巨大的潜力，因此发展前景远大。同时，高新技术及其产业的发展，又对轻质复合材料焊接/连接提出了更新、更高和更为迫切的要求，这也是推动轻质复合材料发展的一个关键因素。

参 考 文 献

[1]　中国机械工程学会，等.中国材料工程大典：第22、23卷 材料焊接工程.北京：化学工业出版社，2006.

[2]　中国机械工程学会焊接学会.焊接手册：第2卷　材料的焊接.第3版.北京：机械工业出版社，2008.

[3]　关桥.高能束流加工技术——先进制造技术发展的重要方向.航空制造技术，1995（1）：6-10.

[4]　李晓延，王国彪.轻金属焊接若干关键基础问题.焊接，2009（1）：7-10.

[5]　张建勋，巩水利，等.轻金属焊接学术前沿及其研究领域.焊接，2008（12）：5-10.

[6]　韩国明编著.现代高效焊接技术.北京：机械工业出版社，2018.

[7]　张喜燕，赵永庆，白晨光.钛合金及应用.北京：化学工业出版社，2004.

[8]　潘复生，张丁非，等.铝合金及应用.北京：化学工业出版社，2006.

[9]　张津，章宗和，等.镁合金及应用.北京：化学工业出版社，2004.

[10]　陈茂爱，陈俊华，高进强.复合材料的焊接.北京：化学工业出版社，2005.

第2章
钛及钛合金的焊接

钛及钛合金具有很高的强度、良好的塑性及韧性、足够的抗腐蚀性和高温强度，最为突出的是比强度高，是一类优良的结构材料。近年来，工业部门采用的结构材料中，钛及钛合金的应用越来越多，如在航空航天、石油化工、船舶制造、仪器仪表、冶金等领域都得到了广泛的应用。我国钛资源丰富，冶炼和加工技术不断提高，钛及钛合金焊接结构将有很大的发展前景。

2.1 钛及钛合金的分类和性能

2.1.1 钛及钛合金的分类

钛及钛合金按性能和用途可分为结构钛合金、耐蚀钛合金、耐热钛合金和低温钛合金等；按生产工艺，可分为铸造钛合金、变形钛合金和粉末钛合金。

（1）工业纯钛

工业纯钛的牌号分别为 TA1、TA2、TA3、TA4。工业纯钛的性质与纯度有关，纯度越高，强度和硬度越低，塑性越好，越容易加工成形。钛在 885℃ 时发生同素异构转变。在 885℃ 以下，为密排六方晶格结构，称为 α 钛；在 885℃ 以上，为体心立方晶格结构，称为 β 钛。钛合金的同素异构转变温度则随着加入合金元素的种类和数量的不同而变化。工业纯钛的再结晶温度为 550～650℃。

工业纯钛中的杂质有氢、氧、铁、硅、碳、氮等。其中氧、氮、碳与钛形成间隙固溶体，铁、硅等元素与钛形成置换固溶体，起固溶强化作用，显著提高钛的强度和硬度，降低塑性和韧性。氢以置换方式固溶于钛中，微量的氢能够使钛的冲击韧性急剧降低，增大缺口敏感性，并引起氢脆。

（2）钛合金

在工业纯钛中加入合金元素后便可以得到钛合金。钛合金的强度、塑性、抗氧化等性能显著提高，其相变温度和结晶组织发生相应的变化。

钛合金根据其退火组织分为三大类：α 钛合金、β 钛合金和 α+β 钛合金。其牌号分别以 TA、TB、TC 和顺序数字表示。TA5～TA10 表示 α 钛合金，TB2～TB4 表示 β 钛合金，TC1～TC12 表示 α+β 钛合金。

① α 钛合金 α 钛合金主要是通过加入 α 稳定元素 Al 和中性元素 Sn、Zr 等进行固溶强化而形成的。α 钛合金有时也加入少量的 β 稳定元素，因此 α 钛合金又分为完全由 α 相单相组成的 α 钛合金、β 稳定元素含量小于 20% 的类 α 钛合金和能够时效强化的 α 钛合金（Cu<2.5% 的 Ti-Cu 合金）。α 钛合金中的主要合金元素是铝，铝溶入钛中形成 α 固溶体，从而提高再结晶温度。含铝 5% 的钛合金，其再结晶温度从纯钛的 600℃ 提高到 800℃；此外耐热性和力学性能也有所提高。铝还能够扩大氢在钛中的溶解度，减少形成氢脆的敏感性。但铝的加入量不宜过多，否则容易出现 Ti_3Al 相而引起脆性，通常铝含量不超过 7%。

α 钛合金具有高温强度高、韧性好、抗氧化能力强、焊接性优良、组织稳定等特点，但是加工性能较 β 钛合金和 α+β 钛合金差。α 钛合金不能进行热处理强化，但可通过 600～700℃ 的退火处理消除加工硬化；或通过不完全退火（550～650℃）消除焊接时产生的应力。

TA7（Ti-5Al-2.5Sn）是一种广泛应用的α钛合金，具有较好的高温强度和高温蠕变性能，540℃时蠕变强度达到516MPa，适用于制造在450℃以下连续承载的构件。TA7加工后一般要进行800～850℃的退火处理，以消除应力。

② β钛合金　β钛合金的退火组织完全由β相构成。β钛合金含有很高比例的β稳定化元素，使马氏体转变β→α进行得很缓慢，在一般工艺条件下，其组织几乎全部为β相。通过时效热处理，β钛合金的强度可以得到提高，其强化机理是α相或化合物的析出。β钛合金在单一β相条件下的加工性能良好，并具有优良的加工硬化性能，但高温性能差、脆性大、焊接性能较差、容易形成冷裂纹，在焊接结构中应用得较少。

③ α+β钛合金　α+β钛合金的组织是由α相和β相两相组织构成的。α+β钛合金中都含有α稳定元素Al，同时为了进一步强化合金，添加了Sn、Zr等中性元素和β稳定元素，其中β稳定元素的加入量通常不超过6%。

α+β钛合金兼有α钛合金和β钛合金的优点，既具有良好的高温变形能力和热加工性，又可通过热处理强化提高强度。但是，随着α相比例的增加，其加工性能变差；随着β相比例增加，其焊接性能变差。α+β钛合金在退火状态时断裂韧性高，热处理状态时比强度大，硬化倾向较α钛合金和β钛合金大。α+β钛合金的室温、中温强度比α钛合金高，并且由于β相溶解氢等杂质的能力较α相大，因此，氢对α+β钛合金的危害较对α钛合金的危害小。由于α+β钛合金的力学性能可以在较宽的范围内变化，因而可以使其适应不同的用途。

TC4（Ti-6Al-4V）是应用最广泛的α+β钛合金，其基本相组成是α相和β相。但在不同的热处理和热加工条件下，两相的比例、性质和形态是不相同的。将TC4合金加热到不同温度后空冷即可以得到不同的组织。TC4钛合金的室温强度高，在150～350℃时具有良好的耐热性；此外，还具有良好的压力加工性和焊接性，焊后可以不作任何处理就使用，而且可以通过焊后的固溶和时效处理进一步强化。

2.1.2　钛及钛合金的化学成分及性能

钛及钛合金的主要牌号和化学成分见表2.1。钛及钛合金的比强度很高，是很好的热强合金材料。钛的线胀系数很小，在加热和冷却时产生的热应力较小。钛的导热性差，摩擦系数大，切削、磨削加工性能和耐磨性较差。钛的弹性模量较低，不利于结构的刚度，也不利于钛及钛合金的成形和校直。钛的主要物理性能如表2.2所示。

工业纯钛容易加工成形，但在加工后会产生加工硬化。为恢复塑性，可以采用真空退火处理，退火温度为700℃，保温1h。工业纯钛具有很高的化学活性。钛与氧的亲和力很强，在室温条件下就能在表面生成一层致密而稳定的氧化膜。由于氧化膜的保护作用，使钛在大气、高温气体（550℃以下）、中性及氧化性介质、不同浓度的硝酸、稀硫酸、氯盐溶液以及碱溶液中都有良好的耐蚀性，但氢氟酸对钛具有很强的腐蚀作用。工业纯钛的化学活性随着加热温度的增高而迅速增大，并在固态下具有很强的吸收各种气体的能力。

钛及钛合金的力学性能见表2.3。工业纯钛具有良好的耐蚀性、塑性、韧性和焊接性。其板材和棒材可以用于制造350℃以下工作的零件，如飞机蒙皮、隔热板、热交换器、化学工业中的耐蚀结构等。

表2.1　钛及钛合金的主要牌号和化学成分（GB/T 3620.1—2016）

合金牌号	合金类型	化学成分	含量/%											杂质含量不大于/%					其他元素含量不大于/%	
			Ti	Al	Sn	Mo	V	Cr	Mn	Fe	Cu	Si	B	Fe	C	N	H	O	单一	总和
TA1	工业纯钛	纯钛	余	—	—	—	—	—	—	—	—	—	—	0.20	0.08	0.03	0.015	0.18	0.1	0.4
TA2		纯钛	余	—	—	—	—	—	—	—	—	—	—	0.30	0.08	0.03	0.015	0.25	0.1	0.4
TA3		纯钛	余	—	—	—	—	—	—	—	—	—	—	0.30	0.08	0.05	0.015	0.35	0.1	0.4
TA4		纯钛	余	—	—	—	—	—	—	—	—	—	—	0.50	0.08	0.05	0.015	0.40	0.1	0.4
TA5	α钛合金	Ti-4Al-0.005B	余	3.3~4.7	—	—	—	—	—	—	—	—	0.005	0.30	0.08	0.04	0.015	0.15	0.1	0.4
TA6		Ti-5Al	余	4.0~5.5	—	—	—	—	—	—	—	—	—	0.30	0.08	0.05	0.015	0.15	0.1	0.4
TA7		Ti-5Al-2.5Sn	余	4.0~6.0	2.0~3.0	—	—	—	—	—	—	—	—	0.50	0.08	0.05	0.015	0.20	0.1	0.4
TB2	β钛合金	Ti-5Mo-5V-8Cr-3Al	余	2.5~3.5	—	4.7~5.7	4.7~5.7	7.5~8.5	—	—	—	—	—	0.30	0.05	0.04	0.015	0.15	0.1	0.4
TC1		Ti-2Al-1.5Mn	余	1.0~2.5	—	—	—	—	0.7~2.0	—	—	—	—	0.30	0.08	0.05	0.012	0.15	0.1	0.4
TC2		Ti-3Al-1.5Mn	余	3.5~5.0	—	—	—	—	0.7~2.0	—	—	—	—	0.30	0.08	0.05	0.012	0.15	0.1	0.4
TC3		Ti-5Al-4V	余	4.5~6.0	—	—	3.5~4.5	—	—	—	—	—	—	0.30	0.08	0.05	0.015	0.15	0.1	0.4
TC4	α+β钛合金	Ti-6Al-4V	余	5.5~6.75	—	—	3.5~4.5	—	—	—	—	—	—	0.30	0.08	0.05	0.015	0.20	0.1	0.4
TC6		Ti-6Al-1.5Cr-2.5Mo-0.3Si-0.5Fe	余	5.5~7.0	—	2.0~3.0	—	0.8~2.3	—	0.2~0.7	—	0.15~0.40	—	—	0.08	0.05	0.015	0.18	0.1	0.4
TC9		Ti-6.5Al-3.5Mo-2.5Sn-0.3Si	余	5.8~6.8	1.8~2.8	2.8~3.8	—	—	—	—	—	0.20~0.40	—	0.40	0.08	0.05	0.015	0.15	0.1	0.4
TC10		Ti-6Al-2Sn-0.5Fe-0.5Cu	余	5.5~6.5	1.5~2.5	—	5.5~6.5	—	—	0.35~1.0	0.35~1.0	—	—	—	0.08	0.04	0.015	0.20	0.1	0.4

表 2.2 钛的主要物理性能（20℃）

密度 /(g/cm³)	熔点 /℃	比热容 /[J/(kg·K)]	热导率 /[W/(m·K)]	电阻率 /μΩ·cm	线胀系数 /10⁻⁶K⁻¹	弹性模量 /MPa
4.5	1668	522	16	42	8.4	16

表 2.3 钛及钛合金的力学性能（GB/T 3621—2007）

合金牌号	材料状态	板材厚度/mm	室温力学性能(不小于)				高温力学性能	
			抗拉强度 σ_b/MPa	伸长率 δ_5/%	残余伸长应力 $\sigma_{r0.2}$/MPa	弯曲角 α/(°)	抗拉强度 σ_b/MPa	持久强度 σ_{100h}/MPa
TA1	退火	0.3~25.0	≥240	30	140~310	105	—	—
TA2		0.3~25.0	≥400	25	275~450		—	—
TA3		0.3~25.0	≥500	20	380~550		—	—
TA4		0.3~25.0	≥58	20	485~655		—	—
TA6	退火	0.8~1.5 1.5~2.0 2.0~5.0 5.0~10.0	≥685	20 15 12 12	—	105	420(350℃) 340(500℃)	390(350℃) 195(500℃)
TA7	退火	0.8~1.5 1.5~2.0 2.0~5.0 5.0~10.0	735~930	20 15 12 12	≥685	105	490(350℃) 440(500℃)	440(350℃) 195(500℃)
TB2	淬火和时效	1.0~3.5	≤980 1320	20 8	—	120	—	—
TC1	退火	0.5~1.0 1.0~2.0 2.0~5.0 5.0~10.0	590~735	25 25 20 20		100 70 60 —	340(350℃) 310(400℃)	320(350℃) 295(400℃)
TC2	退火	0.5~1.0 1.0~2.0 2.0~5.0 5.0~10.0	≥685	25 15 12 12	—	80 60 50 —	420(350℃) 390(400℃)	390(350℃) 360(400℃)
TC3	退火	0.8~2.0 2.0~5.0 5.0~10.0	≥880	12 10 10		35 30	590(400℃) 440(500℃)	540(400℃) 195(500℃)
TC4	退火	0.8~2.0 2.0~5.0 5.0~10.0 10.0~10.0	≥895	12 10 10 8	≥830	105	590(400℃) 440(500℃)	540(400℃) 195(500℃)

注：高温持久强度是在持续 100h 条件下测得的。

2.2 钛及钛合金的焊接性分析

钛及钛合金具有特定的物理、化学性质和良好的性能。了解钛及钛合金的焊接性特点，是正确确定焊接工艺、提高焊接接头质量的前提。如果仅用焊接接头强度来评价焊接性，那么几乎所有退火状态的钛合金焊接接头强度系数都接近1，难分优劣。因此往往采用焊接接头的韧、塑性和获得无缺陷焊缝的难易程度来评价钛及钛合金的焊接性。

2.2.1　接头区脆化

常温下，由于表面氧化膜的作用，钛能保持高的稳定性和耐蚀性。但钛在高温下，特别是在熔融状态时对于气体有很大的化学活泼性。而且在 540℃ 以上钛表面生成的氧化膜较疏松，随着温度的升高，容易被空气、水分、油脂等污染，使钛与氧、氮、氢的反应速度加快，降低焊接接头的塑性和韧性。无保护的钛在 250℃ 时开始吸收氢，从 400℃ 开始吸收氧，从 600℃ 开始吸收氮，如图 2.1 所示。这些气体被钛吸收后，会引起焊接接头的脆化。

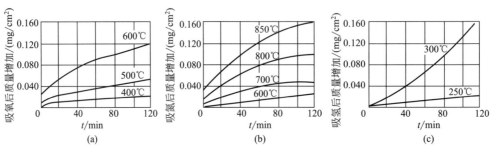

图 2.1　钛吸收氧、氮、氢的强烈程度与温度、时间的关系
（重量增加是用试件单位面积上增加的毫克数表示的）

钛及钛合金焊接区易受气体等杂质的污染而产生脆化。造成脆化的主要元素有氧、氮、氢、碳等。常温下钛及钛合金比较稳定。但随着温度的升高，钛及钛合金吸收 O_2、N_2、H_2 的能力也随之明显上升。

钛及钛合金焊接时，一般不采用常规气体保护焊的焊枪结构及工艺，因为这种焊枪结构所形成的气体保护层对已凝固和尚处于高温状态的钛合金焊缝及附近高温区域无明显保护作用，处于这种状态的钛合金焊缝及附近区域仍有很强的吸收空气中氮及氧的能力，从而引起焊缝变脆而使塑性严重下降。因此应采用高纯度的惰性气体或无氧氟-氯化物焊剂。采用无氧氟-氯化物焊剂进行焊接时，熔渣和金属发生化学反应：$Ti + 2MnF_2 \longrightarrow TiF_4 + 2Mn$。由于氟化物在液态金属中不溶解，所以焊缝金属冷却后不会形成非金属夹杂物，但焊剂中一些元素可能溶入熔池。

（1）氧和氮的影响

焊缝含氧量随氩气中的含氧量增加而上升。氧是扩大 α 相区的元素，并使 β→α 同素异构转变温度上升，故氧为 α 稳定元素。

氧、氮均是 α 稳定元素，氧在 α 钛、β 钛中的最大溶解度分别为 14.5%（原子）和 1.8%（原子），氮则分别为 7% 和 2%（原子）。钛与氧在 600℃ 以上发生强烈的作用，当温度高于 800℃ 时，氧化膜开始向钛中溶解扩散。氮则在 700℃ 以上与钛发生强烈作用，形成脆硬的 TiN。氧、氮在高温的 α 钛、β 钛中都容易形成间隙固溶体，造成钛的晶格严重畸变，使强度、硬度提高，但塑、韧性显著降低。而且氮与钛形成的固溶体造成的晶格畸变较氧更加严重。因此，氮比氧更剧烈地提高钛的强度和硬度，降低钛的塑性。金属薄板的塑性可以用 R/δ（板材弯曲半径与厚度之比）的比值表示。

图 2.2 所示是焊缝中氮或氧含量对接头强度、弯曲塑性的影响。采用氩弧焊和等离子弧

焊焊接钛及钛合金时，如果氩气纯度达不到要求或焊缝和热影响区保护不好，焊缝接头将随氩气中氧、氮和空气含量的增加而硬度提高，图 2.3 所示是氩气中氧、氮和空气含量对工业纯钛焊缝硬度的影响。

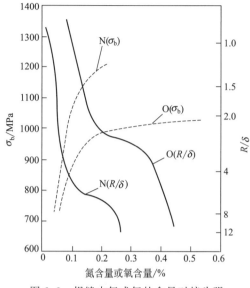

图 2.2 焊缝中氮或氧的含量对接头强度 (σ_b)、塑性 (R/δ) 的影响

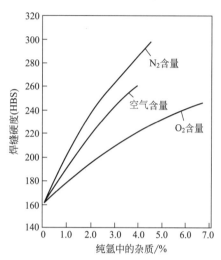

图 2.3 氩气中氧、氮和空气含量工业纯钛焊缝硬度的影响

为保证焊缝有足够的塑性、防止氧污染脆化，工业纯钛焊缝最高允许的含氧量为 0.15%。焊缝含氧量 $w(O)>0.3\%$ 时，会因焊缝过脆而产生裂纹。钛合金焊接时，氧的有害影响也很明显。我国技术条件规定工业纯钛及钛合金母材中氧的质量分数一般小于 0.30%。

氮对提高工业纯钛焊缝的抗拉强度、硬度，降低焊缝的塑性的作用比氧更为显著，即氮的污染脆化作用比氧更为强烈。焊缝含氮量较低时主要是固溶强化，只有当含氮量较高时才会析出脆性氮化物。当工业纯钛焊缝中 $w(N)>0.13\%$ 时，由于焊缝脆化而产生裂纹，因此，须对钛及钛合金焊缝含氮量进行严格的控制。一般工业纯钛焊接时，焊缝中允许氮的质量分数最高为 0.05%。

(2) 氢的影响

氢是 β 相稳定元素，在 α-Ti 及 β-Ti 中间隙固溶。氢在 β 钛中的溶解度较大，而在 α 钛中的溶解度很小。钛与氢在 325℃时发生共析转变 β→α+γ。在 325℃以下氢在 α 钛中的溶解度急速下降，常温时仅为 0.00009%。共析转变析出钛的氢化物 TiH_2 (γ 相)，TiH_2 以细片状或针状存在，其断裂强度很低，在焊缝中成为微裂纹源，引起接头塑性和韧性下降。焊缝含氢量越多，细片状或针状析出物越多。

氢对工业纯钛焊缝金属力学性能的影响如图 2.4 所示。由图 2.4 可见，含氢量对焊缝冲击性能的影响最为显著，原因是随焊缝含氢量增加，焊缝中析出的片状或针状 TiH_2 增多。TiH_2 的强度很低，故针状或片状 TiH_2 的作用类似于缺口，因而使焊缝冲击韧度显著降低。还可看到含氢量对抗拉强度和塑性的影响不很显著，这是由于含氢量变化对晶格参数的影响很小而使固溶强化作用减小。

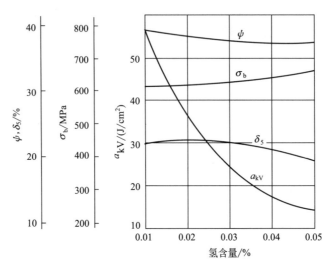

图 2.4　氢对工业纯钛焊缝金属力学性能的影响

为防止氢造成的脆化,焊接时要严格控制氢的来源。首先从原材料入手,限制母材和焊材中氢的含量以及表面吸附的水分,提高氩气的纯度,使焊缝的氢含量控制在 0.015% 以下。其次可采用冶金措施,提高氢的溶解度;添加 5% 的铝,在常温下可使氢在 α 钛中的溶解度达到 0.023%;添加 β 相稳定元素 Mo、V 可使室温组织中残留少量 β 相,溶解更多的氢,降低焊缝的氢脆倾向。

当焊接重要构件时,可将焊丝、母材放入真空度为 0.0130～0.0013Pa 的真空退火炉中加热至 800～900℃,保温时间 5～6h 进行脱氢处理,将氢的含量控制在 0.0012% 以下,可提高焊接接头的塑性和韧性。

(3) 碳的影响

碳也是钛及钛合金中常见的杂质,主要来源于母材、焊丝和油污等。常温时碳在 α-Ti 中的溶解度为 0.13%。在溶解度范围内,碳以间隙的形式固溶于 α-Ti 中,使钛的强度极限提高,塑性下降,但影响程度不如氧、氮的作用显著。碳超过溶解度时析出硬脆的 TiC,并呈网状分布,其数量随碳含量的增高而增多,使得焊缝的塑性急剧下降,在焊接应力作用下容易产生裂纹。因此,碳在钛及钛合金中的含量不得超过 0.1%,当钛及钛合金中的碳含量达到 0.28% 时焊接接头变得很脆。当焊缝中 $w(C)=0.55\%$ 时,焊缝塑性几乎全部消失而变成脆性材料。焊后热处理也无法消除这种脆性。

焊缝中含碳量应小于母材的含碳量。焊前应仔细清理焊件和焊丝上的油污,避免焊缝增碳。气焊与焊条电弧焊由于难以防止气体等杂质污染脆化,不能满足焊接质量要求。氩弧焊应用较广,但对氩气的纯度要求很高。焊枪上还要采用拖罩,以便对焊缝及附近 400℃ 以上高温区进行保护;从接头反面用氩气保护 400℃ 以上焊接区也是必要的。一些结构复杂的零件可在充氩箱内进行焊接。

(4) 合金元素的影响

在钛中加入 Al、Ni、Si、Nb、Cr、Mn、V、Mo 等合金元素能够提高钛合金的强度,有时为获得某些特殊性能,如抗氧化性和耐蚀性等,还可加入不同种类的合金元素。这些合金元素的加入,将会使钛合金的相变温度及结晶组织结构都发生较大的变化,影响钛及其合金的焊接接头的性能,如图 2.5 所示。

Al 元素不仅可提高钛及其合金焊接接头的强度，还能提高焊缝的热强性、抗腐蚀性、抗蠕变和抗氧化的能力。焊缝中的 Al 含量小于 3％时，不会改变熔化金属的微观组织；当含 5％Al 时，焊缝金属就会产生粗大的针状组织，使焊缝金属的塑性有所降低；含 7％Al 时，接头塑性下降，其冷弯角仅为不含 Al 的钛焊接接头的 40％，但焊缝的冲击韧性变化不大。所以焊接时应控制焊缝金属中的含 Al 量不超过 6％。焊缝中的 Sn 含量一般控制在 8％～10％范围内，不仅有利于提高焊缝金属的塑韧性，还能提高接头的抗拉强度。

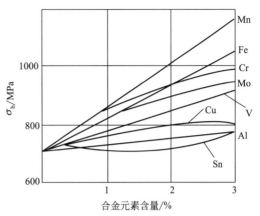

图 2.5　合金元素对钛合金接头强度的影响

Mo 含量一般控制在 3％～4％，焊缝金属具有良好的塑韧性。如 Mo 含量大于 6％，虽然能够提高接头强度，但塑韧性下降明显。加入 Mn、Fe、Cr 等元素时提高焊缝抗拉强度的作用最为显著。当焊缝中适量加入 Nb、W、Si 等合金元素可明显提高接头的抗氧化能力。此外，加入合金元素对降低氢脆的影响可起到良好的效果，例如：当焊缝中加入 5％Mo 时，可获得冲击韧性为 $49J/cm^2$ 的接头。

工业纯钛薄板在空气中加热到 650～1000℃时，不同保温时间对焊接接头弯曲性能的影响如图 2.6 所示。可见，加热温度越高，保温时间越长，焊接接头的塑性下降得越多。焊接接头在凝固、结晶过程中，焊缝热影响区的金属在正、反面得不到有效保护的情况下，很容易吸收氮、氢。焊接时对熔池及温度超过 400℃的焊缝和热影响区（包括焊缝背面）都要加以妥善保护。

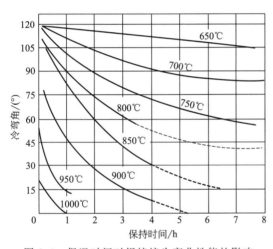

图 2.6　保温时间对焊接接头弯曲性能的影响

钛及钛合金焊接时，为保护焊缝及热影响区免受空气的污染，通常采用高纯度的惰性气体或无氧氟-氯化物焊剂。采用无氧氟-氯化物焊剂进行焊接时，熔渣和金属发生化学反应：$Ti+2MnF_2 \longrightarrow TiF_4+2Mn$。由于氟化物在液态金属中不溶解，所以焊缝金属冷却后不会形成非金属夹杂，但焊剂中一些元素可能溶入熔池。

2.2.2　焊接裂纹倾向

（1）热裂纹

钛的熔点高、热容量大、导热性差，因此焊接时易形成较大的熔池，并且熔池的温度更高。这使得焊缝及热影响区金属在高温停留的时间比较长，晶粒长大倾向较大，降低接头的塑性和断裂韧性，易产生焊接裂纹。由于钛及钛合金中含 S、P、C 等杂质较少，很少有低熔点共晶在晶界处生成，而且结晶温度区间很窄，焊缝凝固时收缩量小，因此热裂纹敏感性低。但当母材和焊丝质量差，特别是焊丝有裂纹、夹层等缺陷时，会在夹层和裂纹处积聚有害杂质而使焊缝产生热裂纹。

工业纯钛、α钛合金和β钛合金的焊缝及热影响区晶粒粗大难以用热处理方法恢复，且焊缝金属呈铸态，焊后接头强度下降较大，焊接时应该严格控制焊接热输入。熔化焊时应采用能量集中的热源，减小热影响区；或采用较小的焊接电流和较快的焊接速度，避免产生焊接热裂纹。

总之，钛及钛合金由于高温塑性较好，液相线与固相线的温度区间窄，而且凝固时的收缩量也比较小，加上硫、磷、碳等杂质元素少，在晶界上很少形成低熔点共晶聚集，所以一般很少产生热裂纹。但当母材和焊丝质量不合格，特别是焊丝有裂纹、夹层等缺陷时，会在夹层和裂纹处积聚大量有害杂质而使焊缝产生热裂纹。所以钛合金焊接时应特别注意母材和焊接材料的成分标准是否符合要求。

（2）冷裂纹和延迟裂纹

当焊缝含氧、氮量较高时，焊缝性能变脆，在较大的焊接应力作用下会出现裂纹，这种裂纹是在较低温度下形成的。

在焊接钛合金时，热影响区有时也会出现延迟裂纹，这种裂纹可以延迟到几小时、几天甚至几个月后发生。氢是导致延迟裂纹形成的主要原因。TC1钛合金焊接热影响区氢含量明显提高，是氢由高温熔池向较低温度的热影响区扩散的结果。析出氢化物时体积膨胀引起较大的组织应力，再加之氢原子向该区的高应力部位扩散及聚集，最终使得接头形成裂纹。

钛的熔点高、热容量大、导热性差，因此在焊接时易形成较大的熔池，并且熔池温度高。这使得焊缝及热影响区金属在高温环境下停留的时间比较长，晶粒长大倾向明显，使接头塑性和韧性降低，导致产生裂纹。长大的晶粒难以用热处理方法恢复，所以焊接时应严格控制焊接热输入。熔焊时应采用能量集中的热源，减小热影响区；采用较小的焊接电流和较快的焊接速度，以提高热影响区的塑性。对于α+β钛合金，为了避免α相和β相产生不良结合以及避免脆性相的形成，应该采用稍大的热输入。

对于α+β钛合金，如果β组织含量较少，则焊接性较好，但接头塑性比α合金低；β组织较多的合金在冷却过程中会出现各种马氏体相，如α'相、α"相和ω相，塑韧性进一步下降，冷却速度越大，下降越严重，裂纹倾向越大。所以焊接α+β钛合金时宜采用稍大的热输入进行焊接。此外，进行合适的焊后热处理，也可减少焊接冷裂纹。

当焊缝中氧、氢、氮含量较多时，焊缝和热影响区的性能变脆，在较大的焊接应力作用下容易出现冷裂纹，这种裂纹是在较低温度下形成的。在焊接钛合金时，热影响区有时也会出现延迟裂纹，原因是熔池中的氢和母材金属低温区中的氢向热影响区扩散，引起氢在热影响区的含量增加并析出 TiH_2，使热影响区脆性增大。防止这种延迟裂纹的方法是尽可能降低焊接接头的氢含量。

防止延迟裂纹的办法，主要是减少焊接接头处氢的来源，选用含氢量低的母材、焊丝和氩气，注意焊前清理、焊后去氢处理，并进行消除应力处理。必要时可进行真空退火处理，以减少焊接接头的氢含量。

2.2.3　焊缝中的气孔

（1）气孔产生原因及影响因素

① 材质的影响　气孔是钛及钛合金焊接中较常见的缺陷，O_2、N_2、H_2、CO_2、H_2O

都可能引起气孔。钛合金焊缝中的气孔主要受母材、焊丝和氩气中不纯气体的影响。氩气及母材、焊丝中含 H_2、O_2 及 H_2O 量提高，会使焊缝气孔明显增加。N_2 对焊缝气孔的影响较弱。

钛及钛合金焊缝形成气孔的影响因素见表2.4。其中氢是钛及钛合金焊接中形成气孔的主要气体。氢气孔多数产生在焊缝中部和熔合区附近。

表 2.4　钛及钛合金焊缝形成气孔的影响因素

影响因素	形成气孔的原因
焊接区气氛	在熔池中混入 O_2、N_2、H_2 等杂质气体
焊丝	焊丝表面吸附杂质气体 焊丝表面存在灰尘和油脂 焊丝表面存在氧化物 焊丝内部含有杂质气体
焊件	焊件表面吸附杂质气体 焊件表面存在灰尘和油脂 焊件表面存在氧化物 焊件内部含有杂质气体
焊接条件	钨极氩弧焊时焊接电流太大 焊接速度太快
坡口形式	坡口角度太小

材质表面对生成气孔也有影响。钛板及焊丝表面常受到外部杂质的污染，包括水分、油脂、氧化物（常带有结晶水）、含碳物质、砂粒、磨料质点（表面用砂轮磨后或用砂纸打磨后的残余物）、有机纤维及吸附的气体等。这些杂质对钛及钛合金焊缝气孔的生成都有一定的影响，特别是对接端面处的表面污染对气孔形成的影响更为显著。

② 工艺因素的影响　氢是钛及钛合金焊接时形成气孔的主要气体。通过增氢处理及真空减氢处理改变焊丝及母材中含氢量变化，或通过在氩气中加入不同量的氢气时，焊缝含氢量增加，气孔数量随之也增加。这是工件及焊丝表面的水汽及结晶水等引起的气孔，主要是由于氢的作用（$Ti+2H_2O \longrightarrow TiO_2+2H_2$）。另一原因是高熔点的磨料质点及氧化物能作为形成气泡的核心，促使气孔的生成。氧参与的化学反应生成的 CO 及 H_2O 等也是生成气孔的原因。

焊接熔池存在时间很短时，因氢的扩散不充分，即使有气泡核存在，也来不及长大形成气泡；熔池存在时间逐渐增长后，氢向气泡核扩散，使形成宏观气泡的条件变得有利，于是焊缝气孔逐渐增多，直到出现最大值；此后再延长熔池存在时间，气泡逸出熔池的条件变得有利，故进一步增长熔池存在时间，气孔逐渐减少。

工件表面不清理状态下进行对接氩弧焊（无间隙或间隙很小）时焊缝有大量气孔，但在同样不清理的板材上进行堆焊时，一般不产生气孔。对接间隙增大时，气孔也相应减少。这表明，紧密接触的对接端面表面层是形成气孔的重要原因。这是因为，在焊接热作用下，紧靠熔池前部的对接边受严重挤压而接触紧密，甚至可观察到塑性变形，对接端面的表面层往往有吸附的水汽及其他能形成气体的物质，此时紧靠熔池前方的对接端面又处于高温状态，这对生成气体有利，这些气体被对接端面严密封锁，处于高压状态，生成微气泡，随后这些微气泡在熔池中生长成气孔。在堆焊及预留间隙对接时，工

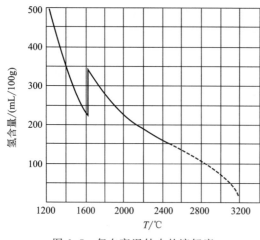

图 2.7　氢在高温钛中的溶解度

件表面及对接端面的水汽、结晶水等杂质在熔化前就被加热到高温而分散进入气相，故对气孔生成影响很小。

钛及钛合金焊缝气孔大多分布在熔合区附近，这是钛及钛合金气孔的一个特点。氢在高温时溶入熔池，冷却结晶时过饱和的氢来不及从熔池逸出时，便在焊缝中集聚形成气孔。这种气孔的形成与氢在钛中的溶解度有关。由图 2.7 可知，氢在钛中的溶解度随温度升高而降低，在凝固温度时发生溶解度突变。焊接熔池中部的氢易向熔合区扩散，因后者比前者对氢有更高的溶解度，故熔池边缘易为氢过饱和而生成气孔。

（2）减少气孔的措施

钛合金焊缝中的气孔不仅造成应力集中，而且使气孔周围金属的塑性降低，从而使整个焊接接头的力学性能下降，甚至导致接头的断裂破坏，因此必须严格控制气孔的生成。防止焊缝中气孔产生的关键是杜绝气体（氧、氮、氢）的来源，防止焊接区被污染，通常采取以下措施：

① 焊前仔细清除焊丝、母材表面上的氧化膜及油污等有机物质；严格限制原材料中氢、氧、氮等杂质气体的含量；焊前对焊丝进行真空去氢处理来改善焊丝的含氢量和表面状态。

② 尽量缩短焊件清理后到焊接的时间间隔，一般不要超过 2h，否则要妥善保存焊接件，以防吸潮；采用机械方法加工坡口端面，并除去剪切痕迹。

③ 正确选择焊接工艺参数，延长熔池停留时间，以便气泡逸出；控制氩气的流量，防止紊流现象。

④ 可以采用真空电子束焊或等离子弧焊；采用低露点氩气，其纯度>99.99%；焊炬上通氩气的管道不宜采用橡胶管，以尼龙软管为好。

⑤ 采用脉冲氩弧焊时，可明显减少气孔，通断比以 1∶1 为好。

⑥ 将 $AlCl_3$、$MnCl_2$ 和 CaF_2 等涂于焊接坡口上，并控制对接坡口间隙为 0.2～0.5mm。

此外，钛的弹性模量比不锈钢小，在同样的焊接应力条件下，钛及钛合金的焊接变形是不锈钢的一倍，因此焊接时应该采用垫板和压板将待焊工件压紧，以减小焊接变形。此外，垫板和压板还可以传导焊接区的热量，缩短焊接区的高温停留时间，减少焊缝的氧化。

2.3　钛及钛合金的焊接工艺

钛及钛合金的性质非常活泼，溶解氮、氢、氧的能力很大，所以普通的焊条手弧焊、气焊、CO_2 气体保护焊不适用于钛及钛合金的焊接，应用最多的有钨极氩弧焊（TIG焊）、等离子弧焊（PAW）、电子束焊（EBW）等。钛及钛合金的主要焊接方法及特点见表 2.5。

表 2.5　钛及钛合金的主要焊接方法及特点

焊接方法	特　点
钨极氩弧焊	①可以用于薄板及厚板的焊接,板厚 3mm 以上时可以采用多层焊 ②熔深浅,焊道平滑 ③适用于修补焊接
熔化极氩弧焊	①熔深大,熔敷量大 ②飞溅较大 ③焊缝外形较钨极氩弧焊差
等离子弧焊	①熔深大 ②10mm 的厚板可以一次焊成 ③手工操作困难
电子束焊	①熔深大,污染少 ②焊缝窄,热影响区小,焊接变形小 ③设备价格高
激光焊	①熔深大 ②不用真空室 ③可以进行精密焊接 ④设备价格高
扩散焊	①可以用于异种金属或金属与非金属的焊接 ②形状复杂的工件可以一次焊成 ③变形小

2.3.1　钛及钛合金焊接工艺特点

（1）焊前清理

钛及钛合金焊接接头的质量在很大程度上取决于焊件和焊丝的焊前清理,当清理不彻底时,会在焊件和焊丝表面形成吸气层,并导致焊接接头形成裂纹和气孔,因此焊接前应对坡口及其附近区域进行认真的清理。清理通常采用机械清理和化学清理。

① 机械清理　采用剪切、冲压和切割下料的工件需要焊前对其接头边缘进行机械清理。对于焊接质量要求不高或酸洗有困难的焊件,可以用细砂布或不锈钢丝刷擦拭,或用硬质合金刮刀刮削待焊边缘去除表面氧化膜,刮深 0.025mm 即可。对于采用气焊切割下料的工件,机械加工切削层的厚度应不小于 1～2mm。然后用丙酮或乙醇、四氯化碳或甲醇等溶剂去除坡口两侧的手印、有机物质及焊丝表面的油污等。在除油时需使用厚棉布、毛刷或人造纤维刷刷洗。

对于焊前经过热加工或在无保护气体的情况下热处理的工件,需要进行喷丸或喷砂清理表面,然后进行化学清理。

② 化学清理　如果钛板热轧后已经酸洗,但由于存放较久又生成新的氧化膜时,可在室温条件下将钛板浸泡在 （2%～4%）HF ＋（30%～40%）HNO_3 ＋ H_2O 的溶液中 15～20min,然后用清水冲洗干净并烘干。对于热轧后未经酸洗的钛板,由于其氧化膜较厚,应先进行碱洗。碱洗时,将钛板浸泡在含烧碱 80%、碳酸氢钠 20% 的浓碱水溶液中 10～15min,溶液的温度保持在 40～50℃。碱洗后取出冲洗,再进行酸洗。酸洗液的配方为:每升溶液中,硝酸 55～60mL,盐酸 340～350mL,氢氟酸 5mL。酸洗时间为 10～15min（室温下浸泡）。取出后分别用热水、冷水冲洗,并用白布擦拭、晾干。

　　经酸洗的焊件、焊丝应在 4h 内焊完，否则要重新酸洗。焊丝可放在温度为 150～200℃ 的烘箱内保存，随取随用，取焊丝时应戴洁净的白手套，以免污染焊丝。对焊件应采用塑料布掩盖防止沾污，对已沾污的可用丙酮或酒精擦洗。

　　（2）坡口的制备与装配

　　为减少焊缝的累积吸气量，在选择坡口形式及尺寸时，应尽量减少焊接层数和填充金属量，以防止接头塑性的下降。钛及钛合金的坡口形式及尺寸见表 2.6。搭接接头由于其背面保护困难，接头受力条件差，尽可能不采用，一般也不采用永久性垫板对接。对于母材厚度小于 2.5mm 的 I 形坡口对接接头，可以不添加填充焊丝进行焊接。对于厚度更大的母材，则需要开坡口并添加填充金属。一般应尽量采用平焊。采用机械方法加工的坡口，由于接头内可能留有空气，因而对接头装配要求高。在钛板的坡口加工时最好采用刨、铣等冷加工工艺，以减小热加工时出现的坡口边缘硬度增加的现象，降低机械加工时的难度。

表 2.6　钛及钛合金钨极手工氩弧焊的坡口形式及尺寸

坡口形式	板厚 δ/mm	坡口尺寸		
		间隙/mm	钝边/mm	角度 α/(°)
I 形	0.25～2.3	0	—	—
	0.8～3.2	0～0.1δ	—	—
V 形	1.6～6.4			30～60
	3.0～13			30～90
X 形	6.4～38	0～1.0δ	(0.1～0.25)δ	30～90
U 形	6.4～25			15～30
双 U 形	19～51			15～30

　　由于钛的一些特殊物理性能，如表面张力系数大、熔融态时黏度小，焊前须对焊件进行仔细的装配。点固焊的焊点间距为 100～150mm，长度约为 10～15mm。点固焊所用的焊丝、焊接工艺参数及保护气体等与正式焊接时相同，在每一点固焊点停弧时，应延时关闭氩气。装配时严禁使用铁器敲击、划伤待焊工件表面。

　　（3）钛及钛合金焊丝

　　由于钛及钛合金在高温下对氧、氮和氢等有极大的亲和力，焊接时必须对熔池及其周围大于 400℃ 的高温区进行严密保护，以防空气中的氧、氮侵入造成污染。因此，钛及钛合金的焊接一般不用焊条电弧焊，而采用加填充丝或不加填充丝的钨极氩弧焊、熔化极氩弧焊和等离子弧焊。

　　我国钛及钛合金气体保护焊（TIG 焊、MIG 焊）、等离子弧焊和激光焊常用的合金焊丝型号及化学成分见表 2.7。

　　焊接时，填充焊丝一般采用同质材料，也可使用比母材合金化程度稍低的焊丝，如采用 TC3 焊丝来焊接 TC4 钛材。为了达到改善焊缝塑性的目的，也采用属于超低间隙元素等级的焊丝，如 O≤0.12%，N≤0.03%，H≤0.0056%，C≤0.04%。在钛及钛合金焊丝中，目前使用较多的是工业纯钛、Ti-5Al-2.5Sn 和 Ti-6Al-4V 等。

　　美国标准 ANSI/AWS A5.16/A5.16M：2007《钛及钛合金焊接电极和焊条标准》规定了适用于 TIG、MIG 焊和等离子弧焊用钛及钛合金焊丝和填充丝的分类和化学成分，见表 2.8。表中字母 EL1 表示钛合金填充金属有极低的间隙元素（C、O、N、H）含量。

表 2.7　我国钛及钛合金焊丝型号和化学成分

焊丝型号	化学成分代号	化学成分/%												
		Ti	C	O	N	H	Fe	Al	V	Sn	Pb	Ru	Cr	Ni	其他
STi0100	Ti99.8	余	0.03	0.03~0.10	0.012	0.005	0.08	—	—	—	—	—	—	—	—
STi0120	Ti99.6	余	0.03	0.08~0.16	0.015	0.008	0.12	—	—	—	—	—	—	—	—
STi0125	Ti99.5	余	0.03	0.13~0.20	0.02	0.008	0.16	—	—	—	—	—	—	—	—
STi0130	Ti99.3	余	0.03	0.18~0.32	0.025	0.008	0.25	—	—	—	—	—	—	—	—
STi2251	TiPb0.2	余	0.03	0.03~0.10	0.012	0.005	0.08	—	—	—	0.12~0.25	—	—	—	—
STi2255	TiRu0.1	余	0.03	0.03~0.10	0.012	0.005	0.08	—	—	—	—	0.08~0.14	—	—	—
STi3423	TiNi0.5	余	0.03	0.03~0.10	0.012	0.005	0.08	—	—	—	—	0.04~0.06	—	0.4~0.6	—
STi3531	TiCo0.5	余	0.03	0.08~0.16	0.015	0.008~0.12	—	—	—	—	0.04~0.08	—	—	—	Co:0.20~0.80
STi4251	TiAl4V2Fe	余	0.05	0.20~0.27	0.02	0.01	1.2~1.8	3.5~4.5	2.0~3.0	—	—	—	—	—	—
STi4621	TiAl6Zr4Mo2Sn2	余	0.04	0.30	0.015	0.015	0.05	5.5~6.5	—	1.8~2.2	—	—	0.25	—	Zr:3.6~4.4 Mo:1.8~2.2
STi4810	TiAl8V1Mo1	余	0.08	0.12	0.05	0.01	0.30	7.35~8.35	0.75~1.25	—	—	—	—	—	—
STi5112	TiAl5V1Sn1Mo1Zr1	余	0.03	0.05~0.10	0.012	0.008	0.20	4.5~5.5	0.6~1.4	0.6~1.4	—	—	—	—	Mo:0.6~1.2 Zr:0.6~1.4 Si:0.06~0.14
STi6321	TiAl3V2.5A	余	0.03	0.06~0.12	0.012	0.005	0.20	2.5~3.5	2.0~3.0	—	—	—	—	—	—
STi6408	TiAl6V4A	余	0.03	0.03~0.11	0.012	0.005	0.20	5.5~6.5	3.5~4.5	—	—	—	—	—	—
STi8451	TiNb45	余	0.03	0.06~0.12	0.02	0.0035	0.03	—	—	—	—	—	—	—	Nb:42~47
STi8641	TiV8Cr6Mo4Zr4Al3	余	0.03	0.06~0.10	0.015	0.015	0.20	3.0~4.0	7.5~8.5	—	0.04~0.08	—	5.5~6.5	—	Mo:3.5~4.5 Zr:3.5~4.5

表2.8 钛及钛合金焊接电极和焊条的分类及化学成分 (AWS A5.16/A5.16M: 2007)

AWS分类	质量分数/%										
	C	O	N	H	Fe	Al	V	Pd	Ru	Ni	其他元素
ERTi-1	0.03	0.03~0.10	0.012	0.005	0.08	—	—	—	—	—	—
ERTi-2	0.03	0.08~0.16	0.015	0.008	0.12	—	—	—	—	—	—
ERTi-3	0.03	0.13~0.20	0.02	0.008	0.16	—	—	—	—	—	—
ERTi-4	0.03	0.18~0.32	0.025	0.008	0.25	—	—	—	—	—	—
ERTi-5	0.05	0.12~0.20	0.03	0.015	0.22	5.5~6.75	3.5~4.5	—	—	—	—
ERTi-7	0.03	0.08~0.16	0.015	0.008	0.12	—	—	0.12~0.25	—	—	—
ERTi-9	0.03	0.06~0.12	0.012	0.005	0.20	2.5~3.5	2.0~3.0	—	—	—	—
ERTi-11	0.03	0.03~0.10	0.012	0.005	0.08	—	—	0.12~0.25	—	—	—
ERTi-12	0.03	0.08~0.16	0.015	0.008	0.15	—	—	—	—	0.6~0.9	Mo:0.2~0.4
ERTi-13	0.03	0.03~0.10	0.012	0.005	0.08	—	—	—	0.04~0.06	0.4~0.6	—
ERTi-14	0.03	0.08~0.16	0.015	0.008	0.12	—	—	—	0.04~0.06	0.4~0.6	—
ERTi-15A	0.03	0.13~0.20	0.02	0.008	0.16	—	—	—	0.04~0.06	0.4~0.6	—
ERTi-16	0.03	0.08~0.16	0.015	0.008	0.12	—	—	0.04~0.08	—	—	—
ERTi-17	0.03	0.03~0.10	0.012	0.005	0.08	—	—	0.04~0.08	—	—	—
ERTi-18	0.03	0.06~0.12	0.012	0.005	0.20	2.5~3.5	2.0~3.0	0.04~0.08	—	—	—
ERTi-19	0.03	0.06~0.10	0.015	0.015	0.20	3.0~4.0	7.5~8.5	—	—	—	Mo:3.5~4.5 Cr:5.5~6.5 Zr:3.5~4.5
ERTi-20	0.03	0.06~0.10	0.015	0.015	0.20	3.0~4.0	7.5~8.5	0.04~0.08	—	—	Mo:3.5~4.5 Cr:5.5~6.5 Zr:3.5~4.5

续表

AWS 分类	质量分数/%										
	C	O	N	H	Fe	Al	V	Pd	Ru	Ni	其他元素
ERTi-21	0.03	0.10~0.15	0.012	0.005	0.20~0.40	2.5~3.5	—	—	—	—	Mo:14.0~16.0 Nb:2.2~3.2 Si:0.15~0.25
ERTi-23	0.03	0.03~0.11	0.012	0.005	0.20	5.5~6.5	3.5~4.5	—	—	—	
ERTi-24	0.05	0.12~0.20	0.03	0.015	0.22	5.5~6.75	3.5~4.5	0.04~0.08	—	—	
ERTi-25	0.05	0.12~0.20	0.03	0.015	0.22	5.5~6.75	3.5~4.5	0.04~0.08	—	0.3~0.8	
ERTi-26	0.03	0.08~0.16	0.015	0.008	0.12	—	—	—	0.08~0.14	—	
ERTi-27	0.03	0.03~0.10	0.012	0.005	0.08	—	—	—	0.08~0.14	—	
ERTi-28	0.03	0.06~0.12	0.012	0.005	0.20	2.5~3.5	2.0~3.0	—	0.08~0.14	—	
ERTi-29	0.03	0.03~0.11	0.012	0.005	0.20	5.5~6.5	3.5~4.5	—	0.08~0.14	—	
ERTi-30	0.03	0.08~0.16	0.015	0.008	0.12	—	—	0.04~0.08	—	—	Co:0.20~0.80
ERTi-31	0.03	0.13~0.20	0.02	0.008	0.16	—	—	0.04~0.08	—	—	Co:0.20~0.80
ERTi-32	0.03	0.05~0.10	0.012	0.008	0.20	4.5~5.5	0.6~1.4	—	—	—	Mo:0.6~1.2 Si:0.06~0.14 Zr:0.6~1.4 Sn:0.6~1.4
ERTi-33	0.03	0.08~0.16	0.015	0.008	0.12	—	—	0.01~0.02	0.02~0.04	0.35~0.55	Cr:0.1~0.2
ERTi-34	0.03	0.13~0.20	0.02	0.008	0.16	—	—	0.01~0.02	0.02~0.04	0.35~0.55	Cr:0.1~0.2
ERTi-36	0.03	0.06~0.12	0.02	0.0035	0.03	—	—	—	—	—	
ERTi-38	0.05	0.20~0.27	0.02	0.010	1.2~1.8	3.5~4.5	2.0~3.0	—	—	—	Nb:42.0~47.0

（4）保护措施

由于钛及钛合金对空气中的氧、氮、氢等气体具有很强的亲和力，因此必须在焊接区采取良好的保护措施，以确保焊接熔池及温度超过350℃的热影响区的正反面与空气隔绝。采用钨极氩弧焊焊接钛及钛合金的保护措施及其适用范围如表2.9所示。

表2.9　钨极氩弧焊焊接钛及钛合金的保护措施

类别	保护位置	保护措施	用途及特点
局部保护	熔池及其周围	采用保护效果好的圆柱形或椭圆形喷嘴,相应增加氩气流量	适用于焊缝形状规则、结构简单的焊件,操作方便,灵活性大
	温度≥400℃的焊缝及热影响区	①附加保护罩或双层喷嘴 ②焊缝两侧吹氩 ③适应焊件形状的各种限制氩气流动的挡板	
	温度≥400℃的焊缝背面及热影响区	①通氩垫板或焊件内腔充氩 ②局部通氩 ③紧靠金属板	
充氩箱保护	整个工件	①柔性箱体(尼龙薄膜、橡胶等),采用不抽真空多次充氩的方法提高箱体内的氩气纯度。但焊接时仍需喷嘴保护 ②刚性箱体或柔性箱体附加刚性罩,采用抽真空(10^{-2}～10^{-4})再充氩的方法	适用于结构形状复杂的焊件,焊接可达性较差
增强冷却	焊缝及热影响区	①冷却块(通水或不通水) ②用适用焊件形状的工装导热 ③减小热输入	配合其他保护措施以增强保护效果

焊缝的保护效果除了与氩气纯度、流量、喷嘴与焊件间距离、接头形式等因素有关外，还与焊炬、喷嘴的结构形式和尺寸有关。钛的热导率小、焊接熔池尺寸大，因此，喷嘴的孔径也应相应增大，以扩大保护区的面积。常用的焊炬喷嘴及拖罩见图2.8。该结构可以获得具有一定挺度的气流层，保护区直径达30mm左右。如果喷嘴的结构不合理时，则会出现紊流和挺度不大的层流，两者都会使空气混入焊接区。

为了改善焊缝金属的组织，提高焊缝、热影响区的性能，可采用增强焊缝冷却速度的方

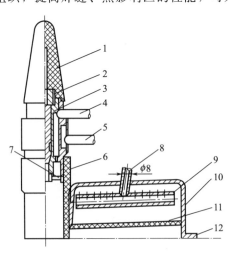

图2.8　钛板氩弧焊用的焊炬及拖罩

1—绝缘帽；2—压紧螺母；3—钨极夹头；4—进气管；5—进水管；6—喷嘴；7—气体透镜；
8—进气管；9—气体分布管；10—拖罩外壳；11—铜丝网；12—帽沿

法，即在焊缝两侧或焊缝反面设置空冷或水冷铜压块。已脱离喷嘴保护区但仍在 350℃ 以上的焊缝热影响区表面，仍需继续保护。通常采用通有氩气流的拖罩。拖罩的长度为 100～180mm，宽度为 30～40mm，具体长度可根据焊件形状、板厚、焊接工艺参数等条件确定，但要使温度处于 350℃ 以上的焊缝及热影响区金属得到充分的保护。拖罩外壳的四角应圆滑过渡，要尽量减少死角，同时拖罩应与焊件表面保持一定距离。

焊接长焊缝，当焊接电流大于 200A 时，在拖罩下端帽沿处需设置冷却水管，以防拖罩过热，甚至烧坏铜丝网和外壳。钛及钛合金薄板手工 TIG 焊用拖罩通常与焊炬连接为一体，并与焊炬同时移动。管子对接时，为加强对于管子正面后端焊缝及热影响区的保护，一般是根据管子的外径设计制造专用环形拖罩，如图 2.9 所示。

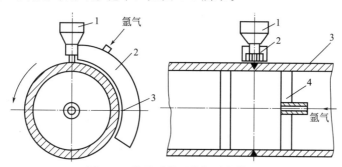

图 2.9　管子对接环缝焊时的拖罩
1—焊炬；2—环形拖动；3—管子；4—金属或纸质挡板

钛及钛合金焊接中背面也需要加强保护。通常采用在局部密闭气腔内或整个焊件内充氩气，以及在焊缝背面加通氩气的垫板等措施。对于平板对接焊时可采用背面带有通气孔道的紫铜垫板，如图 2.10 所示。氩气从焊件背面的紫铜垫板出气孔流出（孔径为 $\phi 1mm$，孔距为 15～20mm），并短暂地储存在垫板的小槽内，以保护焊缝背面不受有害气体的侵害。

为了加强冷却，垫板应采用紫铜，其凹槽的深度和宽度要适当，否则不利于氩

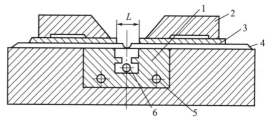

图 2.10　焊缝反面通氩气保护用垫板
1—铜垫板；2—压板；3—紫铜冷却板；
4—钛板；5—出水管；6—进水管

气的流通和储存。对于厚度在 4mm 以内的钛板，其焊接垫板的成形槽尺寸见表 2.10。焊缝背面不采用垫板的，可加用手工移动的氩气拖罩。批量生产钛管时，对接焊可在氩气保护罩内焊接，管子转动焊炬不动。

表 2.10　垫板成形槽尺寸及压板间距

钛板厚度 /mm	成形槽尺寸/mm		压板间距 /mm	备注
	槽宽	槽深		
0.5	1.5～2.5	0.5～0.8	10	反面不通氩气
1.0	2.0～3.0	0.8～1.2	15～20	
2.0	3.0～5.0	1.5～2.0	20～25	反面通以氩气
3.0	5.0～6.0		25～30	
4.0	6.0～7.0			

氩气流量的选择以达到良好的焊接表面色泽为准，过大的流量不易形成稳定的气流层，而且增大焊缝的冷却速度，容易在焊缝表面出现钛的马氏体。拖罩中的氩气流量不足时，焊接接头表面呈现出不同的氧化色泽；而流量过大时，将对主喷嘴的气流产生干扰。焊缝背面的氩气流量过大也会影响正面第一层焊缝的气体保护效果。

焊缝和热影响区的表面色泽是保护效果的标志，钛材在电弧作用后，表面形成一层薄的氧化膜，不同温度下所形成的氧化膜颜色是不同的。一般要求焊后表面最好为银白色，其次为金黄色。工业纯钛焊缝的表面颜色与接头冷弯角的关系见表2.11。多层、多道焊时，不能单凭盖面层焊缝的色泽来评价焊接接头的保护效果。因为若底层焊缝已被杂质污染，而焊盖面层时保护效果良好，结果仍会由于底层的污染而明显降低接头的塑性。

表 2.11　工业纯钛焊缝表面颜色与接头冷弯角的关系

焊缝表面颜色	温度/℃	保护效果	污染程度	焊接质量	冷弯角 $\alpha/(°)$
银白色	350～400	良好	小 ↓ 大	良好	110
金黄色	500	尚好		合格	88
深黄色	—				70
浅蓝色	—	较差			66
深蓝色	520～570	差		不合格	20
暗灰色	≥600	极差			0

（5）焊后热处理

钛及钛合金的接头在焊接后存在着很大的残余应力。如果不消除，将会引起冷裂纹，增大应力腐蚀开裂的敏感性，降低接头的疲劳强度，因此焊后必须进行消除应力处理。按合金的化学成分、原始状态和结构使用要求，有焊后退火处理和淬火-时效处理。

① 退火　退火的目的是消除应力，稳定组织、改善力学性能。退火工艺分为完全退火和不完全退火两类。α 和 β 钛合金（TB2 除外）一般只作退火热处理。

由于完全退火的加热温度较高，为避免焊件表面被空气污染，必须在氩气或真空中进行。不完全退火由于加热温度较低，可在空气中进行，空气对焊缝及焊件表面的轻微污染可用酸洗方法去除。

退火后的冷却速度对 α 和 β 钛合金不敏感，对 α+β 钛合金十分敏感。对于这种合金，须以规定的速度冷却到一定温度，然后分阶段冷却或直接空冷，而且开始空冷的温度不应低于使用温度。

② 淬火-时效处理　淬火-时效处理的目的是提高焊后接头的强度。但由于高温加热氧化严重，淬火时发生的变形难以矫正，而且焊件较大时不易进行淬火处理，因此一般很少采用，仅对结构简单、体积不大的压力容器适用。

消除应力处理前，焊件表面须进行彻底的清理，然后在惰性气氛中进行热处理。几种钛及钛合金焊后热处理的工艺参数见表2.12。

表 2.12　钛及钛合金焊后热处理的工艺参数

材料	工业纯钛	TA7	TC4	TC10
温度/℃	482～593	533～649	538～593	482～649
保温时间/h	0.5～1	1～4	1～2	1～4

2.3.2　钛及钛合金的氩弧焊（TIG焊/MIG焊）

钨极氩弧焊（TIG焊）是焊接钛及钛合金最常用的方法，常用于焊接厚度在3mm以下的钛及钛合金。熔化极氩弧焊（MIG焊）用于焊接厚度在3mm以上的钛及钛合金。

氩弧焊可以分为敞开式焊接和箱内焊接两种类型，他们又各自分为手工焊和自动焊。敞开式焊接是在大气环境中利用焊枪喷嘴、拖罩和背面保护装置通以适当流量的氩气或Ar+He混合气，把焊接高温区与空气隔开，以防止空气侵入而沾污焊接区的金属。这是一种局部气体保护的焊接方法。当焊件结构复杂，难以实现拖罩或背面保护时，则应该采用箱内焊接。箱体在焊接前要先抽真空，然后充氩气或Ar+He混合气，焊件在箱体内处于惰性气氛下施焊，是一种整体气体保护的焊接方法。

2.3.2.1　焊接材料的选择

（1）氩气

适用于钛及钛合金焊接用的氩气为一级氩气，其纯度为99.99%，露点在−40℃以下，杂质总含量<0.02%，相对湿度<5%，水分<0.001mg/L。焊接过程中如果氩气的压力降至1MPa时应停止使用，以保证焊接接头的质量。

（2）焊丝

填充焊丝的成分一般应与母材金属成分相同。常用的焊丝型号有STi0100、STi0120、STi0125、STi0130、STi4251及STi6321等。为提高焊缝金属的塑性，可选用强度比母材金属稍低的焊丝。如焊接TA7及TC4等钛合金时，为提高焊缝塑性，可选用纯钛焊丝，但要保证焊丝中的杂质含量应比母材金属低，仅为一半左右，例如O≤0.12%、N≤0.03%、H≤0.006%、C≤0.04%。

焊丝以真空退火状态供货，表面不得有烧皮、裂纹、氧化色、非金属夹杂等缺陷存在。焊丝在焊前须进行彻底清理，否则焊丝表面的油污等可能成为焊缝金属的污染源。采用无标准牌号的焊丝时，可从基体金属上裁切出狭条作焊丝，狭条宽度和厚度相同。

2.3.2.2　焊接工艺参数

钛及钛合金焊接有晶粒长大倾向，尤以β钛合金最为显著，而晶粒长大难以用热处理方法加以调整。所以钛及钛合金焊接工艺参数的选择，既要防止焊缝在电弧作用下出现晶粒粗化的倾向，又要避免焊后冷却过程中形成脆硬组织。应采用较小的焊接热输入，使温度刚好高于形成焊缝所需的最低温度。如果焊接热输入过大，则焊缝容易被污染而形成缺陷。

（1）钨极氩弧焊

钨极氩弧焊一般采用具有恒流特性的直流弧焊电源，并采用直流正接，以获得较大的熔深和较窄的熔宽。在多层焊时，第一层一般不加焊丝，从第二层再加焊丝。已加热的焊丝应处于气体的保护之下。多层焊时，应保持层间温度尽可能低，等到前一层冷却至室温后再焊下一道焊缝，以防止过热。表2.13、表2.14所示是钛及钛合金手工和自动TIG焊的工艺参数，主要适用于对接长焊缝及环焊缝。表2.15所示是钛管手工TIG焊的工艺参数。

表 2.13　钛及钛合金手工 TIG 焊的工艺参数

板厚/mm	坡口形式	焊丝直径/mm	钨极直径/mm	焊接层数	焊接电流/A	氩气流量/(L/min)			喷嘴孔径/mm	备注
						主喷嘴	背面	拖罩		
0.5	I 形坡口对接	1.0	1.5	1	30~50	8~10	6~8	14~16	10	对接接头的间隙为 0.5mm,不加钛丝时的间隙为 1.0mm
1.0~1.5		1.0~2.0	2.0	1	40~80	8~12	6~10	14~16	10~12	
2.0~2.5		1.0~2.0	2.0~3.0	1	80~120	12~14	10~12	16~20	12~14	
3.0	V 形坡口对接	2.0~3.0	3.0	1~2	120~140	12~14	10~12	16~20	14~18	坡口间隙为 2~3mm,钝边为 0.5mm。焊缝反面加钢垫板,坡口角度为 60~65°
3.5~4.5		2.0~3.0	3.0~4.0	1~2	120~150	12~16	10~14	16~25	14~20	
5.0~6.0		3.0~4.0	4.0	2~3	130~180	14~16	12~14	20~28	18~20	
7.0~8.0		3.0~4.0	4.0	2~4	140~180	14~16	12~14	25~28	20~22	
10.0~13.0	对称双 Y 形坡口	3.0~4.0	4.0	4~8	160~240	14~16	12~14	25~28	20~22	坡口角度为 60°,钝边为 1mm;坡口角度为 55°,钝边为 1.5mm,间隙为 1.5~2.0mm
20.0~22		4.0~5.0	4.0	6~12	200~250	12~18	10~20	18~20	18~20	
25~30		3.0~4.0	4.0	15~18	200~250	16~18	20~26	26~30	20~22	

表 2.14　钛及钛合金自动 TIG 焊的工艺参数

板厚/mm	坡口形式	成形槽的垫板尺寸/mm		钨极直径/mm	焊丝直径/mm	焊接电流/A	焊接电压/V	焊接速度/(cm/s)	氩气流量/(L/min)			焊接层数
		宽度	深度						主喷嘴	拖罩	反面	
1.0	—	5	0.5	1.6	1.2	70~100	12~15	0.5~0.6	8~10	12~14	6~8	1
1.2	—	6	0.7	2.0	1.2	100~120	12~15	0.5~0.6	8~10	12~14	6~8	1
1.5	—	5	0.7	2.0	1.2~1.6	120~140	14~16	0.6~0.7	10~12	14~16	8~10	1
2.0	—	6	1.0	2.5	1.6~2.0	140~160	14~16	0.5~0.6	12~14	14~16	10~12	1
3.0	—	7	1.1	3.0	2.0~3.0	200~240	14~16	0.5~0.6	12~14	16~18	10~12	1
4.0	留 2mm 间隙	8	1.3	3.0	3.0	200~260	14~16	0.5~0.6	14~16	18~20	12~14	2
6.0	V 形 60°	—	—	4.0	3.0	240~280	14~18	0.5~0.6	14~16	20~24	14~16	3
10.0	V 形 60°	—	—	4.0	3.0	200~260	14~18	0.25~0.33	14~16	18~20	12~14	3
13.0	双 V 形 60°	—	—	4.0	3.0	220~260	14~18	0.6~0.7	14~16	18~20	12~14	4

表 2.15 钛管手工 TIG 焊的工艺参数

管壁厚度/mm	钨极直径/mm	焊丝直径/mm	钨极伸出长度/mm	焊接电流/A		氩气流量/(L/min)			备注
				第一层	第二层及后几层	主喷嘴	拖罩	管内	
2	2	1.2~1.6	5~8	70~90	110~120	8~10	12~16	6~8	
3	2~3	1.6	5~8	90~100	110~120	8~10	12~16	6~8	
4	3	2~3	6~10	110~120	130~140	10~12	14~18	8~10	
5~6	3	2~3	6~10	110~120	130~140	10~12	14~18	8~10	第一层均不加焊丝
7~9	4	2~4	6~10	170	210~240	14~16	20~24	8~12	
10~12	4	3~4	8~12	190	220~250	14~16	20~24	8~12	
13~16	4	4~5	8~12	190	220~250	14~16	20~24	8~12	

例如，TC4 钛合金高压球形气瓶用于运载火箭，要求重量轻、耐腐蚀，焊缝无气孔和夹杂，有较强高度和塑性，爆破压力达 50MPa，且有耐疲劳要求。为此，选用淬火＋时效状态的 TC4 做母材，抗拉强度为 1200MPa，伸长率大于 8%，焊接处厚度为 4.2mm。

TC4 钛合金气瓶采用钨极氩弧焊方法。焊前酸洗去除焊丝及瓶体焊接部位的油污后进行抛光，然后用丙酮清洗。钛合金气瓶采用多层焊，第一层可不加焊丝，以 0.5~1.0mm 短弧焊接，弧长由自由调节器调控，焊接过程中注意层间冷却。第二层要填丝，以 2~3mm 弧长进行焊接，焊接工艺参数见表 2.16。

表 2.16 TC4 钛合金气瓶钨极氩弧焊的工艺参数

接头结构	层序	焊丝	焊接电压/V	焊接电流/A	焊接速度/(m/h)	氩气流量/(L/min)		
						主喷嘴	拖罩	瓶内
焊接部位壁厚为 4.2mm 坡口角为 90° 钝边高度为 2mm	1	不加	8~9	245	16	13	30	25
	2	加	11~12	215	16	13	30	25

注：焊前应提前送氩气。

对于厚度在 0.1~2.0mm 的纯钛及钛合金板材、对焊接热循环敏感的钛合金以及薄壁钛管全位置焊接时，宜采用脉冲氩弧焊。该方法可成功地控制钛焊缝的成形，减少焊接接头过热和粗晶倾向，提高焊接接头的塑性。而且焊缝易于实现单面焊双面成形，获得质量高、变形量小的焊接接头。表 2.17 所示是厚度为 0.8~2.0mm 的钛板脉冲自动 TIG 焊的工艺参数。其中脉冲电流对焊缝的熔深起着主要作用，基值电流的作用是保持电弧稳定的燃烧，待下一次脉冲作用时不需要重新引弧。

表 2.17 钛及钛合金脉冲自动 TIG 焊的工艺参数

板厚/mm	焊接电流/A		钨极直径/mm	脉冲时间/s	休止时间/s	电弧电压/V	弧长/mm	焊接速度/(m/h)	氩气流量/(L/min)
	脉冲	基值							
0.8	50~80	4~6	2	0.1~0.2	0.2~0.3	10~11	1.2	18~25	6~8
1.0	66~100	4~5	2	0.14~0.22	0.2~0.34	10~11	1.2	18~25	6~8

续表

板厚 /mm	焊接电流/A		钨极直径 /mm	脉冲时间 /s	休止时间 /s	电弧电压 /V	弧长 /mm	焊接速度 /(m/h)	氩气流量 /(L/min)
	脉冲	基值							
1.5	120～170	4～6	2	0.16～0.24	0.2～0.36	11～12	1.2	16～24	8～10
2.0	160～210	6～8	2	0.16～0.24	0.2～0.36	11～12	1.2～1.5	14～22	10～12

（2）熔化极氩弧焊

当钛及钛合金板很厚时，采用熔化极氩弧焊可以减少焊接层数、提高焊接速度和生产率、降低成本，也可减少焊缝气孔。但 MIG 焊采用的是细颗粒过渡，填充金属受污染的可能性大，因此对保护要求较 TIG 焊更严格。此外，MIG 焊的飞溅较大，影响焊缝成形和保护效果。薄板焊接时通常采用短路过渡，厚板焊接时则采用喷射过渡。

MIG 焊时填丝较多，这就要求焊接坡口角度较大，厚度 15～25mm 的板材，可选用 90°单面 V 形坡口。钨极氩弧焊的拖罩可用于熔化极焊接，但由于 MIG 焊焊速高、高温区长，拖罩应加长，并采用流水冷却。MIG 焊时焊材的选择与 TIG 焊相同，但是对气体纯度和焊丝表面清洁度的要求更高，焊前须对焊丝进行彻底的清理。表 2.18 所示是 TC4 钛合金自动 MIG 焊的工艺参数。

表 2.18　TC4 钛合金自动 MIG 焊的工艺参数

材料	焊丝直径 /mm	焊接电流 /A	焊接电压 /V	焊接速度 /(cm/s)	送丝速度 /(cm/s)	焊枪至工件距离 /mm	坡口形式	氩气流量/(L/min)			根部间隙 /mm
								焊枪	拖罩	背面	
纯钛	$\phi 1.6$	280～300	30～31	1	14.4	27	Y 形 70°	20	20～30	30～40	1
钛合金	$\phi 1.6$	280～300	31～32	0.8	14.4	25	Y 形 70°	20	20～30	30～40	1

2.3.2.3　钛合金钨极氩弧焊示例

（1）乙烯工程中钛管的焊接

某乙烯工程中有 13 种规格（从 $\phi 33.7mm \times 1.5mm$ 到 $\phi 508mm \times 4.5mm$）纯钛管需进行全位置焊接，且与直管连接的弯管无直线段，使拖罩制作和焊接操作都比较困难。

1）气体保护措施

采用拖罩保护与管内充氩保护相结合的保护方式。

① 拖罩保护　自动 TIG 焊的拖罩结构为全密封带罩轨结构，见图 2.11。罩体为 1mm 厚铜皮和直径 $\phi 8mm$ 的铜管所焊成的两半圆体，以铰链和挂钩连接。铜管两侧沿罩壳方向钻有两排相互错开、孔距为 6mm 的 $\phi 1mm$ 小孔。罩轨是由铸造黄铜车制而成的两个半圆体，以铰链和螺栓连接，共三块，两块用于焊直管，一块则与弯管相匹配。

焊前，先将罩轨卡在管子接头两侧，然后把罩体安放在罩轨上，通过上部进气管或连接件固定在机头上，机头转动时带动罩体沿罩轨转动。当钛管直径大于 100mm 时可用不带罩轨的拖罩。

② 管内充氩气保护　钛管对接焊时采用管内充氩保护比较困难，特别是当管道系统复杂，而且管道又很长时，内部通氩保护更为困难，只得根据具体情况尽量缩小内部充氩保护的容积，以达到排出管内的空气为原则。对直径小于 100mm 的管子可用整体充氩保护，管

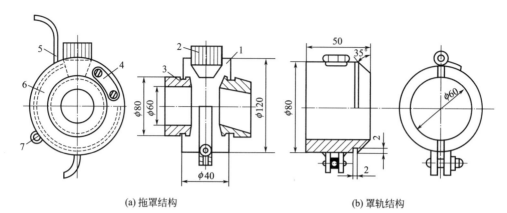

(a) 拖罩结构   (b) 罩轨结构

图 2.11 拖罩和罩轨的结构示意图

1—罩体；2—喷嘴；3—罩轨；4—挂钩；5—进气管；6—排气管；7—铰链

径在 100～500mm 间的采用局部隔离充氩保护；管径大于 500mm 的采用局部拖罩跟踪保护。充进管内的氩气达到充氩容积的 5～6 倍时方可将管内的空气排净。在实际生产中衡量管内充氩清洗的效果是用在一定的氩气流量下充氩的时间来确定，见表 2.19。

表 2.19 不同管径的钛管焊前管内充氩清洗的时间

管子直径/mm	氩气流量/(L/min)	300mm 长的钛管内充氩清洗的时间/s
25	10	8
50	10	24
76	10	55
102	10	90
128	10	150
152	10	210

充氩前应将充氩管端部周围钻若干小孔，以便对管壁充氩。考虑到氩气的密度比空气重，充氩点要选择在充氩管道系统的最低点；而放气点则选择在最高点处。其余管子接头处用密封胶带封住。

2）焊接工艺

焊前在钛管对接接头处进行定位焊，定位焊时管内也要充氩，焊接工艺参数与正式焊接相同。定位焊缝长 10～15mm。手工钨极氩弧焊的工艺参数见表 2.20。

表 2.20 钛管手工 TIG 焊的工艺参数

管壁厚度/mm	钨极直径/mm	焊丝直径/mm	钨极伸出长度/mm	焊接电流/A		氩气流量/(L/min)			备注
				第一层	第二层及以后几层	主喷嘴	拖罩	管内	
2	2	1.2	7	80	115	9	14	7	第一层均不加焊丝
3	2～3	1.6	7	100	115	9	14	7	
4	3	2～3	8	115	135	11	16	9	
5	3	2～3	8	115	135	11	16	9	

　　图2.12所示为钛管对接接头焊接时起弧点及收弧点的位置。图2.12中第1点为起弧点，起弧点应设置在定位焊缝上；第1～2点间的焊缝容易产生未焊透缺陷，因此焊接电流应适当增大；第2点以后焊接电流可适当减小约3～5A；到第3点时为使焊缝接头处熔合良好，焊接电流应增大至与起弧点相同的电流值；超过第1点以后电流逐渐衰减；至第4点以后，就断电收弧，整个焊接过程结束。

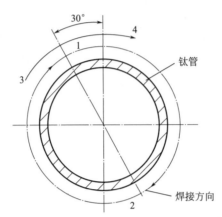

图2.12　钛管焊接起弧点及收弧点的位置示意图

（2）凝汽器与蒸发器部件的TIG焊

①凝汽器钛管与钛板的焊接　2×200MW汽轮机凝汽器与海水介质接触的冷却水管和板分别采用工业纯钛TA2和复合钛板。双层结构管板两板间距为20mm，注满0.34MPa压力的软水，钛管与双管板的连接形式见图2.13。管子规格为ϕ25mm×（0.5～0.7）mm，每台机组共26712道焊缝。采用自动脉冲TIG焊方法，焊接接头形式和电极位置见图2.14。采用Z形跳焊法以防止变形，焊接工艺参数见表2.21。

表2.21　钛管-板TIG焊的工艺参数

脉冲基值电流/A	脉冲峰值电流/A	喷嘴氩气保护流量/(L/min)	外保护氩气保护流量/(L/min)	氩气提前时间/s	引弧预热时间/s	衰减时间/s	氩气滞后时间/s
40～50	80～90	4	10	4～8	1～2	5	4～6

　　焊接过程中采用先胀后焊的方式，工艺流程为：凝汽器内部清理→管板清洗→穿管→胀管→切管→清洗→封闭→焊接→检验。其中清理和良好的保护是焊接成功的必要条件，而严格执行焊接工艺参数是确保焊接成功的关键，见表2.21。

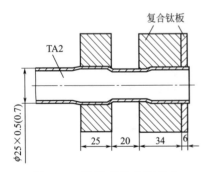

图2.13　钛管-板的连接形式

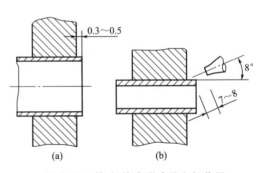

图2.14　管-板接头形式及电极位置

② TA2 降膜蒸发器的焊接　降膜蒸发器管材料为 TA2，壁厚为 2mm；壳体材料为 Q235A 钢。采用 TIG 焊方法，选用 TA2 焊丝，钨极直径为 $\phi3mm$，喷嘴直径为 $\phi16mm$。A 类焊缝坡口及焊接层次见图 2.15(a)。B 类焊缝结构见图 2.15(b)。

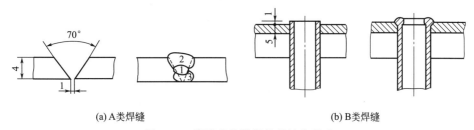

(a) A类焊缝　　　　　　　　　　　　　　　(b) B类焊缝

图 2.15　降膜蒸发器焊缝的结构形式

焊接 A 类焊缝时，焊接电流为 105～125A，焊接电压为 14～16V，焊接速度为 10～12m/h，焊枪及拖罩正反面气体流量分别为 11～12L/min、14～16L/min 和 10～13L/min。焊接 B 类焊缝时，不需要填加焊丝，焊接电流为 52～58A，焊接电压为 12～14V，焊枪和管内充氩保护的气体流量分别为 12L/min 和 6L/min。

（3）TC4 钛合金壳体的手工氩弧焊

TC4 钛合金焊接壳体是某型号空空导弹中的重要组合件，结构复杂，焊缝数量多，而且为不对称分布。TC4 钛合金壳体共由 19 种 60 多个零件通过自动氩弧焊、电阻焊和手工氩弧焊三种焊接方法组成的一个整体。壳体为筒形焊接结构件，具有壁薄、刚性差、易变形、焊接要求严格的特点。

TC4 钛合金壳体除含有较多的自动氩弧焊焊缝和数百个电阻焊点外，还有 20 多条手工氩弧焊环形焊缝，用于焊接各种螺母、螺母座和螺纹座，其中典型的焊接结构如图 2.16 所示。

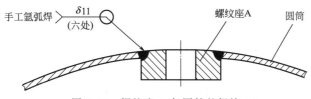

图 2.16　螺纹座 A 与圆筒的焊接

1）对焊缝的技术要求

① 全部焊缝经过 100％X 射线探伤，焊缝质量必须符合技术标准要求。

② 焊缝的焊透深度不小于圆筒壁厚的 70％，不允许出现凹陷、咬边、裂纹、焊漏等缺陷。

③ 焊接保护要求严格，焊缝表面应为银白色，热影响区为银白色或金黄色。

④ 零件的圆度、直线度必须符合设计图纸的尺寸精度。

2）钛合金壳体的焊接性分析

由于钛合金质量轻、强度高、比强度大、热物理性能特殊、冷裂倾向大、化学活性高，焊接时会出现焊接变形、焊缝气孔等问题。

① 焊接变形　钛的弹性模量仅为钢的一半，焊接残余变形较大，刚性差，易变形，焊接工艺性能不好，而在薄筒壁上又需要焊接多条焊缝，焊接变形难以控制，尺寸精度不好

保证。

②　焊接区的保护　TC4 钛合金的化学性质在高温下极为活泼,从 250℃ 开始吸收氢,从 400℃ 开始吸收氧,从 600℃ 开始吸收氮,而空气的主要成分就是氧和氮,因此焊接时钛容易氧化。氮、氢、氧不但会引起焊缝气孔的增加,而且使焊缝塑性下降、变脆,导致焊接裂纹的产生,所以焊接时超过 250℃ 的温度区域都需加以保护。

③　焊缝气孔　钛合金质量较轻,密度为 $4.5g/cm^3$,仅为钢材的 57%,焊接时对熔池中相同体积气泡的浮力仅为钢熔池的一半,气泡上浮速度慢,来不及逸出而易形成气孔。尤其是氢在钛中的溶解度随温度的降低而升高,在凝固温度时跃变降低后又升高,由于熔池中部比熔池边缘温度高,熔池中部的氢易向熔池边缘扩散,因此熔池边缘容易为氢过饱和而出现气孔,这也是钛合金焊缝气孔大多存在于熔合区的原因。

④　焊透深度达不到要求　螺纹座和圆筒的焊接属于板-管/柱 T 形接垂直插入式焊接结构,因为两者热容相差悬殊,所以难以焊透。设计要求焊透深度不小于圆筒壁厚的 70%,但要达到这个要求仍相当困难。

⑤　螺母和衬板焊接时圆筒的烧损　螺母和衬板的焊接结构如图 2.17 所示。螺母 A 和衬板的焊缝紧靠着圆筒,要想既不烧损圆筒,又要达到焊透深度的要求,这在工艺上确实是一个难题。

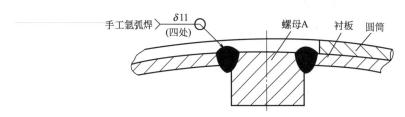

图 2.17　螺母 A 与衬板的焊接结构图

3) 焊接过程的质量控制

①　防止焊接变形的途径和措施　TC4 钛合金薄壁壳体焊接变形的方式主要是椭圆和下塌,解决的途径:一是设计焊接夹具,二是采取合理的焊接顺序和尽量减小焊接热输入。由于壳体内部零件众多,带气体保护的内撑夹具设计困难。首先对零件进行定位焊,以增加刚性,然后焊接变形小的螺母,最后对称焊接变形大的螺纹座。减小焊接热输入虽然可以减小焊接变形,防止晶粒粗大,但热输入过小不利于焊缝中气泡的逸出。

②　防止焊缝气孔的措施　防止焊缝气孔就是限制氢、氧、氮等有害气体的来源,特别是氢的来源。措施是对所有使用的焊接材料要严格限制含水量,焊前进行酸洗、打磨和清洗,并保持干燥。焊接时控制焊接热输入,在不引起过大变形和晶粒长大的前提下,适当延长熔池存在的时间,以有利于气泡浮出熔池。

③　加强焊接时的保护　正面保护采用大喷嘴慢速焊的方法,在焊缝背面设计一个简易的背面气体保护装置,如图 2.18 所示。保护气体采用纯度为 99.99% 的高纯氩,可较好地解决焊接时的保护问题。

④　防止圆筒烧损和焊透深度达不到要求的措施　焊接螺母和衬板的焊缝时,为了防止圆筒烧损,在焊接靠近圆筒的弧段焊缝时,进行不加丝焊接,以便在小电流下能够达到要求的焊透深度,然后用焊枪把其他地方的熔化金属带过来填满坡口。对于个别烧损的零件,可以用堆焊加修锉的办法来解决。

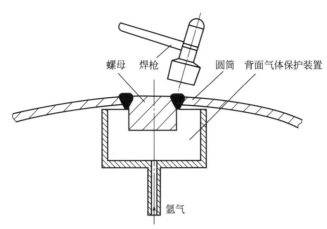

图 2.18 焊缝背面的气体保护装置

为了达到设计的焊透深度要求，采用不对称的焊接方法，即焊接时焊枪偏向螺纹座和螺母，给予它们较多的热量；而对圆筒、衬板和天线座，则给予较小的热量，并配以适当的焊接坡口。

4）焊前准备和焊接过程

① 焊前准备

a. 填充材料一般采用同质焊丝，但为了改善接头的塑性，可用比母材合金化程度稍低的 TC3 焊丝，焊丝直径为 1.2mm。

b. 焊接方法选用手工钨极氩弧焊，焊接设备为 MINI-TIG150 型手工直流钨极氩弧焊机，钨极材料为直径为 1.6mm 的铈钨极。

c. 在焊接零件上各开（1.0～1.2）mm×60°的单面 V 形坡口，接头呈现（1.0～1.2）mm×120°的 V 形坡口。

d. 焊接工艺流程为：酸洗→水洗（晾干或烘干）→打磨→刮削→擦洗→装配和定位焊→检验→焊接→X 射线探伤→热处理→检验。如发现有焊接缺陷需及时返修。

② 焊接工艺要点

a. 焊前的酸洗、冲洗和吹干。其步骤为：去油→负离子去油→酸洗 1～2min→水洗→吹干→80～120℃保温。酸洗到焊接的时间最好不要超过 2h。仅酸洗螺母、螺母座和螺纹座，不酸洗圆筒。

b. 打磨。用不锈钢丝刷打磨焊接区，呈光亮状态。注意不允许用清理轮和砂纸等打磨，因为磨料质点会对焊缝气孔的生成有影响。

c. 刮削。用擦洗干净的锯条刮削接缝端面，因为端面处的表面杂质污染对气孔形成的影响更为显著。打磨和刮削时带细纱手套而不能带粗纱手套，因为有机纤维会导致焊缝气孔的产生。

d. 擦洗。焊前用绸布和无水酒精把焊接区和背面气体保护装置擦洗干净。

e. 装配和定位焊。对照图纸和工艺装配零件，定位焊时零件位置尺寸要正确，要加背面气体保护，定位两点，两定位焊点间相隔 120°，以焊牢为准。

f. 焊接。焊前先焊接试件，沿轴线剖开，金相检查焊透深度合格后才能正式焊接零件。按图纸和工艺要求，采用单层单道焊。在距定位焊点 120°处起弧焊接，注意填满弧坑和气体保护效果。焊接时采用的焊接电流为 25～40A，保护气体流量正面为 15L/min、背面为 5L/min。

焊后经外观和探伤检验表明，钛合金薄壁壳体的焊缝质量符合标准Ⅰ级的技术要求，焊缝外表面成形良好，内部气孔和背面保护效果都在合格范围内。金相检验表明，焊缝的焊透深度超过了圆筒壁厚的 70%，符合设计要求。零件的圆度、直线度基本符合图纸要求，焊接质量稳定。

（4）深潜器钛合金框架结构的焊接

深潜器钛合金框架由不同规格的 Ti75 钛合金型材焊接而成，如图 2.19 所示。分段的总体尺寸为：分段长 3190mm，分段宽 3220mm，分段高 3500mm。包括横框架、起吊框架、压载水箱等主要部件。钛合金框架用 Ti75 板材的厚度为 4～20mm。

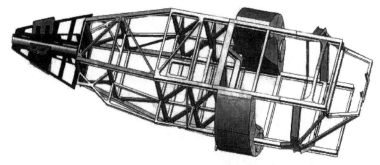

图 2.19　深潜器钛合金框架的总体图

1）技术要求

① 切口与坡口要求　在板材上划线应采用细记号笔，在焊接熔合面加工中去除的部分可用划针划线并允许打样冲。板材的下料采用机械剪切和火焰切割的方法，厚度较大时用等离子弧切割。须采取措施避免火花溅落在材料表面上引起氧化和伤痕，切割面用机械方法或砂轮打磨，然后用电锉机去除切割面的氧化层及污染物，保证焊接面的清洁度，焊接坡口表面不得有氧化层、裂纹、分层等影响焊接质量的缺陷，以保证焊接质量。

② 表面质量　成形后的钛材表面不应有划伤、刻痕、裂纹、弧坑等缺陷。必要时可进行补焊、打磨抛光处理，但修磨的斜度小于 1∶3，深度小于板材厚度的 5%，而且不大于 1mm。拼接板的错边量应小于板厚的 10%，且小于 1mm。框架表面最后进行喷砂处理。

③ 型材装配的焊接要求　由板条组合而成的型材截面形状分为Ⅰ形、T 形、L 形和槽形的钛合金型材构件，板条之间开坡口，采用 TIG 焊接。

型材的腹板与面板或角型材的两直角边的垂直度误差应不大于腹板高度的 1%，最大不超过 1.5mm；Ⅰ形和槽形型材的两个面板的平行度误差不大于面板宽度的 2%，最大不超过 1.5mm。

组焊型材如果长度不够，允许拼接，面板与腹板的接口应至少错开 100mm，以提高拼接型材接口的强度，以及防止因焊缝集中造成的应力变形。型材总长度范围内焊后的不平度误差不超过 2mm。

装配焊接型材时，制作工装以便装配定位和防止焊接变形。发生焊接变形应进行矫正，合格后才能进行装配。框架焊接后的平行度和垂直度误差不超过 2mm，对角线误差不大于 3.5mm，底纵桁、中纵桁、顶纵桁的上下表面平面度误差不超过 2mm。

框架总长度误差≤2.5mm，总宽度误差≤2.5mm，总高度误差≤2.5mm。

④ 施焊环境要求

a. 焊接在空气清洁、无尘、无烟的环境下进行。

b. 焊接场地为独立的焊接车间，无其他金属污染。

c. 在风速≥1.5m/s、相对湿度＞80％、焊件温度＜5℃等情况下禁止施焊。

⑤ 焊前准备

a. 焊丝和材料保持干燥，相对湿度不大于65％。

b. 焊接坡口用机械加工的方法除去表面氧化膜，焊前用白绸布沾丙酮脱脂清洁，如果4h未施焊，焊前应重新清洗。

c. 焊前装配定位点焊，在焊接设备、工艺、装配尺寸检验合格的条件下进行施焊。

d. 在热输入量较大的情况下，必要时在钛板下加紫铜冷却垫板冷却。

e. 对于焊在结构上的装配定位工装、夹具、防止变形约束工装、装配手持工装等附件，应避免影响焊接施工，采用相同材质的材料与焊接工艺施焊，打磨去除后留下的焊疤使与母材平齐。

⑥ 焊丝、材料、焊接保护

a. 焊丝与板材在施工前进行试样的焊接工艺评定，施焊的条件、工艺要求与实际焊接的条件要求相同，并进行X射线探伤、金相检测合格，在焊缝的塑性、抗拉强度、耐蚀性与母材退火状态下性能相同、焊接性能良好、能满足使用要求的前提下施焊。

b. 选用Ti75焊丝，焊丝直径为1.2mm、2.5mm、3.2mm，不同牌号材质焊接按强度等级较低的母材选择焊丝。

c. 焊丝保持清洁、干燥，端部氧化部分施焊前切除，表面氧化酸洗后使用。

d. 保护用氩气纯度高于99.99％，焊缝的正面和背面在焊接时都要进行氩气保护，背面用垫板的焊缝除外。

e. 选用铈钨极，保证足够的氩气流量，并且磨尖后的钨极头能达到结构焊缝。

⑦ 焊缝外观要求与检验

a. 焊缝与热影响区表面不应有裂纹、未熔合、气孔、弧坑、夹杂、飞溅物等缺陷，焊缝外不应有起弧打伤点。焊接后用10倍放大镜100％检测，并用着色探伤方法对焊缝进行100％检测，对于焊缝内部质量按无损检测有关规定执行，100％射线检测的合格标准不低于Ⅱ级。

b. 部件和整体焊接完工后，对所有焊缝及热影响区进行检验，银白色、金黄色为合格；蓝色、紫色为次之，允许出现在非重要部位；灰色、暗灰色或白色、黄色粉状物均为不合格，必须对焊缝进行返修。

c. 主要焊缝表面与热影响区不应有咬边，非重要部位的咬边允许返修，但焊缝两侧的咬边不可超过该条焊缝长度的10％。

d. 对接焊缝的余高，单面坡口时，e_1 为板厚 δ 的 $0\sim10\%$，$e_2\leq0.5$mm，如图2.20(a)所示；双面坡口时，e_1 为板厚 δ 的 $0\sim10\%$，$e_2\leq1$mm，如图2.20(b)所示。

e. 角焊缝的厚度应不小于组成角焊缝两边构件厚度中较小值的0.7倍，焊角的高度不小于较薄板厚度，焊缝与母材呈圆滑过渡。

⑧ 焊缝的返修规定

a. 焊缝及热影响区的不合格颜色或表面缺陷经过打磨后，若母材厚度仍能满足设计要

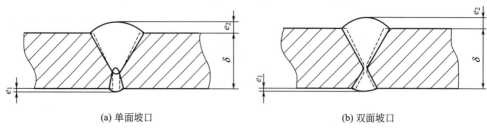

(a) 单面坡口　　　　　　　　　　　　　　　(b) 双面坡口

图 2.20　对焊缝余高的要求

求，则可以不修复，不能满足技术要求的必须修复。

b. 需要返修时，其工艺与焊接条件应符合正常焊接工艺条件。

c. 焊缝同一部位的返修次数不宜超过 2 次，如超过 2 次应经过技术人员批准，做全面检测达到合格为准，对返修部位和次数进行记录，写入产品质量档案。

2）型材制作及装配焊接工艺

① 板材下料与预处理　依照各部件的准确放样下料工艺，对框架整体结构进行分段、分部件装配-焊接-矫正、然后整体装配焊接矫正。依照制造方案进行施工。

根据钛合金的切割要求，在切割时要求用小火焰、半氧化焰、长风线、快速切割，尽量避免和减小切割时产生的氧化区面积。对于宽度小于 70mm、长度大于 400mm 的方形和特殊形状的板料，采用气割下料；对于其他可剪切下料的板材采用剪切的方法下料。

对方形材料采用直接划线下料，对于特殊形状的材料，在计算机上电子图板进行 1：1 放样测量，打印出放样图，按放样图作样板划线进行下料。

所有板材下料后涂刷防氧化涂料，在热处理炉中加热至 600℃保温 60min 进行退火处理，在空气中冷却到正常温度；然后去除表面防氧化涂料，矫平，以备组装。

② 型材的制作　用Ⅰ型材制作时，先用 0.2mm 记号笔或划针在上下面板上准确划出装配线。然后进行腹板和面板的装配，装配时注意测量材料的尺寸、相对位置的平面度、垂直度、形位公差等与图纸及技术要求相符合。定位焊的焊点大小要均匀，每隔 200mm 一点，前后左右对称，保证板材在符合要求的条件下受焊接应力的平衡性，达到焊点与焊接位置对板材之间的互相约束。对于组装后的型材，面板对面板点焊在一起作刚性固定，按设计好的焊接顺序和焊接方向、适当的焊接速度进行焊接。焊接后趁热用超声波消应仪对焊缝进行冲击消除应力。

Ⅰ型材的划线、装配、焊接方向、焊接顺序参照Ⅰ型材的方案。焊接时将 T 型材成对点焊作刚性约束，然后进行焊接，焊接后用超声波消应仪消除应力。

槽型材在焊接过程中和焊接后的变形比较明显，应特别注意。考虑到面板受角焊缝的拉应力比平焊缝拉应力大，产生的变形明显，而且一旦出现收口变形，矫正的难度比较大，故应先焊外面的平焊缝，后焊内侧的角焊缝。

L 型材的制作基本上是参照槽型材的制作方法进行。

③ 部件的装配与焊接

a. 部件结构放样。根据对图纸部件的分解，按照结构特点，从长度方向把构架分为几个剖面部件，沿上下方向分为上、中、下三个纵桁部件。在计算机电子图板上作各部件的装配放样图。

b. 配装型材。在平台上按装配放样图用划针划出放样线，把型材放在线上，划出要截取的长度和角度。然后截取配好的尺寸，打磨清理干净截取面。

c. 装配部件。在平台放样图上装配部件，按公差要求点焊牢固，并根据结构加装防止变形的工艺工装。

d. 焊接部件。由于对接焊缝都比较短，容易产生弯曲，因此在焊接时采取了先焊腹板后焊面板、对称焊的焊接原则，对称打底，对称盖面，两遍焊接完成。

④ 整体装配与焊接

a. 整体结构放样。根据图纸结构通过计算机测量各部件的相对位置尺寸，确定装配基准线的尺寸，计算出检测相关角度、垂直度、长度、宽度的数值，以备装配定位和检测。

b. 定位工装与装配固定。根据需要设计制作定位工装，在平台上确定工装的位置；利用工装保证上、中、下3个平面的平面度、相对位置，并用压板作刚性固定。

c. 总体装配。根据框架的宽度和高度及焊缝的收缩量确定装配的尺寸，装配定位时每条焊缝预留1.5～2mm的收缩量。先把底纵桁面固定在平台上，利用工装上的重锤线，找到构架的中心线，确定上纵桁面与底纵桁面的相对位置，定位装配上纵桁面的位置，利用工装上的螺栓调整到位置，并用压板压紧，作刚性固定。根据总装放样图，确定横向主要基准装配面，先装配该剖面，其他依次类推，检查装配位置无误后点焊牢固。

d. 总体焊接。框架为对称结构，焊接应采取对称焊的原则。主体焊接由4个焊工从4个角同时焊接主要立柱与上下纵桁面的连接位置，先焊立焊缝，后焊平焊缝和仰焊缝。对于其他焊缝原则上仍采用对称焊的方法，使整体结构处于受力平衡状态。

e. 消应力处理。每焊接1遍用超声波消应仪对焊缝进行3遍消除应力处理，消除应力后的焊缝经检查合格，方可拆下工装和压板。

f. 整体修形。构架焊接焊缝与结构尺寸检验合格后，对整体外形进行修整，对于弧坑、压痕、缺凹、高点、毛刺、焊缝及热影响区氧化膜等外观缺陷进行修补、打磨和抛光处理，合格后进行喷砂处理。

2.3.3 钛及钛合金的等离子弧焊（PAW）

等离子弧焊具有能量密度高、热输入大、效率高的特点，适用于钛及钛合金的焊接。液态钛的表面张力大、密度小，有利于采用小孔法进行等离子弧焊。采用小孔法可以一次焊透厚度为2.5～15mm的板材，并可有效地防止气孔的产生。熔入法适于焊接各种钛板，但一次焊透的厚度较小，板厚在3mm以上一般需开坡口。

钛的弹性模量仅相当于铁的1/2，在应力水平相同的条件下，钛及钛合金焊接接头将发生比较显著的变形。等离子弧的能量密度介于钨极氩弧和电子束之间，用等离子弧焊接钛及钛合金时，焊接热影响区较窄，焊接变形也较易控制。微束等离子弧焊已经成功地应用于钛合金薄板的焊接。例如，采用3～10A的焊接电流可以焊接厚度为0.08～0.6mm的钛合金板材。

由于液态钛的密度较小、表面张力较大，利用等离子弧焊的小孔效应可以单道焊接厚度较大的钛及钛合金，不致发生熔池坍塌，焊缝成形良好。通常单道钨极氩弧焊时工件的最大厚度不超过3mm，因为钨极距离熔池较近，可能发生钨极熔蚀，使焊缝渗入钨夹杂物。等离子弧焊采用大电流小孔法焊接时，不开坡口就可焊透厚度达15mm的接头，不出现焊缝渗钨现象。

钛及钛合金等离子弧焊的焊接工艺参数见表2.22。TC4钛合金TIG焊和等离子弧焊接头的力学性能见表2.23。焊接接头去掉加强高，拉伸试样都断在过热区。两种焊接方法的接头强度都能达到母材强度的93％，等离子弧焊的接头塑性可达到母材的70％左右，而TIG焊只有50％左右。

表 2.22 钛及钛合金等离子弧焊的工艺参数

厚度 /mm	喷嘴孔径 /mm	焊接电流 /A	焊接电压 /V	焊接速度 /(cm/s)	送丝速度 /(cm/s)	焊丝直径 /mm	氩气流量/(L/min)			
							离子气	保护气	拖罩	背面
0.2	0.8	5	16	0.21	—	—	0.25	10	—	2
0.4	0.8	6	16	0.21	—	—	0.25	10	—	2
1	1.5	35	18	0.33	—	—	0.5	12	15	4
3	3.0	150	24	0.64	1.67	1.6	4	15	20	6
6	3.0	160	30	0.5	1.89	1.6	7	25	25	15
8	3.0	170	30	2	1.6		7	25	25	15
10	3.5	230	38	0.25	1.17	1.6	6	25	25	15

注：电源极性为直流正接，不开坡口；厚度为0.2mm、0.4mm的板采用熔透法焊接，其余采用小孔法。

表 2.23 TC4 合金焊接接头的力学性能

焊接方法	抗拉强度 /MPa	屈服强度 /MPa	伸长率 /%	断面收缩率 /%	冷弯角 /(°)
等离子弧焊	1005	954	6.9	21.8	53.2
钨极氩弧焊	1006	957	5.9	14.6	6.5
TC4 钛合金	1072	983	11.2	27.3	16.9

注：钨极氩弧焊采用TC3填充焊丝，而等离子弧焊不填充焊丝，拉伸试样均断在热影响区过热区。

焊接 TC4 钛合金高压气瓶的试验结果表明，等离子弧焊接头强度与钨极氩弧焊相当，强度系数均为90％，但塑性指标比钨极氩弧焊接头高，可达到母材的75％。根据30万吨合成氨成套设备的生产经验，用等离子弧焊接厚度为10mm的TA1工业纯钛板材，生产率可比钨极氩弧焊提高5～6倍，对操作者的熟练程度要求也较低。

纯钛等离子弧焊的气体保护方式与钨极氩弧焊相似，可采用氩弧焊拖罩，但随着板厚的增加和焊速的提高，拖罩要加长，使处于350℃以上的金属得到良好的保护。背面垫板上的沟槽尺寸一般宽度和深度各为2.0～3.0mm，同时背面保护气流的流量也要增加。厚度在15mm以上的钛板焊接时，一般开钝边为6～8mm的V形或U形坡口，用小孔法封底，然后用熔透法填满坡口（氩弧焊封底时，钝边仅为1mm左右）。用等离子弧封底可减少焊道层数，减少填丝量和焊接角变形，并能提高生产率。熔透法多用于厚度在3mm以下的薄件焊接，比钨极氩弧焊容易保证焊接质量。等离子弧焊时容易产生咬边，可以采用加填充焊丝或加焊一道装饰焊缝的方法消除。

2.3.4 钛及钛合金的电子束焊

2.3.4.1 钛合金电子束焊的特点

电子束焊具有能量集中和焊接效率高等优点，很适用于钛及钛合金的焊接。例如，厚度为 50mm 的 Ti-6Al-4V 钛合金板不用开坡口一次就能焊透；厚度为 100～150mm 的 Ti-6Al-4V 钛合金板焊接时，焊接速度达 18m/h。真空电子束焊可以保护焊接接头不受空气的污染，保证焊接质量。采用真空电子束焊方法焊接纯钛和 Ti-6Al-4V、Ti-8Al-1Mo-V、Ti-6Al-2.5Cr 以及 Ti-5Al-2.5Si 等可获得热影响区窄、晶粒细、变形小的焊接接头。

电子束焊前须对工件进行净化处理，净化处理后也必须保持清洁，不可继续污染。清理方法多用酸洗或机械加工。为了防止电子束流偏离或产生附加磁场，焊接时须采用铝或铜等无磁性材料作夹具。电子束焊接时，一般工件都很厚，而且为对称接口，为保证焊接质量，焊前装配时应适当控制间隙；否则，将会被电子束所穿透，或因未熔透而形成凹槽，影响接头质量。

为改善焊缝向母材的过渡，可采用两道焊法，第一道是用高功率密度的深熔焊，保证焊透；第二道为低功率密度的修饰焊。这种做法改善了焊缝成形，有利于提高接头的力学性能。在焊封闭环形焊缝时，由于电子束压力的作用，使大量已熔化金属被推向焊接方向的后端、未经熔化的金属表面上焊缝局部突起增厚。所以在收尾时，由于局部未焊透，在起始处留下了凹陷，影响焊缝的质量。为此，在焊接工艺上要保证整个焊缝全部焊透，并在收尾时修整起始段焊缝的成形。这就要求电子束焊环形焊缝时须具有衰减的控制系统，一般是采取束流衰减或增大焊速或两者相结合来进行。另外，电子束摆动也可以改善焊缝成形、细化晶粒和减少气孔，提高接头质量。

钛合金真空电子束焊的工艺参数见表 2.24。

表 2.24　钛合金真空电子束焊的工艺参数

板厚/mm	加速电压/kV	电子束电流/mA	焊接速度/(m/min)	备注
1.3	85	4	1.52	—
5.08	125	8	0.46	高压
5.08	28	180	1.27	低压
9.5～11.4	36	220～230	1.4～1.52	—
12.7	37	310	2.29	焊透
12.7	19	80	2.29	焊缝表面
25.4	23	300	0.38	—
50.8	46	495	1.04	焊透
50.8	19	105	1.04	焊缝表面
57.2	48	450	0.76	焊透
57.2	20	110	0.76	焊缝表面

在航空航天领域，电子束焊被广泛应用于飞机发动机部件的制造，例如某飞机发动机上就有接近 100m 的焊缝是用电子束焊完成的。其中主要应用包括大横截面的钛合金定子的连接、压缩机定子和转子支架的焊接等。钛合金电子束焊接的应用受到工业需求的促进，这些需求主要体现在焊缝完整性要求高，包括焊接变形小、热量集中、焊接热循环对材料性能的影响小等方面。

电子束和金属表面的碰撞会产生 X 射线，因此电子束焊过程中需要采用保护罩使操作者免受射线的危害。如果钛合金电子束焊全是在真空室中完成的，要求焊接卡具和定位装置都具有较高的清洁度，且具有较低的蒸气压。此外，电子束的斑点半径很小，焊接中同样需要较高的定位精度和复杂的焊前准备。

2.3.4.2 钛合金电子束焊示例

（1）火箭发动机组件的电子束焊

登月火箭发动机燃料喷射系统的 Ti-6Al-4V（相当于 TC4）组件结构形式如图 2.21 所示。其中环缝 B 靠近 60 个孔处（离焊缝中心线仅 0.76mm），操作难度很大。母材焊前经固溶和时效处理，为防止变形，焊后不作热处理。焊接工艺如下。

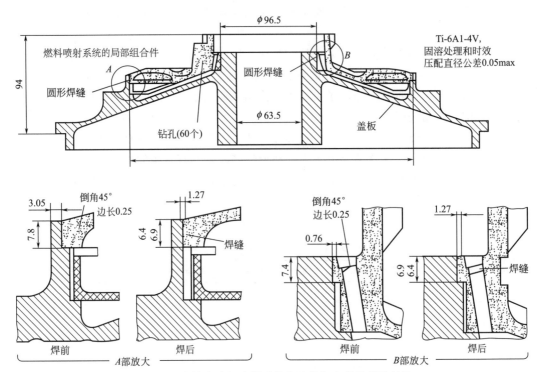

图 2.21　火箭发动机喷射系统集油箱组合件的焊接结构

① 装配　使用安装在真空室内可转动工作台上的特制夹具装配，部件均须倒角，以利于装配。装配前接头区域应经严格清理。

② 抽真空与定位焊　抽真空同时使电子束与焊缝 B 对中，在两个孔之间相隔 90°焊 4 处定位焊缝，然后从侧向移动部件使电子束与焊缝 A 对中后，焊 8 处等距定位焊缝。

③ 焊接焊缝 A　采用摆动电子束，并以功率衰减方式，转动焊件以焊接焊缝 A。焊接工艺参数见表 2.25。

表 2.25　TC4 合金组件电子束焊的工艺参数

焊缝	焊接电流 /A	焊接电压 /V	焊接速度 /(m/h)	工作距离 /mm	电子束焦点	电子束摆动[2]
焊缝 A	定位焊 4mA 全焊缝 20mA	定位焊 110kV 全焊缝 130kV	1.55	152.4	在焊件表面 （全部焊缝）	1.1mm，1000Hz
焊缝 B[1]	定位焊 4mA 全焊缝 16.9mA	定位焊 110kV 全焊缝 130kV	1.52	133.4		1.1mm，1000Hz

① 焊缝 B 近处的孔用铜插入块和装在孔上的铜圈冷却。
② 直线摆动，与接头圆周正切。

④ 焊接焊缝 B　首先须打开真空室重新对中电子束，然后为防止离接头不到 0.76mm 的孔区烧穿，要拆卸夹具部件以使铜插入块放入靠近接头的孔中，且为插入块配上铜圈。为使转台能保持较高焊接速度，还须更换齿轮。一切准备工作到位后，再抽真空并开始焊接。采用与焊缝 A 相同的摆动工艺和功率递减方法，焊接工艺参数见表 2.25。除使用铜激冷块外，为改善热循环，须用较小焊接电流，并尽可能减小熔深。

（2）大厚度板的电子束焊

采用电子束焊针对母材厚度为 30mm 的热轧态纯钛（TA1）和厚度为 100mm 的热轧态 TC4 钛合金大厚度件进行焊接。TA1 母材组织为粗大的等轴 α 相，平均晶粒尺寸约为 50μm。TC4 母材组织为等轴的 α＋β 两相组织（见图 2.22），次生 α 相呈板条状分布在 β 相的基体上，且与 β 相薄片呈间隔分布。

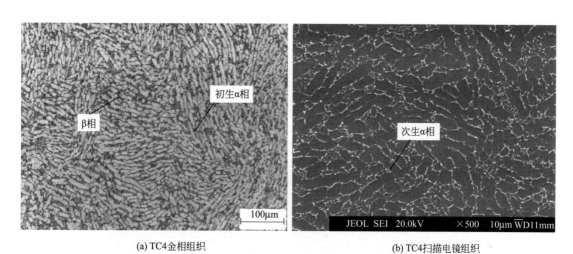

(a) TC4金相组织　　　　　　　　　　(b) TC4扫描电镜组织

图 2.22　TC4 钛合金的显微组织特征

电子束焊接之前将待焊母材加工为 500mm × 300mm × 30mm 规格的 TA1 以及 650mm×300mm×100mm 规格的 TC4 板材。厚度为 30mm 的纯钛（TA1）电子束焊采用从德国 SST 公司引进的 K100-G150/300KM-CNC 型真空电子束焊机。厚度为 100mm 的 TC4 钛合金电子束焊所用设备为 ZD150-60CV85 型真空电子束焊机。焊接采用对接方法，焊接方向沿母材轧制的方向。

大厚度钛合金对接电子束焊在真空状态下进行，未添加焊丝等填充材料，接头处采用 I 形坡口。坡口的加工精度和焊前对焊接件的表面处理有较高要求。在电子束焊接过程中使用的高能电子束能够瞬间与母材作用产生高温使之熔化，电子束的焦点直径为 0.1～1mm，要求整道焊缝处于焦点之下，对待焊工件的平整度及表面状态要求很高。

电子束焊接之前，先用钢丝刷和砂纸对 TA1 和 TC4 钛合金板材表面进行打磨，去除表面的氧化膜，用丙酮擦拭板材表面，确保焊接面清理干净。为保证电子束穿透深度、焊缝成形以及防止焊件移动，在焊件的背面采用与焊件同种材质的垫板作为锁底，并设计专用夹具夹持样品。

将待焊件放入真空室内，在焊接控制面板上进行数控程序编写，待电子枪与真空室的真空度达到试样的要求时，启动试验设备按表 2.26 设定的工艺参数进行焊接。

表 2.26 钛合金电子束焊的工艺参数

钛合金	焊接参数			
	加速电压 U_B/kV	焊接束流 I_b/mA	聚焦电流 I_f/mA	焊接速度 v/(mm/s)
TA1	150	90	2250	15
TC4	150	270	2380	3

1）TA1 纯钛电子束焊接头的性能

① 焊缝组织特征　TA1 纯钛电子束焊的焊缝成形如图 2.23 所示。在焊接的表面有一条凸起的焊接线（为缝余高），高度约为 0.4mm，宽度为 0.6mm。焊缝周围光亮，在焊缝处除起弧和收弧处略有凹陷，其他部位无明显缺陷，无飞溅物，表明厚度为 30mm 的 TA1 纯钛在此种工艺下得到的焊接件成形良好。

从 TA1 电子束焊接件截取的截面上可以看到 30mm 厚度完全熔透，并且穿透垫板，焊缝深度约为 36.36mm，上部焊缝宽度约为 5.2mm，深宽比为 7∶1。焊接横截面无明显缺陷，焊缝上部熔宽大，上部至焊缝根部的熔宽逐渐递减，焊缝呈钟形。图 2.23(b) 所示为对大厚度电子束焊接头截取的焊缝上、中、下部位的组织形貌。焊缝宽度自上部到底部逐渐减小，上、中、下区域的宽度分别约为 5.2mm、3.75mm、2.75mm。热影响区是母材到焊缝区宽度较窄的过渡区域，热影响区宽度从上部的 1mm 减小到底部的 0.6mm。

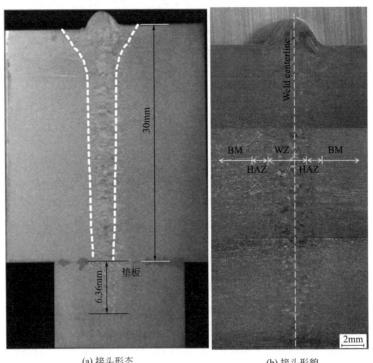

(a) 接头形态　　　　　　　　　(b) 接头形貌

图 2.23　钛合金电子束焊缝横截面形貌

大厚板钛及钛合金电子束焊时，由于焊接过程中接头不同区域热量分布不同，导致其焊接接头显微组织在形态上存在差异。焊缝及热影响区的组织由原本母材的等轴状 α 相转变为无规则的锯齿状、交叉片状或是针状组织，在靠近熔合区的热影响区组织发生了晶粒粗化的现象。

②　接头拉伸性能　厚度为 30mm 的 TA1 室温下电子束焊接头不同部位的拉伸性能见表 2.27，拉伸试样均断于热影响区。焊缝上部的抗拉强度约为 336MPa，中部为 331MPa，底部为 344MPa，TA1 母材的抗拉强度为 327MPa。

表 2.27　TA1 电子束焊接头不同部位拉伸性能（室温）

试样	取样位置	屈服强度/MPa	抗拉强度/MPa	伸长率/%	拉断位置
焊接接头	上部	241,249,261 (250)	331,339,338 (336)	43,39,40 (41)	热影响区
	中部	237,243,242 (241)	326,333,333 (331)	37,40,40 (39)	热影响区
	下部	266,270,267 (268)	341,342,349 (344)	44,42,45 (44)	热影响区
母材	—	230,238,238 (235)	325,331,325 (327)	51,48,47 (49)	热影响区

注：括号中为试验平均值。

拉伸试验结果表明，焊接接头的抗拉强度和屈服强度均高于母材，增幅约可达 5.2%；伸长率低于母材，降低幅度为 10%～20%。这是因为针片状组织对于强度更有利，而等轴晶组织有利于提高其伸长率，试验用 TA1 母材为等轴 α 相组织，TA1 电子束焊缝区组织主要为片状和针状组织。因焊接件厚度较大，不同熔深处的散热条件不同，导致不同熔深处的拉伸性能也不相同，相比之下接头底部的拉伸性能要好于接头上部和中部。

TA1 电子束焊接头底部具有最大的应力承载能力，其抗拉强度最高，接头上部的抗拉强度次之，接头中间的抗拉强度较低。所有拉伸试样的断裂均发生在热影响区，这表明这种电子束焊工艺参数下得到的 TA1 接头性能较好。在拉伸试验中，母材处宽度有减小的趋势，但热影响区宽度减小得最多，拉伸过程中焊缝区的宽度基本没有变化。

③　焊缝冲击韧性　针对厚度为 30mm 的 TA1 电子束焊接试板，分别在母材、焊缝处切取上、下两层冲击试样，每个取样部位制备三个冲击试样，试验结果取平均值。其中母材冲击试样分为缺口平行和垂直于母材轧制方向两种，所有冲击试样均开 V 形缺口。冲击试验在常温下进行，TA1 电子束焊接头不同部位的冲击韧性试验结果见表 2.28。

表 2.28　TA1 接头不同部位的冲击试样结果

试样	取样位置	冲击吸收功/J				备注
		试样 1	试样 2	试样 3	平均值	
焊缝	上部	169	168	176	171	未冲断
	下部	172	182	177	177	未冲断
TA1 母材（缺口与轧制方向平行）	—	249	243	249	247	未冲断
TA1 母材（缺口与轧制方向垂直）	—	198	203	208	203	未冲断

当 V 形缺口平行于母材轧制方向时，冲击值比较集中，平均吸收功为 247J，而 V 形缺口垂直于母材轧制方向时的平均吸收功为 203J；可见，V 形缺口平行于母材轧制方向的试

验结果明显高于 V 形缺口垂直母材轧制方向的试验结果。无论 V 形缺口与母材轧制方向平行或垂直，母材的冲击吸收功都要高于 V 形缺口开在焊缝处冲击试样的吸收功。焊缝冲击吸收功仍能达到 171～177J。

2）TC4 钛合金电子束焊接头的性能

① 焊接工艺特点　相比于传统的熔化焊，电子束焊接具有穿透力强、焊接的变形量小等特点，被认为更适用于大厚板钛合金的焊接。但是，电子束焊深宽比较大的特点易使大厚度钛合金在熔深方向上出现组织不均匀的现象，影响焊接接头的质量。厚度为 100mm 的 TC4 钛合金大厚件，电子束焊过程中不同厚度处材料所受的热量有较大差异，导致其力学性能降低。

图 2.24　大厚度 TC4 钛合金电子束焊的焊缝截面形态

在加速电压为 150kV、焊接束流为 270mA、聚焦电流为 2380mA、焊接速度为 3mm/s 的焊接参数下，厚度为 100mm 的 TC4 钛合金板电子束焊接的接头成形良好（见图 2.24）。焊接接头被完全焊透，没有明显的焊接缺陷。熔合区和热影响区与母材的分界线明显，接头形状如钉子形。焊缝区和热影响区的宽度较窄，焊缝区上部宽度约为 24mm，中部宽度约为 12mm，底部宽度约为 7mm；热影响区的宽度上部约为 5mm，中部约为 4mm，底部约为 3mm。

② 接头拉伸性能　为研究 100mm TC4 电子束焊母材及不同熔深接头在室温下的拉伸性能，沿厚度为 100mm 的 TC4 钛合金电子束焊接头厚度方向取上部、中部、下部三个部位的拉伸试样。拉伸试验结果表明，拉伸试样均断裂在热影响区的母材处，母材及焊接接头的拉伸试验结果见表 2.29。

表 2.29　TC4 钛合金电子束焊接头的拉伸试验结果（室温）

试样	取样位置	屈服强度 /MPa	抗拉强度 /MPa	伸长率 /%	拉断位置
焊接接头	上部	882,879,881 (881)	980,976,963 (973)	8.9,9.2,9.6 (9.2)	热影响区
	中部	876,872,868 (872)	973,961,960 (965)	9.0,9.3,10.0 (9.4)	热影响区
	下部	901,876,886 (888)	983,984,971 (979)	8.5,9.3,9.1 (9.0)	热影响区
母材	—	889,875,874 (879)	964,958,959 (960)	12.0,13.5,13.2 (12.9)	热影响区

注：括号中为试验平均值。

TC4 母材的平均抗拉强度为 960MPa，平均屈服强度为 879MPa，平均伸长率为 12.9%。电子束焊接头上部拉伸试样的平均抗拉强度为 973MPa，平均伸长率为 9.2%；焊接接头底部的平均抗拉强度为 979MPa，平均伸长率为 9.0%。

试验结果表明，厚大板 TC4 钛合金电子束焊接头上部和底部的抗拉强度高于母材，焊接接头拉伸性能良好，但焊接接头在不同熔深处拉伸强度不均匀，平均抗拉强度的最大值与最小值相差约 15MPa。而且电子束焊的接头伸长率都低于母材，而且差异较大。相比于

TC4 母材，焊接接头伸长率最大降低幅度约为 30%，表明大厚度板钛合金电子束焊接头的韧性和塑性降低，主要是因为 TC4 焊接接头区出现了马氏体淬硬组织，致使焊接接头的强度、硬度升高，韧性和塑性降低。

③ 焊缝冲击韧性 针对厚度为 100mm 的 TC4 电子束焊接试板，制备 V 形缺口平行和垂直母材轧制方向的冲击试样，在电子束焊接头焊缝处沿熔深方向取上、中、下各部位的冲击试样，每一部位取三个试样，冲击试样统一开 V 形缺口。冲击韧性试验在常温下进行，所得到的冲击韧性试验结果见表 2.30。

表 2.30 大厚度 TC4 钛合金电子束焊缝不同部位的冲击试样结果

试样	取样位置	冲击吸收功/J				备注
		试样 1	试样 2	试样 3	平均值	
焊缝	上部	27	26	26	26.3	冲断
	中部	25	27	24	25.3	
	下部	27	23	28	26.0	冲断
TA1 母材（缺口与轧制方向平行）	—	37	38	37	37.3	冲断
TA1 母材（缺口与轧制方向垂直）	—	34	35	33	34.0	冲断

冲击试验结果表明，常温下 TC4 钛合金母材的冲击吸收功较低（33~38J），母材冲击吸收功受试样 V 形缺口与轧制方向位置关系的影响不大，母材的冲击韧性没有明显的方向性。电子束焊焊缝上、中、下部冲击试样的平均冲击吸收功分别为 26.3J、25.3J、26.0J，不同焊缝熔深处之间冲击韧性值没有太大差别。但是，焊缝熔深不同部位的冲击功均低于 TC4 母材的冲击功（约降低 20%~30%），这是因为焊缝中针状马氏体组织的脆性大，导致其冲击韧性降低。

④ 焊后热处理 为达到改善大厚度钛合金电子束焊接区的组织和性能、消除焊后残余应力的目的，可对 TC4 钛合金电子束焊接件及时进行热处理。为避免钛合金焊接件在热处理的过程中被气体等杂质污染，焊后热处理应在高纯度的惰性气体或真空炉中进行。试验中采用 SG-XQL1400 箱式真空气氛炉，对厚度为 100mm 的 TC4 钛合金电子束焊接头进行热处理，比较不同热处理工艺对 TC4 电子束焊接头组织及性能的影响，取得了良好的效果。例如，提高 TC4 电子束焊接头强度可采用 820℃×2h、FC（随炉冷却）的工艺措施；提高 TC4 电子束焊接头的冲击韧性可采用 600℃×2h、FC（随炉冷却）的工艺措施。采用焊后热处理后大厚度 TC4 钛合金电子束焊接头不同熔深处的力学性能会更加均匀。

2.3.5 钛及钛合金的扩散焊

（1）钛合金的扩散焊特点

钛及钛合金是一种有发展前景的高性能材料。钛合金熔点较高（约 1933K），特别是有两个主要优点：一是密度小、强度高，有较好的高温性能，可以在 723~773K 的条件下工作；二是有非常好的耐腐蚀性，在酸性介质中的抗腐蚀性优于不锈钢。因此钛合金在航空航天、医疗器械和化工等部门得到了广泛的应用。

多数钛合金结构要求减轻重量，焊接接头质量比制造成本更重要，因此较多地应用扩散焊方法。虽然钛合金表面有一层致密的氧化膜，但经过适当清理的钛合金，在高温、真空条件下，钛合金表面的氧化膜很容易熔入母材中，不会妨碍扩散连接的顺利进行。因此，钛合金不需要特殊的表面准备和特殊的控制就可进行扩散连接。由于钛合金屈服强度较低，根据不同的要求，扩散连接的压力可在 $1\sim10MPa$ 之间变化，加热温度在 $1073\sim1273K$ 之间变化，保温时间为几十分钟至数小时，真空度在 $1.33\times10^{-3}Pa$ 以上。应注意，过高的温度及在高温下的长时间停留，会使接头及钛合金母材性能变差。钛能大量吸收 O_2、H_2 和 N_2 等气体，不宜在 H_2、N_2 气氛中焊接。

超塑性成形扩散焊（SPF/DB）在很多领域得到应用，其中最成功的是航空航天领域。这项技术被认为是推动航空航天结构设计发展和突破传统结构成形的先进制造技术，是未来航空航天大型复杂薄壁钛合金结构件制造的重要工艺方法。这项技术已从用于次承力构件发展到用于主承力构件。

例如，常见超塑性成形扩散焊（SPF/DB）的结构件形式见图 2.25。单层加强板结构在超塑性成形件的局部扩散连接加强板，以提高构件的刚度和强度，如图 2.25(a) 所示。这种结构常用于制造飞机和航天器的加强板、肋板和翼梁。

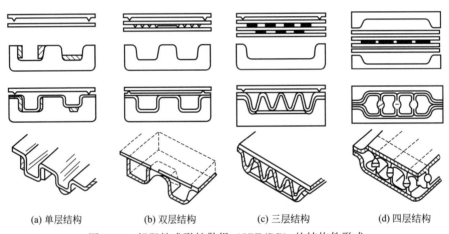

(a) 单层结构　　(b) 双层结构　　(c) 三层结构　　(d) 四层结构

图 2.25　超塑性成形扩散焊（SPF/DB）的结构件形式

双层结构是将超塑性成形板材和外层板之间需要连接的地方保持良好的接触界面［如图 2.25(b) 所示］，不需要连接的地方涂覆隔离剂。这种结构常用于制造飞行器的口盖、舱门和翼面。

多层结构的超塑性成形扩散焊（SPF/DB）结构多由三四层板组成，如图 2.25(c) 和图 2.25(d) 所示，在成形之前板与板之间的适当区域涂覆隔离剂。经超塑性成形扩散焊后，上下两块板形成面板，而中间层形成波纹板或隔板，起加强结构作用。这种形式适用于内部带纵横隔板的夹层结构。三层板和四层板夹层结构适于制造两侧都有较高要求的结构件，如飞机进气道唇口、导弹翼面和发动机叶片等夹层结构。

钛合金的扩散焊一般在真空条件下进行。虽然钛合金表面有一层致密的氧化膜，但经过适当清理，在高温、真空条件下，表面的氧化膜很容易溶入母材中，不会妨碍扩散焊界面结合的顺利进行。由于钛合金的屈服强度不高，根据不同要求，钛合金扩散焊使用的加热温度多为 $1073\sim1273K$，高温停留时间在数十秒至数十分钟，压力可以在 $1\sim10MPa$ 之间变化。过高的加热温度和高温停留时间会使扩散接头和母材的组织性能变差。

钛合金应用较普遍的扩散焊工艺是超塑性成形扩散焊。钛合金在1033~1200K温度范围内具有超塑性,即在高温和非常小的载荷下,达到极高的拉伸伸长而不产生缩颈或断裂。超塑性成形扩散焊是一种两阶段加工方法,第一阶段主要是机械作用,包括加压使钛合金粗糙表面产生塑性变形,从而达到金属工件之间的紧密接触;第二阶段是通过跨越接头界面的原子扩散和晶粒长大进一步提高强度。由于钛合金的超塑性成形和扩散连接是在相同温度下进行的,因此可将这两个阶段组合在一个制造循环中。

对于同样的钛合金材料,超塑性成形扩散焊的压力(2MPa)比常规扩散焊所需压力(14MPa)低得多。超塑性成形和扩散连接均在温度1200K下在密封模具内对钛合金薄板膜片施加低压氩气来完成,超塑性成形时氩气压力为1.03MPa,扩散焊时压力为2MPa。加热采用压铸陶瓷加热板,既可加热又可加压。加热元件直接压铸在陶瓷模内,以保证扩散连接时加热均匀。

超塑性成形扩散焊的工艺参数直接影响扩散接头的组织性能。超塑性成形扩散焊所用的温度与通常扩散焊的温度一致。例如TC4钛合金的温度范围是1143~1213K,达到了该钛合金的相变温度。超过1213K,α相开始转变为β相,使晶粒粗大,降低接头的性能。超塑性成形扩散焊与一般的扩散焊不同,必须使变形速率小于一定值,所施加的压力比较小,同时压力与时间有一定的关系。为了尽可能地达到界面100%的结合,必须保证连接界面可靠接触。超塑性成形扩散焊接头质量与压力和时间的关系如图2.26所示,在实线以上为质量保证区,虚线以下不能获得良好的焊接质量。

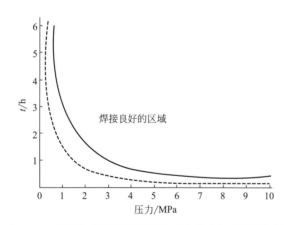

图2.26 超塑性成形扩散焊接头质量与压力和时间的关系
($T=1213K$,真空度小于1.33×10^{-3}Pa)

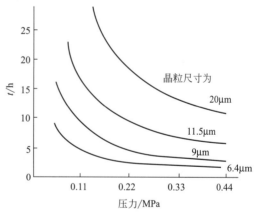

图2.27 超塑性成形扩散焊晶粒度与焊接时间和压力的关系

钛合金原始晶粒度对扩散焊接头质量有直接影响。超塑性成形扩散焊晶粒度与焊接时间和压力的关系如图2.27所示,可以看出,原始晶粒越细小,获得良好扩散焊接头所需的时间越短,压力越小。因为在超塑性成形过程中也希望晶粒越细小越好,所以对于超塑性成形扩散焊工艺,要求钛合金材料必须是细晶组织。

(2)钛合金扩散焊示例:TA3多层板及TA3/TC4扩散焊

工业纯钛TA3中含有少量Fe、Si、C等元素,是单相α型密排六方晶体结构。TC4属Ti-6Al-4V系热处理强化钛合金,是应用广泛的钛合金,约占航天工业中钛合金应用量的50%。TC4是α+β型双相组织,其中β相是体心立方结构。合金元素Al和V以置换形式取代晶格中的 Ti 元素，其中 Al 存在于 α 相中，V 存在于 β 相中，起置换强化作用。其他元素起间隙强化作用。TA3 工业纯钛和 TC4 钛合金的化学成分见表 2.31。

表 2.31　TA3 工业纯钛和 TC4 钛合金的化学成分 ％

材料	Al	V	Fe	Si	C	N	H	O	Ti
TA3	—	—	0.30	0.15	0.10	0.05	0.015	0.15	余量
TC4	5.6	3.5～4.5	0.30	0.15	0.10	0.05	0.015	0.15	余量

焊接试样共 12 层，上部为 11 层厚度为 0.3mm、直径为 18mm 的 TA3 圆片相叠加，然后放置于厚度为 5.8mm 的 TC4 钛合金板底座上，焊接装置如图 2.28 所示。真空扩散焊设备采用辐射加热方式，最高工作温度为 1100℃。采用气动加压方式，最大工作压力为 200kN，压力控制精度为 ±2％。热态极限真空度为 $1.33 \times 10^{-3} \mathrm{Pa}$。

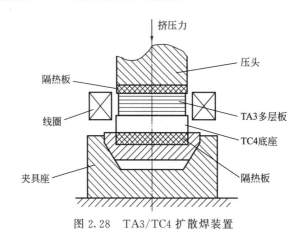

图 2.28　TA3/TC4 扩散焊装置

1）焊接工艺

扩散焊前钛合金表面需严格的清理，以去除工件表面的油污、水分和氧化膜。钛合金在大气中表面会生成一层致密的 TiO_2 氧化膜。TiO_2 是一种化学性质十分稳定的弱中性氧化物。扩散焊时，只有在 $10^{-6} \sim 10^{-7} \mathrm{Pa}$ 的高真空条件下，TiO_2 才可能产生少量挥发，而这样的真空条件扩散焊是很难达到的。所以致密的 TiO_2 在结合界面上大面积存在，会导致接头出现氧化膜夹杂，影响扩散焊的接头质量。

焊前清理包括打磨抛光、丙酮除油及酸洗除氧化膜等工序。TA3 与 TC4 的酸洗液均为 10％HF＋30％HNO$_3$ 水溶液，温度为 25℃，清洗时间为 25s。要求抛光后的表面粗糙度达到 0.8～1.6μm。应指出的是，由于 TA3 工业纯钛的固态相变点为 882℃，而 TC4 钛合金为 990℃，两者相差约 100℃，所以 TA3/TA3、TA3/TA4 两类接头同时进行扩散焊，给工艺参数的确定带来一定的困难，因为一般扩散焊的温度为固态相变点以下 60～70℃。

将清理晾干后的试样在夹具中按要求叠放，放置于真空室中并预压紧。焊接工艺参数为：真空度在 $1.67 \times 10^{-3} \mathrm{Pa}$ 以上，加热温度为 850℃，保温时间为 30min，工作压力为 5MPa。

2）焊后检验

① TA3 钛合金层板扩散焊　金相分析表明，TA3 层板间各原始界面完全消失，在界面处达到扩散连接。没有发现晶粒的长大现象，扩散焊接头的总体质量较好。焊接过程中，层

板初始阶段凹凸不平的接触界面在焊接压力下发生塑性变形，在焊接温度下发生再结晶，在界面处生成新的晶粒；加之界面两侧原子的相互扩散，导致新生晶粒和原有晶粒沿界面向两侧生长，从而使接触界面消失。

常温下 TA3 是 α-Ti 密排六方晶体结构，超过 882℃ 时发生固态相变，从 α-Ti 转变为体心立方结构的 β-Ti，并伴随晶粒的明显长大，所以焊接加热温度须控制在 882℃ 以下。加热温度超过 850℃ 时，将发生严重的晶粒长大现象，例如加热到 870℃ 时，保温时间仅为 5min，晶粒尺寸达到 850℃ 时的 3～5 倍。尽管 TA3 晶粒长大对温度敏感，但由于温度在相变点附近时，原子具有很高的活性，扩散系数显著提高，所以，焊接加热温度接近相变点有利于减小残余微孔数量和氧化膜夹杂，提高界面结合质量。

焊接压力保证了在焊接过程中接触面的紧密贴合，为实现界面结合创造必要条件。焊接压力在结合面上产生的局部变形，保证了再结晶晶粒的生长。界面处产生塑性变形或变形量大的区域首先形核，通过原子扩散迅速沿界面或向内部生长。在晶粒沿界面生长的过程中，将绕过界面局部变形后留下的间隙（即孔洞），孔洞经过收缩部分消失，在晶内留下微孔。多层 TA3 层板扩散焊接头沿界面约 20% 的长度上焊后存在晶内微孔，但不明显。

金相分析还发现，沿着晶界平行或垂直方向有许多 α-Ti 孪晶晶界，孪晶变形比较明显的地方，塑性变形充分，且没有晶内微孔出现；在压力相对较小、没有产生孪晶变形的部位，有微孔出现。这种压力的不均匀源于工件多层的复杂结构。这一结果表明，焊接压力促进了孔洞的收缩和消失；同时也表明，多层薄板结构扩散焊对压力的均匀性很敏感，保持压力的均匀性是很重要的。

α-Ti 溶氧能力较强，在扩散焊温度时，溶解度可达到 14.5%，所以在 TA3 层板结合面上没有发现大面积的氧化膜夹杂。在扫描电镜下观察，界面上微孔表现为不连续的孔洞，大部分孔洞内表面存在氧化膜，残余微孔与氧化膜结合在一起。提高焊接压力，可在减小残余微孔的同时减小氧化膜夹杂。适当提高焊接压力是提高扩散焊接头质量的有效手段。

② TA3/TC4 扩散焊　与 TA3 多层板扩散焊接头不同，TA3/TC4 扩散焊接头中没有出现晶内微孔和界面孔洞。这表明，TA3/TC4 异种材料的软＋硬的结合有利于界面孔洞的消失。与 TA3/TA3 两者皆软的焊接结构相比，TA3＋TC4（软＋硬）界面在初始接触后，凹凸不平的界面上软相 TA3 在硬相 TC4 面上产生较大的塑性变形和更大面积的紧密接触，有利于减少接触面上的孔洞数量与尺寸。其次，在焊接加热温度和压力下，TA3 在 TC4 界面上产生持续塑性变形，使 TA3 表面出现更多的位错。位错使表面产生"微凸"点，产生新的无污染表面。在表面进一步压紧变形时，这些"微凸"点首先形成金属键连接。

TC4 钛合金的晶粒尺寸较小，TA3/TC4 界面上更容易产生原子扩散、晶界迁移、新相晶核生成并长大等再结晶现象。所有这些现象促进了界面孔洞的消失，这是 TA3/TC4 扩散焊容易获得高质量接头的原因之一。

TA3/TC4 扩散焊的缺陷主要是氧化膜夹杂。当表面清理不当时，TA3/TC4 界面局部上会出现连续的 TiO_2 夹杂物。TiO_2 在焊接温度和压力下不分解、不挥发，所以残留在界面上的 TiO_2 主要靠氧离子向基体中溶解来消除。与 TA3 多层板焊接不同的是，其中的 TC4 属于 α＋β 型双相组织，β 相的溶氧能力差，不到 α 相的 10%。所以当表面清理不彻底，特别是致密的 TiO_2 氧化膜没有彻底清除时，将出现氧化膜夹杂，影响结合率。当严格按照清理规程操作时，出现氧化膜夹杂的可能性较小。

总之，TA3 多层板真空扩散焊和 TA3/TC4 真空扩散焊，可以获得优质的焊接接头。

控制加热温度 850℃可以抑制晶粒的长大，较高的加热温度有利于提高接头质量。TA3 多层板扩散焊时，加压不均匀易造成结合界面上孔洞收缩不彻底，而留有晶内微孔。适当提高压力，可在减少残余微孔的同时减少氧化膜夹杂，从而提高接头质量。TA3/TC4 扩散焊时（属于软＋硬结合），有利于界面孔洞的消失。应注重焊前表面清理，去除表面致密的 TiO_2 氧化膜，避免接头氧化膜夹杂物的产生。

2.3.6　钛及钛合金的电阻焊

电阻焊工艺简单，接头质量可靠，容易形成焊接生产机械化和自动化。电阻焊中有对焊、点焊、缝焊和凸焊等方法，这些方法均可用于钛及钛合金焊接结构件的生产。

（1）闪光对焊

对焊有电阻对焊和闪光对焊两种方法。钛合金电阻对焊有一定的难度，主要是因为钛是活性很强的金属，极易氧化。并且，电阻对焊加热时间较长，有过热、晶粒长大和端面氧化现象，使接头性能降低。所以，生产中要求较高的构件，一般不采用电阻对焊方法。

闪光对焊是钛及钛合金构件常用的焊接方法。闪光对焊时，须采用快速闪光及快速顶锻，才能获得良好的接头质量。提高闪光速度，可使端面上形成液态金属接触点数目增多，使之连续生成、连续爆破喷出接口，造成端面间隙中的压力，外界空气不能侵入并保证端面加热均匀，为顶锻时易于产生塑性变形创造了有利的条件。

增加顶锻速度和有足够的顶锻力是获得优质钛及钛合金接头的关键。当连续闪光过程使端面接近于焊接温度时，立即施加足够大的顶锻速度和顶锻力，迅速地使接口间隙封闭而接触，在顶锻力的作用下，液态金属将被挤出，剩下的高温固态金属产生塑性变形、爆破时的火口被封闭，使焊件焊接起来。

钛及钛合金闪光对焊的工艺参数见表 2.32。

表 2.32　钛及钛合金闪光对焊的工艺参数

焊件截面积 /mm²	预热电流 /A	顶锻力 /MPa	伸出长度/mm	顶锻预留量 /mm	闪光速度/(mm/s)	
					开始	终止
150	1500～2500	2.9～3.9	25	3	0.5	6
250	2500～3000	4.9～7.9	25～40	6	0.5	6
500	5000～7000	9.8～14.7	45	6	0.5	6
1000	5000	19.6～24.5	50	10	0.5	5
2000	10000	39.2～98.1	65	12	0.5	5
4000	20000	147～294	110	15	0.5	4
6000	10000	343～491	140	15	0.5	3.5
8000	40000	343～589	165	15	0.5	3.0
10000	50000	49～981	180～200	15	0.5	2.5

钛合金闪光对焊时，所需最短的闪光和顶锻的热循环，与一般钢材相比，电流强度要高出 2～3 倍，而通电时间相应缩短 1/3～1/2 左右。对于实心截面的焊件，端面接口不需要惰

性气体保护；对于空心截面的焊接，如管件，可将氩气直接通入管内保护。

（2）电阻点焊

钛及钛合金的薄壁结构零件在尺寸外形较大而且要求变形较小的条件下，多采用点焊和缝焊工艺。这种方法能量集中、热影响区小、变形小、生产率高，而且不需要氩气保护，可直接点焊或缝焊。因为点焊熔核在电极下的两板之间形成，不暴露在空气之中，所以以焊点接头不产生高温氧化，又可以进行强制水冷却，点焊质量良好，但在加热时间较长的情况下，仍需采用氩气保护。

钛合金点焊时，清理焊件表面十分重要，焊件内部接触是否紧密直接影响接触电阻的大小，由此影响加热程度和焊点的质量是否稳定。不清洁的表面还可能熔化后生成脆性相，降低接头性能。实际生产中多采用 $3\%HF+35\%HNO_3$ 的水溶液进行酸洗。酸洗后至开始焊接时不得超过48h，而且需保护在清洁、干净的环境中。

钛及钛合金的点焊、缝焊接头形式及尺寸设计与一般钢件相同。点焊时，焊点之间的距离及最小边缘距离见表2.33。

表 2.33　钛及钛合金点焊时焊点之间的距离及最小边缘距离

钛板总厚度/mm	最小点距/mm	最小边距/mm
0～2.0	6.3	6.3
2.1～2.5	9.5	6.3
2.6～3.0	12.7	7.9
3.1～3.5	15.8	7.9
3.6～4.0	19.0	9.5
4.1～4.5	22.2	9.5
4.6～5.0	25.4	11.1
5.1～6.0	30.1	12.7
6.1～7.0	36.5	14.0
7.1～8.0	42.0	15.8
8.1～9.0	49.0	15.8
9.1～9.5	55.5	15.8

点焊时的工件装配精度将直接影响焊点质量。比较复杂的一些焊接结构件，应采用专用夹具进行装配，以保证装配质量。电极间的两焊件间隙不能过大。如果间隙过大，电极压不紧将会引起烧穿或飞溅。所以，一般板结构件的间隙应当小于0.2mm。造成间隙过大的主要因素是工件尺寸超差、装配不紧、工件变形和不平直等。因此，要求点焊件在焊前必须保证零件尺寸的精确和不变形。

点焊和缝焊的电极是焊接生产中的重要部件。电极既要导电，又要传导压力，而且要求在焊接加热和冷却过程中不产生变形、不磨损、不粘连工件等。所以，钛及钛合金点焊和缝焊的电极选择 Be-Co-Cu 合金和 Cd-Cu 合金材料。电极端头形状选用球面形。

钛及钛合金点焊的工艺参数见表2.34。工业纯钛电阻缝焊的工艺参数见表2.35。

表 2.34　钛及钛合金点焊的工艺参数

被焊材料	板材厚度 /mm	焊接电流 /A	通电时间 /s	电极压力 /N	电极直径 /mm
工业纯钛 （TA1、TA2、 TA3、TA4）	0.8+0.8	5500	0.10~0.15	2000~2500	50~70
	1.0+1.0	6000	0.15~0.20	2500~3000	75~100
	1.2+1.2	6500	0.20~0.25	3000~3500	75~100
	1.5+1.5	7500	0.25~0.30	3500~4000	75~100
	1.7+1.7	8000	0.25~0.30	3750~4000	75~100
	2.0+2.0	10000	0.30~0.35	4000~5000	100~150
	2.5+2.5	12000	0.30~0.40	5000~6000	100~150
	3+2	15500~16000	0.16~0.17	6800	75~100
	3+3	16500~17000	0.18~0.22	6800	75~100
TC4 钛合金	0.25+0.25	5000	0.1~0.12	5440	254
	0.5+0.5	5500	0.14~0.16	2720	76
	0.6+0.6	8500	0.14~0.16	4080	102
	0.8+0.8	11000	0.20~0.22	3800	250
	1.2+1.2	12500	0.26~0.28	10880	76
	1.5+1.5	15500~16000	0.28~0.30	10430	254

表 2.35　工业纯钛电阻缝焊的工艺参数

板材厚度/mm	焊接电流 /A	通电时间 /s	休止时间 /s	电极压力 /N	焊接速度 /(m/h)	滚轮球面直径 /mm
0.6+0.6	6000	0.08~0.12	0.10~0.16	2000~2500	45~50	50~75
0.8+0.8	6500	0.10~0.12	0.16~0.20	2500~3000	42~48	50~75
1.0+1.0	7500	0.13~0.14	0.20~0.28	3000~3500	36~42	75~100
1.2+1.2	8500	0.14~0.18	0.28~0.36	3500~4000	33~39	75~100
1.5+1.5	9000	0.18~0.24	0.36~0.48	4000~4500	30~36	75~100
1.7+1.7	10000	0.18~0.24	0.36~0.48	4500~5000	30~36	75~100
2.0+2.0	11500	0.20~0.28	0.40~0.56	5000~6000	30~36	100~150
2.5+2.5	14000	0.28~0.32	0.60~0.80	6500~7000	20~25	100~150
3.0+3.0	50000~60000	0.16	0.34	9000	40~45	100~150

2.3.7　钛及钛合金的其他焊接方法

（1）埋弧自动焊

钛及钛合金埋弧自动焊的关键在于采用专用无氧焊剂，这主要是因为钛具有特殊的物理化学性质和很强的活性。无氧焊剂除了具备一般焊剂的共同性质外，还具有良好的隔绝空气的保护作用，使钛及钛合金在焊接过程中不吸收氧、氢、氮等气体。

无氧焊剂焊前进行 200~300℃烘干，尤其是在直流反接时，焊缝成形更为良好。焊丝应与母材化学成分相同。由于钛合金焊丝电阻系数较大，焊丝伸出长度要小。焊丝伸出长度与焊丝直径的关系见表 2.36。

表 2.36　焊丝伸出长度与焊丝直径的关系

焊丝直径/mm	1.2～1.5	1.5～2.5	2.5～3.0	3.0～4.0	4.0～5.0
焊丝伸出长度/mm	12～13	13～14	14～16	16～18	18～22

焊接接头的背面保护可由母材上割下一块作为垫板，焊后可留在接头上，若板厚小于 1.5mm，也可用铜或钢质垫板。埋弧自动焊后，必须在焊缝冷却到 300℃ 以下时，方可清渣。采用无氧焊剂焊接钛板的工艺参数见表 2.37。

表 2.37　采用无氧焊剂焊接钛板的工艺参数

板厚/mm	接头形式	焊丝直径/mm	焊接电流/A	焊接电压/V	送丝速度/(m/h)	焊接速度/(m/h)
1.5～1.8	对接	2.0	160～180	30～34	150	50
2.0～2.5	对接	2.0	190～220	34～36	162～175	50
2.8～3.0	对接	2.0	220～250	34～38	175～221	50
2.8～3.0	对接	2.5	230～260	32～34	189～204	50
4.0～4.5	对接	2.0	300～320	34～38	221～239	50
4.0～5.0	对接	2.5	310～340	30～32	139～150	50
4.0～5.0	对接	3.0	310～340	30～32	95～111	50
3.0～5.0	对接	2.5～3.0	160～250	30～34	—	50～60
3.0～5.0	搭接	2.0～2.5	250～300	30～34	—	45～50
3.0～5.0	角接	2.5～3.0	250～300	30～34	—	45～50
8.0～12.0	对接	3.0～4.0	400～580	34～36	—	40～45

（2）钎焊

适用于钛及钛合金的钎焊方法较多，常用的是在惰性气体保护加热炉中加热的方法。钛及钛合金钎焊接头的形式有对接、搭接、T 形接头以及斜对接等。对接接头强度低，只用于不很重要的焊接件；搭接接头由于钎焊面积较大，能充分发挥毛细管的润湿性作用，钎料能填满间隙，因此应用较多；斜对接接头实际上也增大了钎焊面积，增加了接头强度。钛及钛合金搭接接头的搭接间隙一般控制在 0.07～0.1mm，以保证钎料充分填充。

钎焊钛及钛合金常用的钎料是银基钎料，包括纯银钎料、Ag-Cu-Zn-Mn 和 Ag-Cu-Zn-Cd 钎料。这些钎料可根据具体的钛合金和结构特点来选择。当采用火焰加热钎焊时，还可以使用钎剂，如氯化银＋氯化钾、氯化锂＋氯化钠、氯化锂＋氟化钾＋氟化钠等。如采用纯银钎料，选用氯化银＋氯化钾钎剂，可获得较好的钎焊接头。除银基钎料外，钎焊钛及钛合金还可采用层叠状钛基钎料，它是由钛箔、镍箔、铜箔叠层而成的。这种叠层钎料有两种，一种是 Ti-14Cu-14Ni（成分为 Cu＝13%～15%，Ni＝13%～15%，其余为 Ti），这种钎料的钎焊温度为 960℃；另一种是 Ti-13Cu-14Ni-0.3Be（成分为 Cu＝12%～14%，Ni＝13%～15%，Be＝0.28%～0.33%，其余为 Ti），这种钎料的钎焊温度为 950℃。这两种钎料钎焊 TC4 钛合金接头的力学性能见表 2.38。

表 2.38　采用不同钎料钎焊 TC4 钛合金接头的力学性能

钎料	钎焊工艺	抗剪强度/MPa				冲击韧性 /(J/cm²)
		未处理		氧化盐雾处理		
		20℃	430℃	30℃、100h 氧化处理	20℃、120h 盐雾化处理	
Ti-14Cu-14Ni	960℃×15min	310	294	302	306	—
	960℃×2h	404	—	—	—	32.0
Ti-13Cu-14Ni-0.3Be	960℃×15min	322	290	312	310	2.9
	960℃×2h	464	—	—	—	38.6

参 考 文 献

[1]　William G，Marlow F. Welding Essentials（Questions and Answers）. Industrial Press，New York，2001.

[2]　中国机械工程学会焊接学会.焊接手册：第 2 卷　材料的焊接.第 3 版.北京：机械工业出版社，2008.

[3]　张喜燕，赵永庆，白晨光.钛合金及应用.北京：化学工业出版社，2004.

[4]　[美] Sindo Kou 著.焊接冶金学（Welding Metallurgy）.闫久春，杨建国，张广军译.北京：高等教育出版社，2012.

[5]　陈祝年.焊接工程师手册. 第 2 版.北京：机械工业出版社，2010.

[6]　孟祥军，吴学才，张建欣.深潜器钛合金框架结构装配焊接工艺研究.稀有金属材料与工程，2008，37（3）：36-39.

[7]　袁洁，王快社，赵凯，等.钛合金搅拌摩擦焊接最新研究进展.电焊机，2017，47（05）：67-72.

[8]　李志远，钱乙余，张九海，等.先进连接方法.北京：机械工业出版社，2004.

[9]　任家烈，吴爱萍.先进材料的焊接.北京：机械工业出版社，2000.

[10]　樊兆宝.TC4 钛合金壳体的手工氩弧焊工艺.电焊机，2007，37（7）：25-27.

[11]　熊江涛，李京龙，等.TA3 多层板及 TA3＋TC4 真空扩散焊.航天制造技术，2002（4）：10-13.

第3章
铝及铝合金的焊接

　　铝及铝合金具有良好的耐蚀性、较高的比强度和导热性以及良好的力学性能等特点，在航空航天、汽车、舰船、化工、现代交通、国防等工业部门被广泛地应用。掌握铝及铝合金的焊接性特点、焊接工艺要点、接头质量和性能评定、焊接缺陷的形成及防止对策等，对正确制订铝及铝合金的焊接工艺、获得良好的接头性能和扩大铝及铝合金的应用有十分重要的意义。

3.1　铝及铝合金的特性和焊接特点

　　用焊接方法连接铝及其合金虽然只有六、七十年的历史，但是在这短短的几十年时间里，铝及其合金的焊接技术得到了快速的发展。我国铝资源丰富，铝及铝合金的应用在我国有很广阔的前景。

3.1.1　铝及铝合金的分类和性能

　　(1) 铝及铝合金的分类

　　铝是银白色的轻金属，纯铝的熔点为 660℃，密度为 $2.7\mathrm{g/cm^3}$。工业用铝合金的熔点约为 566℃。铝具有热容量和熔化潜热高、耐腐蚀性好，以及在低温下能保持良好的力学性能等特点。

　　铝及铝合金可分为工业纯铝、变形铝合金（分为非热处理强化铝合金、热处理强化铝合金）和铸造铝合金。变形铝合金是指经不同的压力加工方法（经过轧制、挤压等工序）制成的板、带、棒、管、型、条等半成品材料，铸造铝合金以合金铸锭供应。铝合金的分类及性能特点见表 3.1。

　　按 GB/T 3190—2008 和 GB/T 16474—2011 的规定，纯铝和铝合金牌号命名的基本原则是：直接采用国际四位数字体系牌号；未命名为国际四位数字体系牌号的纯铝及其合金采用四位字符牌号。四位字符牌号的第一位、第三位、第四位为阿拉伯数字，第二位为英文大写字母（如 "A"）。纯铝编号系统的第一位为 "1"，例如 1×××或 1A××，最后两位数字表示铝的纯度。2×××为 Al-Cu 系，3×××为 Al-Mn 系，4×××为 Al-Si 系，5×××为 Al-Mg 系，6×××为 Al-Mg-Si 系，7×××为 Al-Zn 系，8×××为 Al-其他元素，9×××为 Al-备用系。这样，我国变形铝合金的牌号表示法与国际上的通用方法基本一致。

表 3.1　铝合金的分类及性能特点

分类		合金名称	合金系	性能特点	示例
变形铝合金	非热处理强化铝合金	防锈铝	Al-Mn	抗蚀性、压力加工性与焊接性能好，但强度较低	3A21
			Al-Mg		5A05
	热处理强化铝合金	硬铝	Al-Cu-Mg	力学性能高	2A11,2A12
		超硬铝	Al-Cu-Mg-Zn	硬度强度最高	7A04,7A09
		锻铝	Al-Mg-Si-Cu	锻造性能好 耐热性能好	2A14,2A50
			Al-Cu-Mg-Fe-Ni		2A70,2A80

续表

分类	合金名称	合金系	性能特点	示例
铸造铝合金	铝硅合金	Al-Si	铸造性能好,不能热处理强化,力学性能较低	ZL102
	特殊铝硅合金	Al-Si-Mg	铸造性能良好,可热处理强化,力学性能较高	ZL101
		Al-Si-Cu		ZL107
		Al-Si-Mg-Cu		ZL105、ZL110
		Al-Si-Mg-Cu-Ni		ZL109
	铝铜铸造合金	Al-Cu	耐热性好,铸造性能与抗蚀性差	ZL201
	铝镁铸造合金	Al-Mg	力学性能高,抗蚀性好	ZL301
	铝锌铸造合金	Al-Zn	能自动淬火,宜于压铸	ZL401
	铝稀土铸造合金	Al-Re	耐热性能好	—

注:铸造铝合金以代号表示。

1)工业纯铝

工业纯铝含铝99%以上,熔点为660℃,熔化时没有任何颜色变化。表面易形成致密的氧化膜,具有良好的耐蚀性。纯铝的导热性约为低碳钢的5倍,线胀系数约为低碳钢的2倍。纯铝强度很低,不适合做结构材料。退火的铝板抗拉强度为60~100MPa,伸长率为35%~40%。

2)非热处理强化铝合金

非热处理强化铝合金通过加工硬化、固溶强化提高力学性能,特点是强度中等、塑性及耐蚀性好,又称防锈铝,原先代号为LF××。Al-Mn合金和Al-Mg合金属于防锈铝合金,不能热处理强化,但强度比纯铝高,并具有优异的抗腐蚀性和良好的焊接性,是目前焊接结构中应用最广的铝合金。

3)热处理强化铝合金

热处理强化铝合金通过固溶、淬火、时效等工艺提高力学性能,经热处理后可显著提高抗拉强度,但焊接性较差,熔化焊时产生焊接裂纹的倾向较大,焊接接头的力学性能(主要是抗拉强度)严重下降。热处理强化铝合金包括硬铝、超硬铝、锻铝等。

① 硬铝 硬铝的牌号是按铜增加的顺序编排的。Cu是硬铝的主要成分,为了得到高的强度,Cu含量一般应控制在4.0%~4.8%。Mn也是硬铝的主要成分,主要作用是消除Fe对抗蚀性的不利影响,还能细化晶粒、加速时效硬化。在硬铝合金中,Cu、Si、Mg等元素能形成溶解于铝的化合物,从而促使硬铝合金在热处理时强化。

退火状态下硬铝的抗拉强度为160~220MPa,经过淬火及时效后抗拉强度增加至312~460MPa。但硬铝的耐蚀性能差。为了提高合金的耐蚀性,常在硬铝板表面覆盖一层工业纯铝保护层。

② 超硬铝 该合金中Zn、Mg、Cu的平均总含量可达9.7%~13.5%,在当前航空航天工业中仍是强度最高(抗拉强度达500~600MPa)和应用最多的一种轻合金材料。超硬铝的塑性和焊接性差,接头强度远低于母材。由于合金中Zn含量较多,形成晶间腐蚀及焊接热裂纹的倾向较大。

③ 锻铝 锻铝具有良好的热塑性(原代号为LD××),而且Cu含量越少热塑性越好,

适于作锻件用。其具有中等强度和良好的抗蚀性，在工业中得到广泛应用。

低密度的铝锂合金是为了取代常规铝合金、减轻飞机质量、节省燃料开发的。用铝锂合金替代常规铝合金可使结构质量减轻 10%～15%，刚度提高 15%～20%，适于用作航空航天结构材料。20 世纪 70～80 年代能源危机给航空业带来的压力推动了 Al-Li 合金的发展，提出用新的 Al-Li 合金取代传统高强 2000 和 7000 系列铝合金的目标。80 年代以后又开发了高强度的 Al-Li-Cu 和 Al-Li-Cu-Mg 合金系并获得应用。

（2）铝及铝合金的性能及应用

铝及其合金具有独特的物理化学性能。铝具有许多优良的性质，包括密度小、塑性好、易于加工、抗腐蚀性好等。在空气或硝酸中，铝表面会形成致密的氧化铝薄膜，可保护内部不受氧化；铝的电导率较高、导电性好，仅次于金、银、铜，居第 4 位。

铝具有面心立方结构，无同素异构转变，无"延-脆"转变，因而具有优异的低温韧性，在低温下能保持良好的力学性能。铝及铝合金塑性好，可以承受各种形式的压力加工，很容易加工成形，它可用铸造、轧制、冲压、拉拔和滚轧等各种工艺方法制成形状各异的制品。铝及铝合金容易机械加工，且加工速度快，这也是铝制零部件得到大量应用的重要因素之一。

经过冷加工变形后铝的强度增高、塑性下降。当铝的变形程度达到 60%～80% 时，其抗拉强度可达 150～180MPa，而伸长率下降至 1%～1.5%，因此，可以通过冷作硬化方法来提高铝的强度性能。经过冷作硬化的铝材，在 250～300℃ 的温度区间可以引起再结晶过程，使冷作硬化消除。铝的退火温度为 400℃，经过退火处理的铝称为退火铝或软铝。铝及其合金还具有优异的耐腐蚀性能和较高的比强度（强度/密度）。与各种金属相比，铝在大气中的抗腐蚀性能很好。这是由于铝比较活泼，与空气接触时，表面生成的难熔氧化铝膜比较致密（Al_2O_3 熔点为 2050℃），从而保护铝材不被继续氧化。铝在浓硝酸中因表面被钝化而非常稳定，但铝对碱类和带有氯离子的盐类抗腐蚀性能较差。

铝及铝合金的物理性能见表 3.2。常用铝及铝合金的力学性能见表 3.3。

表 3.2 铝及铝合金的物理性能

合金	密度 /(g/cm³)	比热容 (100℃) /[J/(kg·K)]	热导率 (25℃) /[W/(m·K)]	线胀系数 (20～100℃) /10⁻⁶K⁻¹	电阻率 (20℃) /10⁻⁶Ω·m	备注 (原牌号)
1×××	2.69	900	221.9	23.6	2.66	纯铝 L×
3A21	2.73	1009	180.0	23.2	3.45	防锈铝 LF21
5A03	2.67	880	146.5	23.5	4.96	防锈铝 LF3
5A06	2.64	921	117.2	23.7	6.73	防锈铝 LF6
2A12	2.78	921	117.2	22.7	5.79	硬铝 LY12
2A16	2.84	880	138.2	22.6	6.10	硬铝 LY16
6A02	2.70	795	175.8	23.5	3.70	锻铝 LD2
2A10	2.80	836	159.1	22.5	4.30	锻铝 LD10
7A04	2.85	—	159.1	23.1	4.20	超硬铝 LC4

表 3.3　常用铝及铝合金的力学性能（GB/T 3880.1—2012）

合金牌号	材料状态	抗拉强度 σ_b/MPa	屈服强度 σ_s/MPa	伸长率 δ/%	端面收缩率 ψ/%	布氏硬度 （HB）
1A99	固溶态	45	$\sigma_{0.2}=10$	$\delta_5=50$	—	17
8A06	退火	90	30	30	—	25
1035	冷作硬化	140	100	12	—	32
3A12	退火 冷作硬化	130 160	50 130	20 10	70 55	30 40
5A02	退火 冷作硬化	200 250	100 210	23 6	— —	45 60
5A05 5B05	退火	270	150	23	— —	70
2A11	淬火＋自然时效 退火 包铝的,淬火＋自然时效 包铝的,退火	420 210 380 180	240 110 220 110	18 18 18 18	35 58	100 45 100 45
2A12	淬火＋自然时效 退火 包铝的,淬火＋自然时效 包铝的,退火	470 210 430 180	330 110 300 100	17 18 18 18	30 55	105 42 105 42
2A01	淬火＋自然时效 退火	300 160	170 60	24 24	50 —	70 38
6A02	淬火＋人工时效 淬火 退火	323.4 215.6 127.4	274.4 117.6	12 22 24	20 50 65	95 65 30
7A04	淬火＋人工时效 退火	588 254.8	539 127.4	12 13	— —	150
ZL201	固溶＋自然时效 固溶＋不完全人工时效 固溶＋稳定化	295 355 315	— — —	8 4 2		70 90 60
ZL301	固溶＋自然时效	280	—	9		60

注：铸造铝合金以代号表示。

　　工业纯铝主要用于不承受载荷但要求具有某种特性（如高塑性、良好的焊接性、耐蚀性或高的导电、导热性等）的结构件，如铝箔用于制作垫片及电容器，其他半成品用于制作电子管隔离罩、电线保护套管、电缆线芯、飞机通风系统零件、日用器具等。高纯铝主要用于科学研究、化学工业及其他特殊用途。

　　防锈铝（铝锰合金、铝镁合金）主要用于要求高的塑性和焊接性、在液体或气体介质中工作的低载荷零件，如油箱、汽油或润滑油导管、各种液体容器和其他用深拉制作的小负荷零件等。铝及铝合金被广泛应用于航空航天、建筑、汽车、机械制造、电工、化学工业、商业等领域。铝合金在飞机制造中是主要的结构材料，它约占骨架重量的 55%，而且大部分关键轴承部件，如涡轮发动机轴向压缩机叶片、机翼、骨架、外壳、尾翼等是由铝合金制造的。

3.1.2　铝及铝合金的焊接特点

纯铝的熔点为660℃，熔化时不发生颜色变化（但焊接时熔池仍清晰可见）。铝对氧的亲和力很强，在空气中很容易氧化成致密难熔的氧化膜（Al_2O_3，熔点为2050℃），可防止铝继续氧化。铝及铝合金熔化焊时有如下困难和特点。

① 铝和氧的亲和力很大，因此在铝及铝合金表面总有一层难熔的氧化铝膜，远远超过铝的熔点，这层氧化铝膜不溶于金属并且妨碍被熔融填充金属润湿。在焊接或钎焊过程中应将氧化膜清除或破坏掉。

② 铝的导热性和导电性约为低碳钢的5倍，焊接时需要更高的热输入，应使用大功率或能量集中的热源，有时还要求预热。

③ 铝的线胀系数约为低碳钢的2倍，凝固时收缩率比低碳钢大2倍。因此，焊接变形大，若工艺措施不当，易产生裂纹。熔焊时，铝合金的焊接性首先体现在抗裂性上。在铝中加入Cu、Mn、Si、Mg、Zn等合金元素可获得不同性能的合金。

④ 铝及其合金的固态和液态色泽不易区别，焊接操作时难以控制熔池温度；铝在高温时强度很低，焊接时易引起接头处金属塌陷或下漏。

⑤ 铝从液相凝固时体积缩小6%，由此形成的应力会引起接头的过量变形。

⑥ 焊后焊缝易产生气孔，焊接接头区易发生软化。

对铝合金进行焊接，可以用多种不同的焊接方法，表3.4中所列的为部分铝及铝合金的相对焊接性。

表 3.4　部分铝及铝合金的相对焊接性

焊接方法	焊接性及适用范围							说明
	工业纯铝	铝锰合金	铝镁合金		铝铜合金	适用厚度/mm		
	1070 1100	3003 3004	5083 5056	5052 5454	2014 2024	推荐	可用	
TIG焊（手工、自动）	很好	很好	很好	很好	很差	1～10	0.9～25	填丝或不填丝，厚板需预热，交流电源
MIG焊（手工、自动）	很好	很好	很好	很好	较差	≥8	≥4	焊丝为电极，厚板需预热和保温，直流反接
脉冲MIG焊（手工、自动）	很好	很好	很好	很好	较差	≥2	1.6～8	适用于薄板焊接
气焊	很好	很好	很差	较差	很差	0.5～10	0.3～25	适用于薄板焊接
焊条电弧焊	较好	较好	很差	较差	很差	3～8	—	直流反接，需预热，操作性差
电阻焊（点焊、缝焊）	较好	较好	很好	很好	较好	0.7～3	0.1～4	需要电流大

续表

焊接方法	焊接性及适用范围							说明
	工业纯铝	铝锰合金	铝镁合金		铝铜合金	适用厚度/mm		
	1070 1100	3003 3004	5083 5056	5052 5454	2014 2024	推荐	可用	
等离子弧焊	很好	很好	很好	很好	较差	1～10	—	焊缝晶粒小，抗气孔性能好
电子束焊	很好	很好	很好	很好	较好	3～75	≥3	焊接质量好，适用于厚件
搅拌摩擦焊	很好	很好	很好	很好	较好	1～100	≥2	焊接质量好，适用于各种规格件

现代科学技术的发展促进了铝及铝合金焊接技术的进步。可焊接的铝合金材料范围逐步扩大，现在不仅可以成功地焊接非热处理强化的铝合金，而且解决了热处理强化的高强超硬铝合金焊接的各种难题。铝及其合金焊接结构的应用已从传统的航空、航天和军工等行业，逐步扩大到国民经济生产和人民生活的各个领域。

3.1.3　铝及铝合金的常用焊接方法

铝及铝合金的焊接方法很多，各种方法有其不同的应用场合。除了传统的熔焊（气焊、电弧焊已不常用）、电阻焊外，其他一些焊接方法（如等离子弧焊、电子束焊、搅拌摩擦焊、扩散焊等）也可以容易地将铝合金焊接在一起。铝及铝合金常用焊接方法的特点及适用范围见表3.5，应根据铝及铝合金的牌号、焊件厚度、产品结构以及对焊接性能的要求等选择。

表 3.5　铝及铝合金常用焊接方法的特点及适用范围

焊接方法	特点	适用范围
钨极氩弧焊	焊缝金属致密，接头强度高、塑性好，可获得优质接头	应用广泛，可焊接板厚为1～20mm
钨极脉冲氩弧焊	焊接过程稳定，热输入精确可调，焊件变形量小，接头质量高	用于薄板、全位置焊接、装配焊接及对热敏感性强的锻铝、硬铝等高强度铝合金
熔化极氩弧焊	电弧功率大，焊接速度快	用于厚件的焊接，可焊厚度在50mm以下
熔化极脉冲氩弧焊	焊接变形小，抗气孔和抗裂性好，工艺参数调节广泛	用于薄板或全位置焊，常用于厚度为2～12mm的工件
等离子弧焊	热量集中，焊接速度快，焊接变形和应力小，工艺较复杂	用于对接头要求比氩弧焊更高的场合
真空电子束焊	熔深大，热影响区小，焊接变形量小，接头力学性能好	用于焊接尺寸较小的焊件
激光焊	焊接变形小，生产率高	用于需进行精密焊接的焊件
搅拌摩擦焊	焊接变形小，生产率高	可用于厚度为1～100mm的结构件

（1）常规焊接方法

1）钨极氩弧焊（TIG）

这种方法是在氩气保护下施焊，热量比较集中，电弧燃烧稳定，焊缝金属致密，焊接接头的强度和塑性高，在工业中获得越来越广泛的应用。钨极氩弧焊主要用于重要铝合金结构中，可以焊接板厚范围为1～20mm的板件。钨极氩弧焊用于铝及铝合金是一种较适宜的焊接方法，但钨极氩弧焊设备较复杂，不宜在室外露天条件下操作。

2）熔化极氩弧焊（MIG）

自动、半自动熔化极氩弧焊的电弧功率大，热量集中，热影响区小，生产效率比手工钨极氩弧焊可提高2～3倍，可以焊接厚度在50mm以下的纯铝及铝合金板。例如，焊接厚度为30mm的铝板不必预热，只焊接正、反两层就可获得表面光滑、质量优良的焊缝。半自动熔化极氩弧焊适用于定位焊缝、断续的短小焊缝及结构形状不规则的焊件，用半自动氩弧焊焊炬可方便灵活地进行焊接，但半自动焊的焊丝直径较细（ϕ3mm以下），焊缝的气孔敏感性较大。

3）脉冲氩弧焊

① 钨极脉冲氩弧焊　用这种方法可明显改善小电流焊接过程的稳定性，便于通过调节各种工艺参数来控制电弧功率和焊缝成形；焊件变形小、热影响区小，特别适用于薄板、全位置焊接等场合以及对热敏感性强的锻铝、硬铝、超硬铝等的焊接。

② 熔化极脉冲氩弧焊　这种方法可采用的平均焊接电流小，参数调节范围大，焊件的变形及热影响区小，生产率高，抗气孔及抗裂性好，适用于厚度为2～10mm的铝合金薄板的全位置焊接。

4）电阻点焊、缝焊

这种方法可用来焊接厚度在4mm以下的铝合金薄板。对于质量要求较高的产品可采用直流冲击波点焊、缝焊机焊接。焊接时需要用较复杂的设备，焊接电流大、生产率较高，特别适用于大批量生产的零、部件。

（2）极具前途的几种焊接技术

① 变极性等离子弧焊接技术（VPPA）　20世纪80年代，美国NASA宇航局马歇尔宇航中心采用变极性等离子弧焊技术（VPPA）部分取代钨极氩弧焊（TIG）工艺焊接航天飞机外储箱。航天飞机外储箱材料为2219铝合金，共焊接了6400m焊缝，经100％X射线检测，未发现任何内部缺陷，焊缝质量比钨极氩弧焊多层焊明显提高。

变极性等离子弧焊接技术用于铝合金焊接，单道焊接铝合金厚度可达25.4mm。其工艺特点是在焊接过程中，在焊接熔池中心存在一穿透的小孔，在实际生产中通常采用立向上焊工艺，既有利于焊缝的正面成形，又有利于熔池中氢的逸出，减少气孔缺陷。因此它被称为"零缺陷焊接"。

我国在引进国外某公司的变极性等离子弧焊接系统的基础上，也开展了变极性等离子弧焊接技术研究，研制了变极性等离子弧焊接设备样机，并进行了5A06（LF6）和2A14（LD10）铝合金板材（厚度为3mm、5mm、12mm）焊接工艺试验，完成了带有纵缝和环缝的储箱模拟件焊接，解决了环缝焊接时起弧打孔和收弧填孔及焊缝首尾相接的难题。焊接模拟件通过了液压试验，将变极性等离子弧焊接技术的工程应用向前推进了一大步。

随着2219铝合金和2195铝锂合金的应用，在中厚度的大型储箱焊接生产中，变极性等离子弧焊接技术有着广阔的应用前景。

② 局部真空电子束焊接技术 由于真空电子束焊接工艺是将被焊工件置于真空环境中进行焊接，可以得到优质的焊缝。电子束高的能量密度使焊缝较窄、深宽比大、焊接应力和变形较小，在工业各领域尤其是国防工业中得到了广泛的应用。

对于一些大型构件如运载火箭储箱壳体等，如果采用真空电子束焊接工艺，需要较大的真空室，其容积可达数百立方米，这种电子束焊接设备造价很高。为了解决这一问题，国外开始设计和应用局部真空电子束焊接设备，不是将被焊工件整体放入真空室，而是在焊缝局部建立真空环境，从而完成焊接。

俄罗斯将局部真空电子束焊接技术应用于不同类型和尺寸火箭燃料储箱壳体的焊接，在壳体的焊接中，有 7 种类型焊缝（纵缝、对接环缝、法兰环缝）应用局部真空电子束焊接工艺。20 世纪 90 年代初已用于直径 $\phi2.5m$ 直径壳体环缝焊接，"能源号"火箭储箱纵缝采用局部真空电子束焊接工艺，壁厚为 42mm，局部密封采用磁流体密封、橡胶圈密封等技术。

在 2219 铝合金和 2195 铝锂合金航天器厚壁结构中，特别对于焊接残余应力和变形要求较高的法兰环缝焊接生产中，局部真空电子束焊接技术应用对焊接质量的提高有着重要的意义。

③ 气脉冲 TIG 和 MIG 焊接技术 在航天工业中，铝合金焊接中应用较广的 TIG 焊和 MIG 焊工艺，保护气体采用氩气和氦气，其中以氩气应用较多。就 TIG 焊而言，有交流氩弧焊和直流正接氦弧焊两种工艺。氦（He）和氩（Ar）相比，其最小电离能高，在其他条件和参数相同时，电弧电压较高。因此，氦弧焊电弧温度高，焊接热输入量大，也具有更高的能量密度，与氩弧焊相比熔深较大，焊接缺陷特别是焊接气孔较少。

由于直流正接氦弧焊没有交流氩弧焊"阴极雾化"去除氧化膜的作用，氧化膜的破坏程度取决于电弧长度的大小，因此直流正接氦弧焊采用短弧焊去除氧化膜。这样使得焊接时填丝变得较为困难，加上设备控制等因素的制约，直流正接氦弧焊一直未大面积推广应用。

为了利用氦气电弧热量高的优点并避免纯氦带来的缺点，国外采用脉冲 Ar＋He TIG 和 MIG 焊接技术焊接铝合金，可大大减少焊接气孔。

我国近几年开始进行气脉冲 TIG 焊接技术研究，采用气脉冲（Ar＋He）TIG 焊接工艺焊接 S147 铝合金在抑制焊接气孔方面有明显的效果。不开坡口可一次焊透 7mm 厚的铝合金平板，且表面光泽与氩弧焊相同，避免直流正接氦弧焊焊缝表面发暗。焊接工艺性、可操作性也与氩弧焊无异，弧长也无特别限制。这对于对气孔较敏感的 S147 铝合金和 2195 铝锂合金的焊接有极大的应用价值。

④ 搅拌摩擦焊技术 搅拌摩擦焊（FSW）是一种用于合金板材焊接的固态连接技术。与传统熔焊方法相比，搅拌摩擦焊无飞溅、无烟尘，不需添加焊丝和保护气体，接头无气孔、裂纹。与普通摩擦焊相比它不受轴类零件的限制，可焊接直焊缝。这种焊接方法还有一系列其他优点，如接头的力学性能好、节能、无污染、焊前准备要求低等。由于铝及其合金熔点低，因此更适于采用搅拌摩擦焊。

宇航工业飞行器结构大量使用铝合金，由于某些材料熔焊焊接性不良不得不采用铆接结构。英国焊接研究所（TWI）1991 年发明的搅拌摩擦焊为此类材料连接提供了一个新思路。由于这种方法属于固相焊，特别适合应用于熔化焊接性差的有色金属。相对于熔化焊接方法，不会产生与熔化有关的焊接缺陷，如热裂纹和气孔。但由于方法的限制，应用仅限于简单结构的工件。

搅拌摩擦焊的原理是：利用摩擦产生的热，使在高速旋转的搅拌头特形指棒周围的金属迅速被加热,并形成了很薄的热塑性金属层;随着搅拌头的移动形成了搅拌摩擦焊的焊缝。美国波普公司的空间防御实验室已将这项技术用于火箭某些部件的焊接。目前,ESAB 公司已经制造了可供商业应用的搅拌摩擦焊机,用来焊接尺寸为 8m×5m 的工件。有理由相信,国内最具备搅拌摩擦焊技术应用前景的将是航空航天工业。

3.1.4 铝及铝合金焊接材料

(1) 焊丝

用于铝及铝合金氩弧焊(MIG 焊、TIG 焊)时作填充材料。我国国家标准 GB/T 10858—2008《铝及铝合金焊丝》规定了铝合金焊丝的分类、型号和技术要求等,适用于惰性气体保护焊、等离子弧焊等焊接方法。焊丝的直径范围为 $\phi 0.8 \sim 6.4mm$。

焊丝型号以"丝"字的汉语拼音第一个字母"S"表示,"S"后面用化学元素符号表示焊丝的主要合金组成,化学元素符号后的数字表示同类焊丝的不同品种。常用铝及铝合金焊丝的成分范围及用途列于表 3.6 中。

表 3.6 常用铝及铝合金焊丝的成分范围及用途

名称	牌号	型号	成分范围/%	熔点/℃	用途
纯铝焊丝	HS301 (丝 301)	SAl-1 SAl-2 SAl-3	Al≥99.5,Si≤0.3,Fe≤0.3	660	焊接纯铝及对焊接接头强度要求不高的铝合金
铝硅焊丝	HS311 (丝 311)	SAlSi-1 SAlSi-2	Si 4.5~6.0, Fe≤0.6,Al 余量	580~610	焊接除铝镁合金以外的铝合金(如铝锰合金、硬铝等),特别是易产生热裂纹的热处理强化铝合金
铝锰焊丝	HS321 (丝 321)	SAlMn	Mn 1.0~1.6,Si≤0.6, Fe≤0.7,Al 余量	643~654	焊接铝锰合金及其他铝合金
铝镁焊丝	HS331 (丝 331)	SAlMg-1 SAlMg-2 SAlMg-3 SAlMg-5	Mg 4.7~5.7,Mn 0.2~0.6, Si≤0.4,Fe≤0.4, Ti 0.05~0.2,Al 余量	638~660	焊接铝镁合金和铝锌镁合金,补焊铝镁合金铸件

采用气焊、钨极氩弧焊等焊接铝合金时,需要加填充焊丝。铝及铝合金焊丝分为同质焊丝和异质焊丝两大类。为了得到性能良好的焊接接头,应从焊接构件使用要求方面考虑,选择适合于母材的焊丝作为填充材料。铝及铝合金焊丝的牌号、型号和化学成分见表 3.7。

铝及铝合金焊丝的选择主要根据母材的种类、对接头抗裂性能、力学性能及耐蚀性等方面的要求综合考虑。一般情况下,焊接铝及铝合金都采用与母材成分相同或相近牌号的焊丝,这样可以获得较好的耐蚀性;但焊接热裂倾向大的热处理强化铝合金时,选择焊丝主要从解决抗裂性入手,这时焊丝的成分与母材差别很大。

表 3.8 所示为铝及铝合金焊丝的型号(牌号)、规格与用途。表 3.9 给出了各种铝及铝合金通常选用的焊丝。从对铝及铝合金的使用情况看,目前最常用的为纯铝焊丝、铝硅焊丝和铝镁焊丝,而铝铜焊丝只在少数场合使用。

表 3.7 铝及铝合金焊丝的型号和化学成分

类别	新型号 GB/T 10858—2008	旧型号 GB/T 10858—1989	牌号	化学成分/%											
				Si	Fe	Cu	Mn	Mg	Cr	Zn	Ti	V	Zr	Al	其他元素总量
纯铝	SAl 1200	SAl-1	—	Fe+Si≤1.0		≤0.05	≤0.05	—	—	≤0.10	≤0.05	—	—	≥99.0	
	SAl 1100	—	HS301	Fe+Si≤1.0		0.05~0.2	≤0.05	—	—	≤0.10	—	—	—	≥99.0	
	SAl 1070	SAl-2	—	≤0.20	≤0.25	≤0.40	≤0.03	≤0.03	—	≤0.04	≤0.03	—	—	≥99.7	
	SAl 1450	SAl-3	—	≤0.30	≤0.30	≤0.10	≤0.03	—	—	—	—	—	—	≥99.5	
铝镁	SAl 5554	SAlMg-1	—	≤0.25	≤0.40	≤0.10	0.50~1.0	2.40~3.0	0.05~0.20	≤0.20	0.05~0.20	—	—	余量	≤0.15
	SAl 5654	SAlMg-2	—	Fe+Si≤0.45		≤0.05	≤0.01	3.10~3.90	0.15~0.35	≤0.25	0.05~0.15	—	—	余量	
	SAl 5183	SAlMg-3	—	≤0.40	≤0.40	≤0.10	0.50~1.0	4.30~5.20	0.05~0.25	≤0.25	≤0.15	—	—	余量	
	SAl 5556	SAlMg-5	HS331	≤0.40	≤0.40	≤0.10	0.20~0.60	4.70~5.70	0.05~0.20	≤0.25	0.05~0.25	—	—	余量	
	SAl 5356	SAlMg-5	—	≤0.25	≤0.40	≤0.10	0.05~0.20	4.50~5.50	0.05~0.20	≤0.10	0.06~0.20	—	—	余量	
铝铜	SAl 2319	—	—	≤0.20	≤0.30	5.8~6.8	0.20~0.40	≤0.02	—	≤0.10	0.10~0.20	0.05~0.15	0.10~0.25	余量	
铝锰	SAl 3103	SAlMn	—	≤0.60	≤0.70	—	1.0~1.6	—	—	—	—	—	—	余量	
铝硅	SAl 4043	SAlSi-1	HS311	4.5~6.0	≤0.80	≤0.30	≤0.05	≤0.05	—	≤0.10	≤0.20	—	—	余量	
	SAl 4047	SAlSi-2	HL400	11.0~13.0	≤0.80	≤0.30	≤0.15	≤0.10	—	≤0.20	—	—	—	余量	
	SAl 4145	SAlSi-2	HL402	9.3~10.7	≤0.8	3.3~4.7	≤0.15	≤0.15	≤0.15	≤0.20	—	—	—	余量	

注：除规定外，单个数值表示最大值。

表 3.8　铝及铝合金焊丝的型号（牌号）、规格与用途

新型号 GB/T 10858—2008	旧型号 GB/T 10858—1989	牌号	焊丝规格/mm		特点与用途
			直径	长度	
SAl 1200	SAl-1	HS301	卷状		具有良好的塑性与韧性、良好的可焊性及耐腐蚀性，但强度较低。适用于对接头性能要求不高的纯铝及铝合金的焊接
			1.2	每卷 10.2kg	
SAl 4043	SAlSi-1	HS311	1.2	每卷 10.2kg	通用性较大的铝基焊丝，焊缝的抗热裂性能优良，有一定的力学性能，适用于焊接除铝镁合金以外的铝合金
SAl 3103	SAlMn	HS321	条状		具有较好的塑性与可焊性、良好的耐腐蚀性和比纯铝高的强度。适用于铝锰合金及其他铝合金的焊接
			3、4、5、6	1000	
SAl 5556	SAlMg-5	HS331	3、4、5、6	1000	耐腐蚀性、抗热裂性好，强度高，适用于焊接铝镁合金和其他铝合金铸件补焊

表 3.9　铝及铝合金焊丝的选用

母材	焊丝	母材	焊丝
纯铝（1070、1060、1050、1035、1100）	同母材或 SAl-1、SAl-2、SAl-3、SAlSi-1、SAlSi-2	铝镁合金（5A05）	同母材或 2A06、SAlMg-2、SAlMg-3、SAlMg-5
铝锰合金（3A21）	同母材或 SAlMn、SAlSi-1	铝镁合金（5A06）	同母材或 5A06＋（0.15～0.24）% Ti
铝镁合金（5A02）	同母材或 SAlSi-1、SAlSi-2、SAlMg-1	硬铝（2A11）硬铝（2A12）	（6～7）%Cu、（2～3）% Mg、0.2% Ti，其余为 Al
铝镁合金（5A03）	同母材或 SAlSi-1、SAlSi-2、SAlMg-2	硬铝（2A16）	（6～7）%Cu、（2～2.5）%Ni、（1.6～7）% Mg、（0.4～0.6）% Mn、（0.2～0.3）%Ti，其余为 Al

　　选择焊丝首先要考虑焊缝成分要求，还要考虑产品的力学性能、耐蚀性能，结构的刚性、颜色及抗裂性等。选择熔化温度低于母材的填充金属，可大大减小热影响区晶间裂纹倾向。

　　对于非热处理合金的焊接接头强度，按 1000 系、4000 系、5000 系的次序增大。含镁 3% 以上的 5000 系的焊丝，应避免在使用温度在 65℃ 以上的结构中采用，因为这些合金对应力腐蚀裂纹很敏感，在上述温度和腐蚀环境中会发生应力腐蚀龟裂。用合金含量高于母材的焊丝作为填充金属，通常可防止焊缝金属的裂纹倾向。

　　目前，铝及其合金常用的焊丝大多是与基体金属成分相近的标准牌号焊丝。在缺乏标准牌号焊丝时，可从基体金属上切下狭条（长度为 500～700mm，厚度与基体金属相同）代用。较为通用的焊丝是 SAl4043（HS311），这种焊丝的液态金属流动性好，凝固时的收缩率小，具有优良的抗裂性能。为了细化焊缝晶粒、提高焊缝的抗裂性及力学性能，通常在焊丝中加入少量的 Ti、V、Zr 等合金元素作为变质剂。

　　选用铝合金焊丝应注意的问题如下。

　　① 焊接接头的裂纹敏感性　影响裂纹敏感性的直接因素是母材与焊丝的匹配。选用熔化温度低于母材的焊缝金属，可以减小焊缝金属和热影响区的裂纹敏感性。例如，焊接 Si

含量为 0.6% 的 6061 合金时，选用同一合金作焊缝，裂纹敏感性很大，但用 Si 含量为 5% 的 SAl4043 焊丝时，由于其熔化温度比 6061 低，在冷却过程中有较高的塑性，所以抗裂性能良好。此外，焊缝金属中应避免 Mg 与 Cu 的组合，因为 Al-Mg-Cu 合金系有很高的裂纹敏感性。

② 焊接接头的力学性能 工业纯铝的强度最低，4000 系列铝合金居中，5000 系列铝合金强度最高。铝硅焊丝虽然有较强的抗裂性能，但含硅焊丝的塑性较差，所以对焊后需要塑性变形加工的接头来说，应避免选用含硅的焊丝。

③ 焊接接头的使用性能 填充金属的选择除取决于母材成分外，还与接头的几何形状、运行中的抗腐蚀性要求以及对焊接件的外观要求有关。例如，为了使容器具有良好的抗腐蚀能力或防止所储存产品对其的污染，储存过氧化氢的焊接容器要求高纯度的铝合金。在这种情况下，填充金属的纯度至少要相当于母材。

（2）焊条

我国国家标准 GB/T 3669—2001《铝及铝合金焊条》规定了铝及铝合金焊条的分类、技术要求、试验方法及检验规则等内容。铝及铝合金焊条型号的编制方法为：字母"E"表示焊条，E 后面的数字表示焊芯用铝及铝合金牌号。焊条的直径范围为 $\phi 2.5 \sim 6.0\text{mm}$。焊芯的化学成分及接头抗拉强度应符合表 3.10 的规定。

表 3.10 铝及铝合金焊芯化学成分及接头抗拉强度（GB/T 3669—2001）

型号	Si	Fe	Cu	Mn	Mg	Zn	Ti	Be	Al	其他	抗拉强度 /MPa
	%										
E1100	0.95		0.05~0.20	0.05	—	0.10	—	0.0008	≥99.00	0.15	≥80
E3003	0.6	0.7	0.05~0.20	1.0~1.5		0.10		0.0008	余量	0.15	≥95
E4043	4.5~6.0	0.8	0.30	0.05	0.05	0.10	0.20	0.0008	余量	0.15	≥95

注：表中单值除规定外，其他均为最大值。

铝及铝合金焊接接头弯曲试验后焊缝金属被拉伸表面的任何方向不允许有大于 3.0mm 的裂纹或其他缺陷（试样棱角处的裂纹除外）。力学性能试验用母材，对 E1100 型焊条为 1100 铝合金，对 E3003 和 E4043 型焊条为 3003 铝合金。

铝及铝合金焊条的型号（牌号）、规格和用途见表 3.11。铝及铝合金焊条的化学成分和力学性能见表 3.12。

表 3.11 铝及铝合金焊条的型号（牌号）、规格和用途

型号	牌号	药皮类型	焊芯材质	焊条规格 /mm		用途
E1100	L109	盐基型	纯铝	3.2,4,5	345~355	焊接纯铝板、纯铝容器
E4043	L209	盐基型	铝硅合金	3.2,4,5	345~355	焊接铝板、铝硅铸件、一般铝合金、锻铝、硬铝（铝镁合金除外）
E3003	L309	盐基型	铝锰合金	3.2,4,5	345~355	焊接铝锰合金、纯铝及其他铝合金

注：采用直流焊接电源。

表 3.12　铝及铝合金焊条的化学成分和力学性能

型号	牌号	药皮类型	电流种类	焊芯化学成分/%	熔敷金属抗拉强度/MPa	焊接接头抗拉强度/MPa
E1100	L109	盐基型	直流反接	Si＋Fe≤0.95,Co＝0.05～0.20 Mn≤0.05,Be≤0.0008 Zn≤0.10,其他总量≤0.15 Al≥99.0	≥64	≥80
E4043	L209	盐基型	直流反接	Si 4.5～6.0,Fe≤0.8 Cu≤0.30,Mn≤0.05 Zn≤0.10,Mg≤0.05 Ti≤0.2,Be≤0.0008 其他总量≤0.15,Al余量	≥118	≥95
E3003	L309	盐基型	直流反接	Si≤0.6,Fe≤0.7 Cu＝0.05～0.20,Mn＝1.0～1.5 Zn≤0.10,其他总量≤0.15 Al余量	≥118	≥95

　　随着气体保护焊技术的发展以及气体保护焊方法带来的种种优点，铝及铝合金焊条电弧焊的应用越来越少。在我国的铝及铝合金焊条国标 GB/T 3669—2001 中，仅列出三种铝及铝合金焊条，其中 E1100 型为工业纯铝焊条，E3003 型为铝锰合金焊条，E4043 型为铝硅合金焊条。由于 Mg 在焊条电弧焊时极易烧损，故在焊条标准中不包括铝镁合金焊条。铝铜合金焊条由于可焊性差，也没有列入焊条标准。

　　E1100 焊条的熔敷金属具有较高的韧性和良好的导电性，适用于 1100、1200、1350 和其他工业纯铝的焊接。E3003 焊条的熔敷金属有较高的韧性，适用于 3×××系列铝硅合金的焊接，也适用于工业纯铝的焊接。E4043 焊条的含硅量约为 5%，在焊接温度下有较好的流动性，同时也有较好的抗裂性，适用于 6×××系列、5×××系列（Mg≤2.5%）铝合金和铝硅铸造合金的焊接，同样也可用于 1100、1350 和 3003 等铝材的焊接。

　　铝及铝合金焊条电弧焊时需注意的问题如下。

　　① 应采用直流反极性（DCEP）焊接。由于铝有较高的热导率，对厚件来说，为了维持焊接熔池和适当的熔深，一般应预热 120～200℃。焊接开始时，熔池以极快的速度冷却，所以预热也有助于避免产生气孔。对复杂的焊件来说，预热有利于减小变形。但如果采用较高的预热温度（大于 175℃），会明显降低 6×××系列铝合金焊接接头的力学性能。

　　② 焊条药皮中的水分是产生焊接气孔的主要原因，脏物、油脂或焊条药皮中的其他污物也能形成气孔，所以须注意母材和焊条的清洁。焊条药皮吸收水分非常快，药皮在潮湿空气中暴露几个小时就会吸潮，因此焊条应储存在干燥、清洁的地方。从包装中取出的焊条或在潮湿空气中暴露过的焊条，焊前应在 175～200℃保温 1h，重新烘干。烘干后应储存在 60～100℃的保温箱内备用。

　　③ 推荐用于手弧焊的母材最小厚度为 3.2mm，可能时应进行单道手弧焊。但是较厚的铝材要求多道焊，焊道之间的清理对获得最佳效果是不可缺少的。焊接结束后，焊接接头和工件应彻底清理，去除残余焊渣。大部分残余焊渣能够用机械工具去除，如钢丝刷和尖头锤等，其余部分可以用蒸汽或热水冲洗。

　　④ 在许多应用场合，铝焊缝的抗腐蚀性是头等重要的。在这种情况下，最好选择与母材成分相近的焊条。对于要求抗腐蚀的焊件，推荐采用气体保护焊，因为气体保护焊焊丝有

较宽的成分范围。

（3）保护气体

焊接铝及铝合金的惰性气体有氩气（Ar）和氦气（He）。氩气的技术要求为 Ar＞99.9％，氧＜0.005％，氢＜0.005％，水分＜0.02mg/L，氮＜0.015％。氧、氮增多，均恶化阴极雾化作用。氧＞0.3％则使钨极烧损加剧，超过 0.1％则使焊缝表面无光泽或发黑。

钨极氩弧焊时，交流加高频焊接选用纯氩气，适用大厚度板；直流正极性焊接选用 Ar＋He 或纯 Ar。

熔化极氩弧焊时，当板厚＜25mm 时，采用纯 Ar；当板厚为 25～50mm 时，采用添加 10％～35％Ar 的 Ar＋He 混合气体；当板厚为 50～75mm 时，宜采用添加 10％～35％或 50％He 的 Ar＋He 混合气体；当板厚＞75mm 时，推荐用添加 50％～75％He 的 Ar＋He 混合气体。

3.2 铝及铝合金的焊接性分析

铝合金的化学活性和导热性强，表面易形成致密难熔的 Al_2O_3 膜（Al_2O_3 膜熔点为 2050℃，MgO 膜熔点约为 2500℃），焊接时易造成不熔合。由于 Al_2O_3 膜的密度与铝的密度接近，易成为焊缝中的夹杂物。氧化膜可吸收较多水分而成为焊缝气孔的来源。铝合金的线胀系数大，焊接时易产生翘曲变形。这些都是影响铝及铝合金焊接的因素。

3.2.1 焊缝中的气孔

铝及其合金熔焊时最常见的缺陷是焊缝气孔，特别是对于纯铝和防锈铝的焊接。

（1）形成气孔的原因

氢是铝合金熔焊时产生气孔的主要原因，氢的来源是弧柱气氛中的水分、焊接材料及母材所吸附的水分，其中焊丝及母材表面氧化膜吸附的水分对气孔有很大影响。

① 弧柱气氛中水分的影响　由弧柱气氛中水分分解而来的氢，溶入过热的熔融金属中，凝固时来不及析出成为焊缝气孔，这时所形成的气孔具有白亮内壁的特征。

弧柱气氛中的氢之所以能使焊缝形成气孔，与它在铝中的溶解度变化有关。由图 3.1 可见，平衡条件下氢的溶解度沿图中的实线变化，凝固时可从 0.69mL/100g 突降到 0.036mL/100g，相差约 20 倍（在钢中相差不到 2 倍），这是氢易使铝焊缝产生气孔的重要原因之一。铝的导热性很强，在同样的工艺条件下，铝熔合区的冷却速度为高强钢焊接时的 4～7 倍，不利于气泡浮出，易于促使形成气孔。

不同合金系对弧柱气氛中水分的影响是不同的。在同样的焊接条件下，纯铝对气氛中的水分较敏感，纯铝焊缝产生气孔的倾向要大些。Al-Mg 合金 Mg 含量增高，氢的溶解度和引起气孔的临界氢分压 p_{H_2} 随之增大，因而对吸收气氛中水分不太敏感。

不同的焊接方法对弧柱气氛中水分的敏感性也不同。TIG 焊或 MIG 焊时氢的吸收速率和吸氢量有明显差别。MIG 焊时，焊丝以细小熔滴形式通过弧柱落入熔池，由于弧柱温度高，熔滴金属易于吸收氢；TIG 焊时，熔池金属与气体氢反应，表面积小和熔池温度低于弧柱温度，吸收氢的条件不如 MIG 焊。同时，MIG 焊的熔深一般大于 TIG 焊的熔深，不利于气泡的浮出。所以 MIG 焊时焊缝气孔倾向比 TIG 焊时大。

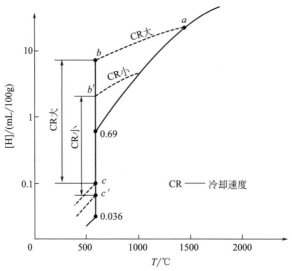

图 3.1 氢在铝中的溶解度（$p_{H_2}=101kPa$）

② 氧化膜中水分的影响　正常的焊接条件下对气氛中的水分已严格限制，这时焊丝或工件氧化膜中吸附的水分是生成焊缝气孔的主要原因。氧化膜不致密、吸水性强的铝合金（如 Al-Mg 合金），比氧化膜致密的纯铝具有更大的气孔倾向。因为 Al-Mg 合金的氧化膜由 Al_2O_3 和 MgO 构成，MgO 越多形成的氧化膜越不致密，越易于吸附水分；纯铝的氧化膜只由 Al_2O_3 构成，比较致密，相对来说吸水性要小。Al-Li 合金的氧化膜更易吸收水分而促使焊缝中产生气孔。

铝焊丝表面氧化膜的清理对焊缝含氢量的影响很大，若是 Al-Mg 合金焊丝，影响将更显著。MIG 焊由于熔深大，坡口端部的氧化膜能迅速熔化，有利于氧化膜中水分的排除，氧化膜对焊缝气孔的影响小得多。

熔化极氩弧焊时，在熔透不足的情况下，母材坡口根部未除净的氧化膜所吸附的水分是产生焊缝气孔的主要原因。形成熔池时，如果坡口附近的氧化膜未完全熔化而残存下来，氧化膜中水分因受热而分解出氢，并在氧化膜上萌生气泡；由于气泡附着在残留氧化膜上，不易脱离浮出，因此常造成集中的大气孔。坡口端部氧化膜引起的气孔，常沿着熔合区坡口边缘分布，内壁呈氧化色。由于 Al-Mg 合金比纯铝更易于形成疏松而吸水性强的厚氧化膜，所以 Al-Mg 合金比纯铝更易产生这种集中的氧化膜气孔。因此，焊接铝镁合金时，焊前须仔细清除坡口端部的氧化膜。

Al-Li 合金焊缝中的气孔倾向比常规铝合金更严重。这是由 Li 元素的活性以及合金表面在高温时形成的表面层造成的。表面层中 Li_2O、LiOH、Li_2CO_3、Li_3N 等化合物是使气孔增加的原因。这些化合物在合金表面易吸附环境中的水分，焊接时导致氢进入熔池。

（2）防止焊缝气孔的途径

防止焊缝中的气孔可从两方面着手。一是限制氢溶入熔融金属，减少氢的来源，或减少氢与熔融金属作用的时间（如减少熔池吸氢时间）；二是促使氢自熔池逸出，即在熔池凝固之前改善冷却条件使氢以气泡形式及时排出（如增大熔池析氢时间）。

① 减少氢的来源　限制焊接材料（如焊丝、焊条、保护气体）中的含水量，使用前干燥处理，氩气的管路要保持干燥。氩气中的含水量小于 0.08% 时不易形成气孔。焊前采用

化学方法或机械方法清除焊丝及母材表面的氧化膜。化学清洗有两个步骤：脱脂去油和去除氧化膜（示例见表 3.13）。清洗后到焊前的间隔时间对气孔也有影响。间隔时间延长，焊丝或母材吸附的水分增多。化学清洗后一般要求尽快进行焊接。对于大型构件，清洗后不能立即焊接时，施焊前应用刮刀刮削坡口端面并及时施焊。

表 3.13　铝合金化学清洗溶液及处理方法示例

作　用	溶液配方	处　理　方　法
脱脂去油	Na_3PO_4　50g Na_2CO_3　50g Na_2SiO_3　30g H_2O　1000g	在 60℃溶液中浸泡 5～8min，然后在 30℃热水中冲洗、冷水中冲洗，用干净的布擦干
清除氧化膜	NaOH（除氧化膜）　5%～8% HNO_3（光化处理）　30%～50%	50～60℃ NaOH 中浸泡（纯铝 20min，铝镁合金 5～10min），用冷水冲洗。然后在 30% HNO_3 中浸泡（≤1min）。最后在 50～60℃热水中冲洗，放在 100～110℃干燥箱中烘干或风干

正反面全面保护，配以坡口刮削是有效防止气孔的措施。背面吹惰性气体也有助于减少气孔。将坡口下端根部刮去一个倒角（成为倒 V 形小坡口），对防止根部氧化膜引起的气孔很有效。铲焊根也有利于较少焊缝中的气孔。MIG 焊时，采用粗直径焊丝，比用细直径焊丝时的气孔倾向小，这是由焊丝及熔滴比表面积降低所致。

② 控制焊接工艺　该途径可归结为对熔池高温存在时间的影响，也就是对氢溶入和析出时间的影响。焊接参数不当时，如果造成氢的溶入量多而又不利于逸出时，气孔倾向势必增大。钨极氩弧焊时，采用大焊接电流配合较高的焊接速度对减少气孔较为有利。焊接电流不够大，焊接速度又较快时，根部氧化膜不易熔掉，气体不易排出，气孔倾向增大。

熔化极氩弧焊时，焊丝氧化膜的影响更明显，减少熔池存在时间难以防止焊丝氧化膜分解出的氢向熔池侵入，因此希望增大熔池时间以利气泡逸出。从图 3.2 中可见，降低焊接速度和提高热输入，有利于减少焊缝中的气孔。薄板焊接时，焊接热输入的增大可以减少焊缝中的气体含量；但中厚板焊接时，由于接头冷却速度较大，热输入增大后的影响并不明显。T 形接头的冷却速度约为对接接头的 1.5 倍，在同样的热输入条件下，薄板对接接头的焊缝气体含量高得多。因此，MIG 焊的焊接条件下，接头冷却条件对焊缝气孔有明显的影响。

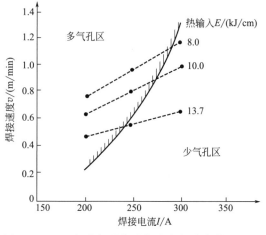

图 3.2　MIG 焊的焊缝气孔倾向与焊接参数的关系
（Al-2.5%Mg 板材，Al-3.5%Mg 焊丝）

必要时可采取预热来降低接头冷却速度，以利气体逸出，这对减少焊缝气孔有一定好处。

当焊接电弧能量减小时，气孔可降低到最小值；但随后电弧能量继续减小时，气孔又缓慢地增加。改变弧柱气氛的性质，对焊缝气孔倾向也有影响。例如，在 Ar 中加入少量 CO_2 或 O_2 等氧化性气体，使氢发生氧化而减小氢分压，能减少气孔的生成。但是 CO_2 或 O_2 的含量要适当控制，含量少时无效果，过多时又会使焊缝表面氧化严重而发黑。

3.2.2 焊接热裂纹

（1）铝合金焊接热裂纹的特点

铝合金焊接时，常见的热裂纹主要是焊缝凝固裂纹和近缝区液化裂纹。铝合金属于共晶型合金，最大裂纹倾向与合金的"最大凝固温度区间"相对应。但是，由于平衡状态图与实际情况有较大出入，例如，T 形角接头 Al-Mg 合金焊缝裂纹倾向最大的成分 X_m 是在 2%Mg 附近（见图3.3），并不是凝固温度区间最大（15.36%Mg）的合金。

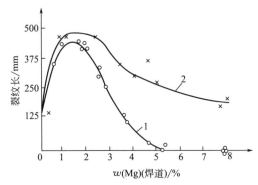

图 3.3 Al-Mg 合金焊缝凝固裂纹与 Mg 的关系（T 形角接头）

1—连续焊道；2—断续焊道

裂纹倾向最大时的合金组元 X_m 小于它在合金中的极限溶解度，例如 Al-Mg 合金的 X_m 约为 2%Mg；Al-Zn 合金的 X_m 约为 10%～12%Zn；Al-Si 合金的 X_m 约为 0.7%Si；Al-Cu 合金的 X_m 约为 2%Cu 等。这是由于焊接加热和冷却过程很快，在不平衡的凝固条件下固相线一般要向左下方移动。固、液相之间的扩散来不及进行，先凝固的固相中合金元素含量少，而液相中却含较多合金元素，以致可在较小的平均浓度下就出现共晶。例如在 80～100℃/s 的冷却速度下，Al-Cu 合金的实际固相线向左下方移动，极限溶解度的成分为 0.2%Cu（而不是原来的 5.65%Cu），共晶温度降低到 525℃（原来是 548℃）。合金中存在其他元素或杂质时，可能形成三元共晶，其熔点比二元共晶更低一些，凝固温度区间也更大一些。

易熔共晶的存在，是铝合金焊缝产生凝固裂纹的原因之一。关于易熔共晶的作用，不仅要看其熔点高低，更要看它对界面能的影响。易熔共晶成薄膜状展开于晶界时，增大合金的热裂倾向；若成球状聚集在晶粒间时，合金的热裂倾向小。近缝区液化裂纹同焊缝凝固裂纹一样，也与晶间易熔共晶有联系，但这种易熔共晶夹层并非晶间原已存在的，而是在焊接加热条件下因偏析而形成的，所以称为晶间液化裂纹。铝合金的线胀系数比钢约大 1 倍，在拘束条件下焊接时易产生较大的焊接应力，也是促使铝合金具有较大裂纹倾向的原因之一。

Al-Li 合金焊接时的热裂纹主要为凝固裂纹, 与金属的凝固温度区间以及该区间内的延性有关。在 Al-Li 合金中, Li 对焊接热裂纹敏感性的影响如图 3.4 所示。当 Li 含量为 2.6% 时热裂纹敏感性最大。其他元素对 Al-Li 合金的热裂纹倾向也有影响, 例如从 Cu、Mg 与 Al 形成二元合金时的热裂纹倾向看, Cu 的影响比 Mg 大得多, 见图 3.4(a)、(b)。因此, 中强度的 Al-Li-Mg 合金的热裂纹倾向并不大。相反, 一些高强度的 Al-Li-Cu 合金和 Al-Li-Cu-Mg 合金, 成分设计时由于未考虑焊接性而使其热裂纹敏感性成为焊接这些 Al-Li 合金的主要问题。

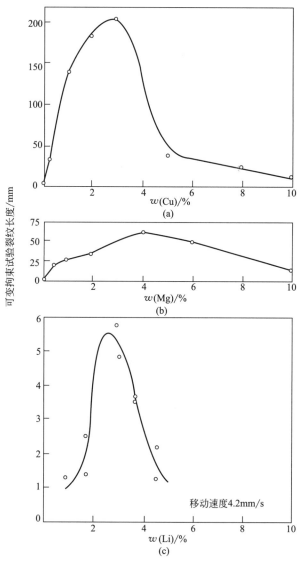

图 3.4 铝中加入不同合金元素对焊接热裂纹的影响

（2）防止焊接热裂纹的途径

解决热裂纹的途径主要是通过填充材料改变焊缝的合金成分, 细化晶粒, 控制低熔点共晶的数量和分布, 以及控制焊接热输入等。母材的合金系对焊接热裂纹有重要的影响。获得无裂纹的铝合金接头并同时保证各项使用性能要求是很困难的。例如, 硬铝和超硬铝就属于这种情况。对于纯铝、铝镁合金等，有时也存在焊接裂纹问题。焊缝金属的凝固裂纹主要通过合理确定焊缝的合金成分，并配合适当的焊接工艺来进行控制。

① 合金系的影响　加入 Cu、Mn、Si、Mg、Zn 等合金元素可获得不同性能的铝合金。各种合金元素对铝合金焊接裂纹的影响如图 3.5 所示。

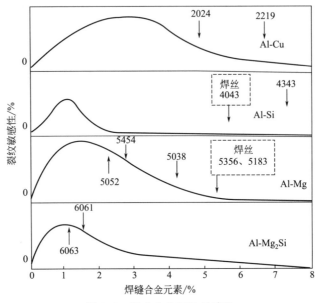

图 3.5　铝合金的裂纹敏感性

调整焊缝合金系的着眼点，从抗裂角度考虑，在于控制适量的易熔共晶并缩小结晶温度区间。由于铝合金为共晶型合金，少量易熔共晶会增大凝固裂纹倾向，一般是使主合金元素含量超过 X_m，以便产生"愈合"作用。从图 3.6 中可见，不同的防锈铝钨极氩弧焊时，填送不同的焊丝以获得不同 Mg 含量的焊缝，具有不同的抗裂性能。Al-Mg 合金焊接时，采用 Mg 的质量分数超过 3.5% 的焊丝为好。而 Al-Mn 合金采用 Al-Mg 合金焊丝并不理想，Mg 含量不足，当焊丝中 Mg 的质量分数超过 8% 以后，才能改善焊缝的抗裂性。

裂纹倾向大的硬铝类高强铝合金，在原合金系中进行成分调整以改善抗裂性成效不大，不得不采用含 5%Si 的 Al-Si 合金焊丝（ER4043）。因为其可形成较多的易熔共晶，流动性好，具有很好的"愈合"作用，有很高的抗裂性能，但强度和塑性不能达到母材的水平。

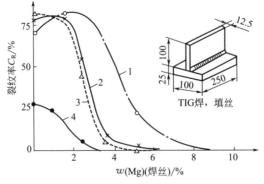

图 3.6　焊丝成分对不同母材焊缝热裂倾向的影响

1—3A21；2—Al-2.5%Mg；3—Al-3.5%Mg；4—Al-5.2%Mg

Al-Cu 系 2A16 合金是为了改善焊接性而设计的硬铝合金。Mg 可降低 Al-Cu 合金中 Cu 的溶解度，促使增大脆性温度区间。为此取消 Al-Cu-Mg（硬铝）中的 Mg，添加少量 Mn（<1％），得到 Al-Cu-Mn 合金（2A16）。6％～7％Cu 正处在裂纹倾向不大的区域。由于 Mn 提高再结晶温度和改善热强性，所以 Al-Cu-Mn 合金也可作为耐热铝合金应用。为了细化晶粒，加入 0.1％～0.2％Ti 是有效的。Fe>0.3％时，降低强度和塑性；Si>0.2％时，增大裂纹倾向。Si、Mg 同时存在时，裂纹倾向更为严重；因 Cu 与 Mg 不能共存，故 Mg 含量越少越好，一般限制 Mg<0.05％。

超硬铝的焊接性差，尤其是在熔焊时易产生裂纹，接头强度远低于母材。其中 Cu 的影响最大，在 Al-6％Zn-2.5％Mg 中只加入 0.2％Cu 即可引起焊接裂纹。

为改善超硬铝的焊接性，发展了 Al-Zn-Mg 系合金。它是在 Al-Zn-Mg-Cu 系基础上取消 Cu，稍许降低强度而获得良好焊接性的一种时效强化铝合金。Al-Zn-Mg 合金焊接裂纹倾向小，焊后仅靠自然时效，接头强度即可恢复到母材的水平。合金的强度决定于 Mg 及 Zn 的含量。Zn 及 Mg 增多时，强度增高但耐蚀性下降。Al-Zn-Mg 系合金所用焊丝不允许含有 Cu，且应提高 Mg 含量，同时要求 Mg>Zn。

大部分高强铝合金焊丝中几乎都有 Ti、Zr、V、B 等微量元素，一般是作为变质剂加入的，可以细化晶粒而且改善塑性、韧性，并可显著提高抗裂性能。

② 焊丝成分的影响　不同的母材配合不同的焊丝，在 T 形接头试样上进行钨极氩弧焊具有不同的裂纹倾向。采用与母材成分相同的焊丝时，具有较大的裂纹倾向。采用 Al-5％Si 焊丝（ER4043）和 Al-5％Mg 焊丝（ER5356）的抗裂性较好。

Al-Zn-Mg 合金专用焊丝 X5180（Al-4％Mg-2％Zn-0.15％Zr）具有良好的抗裂性能。易熔共晶数量多而有很好"愈合"作用的焊丝 ER4145，抗裂性比焊丝 ER4043 更好。Al-Cu 系硬铝 2219 采用焊丝 ER2319 焊接具有满意的抗裂性。

③ 焊接参数的影响　焊接参数主要是影响焊缝凝固后的组织，也影响凝固过程中的应力变化，因而影响裂纹的产生。采用热能集中的焊接方法，可防止形成方向性强的粗大柱状晶，可改善抗裂性。减小热输入可减少熔池过热，有利于改善抗裂性。焊接速度的提高，促使增大焊接接头的应力，增大热裂倾向。大部分铝合金的裂纹倾向都较大，即使是采用合理的焊丝，在熔合比大时裂纹倾向也会增大。因此增大焊接电流是不利的，而且应避免断续焊接。

3.2.3　焊接接头的力学性能

(1) 熔焊接头的软化

非时效强化铝合金（如 Al-Mg 合金）在退火状态下焊接时，接头与母材是等强的；在冷作硬化状态下焊接时，接头强度低于母材，表明在冷作状态下焊接时接头有软化现象。时效强化铝合金，无论是在退火还是时效状态下焊接，焊后不经热处理，接头强度均低于母材。特别是在时效状态下焊接的硬铝，即使焊后经人工时效处理，接头强度系数（即接头强度与母材强度之比的百分数）也未超过 60％。

Al-Zn-Mg 合金的接头强度与焊后自然时效的时间长短有关，焊后仅增长自然时效的时间，接头强度即可提高到接近母材的水平。其他的时效强化铝合金，焊后不论是否经过时效处理，其接头强度均未能达到母材的水平。

铝合金焊接时的不等强性表明焊接区发生了软化。这是焊接沉淀强化铝合金时普遍存在的问题。铝合金强度越高，接头软化问题越突出，铝锂合金也不例外。这类合金焊接接头的软化主要是由于焊缝时效不足和热影响区的过时效。接头性能上的薄弱环节可以存在于焊缝、熔合区或热影响区的任何一个区域中。

焊缝时效不足是由于焊接冷却快，焊缝凝固后大量的溶质元素偏析在枝晶间而导致固溶体中的过饱和度不足。就焊缝而言，在退火状态以及焊缝成分与母材一致时，强度可能差别不大，但焊缝塑性不如母材。若焊缝成分不同于母材，焊缝性能将决定于所选用的焊接材料。为保证焊缝强度和塑性，固溶强化合金优于共晶型合金。例如用 4A01（Al-5％Si）焊丝焊接硬铝，接头强度及塑性在焊态下远低于母材。共晶数量越多，焊缝塑性越差。多层焊时，后一焊道可使前一焊道重熔一部分，由于没有同素异构转变，不仅看不到像钢材多层焊时的层间晶粒细化的现象，还可发生缺陷的积累，特别是在层间温度过高时，甚至使层间出现热裂纹。一般说来，焊接热输入越大，焊缝性能下降的趋势也越大。

从热影响区的过时效软化方面考虑，不经过固溶处理仅进行焊后时效强度也无法恢复。对于熔合区，非时效强化铝合金的主要问题是晶粒粗化和塑性降低；时效强化铝合金焊接时，除了晶粒粗化，还可能因晶界液化而产生裂纹。无论是非时效强化的合金或时效强化的合金，热影响区（HAZ）都表现出强化效果的损失，即软化。

① 非时效强化铝合金 HAZ 的软化　该软化主要发生在焊前经冷作硬化的合金上，热影响区峰值温度超过再结晶温度（200～300℃）的区域产生软化现象。接头软化主要取决于加热的峰值温度，而冷却速度的影响不很明显。由于软化后的硬度已低到退火状态的硬度水平，因此焊前冷作硬化程度越高，焊后软化的程度越大。板件越薄，这种影响越显著。冷作硬化薄板铝合金的强化效果，焊后可能全部丧失。

② 时效强化铝合金 HAZ 的软化　该软化主要是热影响区"过时效"软化，这是熔焊条件下很难避免的。软化程度决定于合金第二相的性质，与焊接热循环有关。第二相越易于脱溶析出并易于聚集长大时，越容易发生"过时效"软化。

Al-Cu-Mg 合金比 Al-Zn-Mg 合金的第二相易于脱溶析出。如图 3.7 所示，自然时效状态下焊接时，Al-Cu-Mg 硬铝合金热影响区的强度明显下降，即明显软化，这是焊后经 120h 自然时效后的情况。如图 3.8 所示，Al-Zn-Mg 合金焊后经 96h 自然时效时，热影响区的软化程度却显著减小；经 2160h（90 天）自然时效时，软化现象几乎完全消失。这表明，Al-Zn-Mg 合金在自然时效状态下焊接时，焊后经自然时效可使接头强度性能恢复或接近母材的水平。

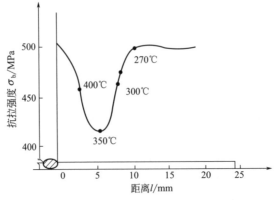

图 3.7　Al-Cu-Mg（2A12）合金焊接热
影响区的强度变化（手工 GTAW）

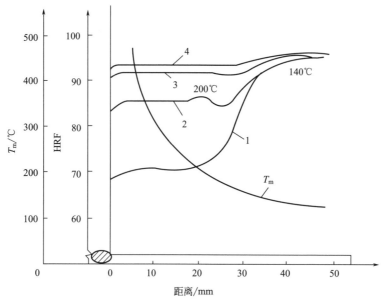

图 3.8 Al-4.5Zn-1.2Mg 合金焊接热影响区
的硬度变化（焊前自然时效，GMAW）

T_m—峰值温度；1～4—表示不同的焊后自然时效时间；

1—3h；2—96h；3—720h；4—2160h

时效强化铝合金中的超硬铝和硬铝类似，热影响区有明显软化现象。对于时效强化合金，为防止热影响区软化，应采用小的焊接热输入。现代科学技术的发展促进了铝及铝合金焊接技术的进步。可焊接的铝合金材料范围逐步扩大，现在不仅可以成功地焊接非热处理强化的铝合金，而且解决了热处理强化的高强超硬铝合金焊接的难题。

（2）搅拌摩擦焊接头的力学性能

① 接头区的硬度 图 3.9 所示是 6N01-T5 铝合金搅拌摩擦焊接头的硬度分布，并与熔化极氩弧焊接头的硬度分布进行比较。可以看出，铝合金搅拌摩擦焊接头的硬度比较高。铝合金时效有自然时效和人工时效之分。对 A2014 和 A7075 铝合金搅拌摩擦焊接头焊后进行了 9 个月自然时效，最初 2 个月接头区硬度回复速度剧烈。经自然时效 9 个月后，A2014 和 A7075 铝合金焊接接头都没有回复到母材的硬度值，但 A7075 铝合金焊接接头硬度的回复大一些。对人工时效来说，厚度为 6mm 的 A6063-T5 铝合金搅拌摩擦焊接头，经人工时效的硬度分布如图 3.10 所示。由图 3.10 可见，在 175℃保温 2h 后焊接接头的硬度接近于母材的硬度，人工时效促使焊缝金属中的针状析出物和 β′相析出，导致接头硬度的恢复。但人工时效 12h 后，接头区一部分处于过时效状态。

② 拉伸性能 搅拌摩擦焊和其他方法焊接的 A6005-T5 铝合金接头的拉伸试验结果（见表 3.14）表明。等离子弧焊的接头强度最高为 194MPa，MIG 焊的接头强度为 179MPa，搅拌摩擦焊接头的强度最低（175MPa），但 FSW 接头的伸长率最高为 22%。2000 系铝合金的搅拌摩擦焊接头断裂发生在热影响区。

英国焊接研究所（TWI）试验认为，2000 系、5000 系和 7000 系铝合金的搅拌摩擦焊接头强度性能接近于母材（也有的低于母材）。表 3.15 给出铝合金搅拌摩擦焊接头的拉伸试验结果。

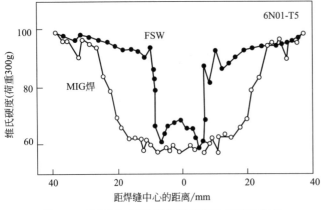

图 3.9　FSW 和 MIG 焊的焊接接头的硬度分布

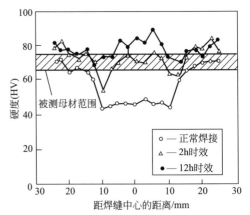

图 3.10　A6063-T5 铝合金 FSW 接头硬度的变化

表 3.14　焊接方法对 A6005-T5 铝合金接头拉伸性能的影响

焊接方法	屈服强度 /MPa	抗拉强度 /MPa	伸长率 /%	断裂位置
搅拌摩擦焊	94	175	22	焊缝金属
等离子弧焊	107	194	20	焊缝金属
熔化极氩弧焊	104	179	18	焊缝金属

表 3.15　铝合金搅拌摩擦焊接头的拉伸试验结果

母　材	焊接速度 /(cm/min)	屈服强度 $\sigma_{0.2}$/MPa	抗拉强度 /MPa	伸长率 /%	断裂位置
2014-T6	—	247	378	6.5	HAZ
5083-0	—	142	299	23.0	PM
5083	4.6	143	—	19.8	WM
5083	6.6	156	—	20.3	WM
5083	9.2	144,154	—	16.2,18.8	WM
5083	13.2	141	—	13.6	WM
5083-H112	15.0	156	315	18.0	HAZ/PM
6082	26.4	132	—	11.3	WM
6082	37.4	144	—	10.7	HAZ
6082	53.0	141	—	10.7	HAZ
6082	75.0	136	254	8.4	HAZ
6082-T4 时效	—	285	310	9.9	—
6082-T5	—	—	260	—	—
6082-T6	150	145	220	7.0	—
6082-T6 时效	150	230	280	9.0	—
7075-T7351	—	208	384	5.5	HAZ/PM
7108-T79	90	205	317	11	—

注：PM—断裂在母材；WM—断裂在焊缝；HAZ—断裂在热影响区；HAZ/PM—断裂在热影响区和母材交界处。

　　对于热处理强化铝合金，采用熔焊方法时焊接接头性能发生变化是一个大问题。飞机制造用的 2000、7000 系硬铝，时效后进行搅拌摩擦焊，或搅拌摩擦焊后进行时效处理，两者焊接接头的抗拉强度均可达到母材的 80%～90%。

　　6000 系的 6N01-T6 铝合金广泛应用于日本的铁路车辆制造。焊接和时效处理顺序对接头力学性能有很大的影响。该合金在大气和水冷中进行搅拌摩擦焊的接头拉伸试验结果（见表 3.16）表明，经时效处理后，焊接接头的抗拉强度得到了提高，特别是在水冷中焊接的试件经时效处理后改善效果最为显著。因为水冷使软化区变小，这样的时效处理硬度回复效果好。一边水冷一边进行搅拌摩擦焊时，接头强度与被焊金属的厚度有关，随着板厚的增大，接头强度下降，如图 3.11 所示。

表 3.16 冷却方式和时效处理对接头拉伸性能的影响

状态	屈服强度 $\sigma_{0.2}$/MPa	抗拉强度/MPa	伸长率/%
空冷	122	203	12.5
空冷时效处理	185	230	7.6
水冷	143	220	11.1
水冷时效处理	238	267	6.0

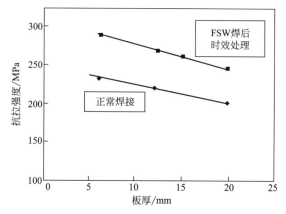

图 3.11 搅拌摩擦焊接头强度与板厚的关系

（6N01-T6 铝合金，水冷中搅拌摩擦焊）

铝合金搅拌摩擦焊焊缝金属承受载荷的能力，等于或高于母材垂直于轧制方向的承载能力。与电弧焊接头弯曲试验不同，搅拌摩擦焊接头弯曲试验的弯曲半径为板厚的 4 倍以上。在这种试验条件下，各种铝合金搅拌摩擦焊接头的 180°弯曲性能都很好。

与氩弧焊（TIG 焊/MIG 焊）等熔焊方法相比，铝合金搅拌摩擦焊接头的抗疲劳性能有明显的优势。这一是因为搅拌摩擦焊接头经过搅拌头的摩擦、挤压、顶锻得到的是精细的等轴晶组织；二是由于焊接过程是在低于材料熔点的温度下完成的，焊缝组织中没有熔焊时经常出现的凝固过程中产生的缺陷，如偏析、气孔、裂纹等。对不同的铝合金（如 A2014-T6、A2219、A5083、A7075 等）搅拌摩擦焊接头的疲劳性能研究表明，铝合金搅拌摩擦焊接头的疲劳性能均优于熔焊接头，其中 A5083 铝合金搅拌摩擦焊接头的疲劳性能可达到与母材相同的水平。

③ 冲击韧性 对板厚为 30mm 的 A5083 铝合金进行双道搅拌摩擦焊，焊速为 40mm/min，对该搅拌摩擦焊接头进行的低温冲击韧性试验（见图 3.12）表明，无论是在液氮温度下，还是在液氮温度下，搅拌摩擦焊接头的低温冲击韧性都高于母材，断面呈韧窝状。而 MIG焊接头在室温下的低温冲击韧性均低于母材。铝合金搅拌摩擦焊的焊缝区具有良好的韧性，这是搅拌摩擦焊的焊缝组织晶粒细化的结果。

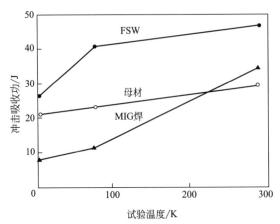

图 3.12　A5083 铝合金搅拌摩擦焊接头的冲击韧性

3.2.4　铝合金焊接修复和焊接性评定

（1）铝合金焊接修复技术

铝合金结构件的焊接修补是生产和使用中不可避免会遇到的问题，特别是对于质量要求严格的航空航天器焊接结构更是如此。在焊接生产中，由于材料、结构、设备、工艺及环境等方面的因素，在铝合金焊接后会发现焊缝中存在超出标准的焊接缺陷，这就需要焊接修复。

常用的铝合金焊接修复是采用钨极氩弧焊。一方面，传统的手工钨极氩弧焊（TIG）方法虽然操作简便、易行，但由于局部焊接热输入难以控制，可能出现修复区晶粒粗大，局部韧性降低；同时在焊接修复部位引起较大的残余应力，往往成为"低压爆破"的开裂源。另一方面，可重复使用飞行器和运载器，在多次重复使用后，可能在某些构件局部出现裂纹等缺陷，也需要进行焊接修复。此时在飞行器和运载器外部覆有绝热材料，对温升有极严格的要求，必须采取热量集中而且热输入较小的焊接工艺。

20 世纪 90 年代中期英国剑桥焊接研究所发明摩擦塞焊技术，美国洛马公司和国家宇航局马歇尔飞行中心进行了焊接修复工艺研究，2000 年已用于运载器外储箱焊接修复。这是一种先进的焊接修复技术，在焊缝缺陷位置钻一楔形孔，将一个与孔的形状相类似的楔形旋转塞插入孔内，高速旋转时完整的楔形塞与孔表面摩擦生热而实现焊接。焊接参数包括塞的直径、旋转速度、施加的压力和塞的位移。这种修复技术不同于熔焊修复，在缺陷去掉之前，要反复打磨和填充，焊接修复比通常的熔化极氩弧焊（GMAW）修复强度高 20％，改善了修复部位的力学性能，而且不易产生焊接缺陷。采用这种焊接修复技术可大大减少修复时间，降低生产成本。

也有人提出针对铝合金激光焊接修复的设想。铝合金激光焊的难点在于铝合金对 CO_2 激光束（波长为 $10.6\mu m$）有极高的表面初始反射率（超过 90％以上），对 YAG 激光束（波长为 $1.06\mu m$）的反射率接近 80％。而且，铝合金激光束还易产生气孔。这些问题的解决有待于进行深入的研究工作。

（2）铝合金的焊接性评定

1）铝合金焊接性试验方法

铝及铝合金熔焊中易出现裂纹、气孔等焊接缺陷，特别是热裂纹（如结晶裂纹、液化裂纹）。与钢铁材料焊接不同，铝及铝合金焊接中很少出现冷裂纹或其他性质的焊接裂纹。针对铝及铝合金焊接裂纹倾向的试验评定，可采用下述四种试验方法。

① T形接头试件焊接裂纹试验法；

② 十字搭接试件焊接裂纹试验法；

③ 鱼骨状试件焊接裂纹试验法；

④ 拘束可调焊接裂纹试验法。

用于铝合金热裂纹评定的前三种试验方法无需专用试验设备，本质特点是人为制造微小的初始裂纹，然后测定裂纹的扩展长度，反映焊接过程中裂纹产生和扩展的特性。这三种试验方法能大致反映铝合金或其填充金属对焊接裂纹敏感性的实际表现，因此获得广泛应用。拘束可调焊接裂纹试验法的特点是直接指向焊接时裂纹产生的条件，能综合反映冶金因素和工艺因素对裂纹的影响，但这种试验方法需要专用试验装备。

2）铝合金的焊接性等级

铝及铝合金的焊接性可分为三个等级，即焊接性良好（A）、焊接性尚好（B）、焊接性不良（C）。

铝合金焊接性好的标志：

① 焊接过程中焊接接头内产生焊接裂纹的倾向小。以十字搭接试件焊接裂纹试验结果为例，如果 $K_1 \leqslant 10\%$，$K_2 = 0$，则认为抗热裂性好。

② 焊接过程中焊缝内产生气孔的倾向小。

③ 焊接接头力学性能好，能满足使用性能要求。对接接头强度系数 $k \geqslant 0.9$，其余力学性能指标满足技术要求。

$$k = \sigma_b' / \sigma_b \tag{3-1}$$

式中　σ_b'——有焊缝余高的焊接接头抗拉强度，MPa；

　　　σ_b——母材技术条件中规定的抗拉强度下限值，MPa。

④ 焊接接头耐蚀性（包括耐应力腐蚀）好，满足使用要求。

3）焊接结构的安全性

目前对铝合金焊缝也只检测气孔、夹杂、裂纹、未焊透等几类缺陷，而且难以做到100％检测，尤其对于角焊缝难以进行有效的检测。即使对于铝合金焊接时常见的气孔缺陷，X射线的分辨率目前也只能检测到直径在 0.2mm 以上的气孔，而对于对接头塑性影响较大的微气孔不能做到充分判定，特别是密集的微观气孔对铝合金整体结构危害很大。总之，控制焊接工艺仍是决定焊接质量的直接因素，对焊接工艺在生产中保证质量的能力进行科学的评定是非常必要的。

针对铝合金焊接结构的可靠性评定，使近 20 年来焊接结构安全评定技术不断发展。目前公认的是"合于使用"原则。"合于使用"原则是相对"完美无缺"原则而言的。在铝合金焊接结构发展初期，要求焊接结构在制造和使用过程中不能有任何缺陷存在，即结构应完美无缺，否则就要返修或报废。

事实上，在铝合金焊接接头中，即使存在某种程度的气孔，对整体焊接接头强度和使用性能的影响可能只是微乎其微的，不必要的焊接修复却会造成局部残余应力的增大和微观组织结构粗化，导致整体结构使用性能的降低。基于这一研究，英国焊接研究所提出了"合于使用"原则。在一些国家已建立了用于铝合金焊接结构设计、制造和验收的"合于使用"原则的标准。

在"合于使用"评定标准中，需输入载荷、类裂纹缺陷和断裂韧度 3 个参量，并可粗略地将安全评定方法分为断裂力学方法和结构试验方法。这样对铝合金焊接结构的安全性和可靠性做出的整体评价有利于焊接结构的安全运行。

3.3　铝及铝合金焊接工艺

3.3.1　焊前准备

（1）化学清理

化学清理效率高、质量稳定，适用于清理焊丝以及尺寸不大、批量生产的工件。小型铝基铝合金工件可采用浸洗法。表 3.17 所示是去除铝表面氧化膜的化学清洗溶液配方和清洗工序流程。

表 3.17　去除铝表面氧化膜的化学处理方法

溶液	浓度	温度/℃	容器材料	工艺	目的
硝酸	50%水 50%硝酸	18～24	不锈钢	浸 15min，在冷水中漂洗，然后在热水中漂洗，干燥	去除薄的氧化膜，供熔焊用
氢氧化钠加硝酸	5%氢氧化钠 95%水	70	低碳钢	浸 10～60s，在冷水中漂洗	去除厚氧化膜，适用于所有焊接方法和钎焊方法
	浓硝酸	18～24	不锈钢	浸 30s，在冷水中漂洗，然后在热水中漂洗，干燥	
硫酸铬酸	硫酸 CrO_3 水	70～80	衬铝的钢罐	浸 2～3min，在冷水中漂洗，然后在热水中漂洗，干燥	去除因热处理形成的氧化膜
磷酸铬酸	磷酸 CrO_3 水	93	不锈钢	浸 5～10min，在冷水中漂洗，然后在热水中漂洗，干燥	去除阳极化处理镀层

焊丝清洗后可在 150～200℃烘箱内烘焙半小时，然后存放在 100℃烘箱内随用随取。清洗过的焊件不准随意乱放，应立即进行装配、焊接，一般不要超过 24h。已超过 24h 的，焊前采用机械方法清理后再进行装配焊接。

大型焊件受酸洗槽尺寸限制，难于实现整体清理，可在接头两侧各 30mm 的表面区域用火焰加热至 100℃左右，涂擦室温的 NaOH 溶液，并加以擦洗，时间略长于浸洗时间，除净焊接区的氧化膜后，用清水冲洗干净，再中和、光化后，用火焰烘干。

（2）机械清理

通常先用丙酮或汽油擦洗表面油污，然后可根据零件形状采用切削方法，如使用风动或电动铣刀，也可使用刮刀等工具。对较薄的氧化膜可采用不锈钢的钢丝刷清理表面，不宜采用纱布、砂纸或砂轮打磨。

工件和焊丝清洗后不及时装配、工件表面会重新氧化，特别是在潮湿的环境以及被酸碱蒸汽污染的环境中，氧化膜生长很快。清理后的焊丝、工件在焊前存放的时间一般不要超过 24h。

铝合金零件焊前清理或清洗后，也可用干燥、洁净、不起毛的织物或聚乙烯薄膜胶带将坡口及其邻近区域覆盖好（如图 3.13 所示），防止其随后被沾污。必要时焊前再用洁净的刮刀刮削坡口表面，用氩弧焊枪向坡口吹氩气，吹除坡口内刮屑，然后再施焊。

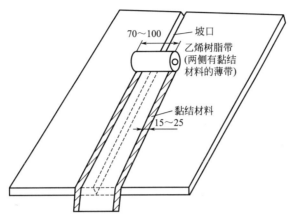

图 3.13 保护坡口用的乙烯树脂薄膜胶带

（3）焊前预热

在焊前最好不进行预热，因为预热可加大热影响区的宽度，降低某些铝合金焊接接头的力学性能。但对厚度超过 5～8mm 的厚大铝件焊前需进行预热，以防止变形和未焊透，减少气孔等缺陷。通常预热到 90℃ 足以保证在始焊处有足够的熔深，预热温度不应超过 150℃，含 4.0％～5.5％Mg 的铝镁合金的预热温度不应超过 90℃。

3.3.2 铝及铝合金的钨极氩弧焊（TIG 焊）

TIG 焊是利用钨极与工件之间形成电弧产生的大量热量熔化待焊处，外加填充焊丝获得牢固的焊接接头。氩弧焊焊铝是利用其"阴极雾化"的特点，自行去除氧化膜。钨极及焊缝区域由喷嘴中喷出的惰性气体屏蔽保护，防止焊缝区和周围空气的反应。

钨极氩弧焊工艺最适于焊接厚度小于 3mm 的薄板，工件变形明显小于气焊和手弧焊。交流 TIG 焊阴极具有去除氧化膜的清理作用，可以不用熔剂，避免了焊后残留熔剂、熔渣对接头的腐蚀，接头形式可以不受限制，焊缝成形良好、表面光亮。氩气流对焊接区的冲刷使接头冷却加快，改善了接头的组织和性能，适于全位置焊接。由于不用熔剂，焊前清理的要求比其他焊接方法严格。

焊接铝及铝合金较适宜的工艺方法是交流 TIG 焊和交流脉冲 TIG 焊，其次是直流反接 TIG 焊。通常，用交流焊接铝及铝合金时可在载流能力、电弧可控性以及电弧清理作用等方面实现最佳配合，故大多数铝及铝合金的 TIG 焊都采用交流电源。采用直流正接（电极接负极）时，热量产生于工件表面，形成深熔透，对一定尺寸的电极可采用更大的焊接电流。即使是厚截面也不需预热，且母材几乎不发生变形。虽然很少采用直流反接（电极接正极）TIG 焊方法来焊接铝，但这种方法在连续焊或补焊薄壁热交换器、管道和壁厚在 2.4mm 以下的类似组件时有熔深浅、电弧容易控制、电弧有良好的净化作用等优点。

（1）钨极

钨的熔点是 3400℃，是熔点最高的金属。钨在高温时有强烈的电子发射能力，在钨电极中加入微量稀土元素钍、铈、锆等的氧化物后，电子逸出功显著降低，载流能力明显提高。铝及铝合金 TIG 焊时，钨极作为电极主要起传导电流、引燃电弧和维持电弧正常燃烧的作用。常用钨极材料分纯钨、钍钨及铈钨等，TIG 焊中常用钨极的成分及特点见表 3.18。

表 3.18　常用钨极的成分及特点

钨极牌号		化学成分/%						特点
		W	ThO$_2$	CeO	SiO	Fe$_2$O$_3$+Al$_2$O$_3$	Mo	CaO	
纯钨极	W$_1$	>99.92	—	—	0.03	0.03	0.01	0.01	熔点和沸点高，要求空载电压较高，承载电流能力较小
	W$_2$	>99.85	—	—	总量不大于 0.15				
钍钨极	WTH-10	—	1.0~1.49		0.06	0.02	0.01	0.01	加入了氧化钍，可降低空载电压，改善引弧稳弧性能，增大许用电流范围，但有微量放射性，不推荐使用
	WTH-15		1.5~2.0		0.06	0.02	0.01	0.01	
铈钨极	WCe-20	—	—	2.0	0.06	0.02	0.01	0.01	比钍钨极更易引弧，钨极损耗更小，放射性计量低，推荐使用

（2）焊接工艺参数

为了获得优良的焊缝成形及焊接质量，应根据焊件的技术要求，合理地选定焊接工艺参数。铝及铝合金手工 TIG 焊的主要工艺参数有电流种类、极性和电流大小、保护气体流量、钨极伸出长度、喷嘴至工件的距离等。自动 TIG 焊的工艺参数还包括电弧电压（弧长）、焊接速度及送丝速度等。

工艺参数是根据被焊材料和厚度，先确定钨极直径与形状、焊丝直径、保护气体及流量、喷嘴孔径、焊接电流、电弧电压和焊接速度，再根据实际焊接效果调整有关参数，直至符合使用要求为止。

铝及铝合金 TIG 焊工艺参数的选用要点如下。

① 喷嘴孔径与保护气体流量　铝及铝合金 TIG 焊的喷嘴孔径约为 5~22mm；保护气体流量一般为 5~15L/min。

② 钨极伸出长度及喷嘴至工件的距离　钨极伸出长度对接焊缝时一般为 5~6mm，角焊缝时一般为 7~8mm。喷嘴至工件的距离一般取 10mm 左右为宜。

③ 焊接电流与焊接电压　其与板厚、接头形式、焊接位置及焊工技术水平有关。手工 TIG 焊时，采用交流电源，焊接厚度小于 6mm 的铝合金时，最大焊接电流可根据电极直径 d 按公式 $I=(60~65)d$ 确定。电弧电压主要由弧长决定，通常使弧长近似等于钨极直径比较合理。

④ 焊接速度　铝及铝合金 TIG 焊时，为了减小变形，应采用较快的焊接速度。手工 TIG 焊一般是操作者根据熔池大小、熔池形状和两侧熔合情况随时调整焊接速度，焊接速度多为 8~12m/h；自动 TIG 焊时，工艺参数设定后在焊接过程中焊接速度一般不变。

⑤ 焊丝直径　一般由板厚和焊接电流确定，焊丝直径与两者之间呈正比关系。

交流电的特点是负半波（工件为负）时，有阴极清理作用；正半波（工件为正）时，钨极因发热量低，不容易熔化。为了获得足够的熔深和防止咬边、焊道过宽和随之而来的熔深及焊缝外形失控，必须维持短的电弧长度，电弧长度大约等于钨极直径。表 3.19 所示为纯铝、铝镁合金手工钨极氩弧焊的工艺参数。

表 3.19　纯铝、铝镁合金手工钨极氩弧焊的工艺参数

板厚/mm	钨极直径/mm	焊接电流/A	焊丝直径/mm	氩气流量/(L/min)	喷嘴孔径/mm	焊接层数 正面/背面	预热温度/℃	备注
1	2	40~60	1.6	7~9	8	正1	—	卷边焊
1.5	2	50~80	1.6~2.0	7~9	8	正1	—	卷边焊或单面对接焊
2	2~3	90~120	2~2.5	8~12	8~12	正1	—	对接焊
3	3	150~180	2~3	8~12	8~12	正1	—	对接焊
4	4	180~200	3	10~15	10~12	1~2/1	—	V形坡口对接焊
5	4	180~240	3~4	10~15	10~12	1~2/1	—	V形坡口对接焊
6	5	240~280	4	16~20	14~16	1~2/1	—	V形坡口对接焊
8	5	260~320	4~5	16~20	14~16	2/1	100	V形坡口对接焊
10	5	280~340	4~5	16~20	14~16	2/1	100~150	V形坡口对接焊
12	5~6	300~360	4~5	18~22	16~20	3~4/1~2	150~200	V形坡口对接焊
14	5~6	340~380	4~5	20~24	16~20	3~4/1~2	180~200	V形坡口对接焊
16	5~6	340~380	5~6	20~24	16~20	3~4/1~2	200~220	V形坡口对接焊
18	6	360~400	5~6	25~30	20~22	4~5/1~2	200~240	V形坡口对接焊
20	6	360~400	5~6	25~30	20~22	4~5/1~2	200~240	V形坡口对接焊
16~20	6	340~380	5~6	25~30	16~22	2~3/2~3	200~260	V形坡口对接焊
22~25	6~7	360~400	5~6	30~35	20~22	3~4/3~4	200~260	V形坡口对接焊

　　为了防止起弧处及收弧处产生裂纹等缺陷，有时需要加引弧板和熄弧板。当电弧稳定燃烧，钨极端部被加热到一定的温度后，才能将电弧移入焊接区。自动钨极氩弧焊的工艺参数见表 3.20。

表 3.20　自动钨极氩弧焊的工艺参数

焊件厚度/mm	焊件层数	钨极直径/mm	焊丝直径/mm	喷嘴直径/mm	氩气流量/(L/min)	焊接电流/A	送丝速度/(m/h)
1	1	1.5~2	1.6	8~10	5~6	120~160	—
2	1	3	1.6~2	8~10	12~14	180~220	65~70
3	1~2	4	2	10~14	14~18	220~240	65~70
4	1~2	5	2~3	10~14	14~18	240~280	70~75
5	2	5	2~3	12~16	16~20	280~320	70~75
6~8	2~3	5~6	3	12~16	18~24	280~320	75~80
8~12	2~3	6	3~4	14~18	18~24	300~340	80~85

　　钨极脉冲惰性气体保护焊扩大了 TIG 焊的应用范围，特别适用于焊接精密零件。在焊接时，高脉冲提供大电流值，这是在留间隙的根部焊接时为完成熔透所需的；低脉冲可冷却熔池，这就可防止接头根部烧穿。脉冲作用还可以减少向母材的热输入，有利于薄铝件的焊接。交流钨极脉冲氩弧焊有加热速度快、高温停留时间短、对熔池有搅拌作用等优点，焊接薄板、硬铝可得到满意的焊接接头。交流钨极脉冲氩弧焊对仰焊、立焊、管子全位置焊、单

面焊双面成形，可以得到较好的焊接效果。铝及铝合金交流脉冲 TIG 焊的工艺参数见表 3.21。

表 3.21　铝及铝合金交流脉冲 TIG 焊的工艺参数

母材	板厚 /mm	钨极直径 /mm	焊丝直径 /mm	电弧电压 /V	脉冲电流 /A	基值电流 /A	脉宽比 /%	气体流量 /(L/min)	频率 /Hz
5A03	1.5	3	2.5	14	80	45	33	5	1.7
	2.5			15	95	50			2
5A06	2		2	10	83	44			2.5
2A12	2.5			13	140	52	36	8	2.6

（3）铝及铝合金 TIG 焊常见缺陷及防止措施

1）气孔

① 产生原因　氩气纯度低或氩气管路内有水分、漏气等；焊丝或母材坡口附近焊前未清理干净或清理后又被污物、水分等沾污；焊接电流和焊速过大或过小；熔池保护欠佳、电弧不稳、电弧过长、钨极伸出过长等。

② 防止措施　保证氩气的纯度；焊前认真清理焊丝、焊件，清理后及时焊接，并防止再次污染。更新送气管路，选择合适的气体流量，调整好钨极伸出长度；正确选择焊接工艺参数。必要时，可以采取预热工艺，焊接现场装挡风装置，防止现场有风流动。

2）裂纹

① 产生原因　焊丝合金成分选择不当；当焊缝中的 Mg 含量小于 3%，或 Fe、Si 杂质含量超出规定时，裂纹倾向增大；焊丝的熔化温度偏高时，会引起热影响区液化裂纹；结构设计不合理，焊缝过于集中或受热区温度过高，造成接头拘束应力过大；高温停留时间长，组织过热；弧坑没填满，出现弧坑裂纹等。

② 防止措施　所选焊丝的成分与母材要匹配；加入引弧板或采用电流衰减装置填满弧坑；正确设计焊接结构，合理布置焊缝，使焊缝尽量避开应力集中处，选择合适的焊接顺序；减小焊接电流或适当增加焊接速度。

3）未焊透

① 产生原因　焊接速度过快，弧长过大，焊件间隙、坡口角度、焊接电流均过小，钝边过大；工件坡口边缘的毛刺、底边的污垢焊前没有除净；焊炬与焊丝倾角不正确。

② 防止措施　正确选择间隙、钝边、坡口角度和焊接工艺参数；加强氧化膜、熔剂、熔渣和油污的清理；提高操作技能等。

4）焊缝夹钨

① 产生原因　接触引弧所致；钨极末端形状与焊接电流选择得不合理，使尖端脱落；填丝触及热钨极尖端和错用了氧化性气体。

② 防止措施　采用高频高压脉冲引弧；根据选用的电流，采用合理的钨极尖端形状；减小焊接电流，增加钨极直径，缩短钨极伸出长度；更换惰性气体；提高操作技能，勿使填丝与钨极接触等。

5）咬边

① 产生原因　焊接电流太大，电弧电压太高，焊炬摆幅不均匀，填丝太少，焊接速度太快。

② 防止措施　减小焊接电流与电弧电压，保持焊炬摆幅均匀，适当增加送丝速度或降低焊接速度。

3.3.3　铝及铝合金的熔化极氩弧焊（MIG焊）

焊接电弧是在惰性气体保护中的焊件和铝及铝合金焊丝之间形成，焊丝作为电极及填充金属。由于焊丝作为电极，可采用高密度电流，因而母材熔深大，填充金属熔敷速度快，焊接生产率高。

铝及铝合金MIG焊通常采用直流反极性，这样可保持良好的阴极雾化作用。铝及铝合金MIG焊不必用熔剂去除妨碍熔化的氧化铝薄膜，这层氧化铝膜的去除是利用焊件金属为负极时的电弧作用完成的。因此，MIG焊后不会有因没有仔细去除熔剂而造成焊缝金属腐蚀的危险。焊接薄、中等厚度板材时，可用纯氩作保护气体；焊接厚大件时，采用Ar+He混合气体保护，也可采用纯氩保护。焊前一般不预热，板厚较大时，也只需预热起弧部位。根据焊炬移动方式的不同，铝及铝合金MIG焊工艺分为半自动MIG焊和自动MIG焊，对焊工的技术操作水平要求较低，比较容易训练完成。

（1）铝及铝合金半自动MIG焊工艺

半自动焊的焊枪由操作者握持着向前移动。熔化极半自动氩弧焊多采用平特性电源，焊丝直径为1.2～3.0mm。可采用左焊法，焊炬与工件之间的夹角为75°，以提高操作者的可见度。该工艺多用于点固焊、短焊缝、断续焊缝及铝容器中的椭圆形封头、人孔接管、支座板、加强圈、各种内件及锥顶等。

半自动熔化极氩弧焊的点固焊缝应设在坡口反面，点固焊缝的长度为40～60mm，表3.22所示为纯铝半自动MIG焊的工艺参数。对于相同厚度的铝锰、铝镁合金，焊接电流应降低20～30A，氩气流量应增大10～15L/min。

脉冲MIG焊可以将熔池控制得很小，容易进行全位置焊接，尤其焊接薄板、薄壁管的立焊缝、仰焊缝和全位置焊缝是一种较理想的焊接方法。脉冲MIG焊的电源是直流脉冲，脉冲TIG焊的电源是交流脉冲，它们的焊接工艺参数基本相同。纯铝、铝镁合金半自动脉冲MIG焊的工艺参数见表3.23。

表 3.22　纯铝半自动 MIG 焊的工艺参数

板厚/mm	坡口形式	坡口尺寸/mm	焊丝直径/mm	焊接电流/A	焊接电压/V	氩气流量/(L/min)	喷嘴直径/mm	备注
6	对接	间隙0～2	2.0	230～270	26～27	20～25	20	反面采用垫板，仅焊一层焊缝
8	单面V形坡口	间隙0～2，钝边2，坡口角度70°	2.0	240～280	27～28	25～30	20	正面焊两层，反面焊一层
10	单面V形坡口	间隙0～0.2，钝边2，坡口角度70°	2.0	280～300	27～29	30～36	20	正反面均焊一层
12	单面V形坡口	间隙0～0.2，钝边3，坡口角度70°	2.0	280～320	27～29	30～35	20	正反面均焊一层

续表

板厚 /mm	坡口形式	坡口尺寸 /mm	焊丝直径 /mm	焊接电流 /A	焊接电压 /V	氩气流量 /(L/min)	喷嘴直径 /mm	备注
14	单面 V 形坡口	间隙 0~0.3， 钝边 10， 坡口角度 90°~100°	2.5	300~330	29~30	35~40	22~24	
16	单面 V 形坡口	间隙 0~0.3， 钝边 12， 坡口角度 90°~100°	2.5	300~340	29~30	40~50	22~24	
18	单面 V 形坡口	间隙 0~0.3， 钝边 14， 坡口角度 90°~100°	2.5	360~400	29~30	40~50	22~24	正面焊两层， 反面焊一层
20~22	单面 V 形坡口	间隙 0~0.3， 钝边 16~18， 坡口角度 90°~100°	2.5~3.0	400~420	29~30	50~60	22~24	
25	单面 V 形坡口	间隙 0~0.3， 钝边 21， 坡口角度 90°~100°	2.5~3.0	420~450	30~31	50~60	22~24	

表 3.23 纯铝、铝镁合金半自动脉冲 MIG 焊的工艺参数

合金 牌号	板厚 /mm	焊丝直径 /mm	基值电流 /A	脉冲电流 /A	电弧电压 /V	脉冲频率 /Hz	氩气流量 /(L/min)	备注
1035 (L4)	1.6	1.0	20	110~130	18~19	50	18~20	喷嘴孔径 16mm 焊丝牌号 L4
	3.0	1.2		140~160	19~20		20	焊丝牌号 L4
5A03 (LF3)	1.8	1.0	20~25	120~140	18~19		20	喷嘴孔径 16mm 焊丝牌号 LF3
5A05 (LF5)	4.0	1.2		160~180	19~20		20~22	喷嘴孔径 16mm 焊丝牌号 LF5

（2）铝及铝合金自动 MIG 焊工艺

由自动焊机的小车带动焊枪向前移动。根据焊件厚度选择坡口尺寸、焊丝直径和焊接电流等工艺参数。表 3.24 所示为部分纯铝、铝镁合金和硬铝自动 MIG 焊的工艺参数。自动氩弧焊熔深大，厚度为 6mm 的铝板对接焊时可不开坡口。当厚度较大时一般采用大钝边，但需增大坡口角度以降低焊缝的余高。该工艺适用于形状较规则的纵缝、环缝及水平位置的焊接。铝及铝合金自动 MIG 焊的工艺参数见表 3.25。

表 3.24　纯铝、铝镁合金和硬铝铝自动 MIG 焊的工艺参数

板材牌号	焊丝型号(牌号)	板材厚度/mm	坡口形式	钝边/mm	坡口角度/(°)	间隙/mm	焊丝直径/mm	喷嘴直径/mm	氩气流量/(L/min)	焊接电流/A	电弧电压/V	焊接速度/(m/h)	备注
5A05	SAlMg-5(HS331)	5	—	—	—	—	2.0	22	28	240	21~22	42	单面焊双面成形
1060 1050A	SAl-3(HS39)	6	—	—	—	0~0.5	2.5	22	30~35	230~260	26~27	25	正反面均焊一层
		8	—	—	—					300~320		24~28	
		8	V形	4	100	0~1	3.0	28	40~45	310~330	27~28	18	
		10		6			3.0			320~340	28~29	15	
		12		8			4.0		50~60	380~400	29~31	18	
		14		10			4.0			380~420		17~20	
		16		12			4.0			450~500		17~19	
		20		16			4.0			490~550		—	
		25		21									
5A02 5A03	SAlMn(HS331)	12	V形	8	120		3.0	22	30~35	320~350	28~30	24	
		18		14			4.0	28	50~60	450~470	29~30	18.7	
		20		16			4.0	28	50~60	450~700	28~30	18	
		25		16			4.0	28	50~60	490~520	29~30	16~19	
2A11	SAlSi-5(HS311)	50	双V	6~8	75	0~0.5	—	28	—	450~500	24~27	15~18	可采用双面U形坡口，钝边为6~8mm

注：1. 正面层焊完后必须铲除焊根，然后进行反面层的焊接。
2. 焊炬向前倾斜 10°~15°。

表 3.25 铝及铝合金自动 MIG 焊的工艺参数

板厚 /mm	接头及坡口形式	焊丝直径 /mm	焊接电流 /A	电弧电压 /V	焊接速度 /(m/h)	气体流量 /(L/min)	焊道数
4~6 8~10 12	对接 I 形坡口	1.4~2 1.4~2 2	140~220 220~300 280~300	19~22 20~25 20~25	25~30 15~25 15~20	15~18 18~22 20~25	2 2 2
6~8 10	对接 V 形坡口 加衬垫	1.4~2 2.0~2.5	240~280 420~460	22~25 27~29	15~25 15~20	20~22 24~30	1 1
12~16 20~25 30~40 50~60	对接 X 形坡口	2.0~2.5 2.5~4 2.5~4 2.5~4	280~300 380~520 420~540 460~540	24~26 26~30 27~30 28~32	12~15 10~20 10~20 10~20	20~25 28~30 28~30 28~30	2~4 2~4 3~5 5~8
4~6 8~12	T 形接头	1.4~2 2	200~260 270~330	18~22 24~26	20~30 20~25	20~22 24~28	1 1~2

铝及铝合金 MIG 焊需注意的问题如下。

① 喷射过渡焊接时，电弧电压应稍低一点，使电弧略带轻微爆破声，此时熔滴形式属于喷射过渡中的射滴过渡。弧长增大对焊缝成形不利，对防止气孔也不利。

② 在中等焊接电流范围（250~400A）内，可将弧长控制在喷射过渡区与短路过渡区之间，进行亚射流电弧焊。这种熔滴过渡形式的焊缝成形美观，焊接过程稳定。

③ 粗丝大电流（400~1000A）MIG 焊在平焊厚板时具有熔深大、生产率高、变形小等优点。但由于熔池尺寸大，为加强对熔池的保护，应采用双层保护焊枪（外层喷嘴送 Ar 气，内层喷嘴送 Ar-He 混合气体），这样可扩大保护区域和改善熔池形状。

④ 大电流时，为了保护熔池后面的焊道，可在双层喷嘴后面再安装附加喷嘴。

采用自动 MIG 焊得到的铝及其合金焊接接头的力学性能良好，部分纯铝和防锈铝焊接接头的力学性能见表 3.26。

表 3.26 部分纯铝和防锈铝焊接接头的力学性能

母材牌号	板厚 /mm	焊丝型号	焊丝旧型号	焊丝直径 /mm	焊接层数	抗拉强度 /MPa	冷弯角 /(°)
1060 (L2)	8	SAl 1200	SAl-1	3	1	80~81	180(熔合区有裂纹)
	10	SAl 1200	SAl-1	3	1/1	73~78	180 完好
1050(L3)	12	SAl 1070	SAl-2	3	1/1	77~78	180 完好
5A02 (LF2)	12	SAl 5654	SAlMg-2	3	1/1	177~188	92~130
	25	SAl 5654	SAlMg-2	4	1/1	177~188	107~164
5A03 (LF3)	20	SAl 5654	SAlMg-2	3	1/1	233~234 239~240	34~35 40~46
	20	SAl 5556	SAlMg-5	4	1/1	296~299	64~74
5A06 (LF6)	18	SAl 5556	SAlMg-5	4	1/1	314~330	32~72

（3）铝合金的脉冲熔化极氩弧焊

铝及其合金的脉冲 MIG 焊，不仅扩大了焊接电流范围，而且还提高了电弧稳定性，使立焊和仰焊容易实现，提高了焊接质量，特别是提高了抗气孔的能力。脉冲熔化极氩弧焊的热作用较弱，适于焊接热处理强化铝合金。

工件厚度≤4mm时，可不开坡口，但为了保证均匀的焊缝成形和焊缝反面均匀熔透，建议在带有成形槽垫板的焊接夹具中施焊。当焊接角焊缝时，如工件能翻转，应尽可能把焊件放在船形位置焊接，这样能减小产生咬边等缺陷，可以采用较粗焊丝和较大电流，以提高焊接生产率。

在实际焊接生产中，脉冲熔化极氩弧焊还用于立焊、仰焊和全位置焊接。平焊位置铝合金脉冲熔化极氩弧焊（喷射过渡）的工艺参数见表 3.27。全位置铝合金脉冲手工 MIG 焊的工艺参数见表 3.28。

表 3.27　平焊位置铝合金脉冲 MIG 焊（喷射过渡）的工艺参数

板厚 /mm	接头形式	焊丝直径 /mm	焊接电流 /A	焊接电压 /V	焊丝伸出长度/mm	焊接速度 /(cm/min)	保护气体流量 /(L/min)
2.5～3.0	平板对接 间隙 0.5mm	1.2	40～80	15～18	10～13	58～75	7～9
4.0	60°V 形坡口对接 间隙 0.5mm	1.4～1.6	80～130	18～20	13～18	50～66	8～10
6.0	平板对接 间隙 1mm	1.6～3.0	180～250	23～26	15～30	50～75	12～14
8～10	平板对接（两面焊） 间隙 1mm	1.6～3.0	250～320	25～30	15～30	33～58	12～20
2.5～3.0	T 形接头 间隙 0.5mm	1.0～1.4	60～100	16～18	10～15	58～66	6～8
4～5		1.2～1.6	120～220	18～22	12～18	41～58	10～12

表 3.28　全位置铝合金脉冲手工 MIG 焊的工艺参数

板厚 /mm	接头形式	焊接位置	焊丝直径 /mm	焊接电流 /A	焊接电压 /V	焊接速度 /(cm/min)	气体流量 /(L/min)
3	对接接头 间隙 0～ 0.5mm	水平	1.4～1.6	70～100	18～20	21～24	8～9
		横焊	1.4～1.6	70～100	18～20	21～24	13～15
		立焊(下向)	1.4～1.6	60～80	17～18	21～24	8～9
		仰焊	1.2～1.6	60～80	17～18	18～21	8～10
4～6	角接头	水平	1.6～2.0	180～200	22～23	14～20	10～12
		立焊(上向)	1.6～2.0	150～180	21～22	12～18	10～12
		仰焊	1.6～2.0	120～180	20～22	12～18	8～12
14～25	角接头	立焊(上向)	2.0～2.5	200～230	21～24	6～15	12～25
		仰焊	2.0～2.5	240～300	23～24	6～12	14～26

仰焊、立焊和全位置焊接由于比平焊困难，在焊接工艺参数选择上的特点是（与平焊相比）：用低的基值电流匹配以高峰值的脉冲电流，脉冲频率较高而脉冲占空系数较小，选用焊接电流要适当并匹配尽可能低的焊接电压（以不产生短路飞溅为准）。

（4）铝及铝合金 MIG 焊故障及缺陷原因

1）MIG 焊过程故障及原因

① 引弧困难，可能原因：极性接错（焊丝应接正极）；焊接回路不闭合；保护气体流量不足；送丝速度太快或焊接电流太小。

② 弧长波动，可能原因如下：

a. 导电嘴状态不良（内壁粗糙、台肩有尖角、有飞溅物等）。

b. 送丝不稳定：焊丝折弯或送丝软管锐弯；在导丝管或焊枪中摩擦过大或不规则（导丝管状态不良、尺寸不合格）；导电嘴堵塞；焊丝盘动作不均匀；送丝电机或焊丝矫直器运转不正常；送丝机构的网络电压波动；地线接触不良或送丝电机调速器出故障；送丝机构驱动轮打滑或压力不足。

③ 回绕，可能原因：送丝不稳定、导电嘴状态不良、电源参数或送丝速度选用不当；电压导线与工件接触不良（当焊丝熔化到导电嘴时即产生回绕，送丝停止，原因是送丝速度太低，导致电弧拉长，直至导电嘴端部过热）；冷却功能差。

④ 电弧阴极清理（阴极雾化）作用不足，可能原因如下：

a. 极性接错。

b. 气体保护不充分：气体流量不足；喷嘴内有飞溅物；导电嘴相对喷嘴偏心；喷嘴至焊件的距离不当；焊枪倾角不合适（应后倾 $7°\sim15°$）；现场有风。

⑤ 焊道不清洁，可能原因：焊件或焊丝不清洁（焊接 Al-Mg 合金时出现少量黑污不是故障）；保护气体中有杂质（焊机系统漏气或漏水）；焊枪后倾角不合适；喷嘴损坏或不清洁；喷嘴规格不合适；保护气体流量不足；现场有风；电弧长度不合适；导电嘴内缩太深（内缩量应不大于 3mm）。

⑥ 焊道粗糙，可能原因：电弧不稳定；焊枪操作不正确；焊接电流不合适；焊接速度太慢。

⑦ 焊道过窄，可能原因：电弧长度太短；焊接电流或电压不足；焊接速度太快。

⑧ 焊道过宽，可能原因：焊接电流过大；焊接速度太慢；电弧过长。

⑨ 电弧和焊接熔池可见性差，可能原因：焊接操作位置不恰当；工作角或后倾角不合适；面罩上的镜面小或镜片不合适。

⑩ 电源过热，可能原因：功率消耗过大（如果一台焊接电源功率不足，可用两台相似电源并联）；冷却风扇功能差；整流器片不清洁。

⑪ 电缆线过热，可能原因：电缆接头松动或接错；电缆线太细；冷却水系统有故障或流量不足。

⑫ 送丝电机过热，可能原因：焊丝与导丝管之间摩擦过大；送丝机构齿轮传动比不恰当；焊丝盘制动器调节不当；送丝机构齿轮及送丝滚轮没调整好；送丝电机电刷磨损；送丝电机的功率不足（高送丝速度和粗焊丝要求电机有足够的功率）；调速控制器磨损或损坏。

2）MIG 焊接缺陷及原因

① 焊缝热裂纹，可能原因：合金焊接性差；焊丝与母材选配不当；焊缝深宽比太大；熄弧不佳导致产生弧坑裂纹；滞后断气出现故障。

② 近缝区裂纹，可能原因：合金焊接性差；焊丝与母材匹配不当（焊缝固相线温度远高于母材固相线温度）；近缝区过热；焊接热输入过大。

③ 焊缝气孔，可能原因：工件接头处和焊丝清理质量差（表面有氧化膜、油污、水分）；保护气体保护效果不好；电弧电压过高；喷嘴与工件距离太大。

④ 咬边，可能原因：焊接速度过快；电流过大；电弧电压太高；电弧在熔池边缘停留时间不当；焊枪角度不正确。

⑤ 未熔合，可能原因：工件边缘或坡口表面清理差；热输入不足（电流过小）；焊接操

作技术不合适；接头设计不合理。

⑥ 未焊透，可能原因：接头设计不合适（坡口太窄）；焊接操作技术不合适（电弧应处于熔池前沿）；热输入不合适（电流过小、电压过高）；焊接速度过快。

⑦ 飞溅，可能原因：电弧电压过低或过高；焊丝与工件表面清理不良；送丝不稳定；导电嘴严重磨损；焊接电源动特性不合适（对整流式电源应调整直流电感；对逆变式电源应调整控制回路的电子电抗器）。

3.3.4 铝及铝合金的搅拌摩擦焊（FSW）

（1）铝合金搅拌摩擦焊的特点

铝合金搅拌摩擦焊的原理如图 3.14 所示。它是利用一种特殊形式的搅拌头插入工件的待焊部位，通过搅拌头的高速旋转，与工件之间进行摩擦搅拌，摩擦热使该部位金属处于热塑性状态并在搅拌头的压力作用下从其前端向后部塑性流动，从而使待焊件压焊为一个整体。搅拌头对其周围金属起着碎化、摩擦、搅拌、再结晶等作用。

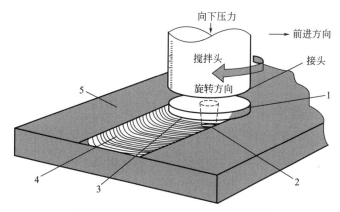

图 3.14 铝合金搅拌摩擦焊的原理图
1—搅拌头前沿；2—搅拌针；3—搅拌头后沿；4—焊缝；5—轴肩

由于搅拌摩擦焊过程中接头部位不存在金属的熔化，是一种固态焊接过程，因此焊接时不存在熔焊时的各种缺陷，可以连接用熔焊方法难于焊接的材料，如硬铝、超硬铝等，并且可以在任意位置进行焊接。同时，由于不存在熔焊过程中的熔化结晶和接头部位大范围的热塑性变形，焊后接头内应力小、变形小，可实现板件的低应力无变形焊接。搅拌摩擦焊扩大了轻质结构材料的应用范围，以及由于焊接问题而避免使用铝合金的场合，可选用比强度高的铝合金等材料。

搅拌摩擦焊在铝合金的连接方面研究得最多，已经成功地进行了搅拌摩擦焊的铝合金包括 Al-Cu 合金（2000 系列）、Al-Mn 合金（3000 系列）、Al-Si 合金（4000 系列）、Al-Mg 合金（5000 系列）、Al-Mg-Si 合金（6000 系列）、Al-Zn 合金（7000 系列）及其他铝合金（8000 系列），也已实现铝基复合材料的搅拌摩擦焊。

铝合金搅拌摩擦焊的可焊厚度最初是 1.2～12.5mm，现已在工业生产中应用搅拌摩擦焊成功地焊接了厚度为 12.5～25mm 的铝合金，并已实现单面焊的厚度达 50mm，双面焊可以焊接厚度为 70mm 的铝合金。

搅拌摩擦焊的工艺参数是：搅拌头的尺寸、搅拌头的旋转速度、搅拌头与工件的相对移动速度等。表 3.29 所示是几种铝合金搅拌摩擦焊常用的焊接速度。对于铝合金的焊接，摩擦搅拌头的旋转速度可以从每分钟几百转到上千转。焊接速度一般为 1～15mm/s。搅拌摩擦焊可以方便地实现自动控制。在搅拌摩擦焊过程中搅拌头要压紧工件。

表 3.29　几种铝合金搅拌摩擦焊常用的焊接速度

材料	板厚/mm	焊接速度/(mm/s)	焊道数
Al 6082-T6	5	12.5	1
Al 6082-T6	6	12.5	1
Al 6082-T6	10	6.2	1
Al 6082-T6	30	3.0	2
Al 4212-T6	25	2.2	1
Al 4212+Cu 5010	1+0.7	8.8	1

不同的被焊金属在不同板厚条件下的最大焊接速度如图 3.15 所示。

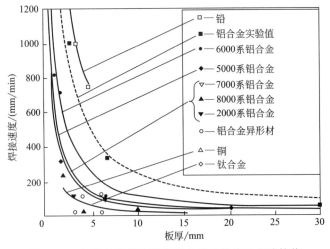

图 3.15　各种材料搅拌摩擦焊的临界焊接速度计算值

板厚为 5mm 时，焊接铝时搅拌摩擦焊的焊接速度最大为 700mm/min；焊接铝合金时的焊接速度为 150～500mm/min；异种铝合金的焊接速度要低得多。

搅拌摩擦焊的焊接速度与搅拌头转速密切相关，搅拌头的转速与焊接速度可在较大范围内选择，只有焊接速度与搅拌头转速相互配合才能获得良好的焊缝。焊接速度与搅拌头的转速存在最佳范围。在高转速低焊接速度的情况下，由于接头获得了搅拌摩擦过剩的热量，部分焊缝金属由肩部排出形成飞边，使焊缝金属的塑性流动不好，焊缝中会产生空隙（中空）状的焊接缺欠，甚至导致搅拌指棒的破损。优良接头区的最佳范围因搅拌头（特别是搅拌指棒）的形状不同而有所变动。图 3.16 所示为几种铝合金搅拌摩擦焊的工艺参数，Al-Si-Mg 合金（6000 系）对搅拌摩擦焊的工艺适应性比 Al-Mg 合金（5000 系）的适用范围要大得多。

（2）FSW 的焊接热输入和温度分布

搅拌摩擦焊的热输入（E）是以搅拌头的转速（R）与焊接速度（v）之比来表示的，

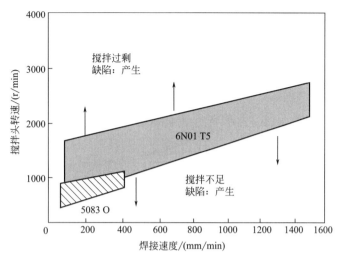

图 3.16　几种铝合金搅拌摩擦焊的最佳工艺参数

即单位焊缝长度上的搅拌头的转速为：

$$E = R/v \qquad (3-2)$$

式中　R——搅拌头的转速，r/min；

　　　v——搅拌头纵向行走的距离，即焊接速度，mm。

相对于电弧焊的焊接热输入定义来说，搅拌摩擦焊的热输入不是单位能的概念。搅拌摩擦焊通过高速旋转把机械能转变为热能，这个过程产生的热量与搅拌头的转速大小密切相关。因此，用搅拌头的转速与焊接速度的比值 R/v，可以定性地表明在搅拌摩擦焊过程中对母材热输入的大小。

R/v 比值越大，表明对母材的热输入越大。R/v 比值的大小，也对应着被焊金属焊接的难易程度。显然，要求搅拌摩擦焊热输入越大的金属，焊接难度越大。搅拌头的转速与焊接速度的比值一般为 2～8。搅拌摩擦焊的热输入在此范围内可获得无缺陷的优良焊接接头。在实际生产中，焊接 5083 铝合金可采用较小的热输入，焊接 7075 铝合金时可采用稍大些的热输入。焊接 2024 铝合金的焊接热输入应较大些。

搅拌摩擦焊对接头处给予摩擦热加之旋转搅拌，产生强烈的塑性流动和再结晶，焊缝为非熔化状态，所以将其归类为固相焊。但也有研究发现，在搅拌头的肩部正下方温度高，对于 A7030 铝合金搅拌摩擦焊来说，焊缝为固-液共存状态。由于搅拌头肩部正下方焊缝金属的升温速度达到 330℃/s，造成局部瞬间熔化也是可能的。

搅拌摩擦焊接头的组织性能与焊接区温度分布密切相关。但搅拌摩擦焊的热循环和温度分布的测定是很困难的。因为，采用热电偶测量焊接接头区温度分布时，焊缝金属的强塑性流动，易损坏热电偶端头，目前多是在热影响区进行温度测量。

图 3.17 所示为 A6063-T6 铝合金搅拌摩擦焊的热循环曲线，距离焊缝中心线 2mm 处的温度大于 500℃。有人经过试验得到纯铝搅拌摩擦焊的焊缝区温度最高为 450℃。由于纯铝的熔化温度为 660℃，因此搅拌摩擦焊实质上是在金属熔点以下的温度发生塑性流动。英国焊接研究所试验结果表明，搅拌摩擦焊的焊缝区最高温度为熔点的 70%，纯铝焊接最高温度不超过 550℃。热传导计算结果与以上的实测值基本一致。

搅拌指棒的温度是一个很重要的问题，至今还没有令人信服的实测数据。这是因为搅拌

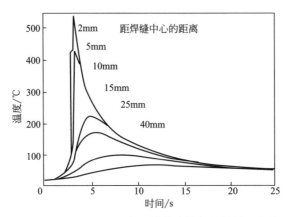

图 3.17　A6063-T6 铝合金搅拌摩擦焊的热循环曲线

（板厚为 4mm，焊接速度为 0.5mm/min，搅拌头直径为 15mm）

指棒插入在焊缝金属内旋转，温度测量十分困难。有人在被焊金属固定的情况下，将旋转的搅拌指棒压入到板厚为 12.7mm 的 A6061-T6 铝合金中，测量距离搅拌指棒端部 0.2mm 处的温度；根据这个温度，用计算机模拟的方法计算出搅拌指棒的温度，计算结果如图 3.18 所示。

　　根据搅拌指棒压入速度可以推定，约 24s 搅拌指棒全部压入被焊金属中。由图 3.18 可见，从 15s 到 24s 搅拌指棒外围温度为一常数（约 580℃），达到 A6061 铝合金固相线温度。搅拌摩擦焊时搅拌指棒的温度不能高于这个温度，因为搅拌指棒的高温抗剪强度或高温抗疲劳强度就处于这个温度范围。因此，搅拌指棒外围区的温度比前述焊缝金属的温度高出几十摄氏度。

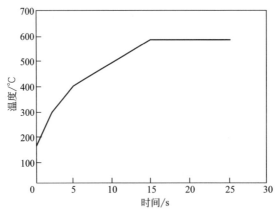

图 3.18　搅拌指棒外围温度的计算结果

（搅拌指棒直径为 5mm，长度为 5.5mm）

　　图 3.19 所示是 A6063 铝合金搅拌摩擦焊焊缝区等温线分布的计算结果。图中的斑点为搅拌头的肩部区，图中曲线上的数字为等温线的最高温度。

　　焊接速度对搅拌摩擦焊接头区温度分布影响很大，由于热源（搅拌头）在固体金属中移动，焊缝中心处最高温度的上限不会超过母材的固相线温度。焊接速度对焊缝最高温度影响的计算结果表明，焊接速度低时的焊缝最高温度为 490℃，焊接速度高时的焊缝最高温度为

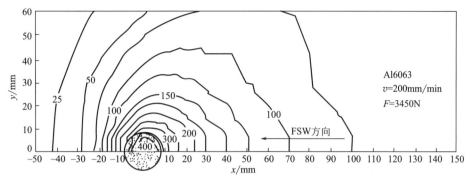

图 3.19 铝合金搅拌摩擦焊焊缝区的等温线分布（板厚为 5mm）

450℃。虽然二者最高温度差并不大，但在实际搅拌摩擦焊中大幅度提高焊接速度是困难的，因为母材热输入低，焊缝金属塑性流动性不好，易造成搅拌头损坏。因此，提高焊接速度是以在适当的摩擦焊作用下焊缝金属发生良好的塑性流动为前提的。

日本学者在相同的焊接速度和铝合金焊件完全熔透的情况下，对搅拌摩擦焊（FSW）和熔化极氩弧焊（MIG）的热输入进行比较，得出搅拌摩擦焊的热输入范围为 1.2~2.3kJ/cm，FSW 大约是 MIG 焊热输入的一半。热输入量随着焊接速度的增大和搅拌头旋转速度的降低而减小。

（3）铝合金 FSW 焊缝组织及性能

1）FSW 焊缝组织

铝合金搅拌摩擦焊的焊缝是在摩擦热和搅拌指棒的强烈搅拌作用下形成的，与熔焊熔化结晶形成的焊缝组织或扩散焊、钎焊形成的焊缝组织相比有明显的不同。

① 焊缝形状 搅拌摩擦焊的焊缝断面形状分为两种：一种为圆柱状，另一种为熔核状。大多数搅拌摩擦焊的焊缝为圆柱状；熔核状的断面多发生于高强度和轧制加工性不好的铝合金（如 A7075、A5083）搅拌摩擦焊焊缝中。

搅拌摩擦焊焊缝断面大多为一倒三角形，中心区是由搅拌指棒产生摩擦热在强烈搅拌作用下形成的，上部是由搅拌头的肩部与母材表面的摩擦热形成的。焊缝表面与母材表面平齐，没有增高，稍微有些凹陷。

② 焊接区的划分 对搅拌摩擦焊焊缝区的金相分析表明，铝合金搅拌摩擦焊接头依据金相组织的不同分为 4 个区域（见图 3.20），即 A 区为母材，B 区为热影响区，C 区为塑性变形和局部再结晶区，D 区为完全再结晶区（即焊缝中心区）。

其中，母材（A 区）和热影响区（B 区）的组织特征与熔焊条件下的组织特征相似。与

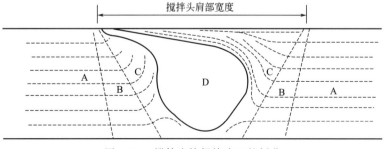

图 3.20 搅拌摩擦焊接头区的划分

A—母材；B—热影响区；C—热-机影响区；D—再结晶区

熔焊组织完全不同的是 C 区和 D 区。C 区称为热-机影响区，这个区域可以看到部分晶粒发生了明显的塑性变形和部分再结晶。D 区（再结晶区）实质上是一个晶粒细小的熔核区域，在此区域的焊缝金属经历了完全再结晶的过程。

通过对 A5005 铝合金搅拌摩擦焊焊缝组织的分析，在焊缝中心区发现了等轴结晶组织，但是晶粒的细化不很明显，晶粒大小多在 $20 \sim 30 \mu m$。这可能是焊接热输入量过大，产生过热而造成的。

对 A2024 铝合金和 AC4C 铸铝的异种金属搅拌摩擦焊接头的分析表明，由于圆柱状焊缝金属的塑性流动，出现了环状组织（称为洋葱环状组织）。这种洋葱环状组织是搅拌摩擦焊接头特有的组织特征。

2）疲劳强度和韧性

与氩弧焊（GTAW、GMAW）等熔焊方法相比，铝合金搅拌摩擦焊接头的抗疲劳性能良好。一是因为搅拌摩擦焊接头经过搅拌头的摩擦、挤压、顶锻得到的是精细的等轴晶组织；二是焊接过程是在低于材料熔点的温度下完成的，焊缝组织中没有熔焊时常出现的凝固偏析和凝固结晶过程中产生的缺陷。

针对不同铝合金（如 A2014-T6、A2219、A5083、A7075 等）的搅拌摩擦焊接头的疲劳性能试验表明，铝合金 FSW 接头的抗疲劳性能优于熔焊接头，其中 A5083 铝合金 FSW 接头的疲劳性能可达到与母材相同的水平。

试验结果表明，搅拌摩擦焊接头的疲劳破坏处于焊缝上表面位置，而熔化焊接头的疲劳破坏则处于焊缝根部。图 3.21 示出板厚为 40mm 的 6N01-T5 铝合金搅拌摩擦焊接头的疲劳性能试验结果（应力比为 0.1），可见，10^7 次疲劳寿命达到母材的 70%，即 50MPa，这个数值为激光焊、MIG 焊的 2 倍。为了确定 6N01S-T5 铝合金甲板结构的疲劳强度，进行了箱形梁疲劳试验。疲劳试件为宽度为 200mm、腹板高度为 250mm 的异形箱型断面，长度为 2m。图 3.22 给出了这一疲劳试验的结果。循环次数在 10^6 次以上的疲劳强度降低，但大于欧洲标准（Eurocod 9）的疲劳强度极限一倍以上。同一研究做的宽度为 20mm 的小型试件的试验结果（图 3.22 中用虚线示出的曲线），显示出同样的疲劳强度降低的现象；与大型试件相比较，疲劳强度下降的程度小。

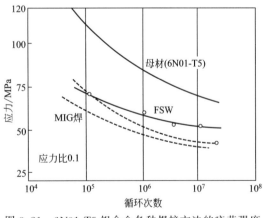

图 3.21　6N01-T5 铝合金各种焊接方法的疲劳强度

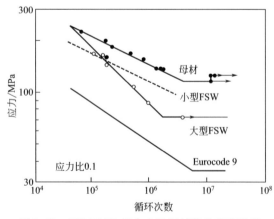

图 3.22　6N01S-T5 铝合金甲板结构的疲劳强度

对板厚为 30mm 的 A5083-0 铝合金进行双道搅拌摩擦焊（焊接速度为 40mm/min），用焊得的接头制备比较大的试件，然后进行 FSW 接头的低温冲击韧性试验。结果表明，无论是在液氮温度下，还是在液氮温度下，搅拌摩擦焊接头的低温冲击韧性都高于母材，断面呈现韧窝状，这是 FSW 焊缝组织晶粒细化的结果。相比之下，MIG 焊接头在室温以下的低温冲击韧性均低于母材。

（4）FSW 接头装配精度

搅拌摩擦焊对被焊工件对接接头的装配精度要求较高，比常规电弧焊接头更加严格。搅拌摩擦焊时，接头的装配精度要考虑几种情况，即接头间隙、错边量和搅拌头中心与焊缝中心线的偏差，如图 3.23 所示。

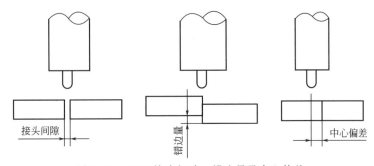

图 3.23 FSW 接头间隙、错边量及中心偏差

① 接头间隙及错边量　6N01S-T5 铝合金接头装配精度（即接头间隙、错边量）对焊接接头力学性能的影响如图 3.24 所示。图中 ○ 表示接头间隙的影响，接头间隙在 0.5mm 以上时接头的抗拉强度显著下降；△ 表示错边量的影响，错边量在 0.5mm 以上时接头强度显著降低。工艺参数相同的情况下，保持接头间隙和错边量在 0.5mm 以下，即使焊接速度达到900mm/min，也不会产生缺陷。焊接速度较低时（300mm/min），接头间隙可稍大一些。

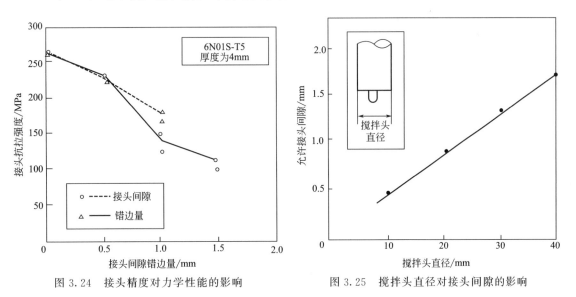

图 3.24　接头精度对力学性能的影响　　图 3.25　搅拌头直径对接头间隙的影响

接头装配精度还与搅拌头的位置有关。图 3.25 示出搅拌头肩部的直径与允许接头间隙的关系，可以看出搅拌头的肩部直径越大，允许接头间隙越大。这是因为搅拌头肩部与被焊金属的塑性流动有密切的联系，间接说明了搅拌头的形状、肩部直径有一个最佳的配合。

搅拌头肩部表面与母材表面的接触程度，也是影响接头质量的一个很重要的因素。可通过焊接结束后搅拌头肩部外观判别搅拌头的旋转方向，以及搅拌头肩部表面与母材表面的接触程度。搅拌头肩部表面完全被侵蚀时，表明搅拌头肩部表面与母材表面接触是正常的；当肩部周围75％表面被侵蚀时，表明搅拌头肩部表面与母材表面接触程度在允许范围内；当肩部表面被侵蚀70％以下时，表明搅拌头肩部表面与母材表面接触不良，这种情况在工艺上是不允许的。

② 搅拌头中心的偏差　搅拌头中心与焊缝中心线的相对位置，对搅拌摩擦焊接头质量特别是接头抗拉强度有很大的影响。搅拌头的中心位置对接头抗拉强度影响的示例见图 3.26，图中也表示了搅拌头中心位置与焊接方向及搅拌头旋转方向之间的关系。

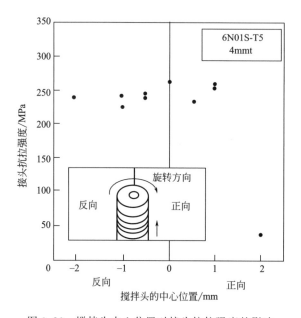

图 3.26　搅拌头中心位置对接头抗拉强度的影响

由图 3.26 可见，对于搅拌头旋转的反方向一侧，搅拌头中心与接头中心线偏差 2mm时，对焊接接头的抗拉强度几乎没什么影响。但在搅拌头旋转方向相同一侧，搅拌头中心与接头中心线偏差 2mm 时，FSW 接头的抗拉强度显著降低。

当搅拌头的搅拌指棒直径为 5mm 时，搅拌头中心与接头中心线允许偏差为搅拌指棒直径的40％以下。这是对于 FSW 焊接性好的材料而言的，而对于焊接性较差的其他合金，允许范围要小得多。为了获得优良的焊接接头，搅拌头的中心位置必须保持在允许的范围内。接头间隙和搅拌头中心位置都发生变化时，对其中一个因素必须严格控制。例如，接头间隙在 0.5mm 以下时，搅拌头的中心位置允许偏差为 2mm。

此外，还应考虑接头中心线的扭曲、接头间隙不均匀、接合面的垂直度或平行度等。确定 FSW 的工艺参数时，还要考虑搅拌指棒的形状、焊接胎夹具、FSW 焊机等因素。这些因素对确定 FSW 的最佳工艺参数也有一定的影响。

搅拌摩擦焊在生产应用中发展很快，在焊接铝及铝合金的工业领域已受到极大重视，在航空航天、交通运输工具的生产中有很好的前景，在异种材料的焊接中也崭露头角。搅拌摩擦焊工艺将使铝合金等轻金属的连接技术发生重大变革。

3.3.5　铝及铝合金的钎焊

（1）铝的钎焊特点和钎焊方法

1）铝的钎焊特点

铝对氧的亲和力较大，工件表面很容易形成一层致密而化学性能稳定的氧化物，它是钎焊的主要障碍之一。用钎焊来连接铝及铝合金，曾被认为是不可能的，但由于出现了新的钎剂及钎焊方法，现在已被广泛应用，如用钎焊方法制造铝质换热器、波导元件、涡轮机叶轮等。

对含镁量大于 3% 的铝合金，目前尚无法很好地去除表面的氧化膜，故不推荐使用钎焊；对含硅量大于 5% 的铝合金，软钎焊时表面氧化膜也难以去除，钎焊困难。铝及铝合金的熔化温度与铝的硬钎料的熔化温度相差不大，钎焊时必须严格控制温度，对于热处理强化的铝合金，还会因钎焊加热而发生过时效或退火等现象。

铝及铝合金钎焊具有以下几个特点：

① 钎焊接头平整光滑、外形美观；

② 钎焊后的焊件变形小，容易保证焊件的尺寸精度；

③ 可以一次完成多个零件或多条钎缝的钎焊，生产效率高；

④ 可以钎焊极薄或极细小的零件，以及粗细、厚薄相差很大的零件，还适用于铝与其他材料的连接。

铝钎焊的缺点是：若不设法去除铝表面的氧化膜，将很难进行钎焊；铝的熔点较低，某些合适的铝钎料的熔点又较高；铝硬钎焊时钎料与母材的熔化温度相差不大，钎焊温度和时间较难掌握；此外，铝钎焊接头的耐热性较差，钎焊接头的强度较低，钎焊前对表面清理及焊件装配质量的要求较高。

铝及铝合金的钎焊性比较见表 3.30。

表 3.30　铝及铝合金的钎焊性比较

种类	牌号	原牌号	熔点 /℃	名义成分 /%	软钎焊性	硬钎焊性
纯铝	1060~1200	L2~L6	660	Al>99	优良	优良
防锈铝	3A12	LF21	643~654	Al-1.3Mn	优良	优良
	5A01	LF1	634~654	Al-1Mg	良好	优良
	5A02	LF2	527~652	Al-2.4Mg	困难	良好
	5A03	LF3	—	Al-3.5Mg	困难	很差
	5A05	LF5	568~638	Al-4.7Mg	困难	很差
硬铝	2A11	LY11	515~641	Al-4.3Cu-0.6Mg-0.6Mn	很差	很差
	2A12	LY12	505~638	Al-4.3Cu-1.5Mg-0.6Mn	很差	很差
锻铝	6A02	LD2	593~651	Al-0.4Cu-0.7Mg-0.8Si-0.25Cr	良好	良好
	2B50	LD6	545~640	Al-2.4Cu-0.6Mg-0.9Si-0.15Ti	困难	困难
超硬铝	7A04	LC4	477~638	Al-1.7Cu-2.3Mg-6Zn-0.2Cr-0.4Mn	很差	很差

2）铝的钎焊方法

铝及其合金的硬钎焊常采用火焰、浸渍、炉中钎焊以及保护气氛或真空钎焊方法。

① 火焰钎焊　热源为氧-燃气火焰，燃气种类很多，对铝及其合金来说，适用的燃气有乙炔、天然气等。铝及其合金的火焰钎焊必须配用钎剂。由于铝加热过程无颜色变化，火焰钎焊时不易掌握钎焊加热温度。

② 浸渍钎焊　将组装有钎料的待焊件浸入熔融钎剂槽中加热和钎焊。这种方法加热快，钎焊过程中焊件不发生氧化，变形小、质量好、生产率高。这种方法仅适用于连续作业的大批量生产，浸渍钎焊后需清理残留钎剂及残渣，对生产现场及周围环境有腐蚀及污染。

③ 炉中钎焊　在空气炉中钎焊铝及其合金须配用钎剂，如采用腐蚀性钎剂焊后需清除残渣。

④ 气体保护钎焊　采用惰性气体保护，钎焊前需对连接表面进行彻底清洗，炉内气氛需置换然后连续送进，生产成本高。如果用氮气保护，需采用无腐蚀性钎剂，这种方法生产率高，已获得推广应用。

⑤ 真空钎焊　该方法是无需配用钎剂的炉中钎焊方法。真空度不得低于 1.33×10^{-2} Pa。采用金属镁作为活化剂等的工艺措施，使铝及其合金的真空钎焊技术得到推广应用。

铝及其合金的软钎焊用途不是很广，因为在铝表面迅速形成氧化物，大多数情况下要求用专门为铝软钎焊而设计的软钎剂，无腐蚀钎剂不适用。一般认为，用高 Zn 软钎料钎焊的接头抗腐蚀性能好，Zn-Al 软钎料制作的组合件，被认为能满足长期在户外使用用途的要求。中温和低温软钎料组合件的抗腐蚀性能，通常只能满足室内或有防护的用途要求。

（2）铝钎料及钎剂

铝的钎焊分为软钎焊和硬钎焊，钎料熔点低于 450℃ 时称为软钎焊，高于 450℃ 时称为硬钎焊。

① 铝用软钎料和钎剂　铝用软钎料和钎剂，按其熔化温度范围，可以分为低温、中温和高温软钎料三组。常用的铝用软钎料及其特性见表 3.31。

表 3.31　铝用软钎料及其特性

类别	牌号	合金系	化学成分（质量分数）/%						熔化温度/℃	润湿性	相对耐蚀性	相对强度
			Pb	Sn	Cd	Zn	Al	Cu				
低温	HL607	锡或铅基加锌、镉	51	31	9	9	—	—	150～210	较好	低	低
	—		—	91	—	9			200	较好		
中温	HL501	锌镉或锌锡基	—	40	—	58		2	200～360	良好	中	中
	HL502		—	60	—	40			265～335	优秀		
高温	HL506	锌基加铝或铜				95	5		382	良好	良好	高
	—					89	7	4	377	良好		

铝用低温软钎料主要是在锡或锡铅合金中加入锌或镉，以提高钎料与铝的作用能力，熔化温度低（熔点低于 260℃），操作方便，但润湿性较差，特别是耐蚀性低。铝用中温软钎料主要是锌锡合金及锌镉合金，由于含有较多的锌，与低温软钎料相比有较好的润湿性和耐蚀性，熔化温度为 260～370℃。

铝用高温软钎料主要是锌基合金，含有 3%～10% 的铝和少量其他元素（如铜等），以改善合金的熔点和润湿性；熔化温度为 370～450℃，钎焊铝接头的强度和耐蚀性明显超过低温或中温软钎料。几种铝用锌基软钎料的特性和用途见表 3.32。

表 3.32 几种铝用锌基软钎料的特性和用途

钎料型号(牌号)	化学成分 /%	熔化温度 /℃	特性和用途
S-Zn95Al5 S-Zn89Al7Cu4	Zn 95,Al 5 Zn 89,Al 7,Cu 4	382 377	用于钎焊铝及铝合金或铝铜接头,钎焊接头具有较好的抗腐蚀性
S-Zn73Al27(HL505)	Zn 72.5,Al 27.5	430~500	用于钎焊液相线温度低的铝合金,如 LY12 等,接头抗腐蚀性是锌基钎料中最好的
S-Zn58Sn40Cu2	Zn 58,Sn40,Cu 2	200~359	用于铝的刮擦钎焊,钎焊接头具有中等抗腐蚀性

铝用软钎焊钎剂按其去除氧化膜方式通常分为有机钎剂和反应钎剂两类,有机钎剂的主要组分是三乙醇胺,为了提高活性可以加入氟硼酸或氟硼酸盐。反应钎剂含有大量锌和锡等重金属的氯化物。常用的铝用软钎剂及其特性见表 3.33。

表 3.33 铝用软钎剂及其特性

类别	牌号	组分 /%	钎焊温度 /℃	腐蚀性
有机 钎剂	QJ204	$Cd(BF_4)_2$ 10,$Zn(BF_4)_2$ 2.5,NH_4BF_4 5,三乙醇胺 82.5	200~275	弱
	—	$Cd(BF_4)_2$ 7,HBF_4 10,三乙醇胺 83	200~275	
反应钎剂	QJ203	$ZnCl_2$ 55,$SnCl_2$ 28,NH_4Br 15,NaF 2	300~350	强
	—	$SnCl_2$ 88,NH_4Cl 10,NaF 2	315~350	
	—	$ZnCl_2$ 88,NH_4Cl 10,NaF 2	330~400	

② 铝用硬钎料和钎剂　为了保证钎焊接头具有较高的强度,须采用硬钎料进行钎焊。一般重要的铝及铝合金钎焊产品都采用硬钎焊。铝用硬钎料以铝硅合金为基,有时加入铜等元素降低熔点以满足工艺性能要求。常用铝及铝合金硬钎料的牌号和钎焊温度见表 3.34。

表 3.34 常用铝及铝合金硬钎料的牌号和钎焊温度

钎料型号	钎料牌号	钎焊温度 /℃	钎焊方法	可钎焊的材料
BAl92Si	HLAlSi7.5	599~621	浸渍、炉中	1060~1200,3A21
BAl90Si	HLAlSi10	588~604	浸渍、炉中	1060~1200,3A21
BAl88Si	HLAlSi12	582~604	浸渍、炉中、火焰	1060~1200,3A21,5A01,5A02,6A02
BAl86SiCu	HLAlSiCu10-4	585~604	火焰、炉中、浸渍	1060~1200,3A21,5A01,5A02,6A02
—	HL403	562~582	火焰、炉中	1060~1200,3A21,5A01,5A02,6A02
—	HL401	555~576	火焰	1060~1200,3A21,5A01,5A02,6A02 2B50,ZL102,ZL202
—	B62	500~550	火焰	1060~1200,3A21,5A01,5A02,6A02 2B50,ZL102,ZL202
—	HLAlSiMg7.5-1.5	599~621	真空炉中	1060~1200,3A21
BAl89Si(Mg)	HLAlSiMg10-1.5	588~604	真空炉中	1060~1200,3A21,6A02
BAl87Si(Mg)	HLAlSiMg12-1.5	582~604	真空炉中	1060~1200,3A21,6A02

注:铸造铝合金以代号表示。

铝基钎料常用形式有丝、棒、箔片和粉末，还可以制成双金属复合板，以简化钎焊过程，用于钎焊大面积或接头密集部件，如热交换器等。带钎料铝复合板的成分及特性见表3.35。

表 3.35　带钎料铝复合板的成分及特性

牌号		标称成分(质量分数)/%					熔化区间/℃	钎焊温度/℃	常用的钎料形式	可用的钎焊方法
		Si	Cu	Mg	Bi	Al				
4343	—	7.5				余量	577～617	600～620	复合板,箔	浸渍,炉中
4545	—	10				余量	577～600	590～605	复合板,箔	浸渍,炉中
4047	HL400	12				余量	577～582	582～605	丝,箔,粉末	火焰,浸渍,炉中
4145	HL402	10	4			余量	520～585	570～605	棒	火焰,浸渍,炉中
34A	HL401	5	28			余量	525～535	535～580	复合板	火焰,炉中
—	—	7.5		2.5		余量	560～607	600～620	复合板	真空炉中
4004		10		1.5		余量	560～596	590～605	复合板	真空炉中
—		12		1.5		余量	560～580	580～605	复合板	真空炉中
—		10		1.5	0.1	余量	560～596	590～605	复合板	真空炉中

除了炉中真空钎焊及惰性气体保护钎焊外，所有铝及铝合金硬钎焊均要使用化学钎剂。铝用硬钎剂的组成是碱金属及碱土金属的氯化物，它使钎剂具有合适的熔化温度，加入氟化物的目的是提高去除铝表面氧化物的能力。表3.36所示为常用的铝用硬钎剂的成分、特点及用途。

表 3.36　铝用硬钎剂成分、特点及用途

牌号	名称	化学成分/%	熔点/℃	钎焊温度/℃	特点及用途
QJ201	铝钎焊钎剂	LiCl 31～35 KCl 47～51 $ZnCl_2$ 6～10 NaF 9～11	420	450～620	极易吸潮,能有效地去除氧化铝膜,促进钎料在铝合金上漫流。活性极强,适用于在450～620℃温度范围内火焰钎焊铝及铝合金,也可用于某些炉中钎焊,是一种应用较广的铝钎剂,工件须预热至550℃左右
QJ202	铝钎剂	LiCl 40～44 KCl 26～30 $ZnCl_2$ 19～24 NaF 5～7	350	420～620	极易吸潮,活性强,能有效地去除 Al_2O_3 膜,可用于火焰钎焊铝及铝合金,工件须预热至450℃左右
QJ206	高温铝钎剂	LiCl 24～26 KCl 31～33 $ZnCl_2$ 7～9 $SrCl_2$ 25 LiF 10	540	550～620	高温铝钎焊钎剂,极易吸潮,活性强,适用于火焰或炉中钎焊铝及铝合金,工件须预热至550℃左右
QJ207	高温铝钎剂	KCl 43.5～47.5 CaF_2 1.5～2.5 NaCl 18～22 LiF 2.5～4.0 LiCl 25～29.5 $ZnCl_2$ 1.5～2.5	550	560～620	与 Al-Si 共晶型钎料相配,可用于火焰或炉中钎焊纯铝、3A21(LF21)及6A02(LD2)等,能取得较好效果。极易吸潮,耐腐蚀性比QJ201好,黏度小,湿润性强,能有效地破坏 Al_2O_3 氧化膜,焊缝光滑

续表

牌　号	名　称	化学成分/%	熔点/℃	钎焊温度/℃	特点及用途
Y-1 型	高温铝钎剂	LiCl　18~20 KCl　45~50 NaCl　10~12 ZnCl　7~9 NaF　8~10 AlF$_3$　3~5 PbCl$_3$　1~1.5	—	580~590	氟化物-氯化物型高温铝钎剂。去膜能力极强,保持活性时间长,适用于氧-乙炔火焰钎焊。可钎焊工业纯铝、防锈铝、锻铝、铸铝等,也可钎焊硬铝等较难焊的铝合金,若用煤气火焰钎焊,效果更好
No.17 (YT17)	—	LiCl 41,KCl 51 KF·AlF$_3$　8	—	500~560	适用于浸渍钎焊
—	—	LiCl 34,KCl 44 NaCl 12,KF· AlF$_3$　10	—	550~620	
QF	氟化物共晶钎剂	KF 42,AlF$_3$ 58 (共晶)	562	>570	具有"无腐蚀"的特点,纯共晶(KF-AlF$_3$)钎剂可用于普通炉中钎焊,火焰钎焊纯铝或3A21(LF21)防锈铝
—	氟化物钎剂	KF 39,AlF$_3$ 56 ZnF$_2$　0.3 KCl　14.7	540	—	是我国近年来新研制的钎焊铝用钎剂,活性期为30s,耐腐蚀性好。可为粉状,也可调成糊状,配合钎料400适用于手工、炉中钎焊
129A	—	LiCl-NaCl-KCl- ZnCl$_2$-CdCl$_2$-LiF	550	—	可用于2A12(LY12)、5A02(LF2)铝合金火焰钎焊
171B	—	LiCl-NaCl-KCl- TiCl-LiF	490	—	

注：1. 钎焊时,焊前应将工件钎焊部分洗刷干净,工件还应预热。

2. 钎剂不宜沾得过多,一般薄薄一层即可,焊缝宜一次钎焊完成。

3. 钎焊后接头必须用热水反复冲洗或煮沸,并在50~80℃的2%酪酐(Cr$_2$O$_3$)溶液中保持15min,再用冷水冲洗,以免发生腐蚀。

（3）铝合金的钎焊工艺

1）钎焊前后的清理

铝及铝合金钎焊前多用化学清洗的方法去除表面的油污和氧化膜。清洗好的零件滴上水时,必须完全润湿。小零件或棒状钎料可以用机械方法（刮刀等）进行清理,机械清理之后还须用酒精、丙酮等擦洗。

钎剂残渣对铝及铝合金有很大的腐蚀性,焊后应立即将工件放入热水中清洗,水温越高,钎剂溶解越快,清洗时间越短。经热水清洗后的工件,再放入酸洗液中清洗,最后作表面钝化处理。典型的铝合金清洗液配方及清洗工艺见表3.37。

2）接头设计及间隙

钎焊接头设计应考虑接头的强度,焊件的尺寸精度以及进行钎焊的具体工艺等。铝及铝合金钎焊接头形式有搭接结构、卷曲结构、T形结构等。由于钎料及钎缝的强度一般比母材低,所以基本上不能采用对接,如果结构必须采用对接,也要设法将接头改成局部搭接。

设计钎焊接头时,零件的拐角应设计成圆角状,以减小应力集中,避免采用钎缝圆角来缓和应力集中;增大钎缝面积,尽量使受力方向垂直于钎缝,可提高钎焊接头的承载能力。

表 3.37 典型的铝合金清洗液配方及清洗工艺

溶液	浓度		温度/℃	浸洗时间/min	备注
	容量/L	组成			
10%硝酸溶液	19	58%～62%HNO₃	室温	5～15	—
	129	水			
硝酸-氢氟酸溶液	15	58%～62%HNO₃			—
	0.6	48%HF			
1.5%氢氟酸溶液	137	水		5～10	—
	5.7	48%HF			
5%磷酸+1%CrO₃ 溶液	152	水	82		适用于薄板
	5.7	35%H₃PO₄			
	3.3	CrO₃			
	152	水			

设计钎焊接头时还应考虑接头的装配定位，钎料放置、限制钎料流动、工艺孔位置等钎接工艺方面的要求。对于封闭性接头，开设工艺孔可以使受热膨胀的气体逸出。尤其是密闭容器，内部的空气受热膨胀，阻碍钎料的填隙或者使已填满间隙的钎料重新排出，造成不致密的缺陷。

间隙大小与钎料和母材的性质、钎焊温度及时间、钎料放置等有关，接头间隙过大或过小都将影响钎缝的致密性及接头强度。铝及铝合金采用铝基钎料或锡锌钎料时，接头间隙一般以 0.1～0.3mm 为宜。

3) 火焰钎焊工艺要点

① 钎焊前先把钎焊处清洗干净，涂上钎剂水溶液；用火焰加热工件，使水分蒸发并待钎剂熔化后，将钎料迅速加入到不断加热的钎缝中。

② 由于钎料与母材熔点相差不大，同时铝及铝合金在加热过程中颜色不变化，不易判断温度，所以火焰钎焊时操作要求十分熟练。

③ 火焰不能直接加热钎料，因为钎料流到尚未加热到钎焊温度的工件表面时被迅速凝固，妨碍钎焊顺利进行。钎料的热量应从加热的工件处获得。

④ 小工件容易加热，大工件应先将工件在炉中预热到 400～500℃，然后再用火焰加热进行钎焊，这可加快钎焊过程和防止工件变形。

4) 空气炉中钎焊工艺要点

① 通常采用电炉，可做成间歇炉或连续炉两种形式；为了避免炉壁和加热元件被钎剂的蒸气腐蚀，炉子最好带有密封的钎焊容器。

② 为了提高容器的使用寿命，钎焊容器可用不锈钢或渗铝钢制作；操作时必须严格控制钎焊温度。

③ 为了避免钎焊工件局部过烧和熔化，在不采用钎焊容器的炉中钎焊时，工件靠近电热元件一边应放置石棉板以隔离热量的直接辐射。

④ 为了减少熔化的钎剂对钎焊工件的腐蚀，形状简单的工件还可以先装配好并在炉中加热到接近钎料的熔化温度，将工件很快从炉内取出加入钎剂，然后再送入炉中加热到钎焊温度。

⑤ 钎剂通常加入蒸馏水配成糊状溶液，然后涂敷在被钎焊表面上。

⑥ 炉中钎焊的升温相对来说较慢，因此钎剂的熔点应与钎料配合，一般比钎料低 $10 \sim 40℃$。

5）真空钎焊工艺要点

① 铝及其合金真空钎焊时的真空度应不低于 $5 \times 10^{-2} Pa$，对大型多层波纹夹层复杂结构，真空度应不低于 $5 \times 10^{-3} Pa$。应保证真空炉温度场的均匀，力求达到 $\leqslant \pm 5℃$。

② 使用 Mg 作为金属活化剂，Mg 作为合金元素加在钎料中，可在 $10^{-2} \sim 10^{-3} Pa$ 的真空下实现铝的钎焊。在钎料中加 Mg 的同时加入 0.1% 左右的铋更能改善填充间隙的能力，对真空度的要求也可降低。

③ 真空钎焊的加热方式以辐射热为主，由于铝的钎焊温度低，辐射热效率低，温度不易均匀，加热时间长，气化的 Mg 蒸气附在炉壁上污染炉子。

（4）铝合金钎焊接头缺陷及原因

① 填缝不良，部分间隙未被填满，可能原因：装配间隙过大或过小；装配时零件歪斜；钎焊处表面局部不洁净；钎剂不合适（活性差、过早失效等）；钎料不合适（润湿性差）；钎料不足或流失、放置不当；钎焊温度过低或温度分布不均匀。

② 钎缝气孔，可能原因：接头间隙选择不当；钎焊处表面局部不洁净；钎剂去氧化膜能力弱；钎料析气；封闭型接头无排气措施。

③ 钎缝夹渣，可能原因：钎剂量过多；接头间隙选用不当；钎焊时从接头两面填缝（钎料及钎剂在间隙内紊流）；钎料与钎剂熔化温度不匹配；加热不均匀。

④ 钎缝开裂，可能原因：异材组合线胀系数差异大，热胀冷缩时对钎缝产生拉伸应力；钎缝脆性大；钎缝冷却时零件相互错动；钎缝结晶温度区间过大。

⑤ 母材开裂，可能原因：温度过高，母材过烧；钎料向母材晶间渗入，形成脆性相；夹具夹持刚性大；工件装配有较大拘束应力；异材线胀系数差异大；结构刚性大，加热不均匀。

⑥ 钎料流失，可能原因：钎焊温度过高或钎焊时间过长；钎料与母材相互作用太强；钎料量过多或过少。

⑦ 母材熔蚀，可能原因：钎料与母材固溶度大，相互作用反应强烈；钎焊温度过高或保温时间过长；钎料用量过大。

由于铝及铝合金易氧化，铝合金钎焊的技术难度较大，传统的钎焊方法及应用受到限制。但是随着无腐蚀性钎剂、气保护钎焊、真空钎焊等技术的发展，铝及铝合金钎焊已获得广泛的应用。

3.3.6　铝及铝合金的激光焊

铝及铝合金激光焊的主要困难是它对激光束的反射率较高和自身的高导热性。铝是热和电的良导体，高密度的自由电子使它成为光的良好反射体，CO_2 激光束对铝合金的起始表面反射率高达 90% 以上。也就是说，铝合金激光深熔焊必须在小于 10% 的热输入能量开始，这就要求很高的输入功率以保证焊接开始时必需的功率密度。而小孔一旦生成，它对光束的吸收率迅速提高，甚至可达 90%，从而可使焊接过程顺利进行。

铝合金的导热率大，焊接时必须采用高能量密度的激光束，对激光器的输出功率和光束质量有较高的要求，因此激光焊接铝合金有一定的技术难度。

（1）铝合金激光焊的主要问题

1）气孔

气孔是铝合金激光焊接的主要缺陷，焊缝中多存在气孔，深熔焊时根部可能出现气孔，焊道表面成形较差。

产生气孔的原因如下：

① 铝及铝合金激光焊时，随温度的升高，氢在铝中的溶解度急剧升高，高温下熔池金属溶解的氢在冷却过程中随溶解度急剧下降而聚集形成氢气孔，成为焊缝的缺陷源。

② 铝合金中含有 Si、Mg 等高蒸气压的合金元素，易蒸发导致出现气孔。

③ 激光焊接熔池深宽比大，液态熔池中的气体不易上浮逸出；激光束引起熔池金属波动，"小孔"形成不稳定，熔池金属紊流导致产生气孔。

④ 铝合金表面氧化膜吸收水分导致出现气孔。

铝合金焊缝中多存在气孔，深熔焊时根部可能出现空洞，焊道成形较差。此外，铝合金激光焊产生气孔还与材料表面状态、保护气体种类、流量及保护方法、焊接参数等有关。但在高功率密度、高焊接速度下，可获得没有气孔的焊缝。

2）热裂纹

铝合金的热裂纹（也称结晶裂纹）形成于凝固过程，是铝合金激光焊接的常见缺陷。铝合金激光焊热裂纹产生的原因如下：

① 铝合金激光焊缝的凝固收缩率高达 5%，焊接应力大；

② 铝合金焊缝金属结晶时沿晶界形成低熔点共晶组织，结晶温度区间越宽，热裂纹倾向越大；

③ 保护效果不好时焊缝金属与空气中的气体发生反应，形成的夹杂物也是裂纹源。

合金元素种类及数量对铝合金焊接热裂纹有很大影响，Al-Si、Al-Mn 系铝合金焊接性好，不易产生热裂纹；Al-Mg、Al-Cu、Al-Zn 系铝合金的热裂纹倾向较大。

添加 Zr、Ti、B、V、Ta 等合金元素细化晶粒有利于抑制热裂纹；通过调整焊接参数控制加热和冷却速度也可以减小热裂纹倾向，例如激光脉冲焊接时通过调节脉冲波形，控制热输入，降低凝固和冷却速度，可以减少结晶裂纹；激光填丝焊也可以有效防止焊接热裂纹。

3）咬边和未熔合

铝合金的电离能低，焊接过程中光致等离子体易于过热和扩展，焊接过程不稳定。液态铝合金流动性好、表面张力小，激光焊接过程不稳定会造成熔池剧烈波动，容易出现咬边、未熔合缺陷（包括焊缝不连续、粗糙不平、波纹不均匀等），严重时会造成小孔突然闭合而产生孔洞、热裂纹等。

采用 YAG 激光器进行激光焊接时不易形成光致等离子体，工艺过程较稳定，较为适合焊接铝合金。采用双光束或多光束激光进行焊接，可以增大激光功率，提高焊接熔深。扩大激光深熔焊"小孔"的孔径，避免小孔闭合，有利于改善焊接过程的稳定性、减少焊缝中的气孔等缺陷。

（2）铝合金激光焊的技术要点

连续激光焊可以对铝及铝合金进行从薄板精密焊到厚板深熔焊的各种焊接。但铝及其合金对热输入能量强度和焊接参数很敏感，应提高激光束的功率密度和焊接速度。要获得良好的无缺陷焊缝，必须严格选择焊接参数，并对等离子体进行控制。例如，铝合金激光焊时，用 8kW 的激光功率可焊透厚度为 12.7mm 的铝材，焊透率大约为 1.5mm/kW。

连续激光焊可以对铝及铝合金进行从薄板精密焊到板厚为 50mm 的深熔焊的各种焊接。铝及铝合金 CO_2 激光焊的工艺参数示例见表 3.38。

表 3.38 铝及铝合金 CO_2 激光焊的工艺参数示例

材料	板厚/mm	焊接速度/(cm/s)	功率/kW
铝及铝合金	2	4.17	5

市场上的大部分锻铝合金都可以采用激光焊得到满意的结果。不过焊缝的力学性能相对于母材可能有所降低。激光焊过程中挥发性元素的蒸发，特别是 7000 和 5000 系列的铝合金，可能出现合金成分的损失，导致焊缝性能降低，因此焊前对工件进行清理很重要。很多铸铝也能采用激光焊，尽管焊缝质量依赖于铸件的质量，特别是残余气体的成分。

① 激光填丝焊　激光填丝焊是铝合金激光焊接中常采用的技术，有很多优点。通过焊丝成分设计和选择可以改善焊缝的冶金特性，降低坡口准备和接头装配精度的要求，防止焊缝气孔和热裂纹，提高焊接接头的力学性能。激光填丝焊必须保证焊丝对中和送丝速度稳定，否则熔池金属成分不均匀容易导致出现焊接缺陷。

通过填充焊丝向熔池提供辅助电流，借助辅助电流在熔池中产生的电磁力控制熔池的流动状态，实现熔池中热量的重新分配，可以提高激光能量的有效利用和焊接效率。辅助电流在熔池中形成的磁流体效应使熔池动荡不定的运动变得有序和可控，从而改善了焊接过程稳定性。采用加辅助电流的激光填丝焊可以增加焊缝熔深，减小熔宽，使焊缝成形均匀、美观。

② 激光-电弧复合焊　激光焊接铝合金存在反射率大、易产生气孔和裂纹、成分变化等问题，激光-电弧复合焊接铝合金可以解决这些问题，这对于铝合金焊接在提高激光吸收率方面有特殊的意义。电弧对光致等离子体的稀释和对铝合金母材的预热，可以有效提高激光能量的利用率。铝合金液态熔池的反射率低于固态金属，由于电弧的作用，激光束能够直接辐射到液态熔池表面，增大吸收率，提高熔深。

采用交流钨极氩弧焊或 TIG 直流反接（DCEP）可在激光焊之前清理氧化膜。同时，电弧形成的较大熔池在激光束前方运动，增大熔池与金属之间的熔合。由于电弧的加入，通常不适于焊接铝合金的 CO_2 激光器也可胜任。激光-电弧复合焊接技术稳定电弧的效果对铝合金焊接是很有利的，已获得应用并有很好的前景。

③ 铝合金激光焊的应用　由于铝合金对激光的强烈反射作用，铝合金激光焊接十分困难，必须采用高功率的激光器才能进行焊接。但激光焊的优势和工艺柔性又吸引着科技人员不断突破铝合金激光焊的禁区，有力推动了铝合金激光焊在航空、现代车辆等制造领域中的应用。

德国不莱梅应用光束技术研究所在使用激光焊接铝合金车身骨架方面进行了大量的研究，认为在焊缝中添加填充金属有助于消除热裂纹，提高焊接速度，开发的生产线已在奔驰公司投入生产。

激光焊接技术的应用，在航空制造业领域受到世界各发达国家的重视。例如，在欧洲，空中客车 A330/340 机身壁板结构就是激光焊接整体结构，采用激光焊技术将机身蒙皮（6013-T6 铝合金）与筋条（6013-T6511）焊接成整体机身壁板，取代原有的铆接密封壁板，可减重 15%，并降低成本 15%。再如，采用额定功率为 10kW 的 CO_2 激光器，焊接铝合金壁板（6013，厚度为 2mm）与筋条（6013，厚度为 4mm）的 T 形接头，填加 AlSi12 焊丝，在焊接速度为 10m/min 的条件下，实际焊接功率为 4kW，整体焊接壁板的宽度约为 2m，激光焊接结构的应用效果良好。我国科技人员采用激光焊技术制造的小格蜂窝芯，为提高航空发动机性能提供了技术保证。

以上几个典型实例展示了激光焊接技术在飞行器结构制造中有着很广阔的应用前景。在我国，5kW 工业用 CO_2 激光焊接装备在航空工业中的应用已逐步普及，10kW 激光器也已进入工程化应用。

参 考 文 献

[1] 中国机械工程学会焊接学会.焊接手册：第 2 卷　材料的焊接.第 3 版.北京：机械工业出版社，2008.

[2] 周万盛，姚君山.铝及铝合金的焊接.北京：机械工业出版社，2006.

[3] 潘复生，张丁非，等.铝合金及应用.北京：化学工业出版社，2006.

[4] ［美］Sindo Kou 著.焊接冶金学.闫久春，杨建国，张广军译.北京：高等教育出版社，2012.

[5] 韩国明.焊接工艺理论与技术. 第 2 版.北京：机械工业出版社，2007.

[6] 黄旺福，黄金刚.铝及铝合金焊接指南.长沙：湖南科学技术出版社，2004.

[7] 李亚江，等.焊接冶金学—材料焊接性. 第 2 版.北京：机械工业出版社，2016.

[8] 陈祝年.焊接工程师手册. 第 2 版.北京：机械工业出版社，2010.

[9] 张柯柯等.特种先进连接方法. 第 3 版. 哈尔滨：哈尔滨工业大学出版社，2016.

[10] Ma Z. Y. . Friction Stir Processing Technology：A Review，Metallurgical and Material Transactions，39A 2008：642-658.

[11] Thomas W. M. ，Nicholas E. D. . Friction Stir Welding for the Transportation Industries. Materials and Design. 1997，18（4～6）：269-273.

[12] 刘会杰，潘庆.搅拌摩擦焊焊接缺陷的研究.焊接，2007（2）：17-20.

[13] 林三宝，赵彬.LF6 铝合金搅拌摩擦点焊.焊接，2007（3）：28-30.

[14] 张启运，庄鸿寿.钎焊手册.北京：机械工业出版社，1999.

[15] 殷树言.气体保护焊工艺基础.北京：机械工业出版社，2007.

第4章
镁及镁合金的焊接

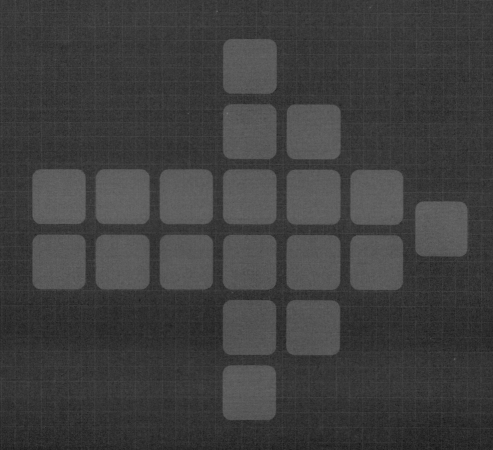

镁及镁合金具有密度小、比强度高、储量丰富等优点，近年来受到世界各国的普遍关注。随着焊接技术的发展和镁及镁合金材料在航空航天、汽车、电子等领域的大量应用，除了钨极氩弧焊外，新的焊接方法也逐渐应用到镁及镁合金的焊接中，例如搅拌摩擦焊、电子束焊等。镁合金因其丰富的蕴藏量、经济性和环保性等特点，被认为是很有应用前景的轻质材料。了解镁及镁合金的性能及焊接性特点，对于镁及镁合金的焊接应用具有重要的意义。

4.1 镁及镁合金的分类、性能及焊接性特点

在通用工程材料（钢铁、铝合金）日益减少的今天，镁作为地球上储量丰富的元素之一，极具开采潜力。我国是世界上镁矿资源富有的国家，现已探明储量的菱镁矿、白云石及镁盐资源总量达 120 多亿吨，约占全球镁资源储量的 22.5% 以上。我国不仅是镁的资源大国，同时镁产量及出口量也居世界首位。镁合金作为重点发展的新型轻合金材料，势必在国民经济发展和国防建设中起到重要作用。

4.1.1 镁及镁合金的分类

镁是比铝还轻的一种有色金属，其熔点、密度均比铝小。纯镁的密度为 $1.738 \mathrm{g/cm^3}$，约为铝的 2/3、钛的 1/4，镁及其合金是最轻的实用金属材料。纯镁由于强度低，很少用作工程材料，常以合金的形式使用。镁合金具有较高的比强度和比刚度，并具有高的抗振能力，能承受比铝合金更大的冲击载荷。此外镁合金还具有优良的切削加工性能，易于铸造和锻压，在航空航天、光学仪器、通信以及汽车、电子产业中获得了越来越多的应用。

镁的合金化一般是利用固溶时效处理所造成的沉淀硬化来提高合金的常温和高温性能。因此选择的合金元素在镁基体中应具有较明显的变化，在时效过程中能形成强化效果显著的第二相，同时还应考虑合金元素对抗腐蚀性和工艺性能的影响。目前镁及其合金的分类主要有三种方式：化学成分、成形工艺和是否含 Zr。根据化学成分，以主要合金元素 Mn、Al、Zn、Zr 和 RE（稀土）为基础，可以组成基本的合金系：如 Mg-Mn、Mg-Al-Mn、Mg-Al-Zn-Mn、Mg-Zr、Mg-Zn-Zr、Mg-RE-Zr、Mg-Ag-RE-Zr、Mg-Y-RE-Zr 等。

镁合金的分类方式有很多种，根据成形工艺的不同，分为铸造镁合金（ZM）和变形镁合金（MB）两大类，两者没有严格的区分。铸造镁合金如 AZ91、AM20、AM50、AM60、AE42 等也可以作为锻造镁合金。与变形镁合金相比，铸造镁合金的产量大，应用范围更为广泛，汽车工业及电器制造业所应用的镁合金约有 90% 为压铸镁合金。镁合金的分类如图 4.1 所示。

镁合金按照有无 Al，可以分为含 Al 镁合金和不含 Al 镁合金；按有无 Zr，还可分为含 Zr 镁合金和不含 Zr 镁合金。

铸造镁合金中的 ZM1，虽然流动性较好，但热裂倾向大，不易焊接；抗拉强度和屈服强度高，力学性能较好，耐蚀性较好；一般应用于要求抗拉强度大、屈服强度大、抗冲击的零件，如飞机的轮毂、轮缘、隔框及支架等。铸造镁合金 ZM2 流动性较好，不易产生热裂纹，焊接性较好，高温性能、耐蚀性较好，但力学性能比 ZM1 低；用于 200℃ 以下工作的发动机零件及要求屈服强度较高的零件，如发动机机座、整流舱、电机机壳等。

铸造镁合金 ZM3 的流动性稍差，形状复杂零件的热裂倾向较大，焊接性较好，其高温

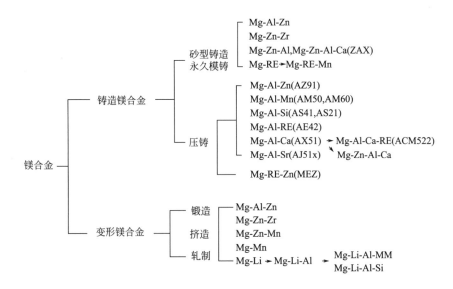

图 4.1　镁合金的分类示意图

性能、耐蚀性也较好；一般用于高温工作和要求高气密性的零件，如发动机增压机匣、压缩机匣、扩散器壳体及进气管道等。铸造镁合金 ZM5 流动性好，热裂倾向小，焊接性好，力学性能较高，但耐蚀性稍差；一般用于飞机、发动机、仪表和其他结构要求高载荷的零件，如机舱连接隔框、舱内隔框、电机壳体等。

目前国外工业中应用较广泛的是压铸镁合金，根据主要合金元素的不同，可将镁合金分为以下四个系列：

① AZ 系列（Mg-Al-Zn）　其具有成本低、铸造性好等特点，最早得到应用和推广，主要用于生产薄壁件，例如汽车的曲轴箱体、仪表板，家用电器的壳体，3C 产品的外壳等。AZ 系镁合金的典型牌号为：AZ31B、AZ61A 和 AZ91D。

② AM 系列（Mg-Al-Mn）　其具有优异的铸造性，还拥有卓越的延展性和相对较高的抗拉强度，多用于生产复杂的汽车零配件，如汽车的仪表盘、刹车支架、座椅框架等。AM 系镁合金的典型牌号为 AM61。

③ AS 系列（Mg-Al-Si）　其突出的特点是热稳定性高、抗蠕变性能好，常用于工作温度比较高的工件，例如汽车的发动机前盖、离合器壳体，投影仪的外壳等。AS 系镁合金的典型牌号为 AS41B。

④ AE 系列（Mg-Al-RE）　在镁及镁合金中添加 Ce、Sc、Y、Gd 元素，能够在镁合金晶界上形成热稳定性高的第二相，改善和提高镁合金的抗高温性能及蠕变强度。在 Mg-Al 系和 Mg-Zn 系镁合金中添加 Zr 和 Y 元素，稀土元素在合金中起到孕育剂的作用，形成大量细小晶粒，从而起到细晶强化作用提高合金的强度。

我国铸造镁合金主要有 Mg-Zn-Zr、Mg-Zn-Zr-RE 和 Mg-Al-Zn 系三个系列。变形镁合金有 Mg-Mn、Mg-Al-Zn 和 Mg-Zn-Zr 系。

近年来研究发现，稀土元素在镁合金中的固溶度较大，将稀土元素添加到镁合金中得到的稀土镁合金，具有强度高、高温稳定性好、抗蠕变性能优良、耐蚀性好等优点。稀土元素在镁合金中主要起到净化合金、改善耐热性和耐蚀性、提高合金的力学性能和塑性流动能力等作用。根据添加的稀土元素种类不同，得到的稀土镁合金性能差异较大。

含有 Ca 和 Be 的镁合金中添加稀土元素 La 和 Ce 能够提高镁合金的阻燃性能，这是因为稀土元素不断与 MgO 反应，在镁合金表面形成（RE）$_2$O$_3$ 的保护膜，有效阻止氧的侵入，阻碍镁合金燃烧，起到良好的阻燃作用。在 AZ91 镁合金中添加混合稀土元素能够将 Cl 元素含量控制在较低水平，Cl 元素含量过高将加快合金表面的腐蚀速率，因此稀土元素的添加会改善和提高合金的耐蚀性。

镁合金经挤压变形，综合力学性能和焊接性能要比铸造镁合金好，但受限于加工工艺复杂，目前应用尚不广泛，因此逐步开发变形镁合金已成为镁合金发展的必然趋势。

4.1.2 镁及镁合金的成分及性能

纯镁的主要物理及力学性能见表 4.1，镁的力学性能与组织状态有关，变形加工后力学性能会明显提高。镁的抗拉强度与纯铝接近，但屈服强度和塑性却比铝低。镁合金的主要优点是能减轻产品的重量，但在潮湿的大气中耐腐蚀性能差，缺口敏感性较大。镁在水及大多数酸性溶液中易腐蚀，但在氢氟酸、铬酸、碱及汽油中比较稳定。常见铸造镁合金和变形镁合金的化学成分见表 4.2 和表 4.3。

表 4.1 纯镁的主要物理及力学性能

纯镁的物理性能				
密度 ρ /(g/cm^3)	熔点 T_m/℃	线胀系数 $\alpha(0\sim100℃)/10^{-6}K^{-1}$	热导率 $\lambda/[W/(cm \cdot K)]$	比热容 $C/[J/(g \cdot K)]$
1.74	651	26.1	0.031	0.102

纯镁的力学性能				
状态	抗拉强度 σ_b/MPa	屈服强度 $\sigma_{0.2}$/MPa	伸长率 δ/%	断面收缩率 ψ/%	硬度 (HB)
铸造	115	25	8.0	9	3
变形	200	90	11.5	12.5	36

表 4.2 常见铸造镁合金的化学成分 %

合金牌号	Zn	Al	Zr	RE(稀土)	Mn	Si	Cu	Fe	Ni	Mg
ZM1	3.5~5.5	—	0.5~1	—	—	—	0.1	—	0.01	余量
ZM2	3.5~5	—	0.5~1	0.75~1.75	—	—	0.1	—	0.01	余量
ZM3	0.2~0.7	—	0.4~1	2.5~4	—	—	0.1	—	0.01	余量
ZM4	2~3	—	0.5~1	2.5~4	—	—	0.1	—	0.01	余量
ZM5	0.2~0.8	7.5~9	—	—	0.15~0.5	0.3	0.2	0.05	0.01	余量
ZM6	0.2~0.7	—	0.4~1	2~2.8	—	—	0.1	—	0.01	余量
ZM10	0.6~1.2	9~10.2	—	—	0.1~0.5	0.3	0.2	0.05	0.01	余量

表 4.3 常见变形镁合金的化学成分   %

合金牌号	Al	Zn	Mn	Zr	Si	Cu	Ni	Fe	Mg
MB1	0.2	0.30	1.3~2.5	—	≤0.1	≤0.05	≤0.007	≤0.05	余量
MB2	3.0~4.0	0.7~1.3	0.15~0.5	—	≤0.1	≤0.05	≤0.005	≤0.05	余量
MB3	3.7~4.7	0.8~1.4	0.3~0.6	—	≤0.1	≤0.05	≤0.005	≤0.05	余量
MB5	5.5~7.0	0.5~1.5	0.15~0.5	—	≤0.1	≤0.05	≤0.005	≤0.05	余量
MB7	7.8~9.2	0.2~0.8	0.15~0.5	—	≤0.1	≤0.05	≤0.005	≤0.05	余量
MB15	0.05	5.0~6.0	0.1	0.3~0.9	≤0.05	≤0.05	≤0.005	≤0.05	余量

（1）铸造镁合金的性能

铸造镁合金的力学性能见表 4.4，部分 Mg-Al-Zn 系铸造镁合金的力学性能和疲劳性能见表 4.5。

表 4.4 铸造镁合金的力学性能

合金牌号	热处理状态	抗拉强度 σ_b/MPa	屈服强度 $\sigma_{0.2}$/MPa	伸长率 δ/%
ZM1	T1	235	140	5
ZM2	T1	200	135	2
ZM3	F	120	85	1.5
ZM3	T2	120	85	1.5
ZM4	T1	140	95	2
ZM5	F	145	75	2
ZM5	T4	230	75	6
ZM5	T6	230	100	2
ZM6	T6	230	135	3
ZM7	T4	265	—	6
ZM7	T6	275	—	4
ZM9	T6	230	130	1
ZM10	F	145	85	1
ZM10	T4	230	85	4

注：热处理状态代号：T1 为人工时效；T2 为退火；T4 为固溶处理；T6 为固溶处理加完全人工时效。

表 4.5 部分 Mg-Al-Zn 系镁合金的力学性能和疲劳性能

合金牌号	主要化学成分/%				热处理状态	力学性能/MPa			疲劳极限（5×10⁷ 周）/MPa
	Al	Zn	Mn	Mg		屈服强度 $\sigma_{0.2}$/MPa	抗拉强度 σ_b/MPa	伸长率 δ/%	
AZ81A	8	0.5	0.3	余量	T4	78	234	7	75~90
AZ91C	9	0.5	0.3	余量	T4	78	234	7	77~92
AZ91C					T6	110	234	3	70~77

续表

合金牌号	主要化学成分/%				热处理状态	力学性能/MPa			疲劳极限 (5×10^7 周) /MPa
	Al	Zn	Mn	Mg		屈服强度 $\sigma_{0.2}$/MPa	抗拉强度 σ_b/MPa	伸长率 δ/%	
AZ92A	9.5	2	0.3	余量	T4	76	234	6	90
					T6	124	234	1	83

注：热处理状态代号：T4 为固溶处理；T6 为固溶处理加完全人工时效。

（2）变形镁合金的性能

变形镁合金的力学性能与加工工艺、热处理状态等有很大关系，尤其是加工温度不同，材料的力学性能会处于很宽的范围。在 400℃ 以下进行挤压，挤压合金发生再结晶。在 300℃ 时进行冷挤压，材料内部保留了许多冷加工的显微组织特征，如高密度位错或孪生组织。在再结晶温度以下进行挤压可使压制品获得更好的力学性能。表 4.6 所示是各种变形镁合金的力学性能指标。

表 4.6　各种变形镁合金的力学性能

合金牌号	抗拉强度 σ_b/MPa	屈服强度 $\sigma_{0.2}$/MPa	伸长率 δ/%	剪切强度 σ_τ/MPa	硬度 (HB)	状态
MB1	260	180	4.5	130	40	挤压棒材
	210	120	8	—	45	板材
MB2	270	180	15	160	60	挤压棒材
	250	145	20	—	50	板材
MB3	330	240	12	—	—	0.8～3mm 板材
	270	170	15	—	—	12～30mm 板材
MB5	290	200	16	140	64	挤压棒材
	280	180	10	140	55	锻件
MB6	326	210	14.5	150	76	挤压棒材
	310	215	8	—	70	锻件
MB7	340	240	15	180	64	挤压棒材
	310	220	12	—	—	锻件
MB8	260	150	7	—	—	挤压棒材
	260	160	10	—	55	3.1～10mm 板材
MB15	335	280	9	160	—	挤压棒材
	310	250	12	—	—	锻件

合金牌号 MB1 和 MB8 均属于 Mg-Mn 系镁合金，这类镁合金虽然强度较低，但具有良好的耐蚀性，焊接性良好，并且高温塑性较高，可进行轧制、挤压和锻造。MB1 主要用于制造承受外力不大但要求焊接性和耐蚀性好的零件，如汽油和润滑油系统的附件。MB8 由于强度较高，其板材可制造飞机的蒙皮、壁板及内部零件，型材和管材可制造汽油和润滑油系统的耐蚀零件，模锻件可制造外形复杂的零件。

合金牌号 MB2、MB3 以及 MB5～MB7 镁合金属于 Mg-Al-Zn 系镁合金，这类镁合金强度高、铸造及加工性能较好，但耐蚀性较差。其中 MB2、MB3 合金的焊接性较好，MB7 合金的焊接性稍差，MB5 合金的焊接性较低。MB2 镁合金主要用于制作形状复杂的锻件、模锻件及中等载荷的机械零件；MB3 镁合金主要用于制作飞机的内部组件、壁板等；MB5～MB7 镁合金主要用于制作承受较大载荷的零件。

合金牌号 MB15 属于 Mg-Zn-Zr 系镁合金，具有较高的强度和良好的塑性及耐腐蚀性能，是目前应用较多的变形镁合金；主要用于制作室温下承受载荷和高屈服强度的零件，如机翼长桁、翼肋等。

变形镁合金变形时镁的弹性模量择优取向不敏感，因此在不同变形方向上，弹性模量的变化不明显；变形镁合金压缩屈服强度低于其拉伸屈服强度，约为 0.5～0.7，因此应注意镁合金弯曲时产生不均匀塑性变形的情况。表 4.7 所示是中国与美国常用镁合金牌号对照。

表 4.7　中国与美国常用镁合金牌号对照

类型	合金系	镁合金牌号	
		中国	美国
变形镁合金	Mg-Mn 系	MB1	M1
		MB8	M2
	Mg-Al-Zn 系	MB2	AZ31
		MB5	AZ61
		MB6	AZ63
		MB7	AZ80
	Mg-Zn-Zr 系	MB15	ZK60A
铸造镁合金	Mg-Zn-Zr 系	ZM-1	ZK51A
		ZM-2	ZE41A
		ZM-4	EZ33
		ZM-8	ZE63
	Mg-RE-Zr 系	ZM-3	EK41A
	Mg-Al-Zn 系	ZM-5	AZ81A
		ZM-10	AM100A

镁合金还有机械加工性能优良、尺寸稳定性好、电子屏蔽能力强、易于回收等特点，同时也是良好的储氢材料，被誉为"21 世纪最具开发和应用潜力的绿色环保材料"。

4.1.3　镁及镁合金的焊接性特点

镁及镁合金在现代工业中有广阔的应用前景，零部件采用镁合金制造时都离不开焊接。但由于镁及镁合金物理性能特殊、化学性质活泼，采用常规焊接方法对其进行焊接有一定难度。镁合金的焊接成为制约其应用和发展的主要因素之一而备受关注。

（1）氧化、氮化和蒸发

镁易与氧结合，在镁合金表面会生成 MgO 薄膜，会严重阻碍焊缝成形，因此在焊前需要采用化学方法或机械方法对其表面进行清理。在焊接过程的高温条件下，熔池中易形成氧化膜，其熔点高、密度大。在熔池中易形成细小片状的固态夹渣，这些夹渣不仅严重阻碍焊缝形成，也会降低焊缝性能。这些氧化膜可借助于气剂或电弧的阴极破碎方法去除。当焊接保护欠佳时，在焊接高温下镁还易与空气中的氮生成氮化镁 Mg_3N_2。氮化镁夹渣会导致焊缝金属的塑性降低，接头变脆。空气中的氧的侵入还易引起镁的燃烧。而由于镁的沸点不高（约 1100℃），在电弧高温下易产生蒸发，造成环境污染，因此焊接镁时，需要更加严格的保护措施。

（2）热裂纹倾向

镁合金焊接过程中存在严重的热裂倾向，这对于获得良好的焊接接头是不利的。镁与一些合金元素（如 Cu、Al、Ni 等）极易形成低熔点共晶体，例如 Mg-Cu 共晶（熔点为 480℃）、Mg-Al 共晶（熔点为 437℃）及 Mg-Ni 共晶（熔点为 508℃）等，在脆性温度区间内极易形成热裂纹。镁的熔点低、热导率高，焊接时较大的焊接热输入会导致焊缝及近缝区金属产生粗晶现象（过热、晶粒长大、结晶偏析等），降低接头的性能，粗晶也是引起接头热裂倾向的原因。而由于镁的线胀系数较大，约为铝的 1.2 倍，因此焊接时易产生较大的热应力和变形，会加剧接头热裂纹的产生。表 4.8 所示是各种镁合金的热裂倾向及解决措施。

表 4.8　各种镁合金的热裂倾向及解决措施

镁合金	热裂倾向	改善和解决措施
Mg-Mn 系二元合金（MB8）	合金相组织为 $\alpha+\beta(Mn)+Mg_9Ce$。该合金的结晶区间窄、热裂倾向小，若近缝区经二次或多次加热，会产生含 Mg_9Ce 的低熔共晶（加入 Ce 是为了改善接头力学性能、热稳定性和细化晶粒）	在焊丝中加入质量分数为 4%～5% 的 Al 与 Ce 反应形成均匀弥散分布在晶界上的 Al_2Ce
Mg-Al-Zn 系合金（MB2、MB3、MB5、MB6、MB7 及 ZM5）	加入 Zn 和 Al，可提高接头屈服强度，并阻止焊接时晶粒的长大。但 Zn、Al 量增加时，低熔共晶量也增加，热裂倾向也增加，且有晶间过烧现象	限制 Zn 和 Al 的过量增加
Mg-Zn-Zr 系合金（MB15、MZ1、MZ2、MZ3）	结晶区间大，热裂倾向大	采用含有稀土（RE）的焊丝，并高温预热，可显著降低热裂倾向
Mg-Zn-Zr-稀土系合金	热裂倾向小，特别是横向裂纹和弧坑裂纹由于稀土的加入明显减少	采用结晶区间宽而熔点低于母材的焊接材料

（3）气孔与烧穿

与焊接铝相似，镁及镁合金焊接时易产生氢气孔，氢在镁中的溶解度随温度的降低而急剧减小，当氢的来源较多时，焊缝中出现气孔的倾向增大。镁及镁合金在没有隔绝氧的情况下焊接时，易燃烧。熔焊时需要惰性气体或焊剂保护，由于镁焊接时要求用大功率的热源，当接头处温度过高时，母材会发生"过烧"现象，因此焊接镁时必须严格控制焊接热输入。热输入的大小与受热次数对接头性能和组织有一定影响，因此应限制接头返修或补焊次数。同时应注意焊接方法、焊接材料及焊接工艺的变化会导致接头力学性能的差异。焊后退火对消除焊接应力及改善接头组织有利，但退火工艺必须兼顾到工件的使用和技术要求。

在焊接镁合金薄件时，由于镁合金的熔点较低，而氧化膜（MgO）的熔点很高，因此接头不易结合，焊接时难以观察焊缝的熔化过程。并且由于焊接温度的进一步升高，无法观察熔池的颜色有无显著的变化（镁及镁合金加热后颜色没有明显变化），极易导致焊缝产生烧穿和塌陷。

4.1.4　镁合金的应用

美国最早将镁合金板材应用于轰炸机、战斗机和导弹等军用装备，例如 S55 直升机发动机基座、C121 运输机地板横梁、"维热尔"火箭壳体、AGM-154C 联合防区外武器连接舱舱体、Falon GAR-1 空对空导弹的弹身等零部件，均由镁合金制造而成，这些由镁合金制得的部件其整体性能优于传统铝合金结构件。最近几年，稀土镁合金在航空航天领域的应用也日趋广泛，QE22A 稀土镁合金具有高强度、耐疲劳、耐蚀性良好、易于加工等特点，从而用于制造"美洲虎"攻击机的座舱盖骨架以及 SA321"超黄蜂"直升机的轮毂。我国也投入了大量的人力、物力、财力用于拓展镁合金在航空航天领域的应用，并取得了显著成果。我国自行研制的火箭、导弹、雷达、卫星、战斗机、直升机、军用运输机、民航客机等均使用了大量镁合金。

与此同时，镁合金结构件的应用还迅速向民用领域扩展，例如应用于汽车工业领域。通过镁合金在汽车制造领域的应用，促进汽车行业的转型升级。进入 21 世纪以来，世界经济发展面临能源枯竭与环境污染的威胁，实行可持续发展战略也逐渐成为各国的共识。作为国民经济支柱产业之一的汽车工业也需要满足节能减排的要求，汽车轻质是降低能耗、减少废气排放量的有效方法，因此作为轻质主导材料的镁合金成为汽车制造领域的不二选择。

日本是最早将镁合金应用于汽车制造领域的国家，丰田公司将压铸镁合金用于制造方向盘轴柱部件。美国和德国也为镁合金在汽车指导领域的应用做出了巨大贡献，有力推动了汽车工业镁合金用量的不断增长。目前，镁合金在汽车产业的应用已较为成熟，汽车上镁合金部件主要分为壳体类和支架类两大类，具体产品示例见表 4.9。

表 4.9　镁合金在汽车制造领域的应用示例

汽车用镁合金部件分类	具体应用
壳体类	门框、发动机罩、曲轴箱、变速箱体、离合器壳体、仪表盘、气缸盖、后备厢盖
支架类	方向盘、座椅框架、转向支架、刹车支架、分配支架、保险杠

随着电信事业的蓬勃发展，3C 技术领域成为发展最迅速、更新换代最快的产业。用于生产 3C 产品的材料需满足轻、薄、小的要求，镁合金密度小、强度高、减振、绝缘等性能使其在 3C 领域具有广阔的应用前景。日本最先将镁合金应用于 3C 领域，IBM 公司将压铸镁合金 AZ91D 用于制作笔记本电脑外壳。如今变形镁合金已广泛应用于 3C 领域，例如数码相机的外壳等；Dell Apple 公司生产的部分投影仪和手机外壳均由变形镁合金 AZ31B 制作。这些由镁合金制成的部件外观轻巧、抗冲击、散热效果良好，提高了 3C 产品的寿命。随着科技的进步，镁合金在 3C 产品中的应用比例将不断提升。

除以上领域外，镁合金还用于制作机壳、旅行箱、拐杖等日常用品。研究者发现镁合金还具有可降解性、生物相容性、合适的物理化学和力学性能等特点，可用于制作心血管支架、骨钉、口腔种植体等植入性可降解生物医用体。总之，随着镁合金研发的不断深入，其性能和特点能够更多地被发掘出来，镁合金的应用范围将更为广阔。

4.2 镁及镁合金焊接工艺

4.2.1 焊接材料及焊前准备

（1）焊接材料的选用

大多数的镁合金可以用钨极氩弧焊、电阻点焊、气焊等方法进行焊接，但目前通常采用氩弧焊工艺焊接镁及镁合金。氩弧焊适用于所有的镁合金的焊接，能得到较高的焊缝强度系数，焊接变形比气焊小，焊接时可不用气剂。对于铸件可用氩弧焊进行焊接修复，这样还能得到焊接质量令人满意的接头。由于镁合金没有适用的焊剂，因此不能采用埋弧焊。

氩弧焊时可以采用铈钨电极、钍钨电极及纯钨电极。镁合金进行焊接时，一般可选用与母材化学成分相同的焊丝。有时为了防止在近缝区沿晶界析出低熔共晶体，增大金属的流动性，减小裂纹倾向，可采用与母材不同的焊丝。如焊接 MB8 镁合金时，为了防止产生低熔共晶体，应选用 MB3 焊丝。表 4.10 所示是常用镁合金的焊接性比较及适用焊丝。

表 4.10 常用镁合金的焊接性比较及适用焊丝

合金牌号	结晶温度区间/℃	焊接性	适用焊丝
MB1	646～649	良好	同质焊丝,例如 MB1
MB2	565～630	良好	同质焊丝,例如 MB2
MB3	545～620	良好	同质焊丝,例如 MB3
MB5	510～615	可焊	同质焊丝,例如 MB5
MB7	430～605	可焊	同质焊丝,例如 MB7
MB8	646～649	良好	一般采用焊丝 MB3
MB15	515～635	稍差	同质焊丝,例如 MB15

在小批量生产时可采用边角料作焊丝，但应将其表面加工均匀光洁，一般采用热挤压成形的焊丝，铸件焊接和补焊时可采用铸造焊丝。大批量生产应选择挤压成形的焊丝，焊丝使用前应进行选择，方法是将焊丝反复弯曲，有缺陷的焊丝（如疏松、夹渣及气孔）容易被折断。

（2）焊前清理及开坡口

焊丝使用前，必须仔细清理表面，主要有机械和化学两种方法。机械清理是用刀具或刷子去除氧化皮，化学清理方法一般是将焊丝浸入 20%～25% 硝酸溶液侵蚀 2min，然后在 50～90℃ 的热水中冲洗，再进行干燥。清理后的焊丝一般应在当天用完。表 4.11 所示是焊丝使用前的化学清理方法。

表 4.11 焊丝使用前的化学清理方法

工作条件	槽液成分/(g/L)	工作温度/℃	处理时间/min
除油	NaOH 10～25 Na_3PO_4 40～60 Na_2PO_3 20～30	60～90	5～15 将零件在碱液中抖动
在流动热水中冲洗	—	50～90	4～5

续表

工作条件	槽液成分/(g/L)	工作温度/℃	处理时间/min
在流动冷水中冲洗	—	室温	2～3
碱腐蚀	NaOH 350～450	对 MB8 70～80 对 MB3 60～65	2～3 5～6
在流动热水中冲洗	—	50～90	2～3
在流动冷水中冲洗	—	室温	2～3
在铬酸中中和处理	CrO₃ 150～250 SO₄ <0.4	室温	5～10 或将零件上的锈除尽
在流动冷水中冲洗	—	—	2～3
在流动热水中冲洗	—	50～90	1～3
用干燥热风吹干	—	50～70	吹干为止

镁及镁合金进行焊接或补焊修复时，接头坡口的形式极为重要。图 4.2 所示为镁及镁合金补焊修复时的坡口形式，表 4.12 所示是镁及镁合金焊接时的坡口形式。

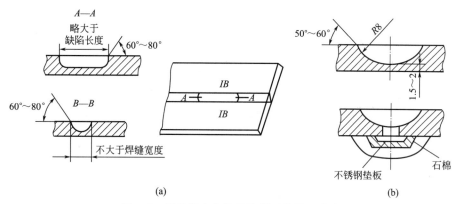

图 4.2 镁及镁合金补焊修复时的坡口形式

表 4.12 镁及镁合金焊接时的坡口形式

接头类型	坡口形式	厚度 T/mm	几何尺寸					焊接方法
			a/mm	c/mm	b/mm	p/mm	α/(°)	
不开坡口对称		≤3	0～0.2T	—	—	—	—	钨极手工或自动氩弧焊
外角接		>1	—	0.2T	—	—	—	钨极手工或自动氩弧焊（加填充材料）
搭接		>1	—	—	3～4T	—	—	钨极手工或自动氩弧焊

续表

接头类型	坡口形式	厚度 T/mm	几何尺寸					焊接方法
			a/mm	c/mm	b/mm	p/mm	α/(°)	
V形坡口对称	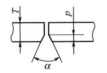	3~8	0.5~2	—	—	0.5~1.5	50~70	用可折垫板加填充材料的钨极手工或自动氩弧焊
X形坡口对称		≥20	1~2	—	—	0.8~1.2	60	加填充焊丝的钨极手工或自动氩弧焊
不开坡口的对接接头	附图:							

注：1.不开坡口的对接接头，如仅在一面施焊时，应在其背面加工坡口，以防止产生不熔合或夹渣缺陷，坡口尺寸见附图。

2.附图中 $p=T/3$，$\alpha=10°\sim30°$。

为了防止腐蚀，镁及镁合金通常需要进行氧化处理，使其表面有一层铬酸盐填充的氧化膜，但这层氧化膜会严重阻碍焊接过程，因此在焊前必须彻底清除氧化膜及其他油污。机械法清理可以用刮刀或 $\phi0.15\sim0.25\text{mm}$ 直径的不锈钢钢丝刷从正面将焊缝区 $25\sim30\text{mm}$ 内的杂物及氧化层除掉。板厚小于 1mm 时，其背面的氧化膜可不必清除，这样可以防止烧穿，避免发生焊缝塌陷现象。

（3）预热

焊接前是否需要进行预热主要取决于母材厚度和拘束度。对于厚板接头，如果拘束度较小，一般不需要进行预热；对于薄板与拘束度较大的接头，经常需要预热，以防止产生裂纹，尤其是高锌镁合金。

对于形状复杂、应力较大的焊件，尤其是铸件，当采用气焊进行焊接时，采用预热可减小基体金属与焊缝金属间的温差，从而有效地防止裂纹产生。预热有整体预热及局部预热两种，整体预热在炉中进行，预热温度以不改变其原始热处理状态或冷作硬化状态为准。例如，经淬火时效的 ZM5 合金为 $350\sim400℃$ 或 $300\sim350℃$，一般在 $2\sim2.5\text{h}$ 内升至所需温度，保温时间以壁厚 25mm 为 1h 计算，最好采用热空气循环的电炉，可防止焊件发生局部过热现象。采用局部加热时应慎重，因为用气焊火焰、喷灯进行局部加热时，温度很难控制。目前铸件的焊接修复都采用氩弧焊冷补焊法，效果良好。

4.2.2 镁及镁合金的氩弧焊

镁合金的氩弧焊一般采用交流电源，焊接电源的选择主要决定于合金成分、板材厚度以及背面有无垫板等。例如 MB8 和 MB3 具有较高的熔点，因而焊接 MB8 要比 MB3 所需要的焊接电流大 $1/7\sim1/6$。为了减少过热，防止烧穿，焊接镁合金时应尽可能实施快速焊接。

如焊接镁合金 MB8 时，当板厚 5mm、V 形坡口、反面用不锈钢成形垫板时，焊接速度可达 35～45cm/min 以上。

（1）钨极氩弧焊

钨极氩弧焊具有成形良好、适用范围广、经济性高等特点，在镁及镁合金焊接中应用较普遍。镁合金 TIG 焊时，焊枪钨极直径取决于焊接电源的大小，焊接中钨极头部应熔成球形但不应滴落。选择喷嘴直径的主要依据是钨极直径及焊缝宽度，钨极直径和焊枪喷嘴直径不同时，氩气流量也不同。氩弧焊中采用的氩气纯度要求较高，一般采用一级纯氩（99.99％以上）。

镁合金 TIG 焊时，板厚在 5mm 以下时，通常采用左焊法；板厚大于 5mm 时，通常采用右焊法。平焊时，焊矩轴线与已成形的焊缝成 70°～90°角，焊枪与焊丝轴线所在的平面应与焊件表面垂直。焊丝应贴近焊件表面送进，焊丝与焊件间的夹角为 5°～15°。焊丝端部不得浸入熔池，以防止在熔池内残留氧化膜，这样就可借助于焊丝端头对熔池的搅拌作用，破坏熔池表面的氧化膜并便于控制焊缝余高。

焊接时应尽量取低电弧（弧长在 2mm 左右），以充分发挥电弧的阴极破坏作用并使熔池受到搅拌，便于气体逸出熔池。焊接不同厚度的镁合金时，在厚板侧需削边，使接头处两工件保持厚度相同，削边宽度等于板厚的 3～4 倍。焊接工艺参数按板材的平均厚度选择，在操作时钨极端部应略指向厚板一侧。

镁合金钨极氩弧焊和熔化极氩弧焊焊丝的选择取决于母材的成分，常用的几种镁合金氩弧焊用焊丝的化学成分见表 4.13。变形镁合金手工 TIG 焊和自动 TIG 焊的工艺参数见表 4.14 和表 4.15。

表 4.13　镁合金氩弧焊（TIG 焊、MIG 焊）常用焊丝的化学成分

牌号	主要化学成分/%							
	Al	Mn	Zn	Zr	RE(稀土)	Cu	Si	Mg
ERAZ61A	5.8～7.2	≥0.15	0.4～1.5	—	—	≤0.05	≤0.05	余量
ERAZ101A	9.5～10.5	≥0.13	0.75～1.25	—	—	≤0.05	≤0.05	余量
ERAZ92A	8.3～9.7	≥0.15	1.7～2.3	—	—	≤0.05	≤0.05	余量
ERAZ33A	—	—	2.0～3.1	0.45～1.0	2.5～4.0			余量

表 4.14　变形镁合金手工 TIG 焊的工艺参数

板材厚度/mm	接头形式	焊接层数	钨极直径/mm	喷孔直径/mm	焊丝直径/mm	焊接电流/A	氩气流量/(L/min)
1～1.5	不开坡口对接	1	2	10	2	60～80	10～12
1.5～3		1	3	10	2～3	80～120	12～14
3～5		2	3～4	12	3～4	120～160	16～18
6	V 形坡口对接	2	4	14	4	140～180	16～18
18		2	5	16	4	160～250	18～20
12		3	5	18	5	220～260	20～22
20	X 形坡口对接	4	5	18	5	240～280	20～22

表 4.15　变形镁合金自动 TIG 焊的工艺参数

板材厚度 /mm	接头形式	焊丝直径 /mm	焊接电流 /A	送丝速度 /(cm/min)	焊接速度 /(cm/min)	氩气流量 /(L/min)
2	不开坡口 对接	2	75～110	83～100	37～40	8～10
3		3	150～180	75～92	32～35	12～14
5		3	220～250	133～150	30～33	16～18
6		4	250～280	117～133	22～25	18～20
10	V 形坡口 对接	4	280～320	133～150	18～20	20～22
12		4	300～340	150～167	15～18	22～25

注：焊接时反面用垫板，进行单面单层焊接。

镁合金铸件 TIG 补焊的工艺参数见表 4.16，需要进行预热的焊件工艺参数选用表中的下限值，不需要预热的焊件选用上限值。

表 4.16　镁合金铸件 TIG 补焊的工艺参数

厚度 /mm	缺陷深度 /mm	焊接层数	钨极直径 /mm	喷嘴直径 /mm	焊丝直径 /mm	焊接电流 /A	氩气流量 /(L/min)
<5	≤5	1	2～3	8～10	3～5	60～100	7～9
>5～10	≤5 5.1～10	1 1～3	3～4	8～10	3～5	90～130	7～9
>10～20	≤5 5.1～10 10.1～20	1 1～3 2～5	3～5	8～11	3～5	100～150	8～11
>20～30	≤5 5.1～10 10.1～20 20.1～30	1 1～3 2～5 3～8	4～6	9～13	5～6	120～180	10～13
>30	≤5 5.1～10 10.1～20 20.1～30 >30	1 1～3 2～5 3～8 >6	5～6	10～14	5～6	150～250	10～15

镁合金钨极氩弧焊接头区域包括焊缝区、热影响区和母材区，焊缝区晶粒细小，为急冷铸造组织；热影响区晶粒粗大，为过热组织，晶界有第二相析出，断裂容易在该区域发生，因此热影响区是镁合金接头最薄弱的区域。

影响镁合金 TIG 焊接头组织性能的焊接参数有：脉冲电流频率、焊接电流、电弧电压、焊接速度、保护气流量等。其中焊接电流和脉冲电流频率是影响镁合金 TIG 焊接头组织与力学性能的主要因素。填充焊丝与被焊母材应匹配，例如 AZ91B 镁合金 TIG 焊时，选用 ZRAZ61 焊丝可以获得与母材组织一致、抗热裂性好、抗拉强度和伸长率较高的焊接接头。对 TIG 焊后镁合金进行时效处理能得到良好的效果，例如对 AZ61 镁合金 TIG 焊接头时效处理 2h 的接头抗拉强度达 275MPa，伸长率为 7.5%，分别比时效处理前提高了 135MPa 和 1%。时效时间超过 2h 后随着时间的增长，抗拉强度无明显变化，伸长率降低。

（2）熔化极氩弧焊

镁合金进行熔化极氩弧焊时，交直流均可采用。用直流恒压电源时，以反极性施焊。一般可采用短路过渡、脉冲过渡、喷射过渡三种熔滴过渡方式，分别适于焊接板厚小于 5mm 的薄板、薄中板及中厚板。但不推荐使用滴状过渡方式进行焊接，焊接位置限于平焊、横焊和向上立焊。镁合金对接接头 MIG 焊的工艺参数见表 4.17。

表 4.17　镁合金对接接头 MIG 焊的工艺参数

板厚/mm	坡口形式	焊道	焊丝直径/mm	送丝速度/(cm/min)	焊接电流/A	焊接电压/V	氩气流量/(L/min)
短路过渡							
0.6	I 形①	1	1.0	356	25	13	18.8～28.3
1.0	I 形①	1	1.0	584	40	14	18.8～28.3
1.6	I 形①	1	1.6	470	70	14	18.8～28.3
2.4	I 形①	1	1.6	622	95	16	18.8～28.3
3.2	I 形①	1	2.4	343	115	14	18.8～28.3
4.0	I 形②	1	2.4	420	135	15	18.8～28.3
4.8	I 形②	1	2.4	521	175	15	18.8～28.3
脉冲过渡③							
1.6	I 形①	1	1.0	914	50	21	18.8～28.3
3.2	I 形①	1	1.6	711	110	24	18.8～28.3
4.8	I 形①	1	1.6	1207	175	25	18.8～28.3
6.4	V 形,60°④	1	2.4	737	210	29	18.8～28.3
喷射过渡⑤							
6.4	V 形④	1	1.6	1321	240	27	23.7～37.7
9.6	V 形④	1	2.4	724～757	320～350	24～30	23.7～37.7
12.5	V 形④	2	2.4	813～914	360～400	24～30	23.7～37.7
16	双 V 形⑥	2	2.4	838～940	370～420	24～30	23.7～37.7
25	双 V 形⑥	2	2.4	838～940	370～420	24～30	23.7～37.7

①不留间隙。
②间隙为 2.3mm。
③除板厚为 4.8mm 的脉冲电压为 52V 外，其他脉冲电压均为 55V。
④钝边为 1.6mm，不留间隙。
⑤也可用于等厚的角焊缝。
⑥钝边为 3.2mm，不留间隙。
注：焊接速度为 61～66cm/min。

对于镁合金中厚板的焊接，填丝是不可避免的，熔化极氩弧焊具有起弧容易、收弧方便、搭桥能力良好、对装配精度要求低等特点，在镁合金 MIG 焊过程中，焊丝起到举足轻重的作用。脉冲 MIG 焊是用于镁合金较为稳定的焊接形式，能够得到成形良好的焊接接头。采用交流脉冲 MIG 焊对厚度为 3mm、5mm 的 AZ31B 镁合金进行焊接，能够实现脉冲过渡和射滴过渡，得到连续且无宏观缺陷的接头。与采用直流脉冲 MIG 焊相比，加上负半波电流的交流脉冲 MIG 焊的工艺参数范围更大，焊接过程更加稳定，当母材厚度为 3mm 时，接头抗拉强度达 231MPa，为母材强度的 97%，伸长率达到母材的 78%。

镁合金 MIG 焊的焊接难点有以下两方面：

① 焊接参数范围窄，采用 MIG 焊对镁合金进行焊接，当热输入过低时，焊丝熔化量不

足,难以形成质量良好的焊接接头;热输入过高时,易产生严重飞溅,只有将焊接热输入范围控制在焊丝熔化而熔滴尚未蒸发时,才能维持稳定的焊接过程,然而在实际操作过程中难以控制。

② 适配焊丝少,目前国内适用于 MIG 焊的镁合金焊丝种类不多,且镁合金焊丝大多质软,造成送丝稳定性较差,焊接过程不稳定。

针对镁合金 MIG 焊的难点,有研究者尝试采用高效双丝 MIG 焊焊接镁合金。与单丝 MIG 焊相比,双丝 MIG 焊具有焊接参数范围大、焊接效率高、焊接过程稳定、焊接接头变形小等优点。例如,采用双丝脉冲 MIG 焊对厚度为 4mm 的 AZ31B 变形镁合金进行对接焊,最佳工艺参数是前丝焊接电流为 159A、电弧电压为 22V,后丝焊接电流为 151A、电弧电压为 23.6V,焊接速度为 170cm/min,焊接过程稳定,焊后所获得的 MIG 焊接头成形美观,抗拉强度达 240MPa,为母材强度的 94%。

4.2.3　镁及镁合金的电阻点焊

在工业结构的生产中,某些常用的镁合金框架、仪表舱、隔板等通常采用电阻点焊工艺进行焊接。镁合金进行电阻点焊具有以下的特点:

① 镁合金具有良好的导电性和导热性,点焊时须在较短的时间内通过较大的电流;

② 镁的表面易形成氧化膜,会使零件间的接触电阻增大,当通过较大的电流时往往会产生飞溅;

③ 断电后熔核开始冷却,由于导热性好以及线胀系数大,熔核收缩快,易引起缩孔及裂纹等缺陷。

基于上述特点,点焊机应能保证瞬时快速加热。单相或三相变频交流焊机以及电容储能直流焊机均可用于电阻电焊,其中对于镁合金而言,交流设备的焊接效果较好。点焊用的电极应选用高导电性的铜合金,上电极应加工成半径为 50~150mm 的球面,下电极应采用平端面,电极端部需打磨光滑,打磨时应注意及时清理落下的铜屑。不同板厚的镁合金点焊时,厚板一侧用半径较大的电极,对于热导率和电阻率不同的镁合金点焊时,在导电率较高的材料一侧采用半径较小的电极。

选择点焊参数时,先选择电极压力,然后再调整焊接电流及通电时间。焊接电流及电极压力过大,会导致焊件变形。焊点凝固后电极压力需保持一定时间,如果压力维持时间太短,焊点内容易出现气孔、裂纹等缺陷。不同板厚的镁合金电阻点焊的工艺参数见表 4.18。

表 4.18　不同板厚的镁合金电阻点焊的工艺参数

板厚 /mm	电极直径 /mm	电极端部半径 /mm	电极压力 /kN	通电时间 /s	焊接电流 /kA	焊点直径 /mm	最小剪切力 /kN
0.4	6.5	50	1.4	0.05	16~17	2~2.5	0.3~0.6
0.5	10	75	1.4~1.6	0.05	18~20	3~3.5	0.4~0.8
0.6	10	75	1.6~1.8	0.05~0.07	22~24	3.5~4.0	0.6~1.0
0.8	10	75	1.8~2.0	0.07~0.09	24~26	4~4.5	0.8~1.2
1.0	13	100	2.0~2.3	0.09~0.1	26~28	4.5~5.0	1.0~1.5

续表

板厚 /mm	电极直径 /mm	电极端部半径 /mm	电极压力 /kN	通电时间 /s	焊接电流 /kA	焊点直径 /mm	最小剪切力 /kN
1.6	13	100	2.3~2.5	0.09~0.12	29~30	5.3~5.8	1.3~2.0
1.3	13	100	2.5~2.6	0.1~0.14	31~32	6.1~6.9	1.7~2.4
2.0	16	125	2.8~3.1	0.14~0.17	33~35	7.1~7.8	2.2~3.0
2.6	19	150	3.3~3.5	0.17~0.2	36~38	8.0~8.6	2.8~3.8
3.0	19	150	4.2~4.4	0.2~0.24	42~45	8.9~9.6	3.5~4.8

　　为了确定焊接工艺参数是否合适，需焊接若干对试样。一般用两块镁合金板点焊成十字形搭接试样，然后进行拉伸试验，检查焊点气孔、裂纹等缺陷。如果没有任何缺陷，再进行抗剪切试验，检查抗剪强度值。检查焊点焊透深度可以采用金相宏观检查法。对于不同板厚的镁合金进行电阻点焊时，厚板一侧应采用直径较大的电极。多层板点焊时电流和电极电压可比两层板点焊时大。

4.2.4　镁及镁合金的气焊

　　由于氧-乙炔火焰气焊的热量散布范围大，焊件加热区域较宽，因此焊缝的收缩应力大，容易产生欠铸、冷隔、气孔、砂眼、裂纹及夹渣等缺陷。残留在对接、角接接头中的焊剂、熔渣则容易引起焊件的腐蚀。因此气焊法主要用于不太重要的镁合金薄板结构的焊接及铸件的补焊。

　　焊前先将焊件、焊丝进行清洗，并在焊件坡口处及焊丝表面涂一层调好的焊剂，涂层厚度一般不大于 0.15mm。图 4.3 是镁合金铸件补焊前缺陷清理准备示意图。被清理处需有圆滑的轮廓，穿孔缺陷在缺陷底部应留有 1.5~2mm 的钝边，见图 4.3(a)；清理后缺陷的底面应成圆弧形，半径一般大于 8mm，见图 4.3(b)；较大的穿孔缺陷在经过打磨清理后，在缺陷背面用石棉、不锈钢或纯铜作为垫片，以免补焊时填充金属下塌，见图 4.3(c)；用两面开坡口的方法清理缺陷时，坡口之间应留有 2~2.5mm 的钝边，见图 4.3(d)。

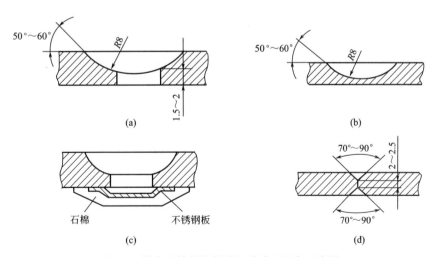

图 4.3　镁合金铸件补焊前缺陷清理准备示意图

镁合金气焊时应采用中性焰的外焰进行焊接，不可将焰心接触熔化金属，熔池应距离焰心 3~5mm，应尽量将焊缝置于水平位置。镁合金的气焊工艺参数见表 4.19。

表 4.19　镁合金气焊的工艺参数

焊件厚度/mm	焊炬型号	焊丝尺寸/mm		乙炔气消耗 /(L/min)	氧气压力 /MPa
		圆截面	方截面		
1.5~3.0	HO1-6	$\phi 3$	3×3	1.7~3.3	0.15~0.2
3~5	HO1-6	$\phi 5$	4×4	3.3~5	0.2~0.22
5~10	HO1-12	$\phi 5 \sim 6$	6×6	5~6	0.22~0.3
10~20	HO1-12	$\phi 6 \sim 8$	8×8	6~20	0.3~0.34

修复镁合金铸件时，焊接时焊炬与铸件间成 70°~80°，以便迅速加热焊接部位，直至其表面熔化后再填加焊丝。熔池形成后，焊炬与焊件表面的倾角应减小到 30°~40°，焊丝倾角应为 40°~45°，以减小加热金属的热量，加速焊丝的熔化，增大焊接速度。焊丝端部和熔池应全部置于中性熔渣的保护气氛下。焊接过程中，不要移开焊炬，要不间断地焊完整条焊缝。在非间断不可时，应缓慢地移去火焰，防止焊缝发生强烈冷却。当焊接过程中在焊缝末端偶然间断，并再次焊接时，可将焊缝末端金属重熔 6~10mm。

若焊件坡口边缘发生过热，则应停止焊接或增大焊接速度和减小气焊焊炬的倾斜角度。当铸件厚度大于 12mm 时，可采用多层焊，层间必须用金属刷（最好是细黄铜丝刷）清刷后，再焊下一层。薄壁件焊接时工件背面易产生裂纹，为消除裂纹，应保证背面焊缝，并在背面形成一定的余高。正面焊缝高度应高于基体金属表面 2~3mm。在厚度不同的焊接部位，焊接时火焰应指向厚壁零件，使受热尽量均匀。为了消除应力防止裂纹，补焊后应立即放入炉内进行回火处理，回火温度为 200~250℃，时间为 2~4h。

4.2.5　镁及镁合金的搅拌摩擦焊（FSW）

虽然可以采用熔焊的方法实现镁合金的连接，但是基于镁及镁合金熔点低、易挥发等自身的物理化学性能特点，采用熔焊方法（如 TIG 焊/MIG 焊、等离子弧焊等）对其进行焊接时，得到的焊接接头易出现气孔、裂纹、夹杂、过烧、变形等熔焊缺陷，降低了焊接接头的力学性能。还会出现咬边、下塌等问题，对操作人员的技能水平要求较高。

搅拌摩擦焊作为一种固相连接技术，通过搅拌头在高速旋转时与工件之间产生的摩擦热使金属产生塑性流动。在搅拌头的压力作用下从前端向后端塑性流动，从而形成焊接接头。搅拌摩擦焊技术用于镁合金焊接具有以下优点：一是焊接过程中温度较低，金属不发生熔化，不存在熔化焊产生的缺陷；二是焊接过程中无飞溅、烟尘、无需添加焊丝或保护气；三是焊接设备简单易控且搅拌摩擦焊属于自动化焊接工艺，生产效率高。因此，搅拌摩擦焊技术现已广泛应用于轻金属的焊接，并在航空航天、汽车、电子、精密仪器、电力、能源等领域得到推广。

（1）镁合金 FSW 的焊接现状

搅拌摩擦焊过程中的温度与熔焊相比较低，焊接接头不易产生裂纹、变形等缺陷，在镁合金连接方面搅拌摩擦焊具有明显的优越性。但与铝合金搅拌摩擦焊相比，镁合金搅拌摩擦焊有一定难度，研究及应用比铝合金搅拌摩擦焊少得多。

近年来，国内外研究者将搅拌摩擦焊技术应用于镁合金的连接，取得了一定的成效，得到了表面光滑、成形平整美观且无宏观缺陷的焊接接头。已经对 AM60、AZ31、AZ91、MB8 等镁合金进行了 FSW 焊接工艺性试验。表 4.20 所示是 MB8 合金搅拌摩擦焊接头的力学性能，表 4.21 所示是 AZ31 镁合金搅拌摩擦焊接头弯曲试验结果。

表 4.20　MB8 镁合金搅拌摩擦焊接头的力学性能

焊接速度 v/(mm/min)	30	60	95	118	235	300
抗拉强度 /MPa	143	141	146	134	159	172
	130	132	138	135	151	167
接头与母材强度比 $\sigma_{b接头}/\sigma_{b母材}$/%	64	63	65	60	71	76
	58	57	61	60	67	74

表 4.21　AZ31 镁合金搅拌摩擦焊接头弯曲试验结果

试样号	焊接工艺参数		弯曲角度 /(°)	跨距 /min	抗弯强度 /MPa
	搅拌头转速 v_r/(r/min)	焊接速度 v/(cm/min)			
1	600	11.8	30,背弯	70	233.2
2	750	75	85,背弯	70	279.9
3	1500	30	80,正弯	70	303.8

　　关于镁合金搅拌摩擦焊的工艺性试验研究主要集中在以下两方面：一是工艺参数对接头成形及性能的影响；二是接头区域的显微组织及形成机制。

　　① 接头典型区域的显微组织及形成机制　采用搅拌摩擦焊对 6.4mm 厚 AZ31B 镁合金板材进行对接试验，研究 FSW 接头显微组织，结果表明搅拌摩擦焊接头分为焊核区、热机影响区、热影响区和母材区四个典型区域。焊核区发生动态再结晶，组织由细小均匀等轴晶构成，晶粒内部位错密度较大；热机影响区和热影响区比较宽，与焊核区晶粒相比，该区域晶粒粗大但总体小于母材晶粒，也没有母材中的变形孪晶组织。AZ31B 镁合金搅拌摩擦焊接头各区域显微组织如图 4.4 所示。

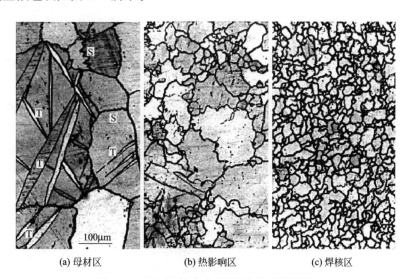

(a) 母材区　　　　　　(b) 热影响区　　　　　　(c) 焊核区

图 4.4　AZ31B 镁合金 FSW 接头显微组织

　　AZ31B 镁合金搅拌摩擦焊过程中焊核区晶粒的织构取向和显微组织演变，受金属流动影响，紧邻搅拌头的金属黏附在一起形成较强织构诱发晶粒汇集，增大晶粒尺寸。距搅拌头稍远区域的组织演变分为两个步骤：先是受到 {1 0 −1 2} 方向拉伸力作用使晶粒变长，继而受到力几何效应影响，在一定程度上发生不连续的再结晶，最终得到细小均匀等轴晶。

　　② 工艺参数对接头成形及性能的影响　针对厚度均为 5mm 的 AZ31、AZ61 和 AZ91D 镁合金薄板，进行搅拌摩擦焊工艺性试验的结果表明，随镁合金中铝含量的增加，工艺参数范围逐渐变窄。主要原因是镁合金的塑性变形能力决定着搅拌摩擦焊的工艺参数范围，随着铝含量的增加，AZ 系镁合金的硬度和强度提高，塑性流变和变形能力降低，所以焊接成形变差，工艺参数范围变窄。

　　采用不同的工艺参数对厚度为 5mm 的 AZ31 镁合金进行搅拌摩擦焊工艺性试验，研究轴肩下压量、焊接速度、搅拌头倾角对 FSW 接头焊核区成形的影响，结果表明：下压量是影响接头成形质量的关键因素，当下压量在合适的范围内时才能够得到成形良好、无缺陷的焊接接头。焊接速度和搅拌头倾角对焊核区形貌有重要作用，焊接速度较小时，焊核区可以看到"洋葱环"结构；焊接速度较大时，焊核区金属流动趋于紊乱无序。搅拌头倾角与镁合金的塑性流动密切相关，随倾角的增大焊核区金属流动趋于充分，对于镁合金搅拌摩擦焊而言，搅拌头倾角为 2°～5° 较为合适。

　　对厚度为 4mm 的热轧态 AZ31B-H24 镁合金进行搅拌摩擦焊，分析工艺参数对接头抗拉强度的影响，结果表明：当焊接热输入较大时（即较大的旋转速度匹配较小的焊接速度），搅拌摩擦焊接头在相对较宽的工艺参数范围内无缺陷；当旋转速度为 1800r/min、焊接速度为 125mm/min 时，FSW 接头抗拉强度最大，达到 240MPa，为母材强度的 85%。

　　针对厚度为 3mm 的航空用镁合金薄板 MB8 进行搅拌摩擦焊试验，研究工艺参数对搅拌摩擦焊接头成形和力学性能的关系，结果表明轴肩下压量对接头成形起到至关重要的作用，下压量较小时，接头内部出现孔洞缺陷，且会导致背部熔合不良；当下压量较大时，接头表面成形粗糙或导致金属溢出。焊接速度对 FSW 接头力学性能有很大影响，当旋转速度恒定，焊接速度为 30～300mm/min 时，随焊接速度增大，接头抗拉强度不断增加，最大抗拉强度达 172MPa，为母材的 76%。

　　对厚度为 3mm 的 AZ80 镁合金搅拌摩擦焊接头组织进行分析表明，FSW 接头不同区域的显微组织有很大差异，在 FSW 接头焊核区晶粒最为细小，热机影响区晶粒尺寸不均匀，晶粒发生明显变形。热影响区经历 β 相溶于 α 相的过程，晶粒粗大并保留原镁合金母材中的轧制线。采用取向成像显微镜（OIM）分析 AZ61 镁合金 FSW 接头晶粒取向与接头拉伸性能的关系表明，搅拌摩擦焊接头的拉伸性能受晶粒取向、晶粒内位错密度以及粒径尺寸的影响；镁合金在搅拌摩擦焊过程中接头区发生复杂的塑性流变，接头各区域晶粒取向呈不均匀分布；在选定工艺参数范围内，FSW 接头在热机影响区发生断裂。主要原因是该区域受搅拌头作用晶粒发生剪切变形，Mg 基面（0 0 0 1）法向与拉伸方向呈 45°，易萌生裂纹引发断裂。

　　不同成分和性能的两种镁合金焊接在一起，能起到"物尽其用"的效果，这时候搅拌摩擦焊是值得优先考虑的焊接方法。例如，将两种镁合金 AZ91D 与 AM60B 进行搅拌摩擦焊工艺性试验，AZ91D 镁合金置于前进侧，AM60B 镁合金置于回撤侧，搅拌头旋转速度为 2000r/min，焊接速度为 90mm/min 时，能够得到连续且无宏观缺陷的焊接接头，AZ91D/AM60B 搅拌摩擦焊接头横截面的组织特征如图 4.5 所示。

前进侧　AZ91D　AM60B　回撤侧

图 4.5　AZ91D/AM60B 搅拌摩擦焊接头横截面的组织特征

对 AZ91D/AM60B 搅拌摩擦焊接头的显微组织进行分析表明，两种镁合金母材在前进侧的交汇处有十分明显的分界线，在回撤侧呈现出相对平缓的流动趋势；FSW 接头的显微硬度无明显变化，原因是焊核区细晶强化作用与该区域位错密度降低造成的软化相抵消。

对另一组不同牌号的镁合金 AZ31B 和 AZ61A 进行搅拌摩擦焊试验，分析工艺参数对接头成形及力学性能的影响，结果表明：将 AZ61A 镁合金置于前进侧，AZ31B 镁合金置于回撤侧，采用凹面圆台形搅拌头进行对接试验时，得到了无缺陷的搅拌摩擦焊接头；AZ61A/AZ31B 搅拌摩擦焊接头的抗拉强度随 ω/v（搅拌头旋转速度与焊接速度的比值）呈先增大后减小的趋势。当搅拌头旋转速度为 1000r/min，焊接速度为 35mm/min 时，FSW 接头抗拉强度达到 210MPa，为 AZ31B 镁合金母材的 91%。

对厚度为 6mm 的镁合金 ZK60-Gd 和 AZ91D 进行搅拌摩擦焊工艺性试验，并对 FSW 接头的显微组织和力学性能进行分析，结果表明：当 ZK60-Gd 镁合金置于前进侧，AZ91D 镁合金置于回撤侧时，可以在较宽的工艺参数范围内得到成形良好的焊接接头。FSW 接头焊核区下部出现"洋葱环"结构，热机影响区有清晰的流变曲线。在选定工艺参数范围对接头进行拉伸试验，断裂均发生在 AZ91D 镁合金侧母材处。

（2）镁合金搅拌摩擦焊的不足之处

尽管国内外研究者进行了大量的镁合金搅拌摩擦焊试验研究，发表了很多论文，但镁合金搅拌摩擦焊工艺在生产实践中未能得到全面推广，究其原因有以下几点。

① 镁合金搅拌摩擦焊工艺尚不成熟，目前大量的试验研究是对厚度为 3～10mm 的中薄板平板对接或搭接，针对结构简单的镁合金构件进行搅拌摩擦焊，形成纵缝或环缝。当焊接厚度超过 20mm 的镁合金厚板时，搅拌摩擦焊过程中需要使用控制补偿措施，形成的焊接接头凹凸不平或存在较大的飞边。

② 镁合金搅拌摩擦焊接头的疲劳性能和耐蚀性也有待提高。镁合金自身的耐蚀性比较差，搅拌摩擦焊过程中热传导的不均匀性，导致 FSW 接头内部产生残余应力，引发疲劳破坏和应力腐蚀，也限制镁合金 FSW 技术的应用。

③ 与铝合金相比，镁及其合金本身焊接性较差，镁合金焊接产品结构应用受限，也影响镁合金搅拌摩擦焊的研发和应用。

4.2.6　镁及镁合金的其他焊接方法

（1）镁合金的钎焊

镁合金的钎焊工艺与铝合金极为相似，但由于镁合金钎焊效果较差，因此镁合金很少采用钎焊进行焊接。镁合金可以采用火焰钎焊、炉中钎焊及浸渍钎焊等方法，其中浸渍钎焊应用较为广泛。

镁合金钎焊时所用的钎料一般均采用镁基合金钎料，表 4.22 是部分镁合金钎焊时钎料的选用。钎焊镁合金的钎剂主要以氯化物和氟化物为主，但钎剂中不能含有与镁发生剧烈反应的氧化物，如硝酸盐等。表 4.23 所示是镁合金钎焊用钎剂的成分和熔点。

表 4.22　部分镁合金钎焊时钎料的选用

合金牌号	主要化学成分/%	熔化温度/℃		钎焊温度/℃	选用钎料	备注
		固相线	液相线			
AZ10A	Al1.2,Zn0.4,Mn0.2,Mg 余量	632	643	582~616	BMg-1[①] BMg-2a[②]	炉中钎焊和火焰钎焊只限用于 M1 镁合金的焊接，其他合金可用浸渍钎焊
AZ31B	Al3.0,Zn1.0,Mn0.2,Mg 余量	—	627	582~593	BMg-2a	
ZE10A	Zn1.2,RE(稀土)0.17,Mg 余量	593	646	582~593	BMg-2a	
ZK21A	Zn2.3,Zr0.6,Mg 余量	626	642	582~616	BMg-1 BMg-2a	
M1	Mn1.2,Mg 余量	648	650	582~616	BMg-1 BMg-2a	

① 钎料 BMg-1 化学成分为 9.0%Al，2.0%Zn，0.1%Mn，0.0005%B，余量 Mg。
② 钎料 BMg-2a 化学成分为 2.0%Al，5.5%Zn，0.0005%B，余量 Mg。

表 4.23　镁合金钎焊用钎剂的成分和熔点

钎焊方法	钎剂成分/%	熔点/℃
火焰钎焊	KCl 45，NaCl 26，LiCl 23，NaF 6	538
火焰、浸渍、炉中钎焊	KCl 42.5，NaCl 10，LiCl 37，NaF 10，$AlF_3 \cdot 3NaF$ 0.5	388

镁合金钎焊前应清除母材及焊接材料表面的油脂、铬酸盐及氧化物，常用的方法主要是溶剂除脂、机械清理和化学侵蚀等。镁合金钎焊时搭接是最基本和最常用的接头形式，通过增加搭接面积对于接头强度低于母材强度时，使接头与焊件具有相同的承载能力。一般钎焊时在接头处及附近区域添加填充金属，接头间隙通常取 0.1~0.25mm，以保证熔融钎料充分渗入到接头界面中。

（2）镁合金的激光焊

1）镁合金激光焊的特点

激光焊因具有焊接速度快、精度高、适应性强等优点而备受重视，已应用于航空航天、汽车制造、精密仪器等领域，也成功实现了镁合金的焊接。镁合金具有较高的比强度和比刚度，并具有高的抗振能力，能承受比铝合金更大的冲击载荷。虽然采用激光焊可以对大部分镁合金进行焊接，但镁合金导热性好、线胀系数大、化学活性强，焊接难度较大。

2）镁合金焊接的问题

① 镁是比铝还轻的有色金属，其熔点（650℃）、密度（1.738g/cm³）均比铝低。镁的氧化性极强，在焊接过程中表面易形成氧化膜导致焊缝夹杂。

② 镁合金的线胀系数大，在焊接过程中应力大、易变形。

③ 镁合金含低熔点易挥发元素，焊接热输入过大易出现氧化燃烧，造成焊缝严重的下塌。

④ 激光焊接镁合金的主要问题是易产生气孔。氢在镁中溶解后不易逸出，在焊缝凝固过程中会形成气孔。母材中的微小气孔在焊接过程中聚集、扩展和合并形成大气孔。

⑤ 镁合金与其他金属形成低熔共晶组织，导致结晶裂纹或过烧。

针对镁合金的焊接，采用激光焊可以解决上述一些焊接问题。与铝合金的激光焊相似，镁合金激光焊时最好采用大功率的设备和高速焊接，以避免焊缝和热影响区过热、晶粒长大和脆化。焊接熔合区气孔倾向随着焊接热输入的增大而增加，减小激光热输入，提高焊接速度，有利于减小气孔倾向。焊接参数合理的条件下，激光焊接镁合金的焊缝连续性好、成形良好、变形小、热影响区小，焊接区晶粒细小，焊缝硬度和力学性能与母材相当。

关于镁合金激光焊的研究主要集中在工艺方法、焊缝成形、显微组织和接头力学性能上。与氩弧焊（TIG 焊/MIG 焊）相比，镁合金激光焊接头的焊缝窄、熔深大、焊缝区由细小均匀等轴晶构成，无明显热影响区，接头力学性能良好。应用于镁合金焊接的激光器有两种，分别是波长为 $10.6\mu m$ 的 CO_2 激光器和波长为 $1.06\mu m$ 的 Nd:YAG 激光器。近年来光纤激光的应用受到重视。

采用 CO_2 激光焊针对厚度为 2.6mm 的 AZ31 和 AZ61 镁合金薄板进行对接焊的试验结果表明，AZ61 镁合金激光焊的工艺参数范围比 AZ31 要宽一些，在适当工艺参数范围内这两种镁合金均能得到连续均匀、成形美观的焊接接头。激光功率和焊接速度是影响接头成形质量和焊缝熔深最主要的因素。当激光功率为 1.4kW，焊接速度为 100cm/min，正面保护气流量为 25L/min，反面保护气流量为 20L/min 时，焊缝成形外观平整，无表面缺陷。分别对 AZ61 镁合金和 AZ31 镁合金激光焊接头进行拉伸试验，结果断裂均发生在镁合金母材，表明在该工艺参数下焊接接头力学性能良好，接头强度高于母材。

AZ31 镁合金母材为粗大的等轴晶组织，激光焊的接头成形良好，焊缝为细小的柱状晶组织。焊缝区由细小的初生 α-Mg 相、Al_2Mg 等合金相和 Mg-Mn-Zn 共晶相组成。激光焊接能量集中，镁合金焊后冷却速度快，熔合区晶粒细化，热影响区晶粒细小。

采用功率为 0.5kW 的 Nd:YAG 固体脉冲激光器针对厚度为 1.2mm 的 AZ31B 镁合金进行焊接，试验结果表明激光脉冲宽度对接头强度也有很大影响。当脉冲宽度为 4.5ms 时，接头抗拉强度可达 250MPa，约为母材强度的 95%；当脉冲宽度继续增大时，熔池宽度增大，热裂敏感性增强，接头强度降低。

激光焊方法可以实现异种镁合金的连接。例如，针对厚度为 4.5mm 的 AZ91 和 AM50 异种镁合金接头，采用 CO_2 激光焊进行工艺性试验表明，激光功率为 2kW，焊接速度为 402cm/min 时，能够得到外观成形良好的焊接接头，两种母材完全混合在一起，微观上熔合区晶粒明显细化。对焊接接头进行显微硬度测试，硬度值在熔合区达到最大，AZ91 侧最高硬度值为 100HV，AM50 侧最高硬度值为 70HV，均超过两侧母材硬度。对接头进行拉伸试验，断裂发生在远离熔合区的 AZ91 侧，表明接头成形质量良好。对焊接接头及两侧母材分别进行电化学腐蚀试验并观察腐蚀形貌，发现焊缝对应力腐蚀开裂十分敏感，腐蚀速率很快，腐蚀倾向比两侧母材大，接头耐蚀性较差。

镁合金激光焊接过程中最容易出现的冶金缺陷是气孔，液态熔池元素蒸发和不稳定匙孔坍塌是导致气孔形成的主要原因。溶解于镁合金焊缝中的氢气是激光焊接头出现气孔的主导因素。针对镁合金激光焊气孔问题，可通过以下措施解决：

① 加热焊缝及周围区域，降低温度梯度，减少氢向熔池中的扩散；

② 焊接时添加低含气量的填充材料。

对激光焊接头进行焊后重熔，也可以在一定程度上消除焊缝中的气孔。镁合金激光焊的缺陷除气孔外，还有裂纹、夹杂、未熔合、咬边、下塌等，在进一步的研究工作中，应深入地探讨这些焊接缺陷产生的原因及防止措施。

3）中厚度镁合金激光焊

由于镁合金具有易氧化、线胀系数及热导率大等特点，导致镁合金在焊接过程中易出现氧化燃烧、裂纹以及晶粒粗大等问题，并且这些问题随着焊接板厚的增加，变得更加严重。中国兵器科学研究院谭兵等采用 CO_2 激光焊对厚度为 10mm 的 AZ31 镁合金进行焊接，研究了中厚度镁合金 CO_2 激光深熔焊接特性。

① 焊接材料及焊接工艺　AZ31 镁合金板材尺寸为 200mm×100mm×10mm，经过固溶处理，化学成分见表 4.24。焊接采用的激光焊机为德国 Rofin-Sinar TRO50 的 CO_2 轴流激光器，最大焊接功率为 5kW，激光头光路经 4 块平面反射镜后反射聚焦，焦距为 280mm，光斑直径为 0.6mm。焊接接头不开坡口，采用对接方式固定在工装夹具上，两板之间不留间隙，背部采用带半圆形槽的钢质撑板，采用 He 气作为保护气体。焊接工艺参数为：激光功率为 3.5kW；焊接速度为 1.67cm/s；离焦量为 0；保护气体流量为 25L/min。

表 4.24　AZ31 镁合金板材的化学成分（质量分数）　%

Al	Zn	Mn	Ca	Si	Cu	Ni	Fe	Mg
2.5～3.5	0.5～1.5	0.2～0.5	0.04	0.10	0.05	0.005	0.005	余量

② 焊缝形貌及微观组织　焊缝形貌观察表明该焊接工艺能保证厚度为 10mm 的 AZ31 镁合金板全部焊透，并且焊缝背部成形均匀、良好。而焊缝表面纹理均匀性较差，并存在少量的圆形凹坑，这是由于：

a.焊缝金属流到焊缝根部和两板之间存在一定间隙造成焊缝金属量不足。

b.镁合金表面张力小，在高功率密度脉冲电流的冲击过程中，易造成气化物和熔化物的抛出。

c.由于镁合金挥发点低，焊接过程中焊缝金属气化，一部分金属会挥发掉。

焊接形成的焊缝截面深宽比约为 5∶1，焊缝截面的上部约为 4mm，中部和下部宽度约为 2mm，为典型的激光深熔焊的焊缝截面形貌。

由于激光焊的能量密度大，且镁合金的热导率大，焊缝在快速冷却过程中，使得焊缝晶粒尺寸低于母材组织，而焊缝上部为激光与等离子体热量同时集中作用的区域，因此焊缝宽度、熔池温度也是该区域最高，从而冷却速度也最慢，导致该区域晶粒尺寸大于焊缝其他区域。热影响区宽度为 0.6～0.7mm，与母材组织对比，热影响区的晶粒有一定的长大，并且从焊缝到母材，晶粒长大越来越不明显。

③ 焊缝区元素及物相分析　图 4.6 所示为镁合金焊缝边界线左右各 0.5mm 区域的元素分布。焊缝中 Mg 元素的质量分数减小，Al 的质量分数增大，Zn 的质量分数没有明显的变化。这是因为 Mg 的沸点低于 Al 的沸点，所以 Mg 更易于挥发到空气中。

焊缝物相检测表明焊缝中主要物相是 α-Mg，未检测出 Al-Mg 低熔点相。这主要是因为激光焊接速度快、热输入小，焊缝中的 Al 来不及向晶界扩散就已凝固，因而在焊缝晶界很难形成富集的能与 Mg 反应的 Al 元素。

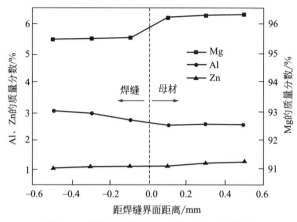

图 4.6　镁合金焊缝界面附近的元素分布

④ 焊接接头力学性能　镁合金激光焊接头的维氏硬度分布如图 4.7 所示。焊缝中心区硬度最高，为 52.7HV，热影响区硬度最低为 47.2HV。一方面由于焊缝的晶粒较细而有利于提高焊缝的硬度；另一方面由于 Mg 元素的烧失，铝元素的相对含量增加，有利于提高焊缝的硬度。热影响区受焊缝热作用出现晶粒长大造成组织软化，但由于焊接速度和导热速度快，因此热影响区软化现象并不太严重。

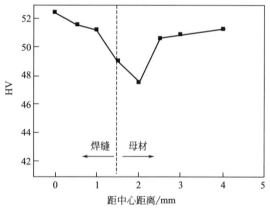

图 4.7　镁合金激光焊接头的硬度分布

AZ31 镁合金母材及激光焊接头的抗拉强度和伸长率见表 4.25。

表 4.25　AZ31 镁合金激光焊接头的力学性能

试样	抗拉强度/MPa	伸长率/%
母材（AZ31）	255	8.2
焊接接头	212（205,215,215）	3.9（3.8,4.0,4.0）

注：括号中的数据为实测值。

镁合金激光焊的焊缝强度平均值和断后伸长率都小于母材。在镁合金激光深熔焊过程中会形成小孔，小孔的形成会造成镁元素的蒸发，容易产生气孔。虽然中厚板镁合金激光焊缝组织优于母材，但由于激光深熔焊过程中存在较多的微气孔，从而造成接头的强度低于母材强度。

（3）镁合金的电子束焊

可以采用电子束焊进行焊接的镁合金一般与弧焊相同，焊接过程中焊前、焊后的处理方法基本相同，采用电子束焊接可获得良好接头的镁合金有 AZ91、AZ80 系列等。电子束焊接时，在电子束下镁蒸气会立即产生，熔化的金属流入所产生的孔中。由于镁金属的蒸气压力高，因而所生成的孔通常比其他金属大，焊缝根部会产生气孔。同时电子束焊接镁合金还易引起起弧及焊缝下塌等现象，起弧易导致焊接过程中断，因此须严格控制操作工艺以防止气孔、起弧及焊缝下塌现象产生。

电子束焊通常采用真空焊接，但由于镁金属气体的挥发对真空室的污染很大，研究发现非真空电子束非常适合镁合金的焊接。焊接时电子束的圆形摆动和采用稍微散焦的电子束，有利于获得优质焊缝。在焊缝周围用过量的金属或同样金属的整体式以及紧密贴合的衬垫能够尽可能减少气孔。但目前采用填充金属的方法对减少产生气孔的效果不是很理想，因此通常采用通过合理调节焊接工艺参数使气体在焊缝金属凝固前完全逸出，以避免形成气孔，其中电子束功率尤其是电子束流大小须严格控制。

4.3 镁及镁合金焊接实例

4.3.1 AZ31B 镁合金的钨极氩弧焊

（1）AZ31B 镁合金薄板的 TIG 焊

图 4.8 所示是 AZ31B 镁合金薄板三种接头的手工钨极氩弧焊的焊接接头示意图，主要包括 T 形、对接和角接接头。

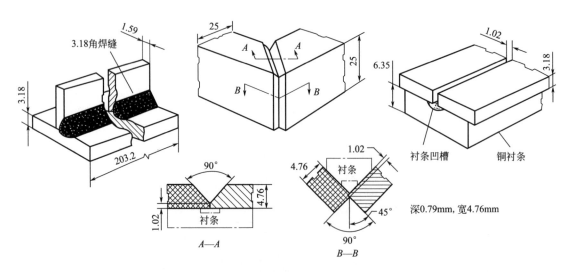

图 4.8　AZ31B 镁合金薄板手工 TIG 焊接头示意图

① T 形接头　厚度为 1.6mm 和 3mm 的 AZ31B 镁合金薄板 T 形接头单道焊（角焊缝长 203mm，焊脚为 3mm）。采用手工 TIG 焊时，调整焊机、气体流量和焊接速度，以获得优质、外形美观和熔透率合适的焊缝。焊后，从立板未焊一侧打断焊接接头，显露焊缝根部，然后从断口检查熔透深度，有无气孔、未熔合和其他缺陷。

② 对接接头和角接接头 将 25mm×25mm×4.8mm 的 AZ31B 镁合金板挤压角形结构的斜边焊接起来，用于制造框架结构。该框架结构有四个直角接头，其中一个如图 4.8 所示。表 4.26 所示是 AZ31B 镁合金手工 TIG 焊的工艺参数。三种焊接接头都采用可连续工作的 300A 交/直流焊接电源，备有轻型水冷焊炬。焊前所有焊件经铬酸-硫酸溶液清洗，不预热焊。

表 4.26　AZ31B 镁合金薄板手工 TIG 焊的工艺参数

项 目	接头形式及工艺参数		
	T 形	角接和对接	对接
焊缝形式	单边角焊	V 形坡口	I 形坡口
焊接位置	横向角焊	向上立焊,平焊	平焊
保护气体和流量/(L/min)	Ar,5.5	Ar,5.5	Ar,5.5
电极直径/mm	2.4	3	3
焊丝直径/mm	1.6	2.4	1.6
焊接电流/A	110	125	135
焊接速度/(cm/min)	25.4	25.4	25.4
焊后消应力处理	260℃×15min	177℃×1.5h	177℃×1.5h

焊前工序包括加工斜边角、开坡口、清理及装夹。横向和垂直对接接头坡口角均为90°，钝边为 1mm。将焊接接头酸洗后，在夹具中装配，横向对接接头采用扁平衬条，垂直角接接头采用角形衬条。然后采用手工 TIG 焊进行焊接，采用高频稳定的交流电源、EWP 型钨电极以及 ERAZ61A 型填充焊丝。焊接时外侧角接头采用向上立焊的单道焊；对接接头采用单道平焊。

（2）航空航天用镁合金气密门自动 TIG 焊

航空航天用气密门的框架结构带有目风凹槽，采用 AZ31B-H24 镁合金薄板与 AZ31B 镁合金挤压件焊接而成，属于小批量生产，但要求的质量较高。气密门焊接结构如图 4.9 所示。

焊接时，接头 A、B 相当于带衬垫板单 V 形坡口对接，反面搭接接头不进行焊接。焊前采用铬酸-硫酸对接头焊接部位进行清洗，不需要进行预热。焊接位置为平焊，填充金属为直径 1.6mm 的 ER AZ61A 镁合金焊丝。镁合金气密门自动 TIG 焊工艺参数见表 4.27。

表 4.27　镁合金气密门自动 TIG 焊的工艺参数

项 目	工艺参数
保护气体及流量/(L/min)	A 接头 8.5,Ar;B 接头 7.6,Ar
钨电极直径/mm	3.2
焊接电流/A	A 接头 175,B 接头 135
送丝速度/(cm/min)	165
焊接速度/(cm/min)	A 接头 51,B 接头 38

TIG 焊设备中采用水冷焊枪、高频交流电源以及 EWP 型钨电极。将焊枪安置在切割机自动行走架上实现 TIG 自动焊。焊后接头需进行 177℃×1.5h 的焊后消应力处理。

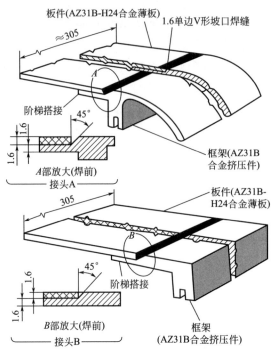

图 4.9　航空航天用镁合金气密门焊接结构示意图

4.3.2　电子控制柜镁合金组合件 TIG 焊

图 4.10 所示是由矩形箱组成的镁合金电子控制柜组合件，由两个高度为 50mm、宽度为 50mm、长度为 101mm 的矩形箱组成。为了减少其小批量生产时的工艺装备费用，对其某些零部件采用了定位焊。

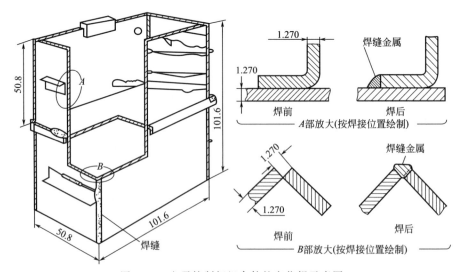

图 4.10　电子控制柜组合件的定位焊示意图

厚度为 1.27mm 的 AZ31B-H24 镁合金薄板，采用直径为 4mm 的 ER AZ61A 填充丝手工 TIG 焊（氩气保护），焊接工艺及参数见表 4.28。

表 4.28　手工钨极气体保护焊的工艺参数

项目	工艺参数	项目	工艺参数
接头形式	搭接、角接	电极和直径	EWP,1mm
焊缝形式	角焊缝、V 形坡口对接焊缝	填充金属	ER AZ61A,直径 1.6mm
焊接位置	水平角焊、平焊	焊炬	水冷,350A,陶瓷喷嘴
焊前清理	钢丝刷清理	焊接电源	300A 弧焊变压器
是否预热	不预热	焊接电流(角焊缝)	25A,交流
夹具	工具板和套钳	焊接电流(V 形坡口对接)	40A,交流
保护气体	He,流量为 129L/min	焊后热处理	177℃×3.5h

为使其定位于合适的位置，定位焊缝长度为 3mm，中间间隔（在每一角部开始）50mm。定位焊时采用工具板和套钳固定组合件，但定位焊不能用于有角度的组合件。组合件采用直径为 1.6mm 的 ER AZ61 填充焊丝。采用长度为 50mm 的连续焊接角接头；组合件顶部法兰与侧板的焊接，采用长度为 25mm 的角焊缝。角钢与控制箱端部的焊接采用长度约为 25mm 的角焊缝（见图 4.10A 部放大）。

由于组合件采用手工装配，所有焊缝均采用平焊或横焊位置焊接，采用装有高频稳弧装置的标准交流电源，选择 He 气作为保护气体。与 Ar 气相比，He 可以产生更大的热量和更稳定的电弧。焊前不需要预热，但焊后要进行 177℃×3.5h 的消应力处理，以防止应力腐蚀裂纹的产生，最后进行宏观焊缝检查。

4.3.3　镁合金汽轮机喷嘴裂纹的电子束焊修复

镁合金汽轮机喷嘴铸件（AZ91C）容易产生疲劳裂纹，采用电子束的长聚焦距离能力可以简化其补焊过程。图 4.11 所示的铸件有直线状未穿透裂纹，贯穿于主体和轴承架的连接件中，裂纹位于喷嘴下部大约 305mm 的地方，区域很窄，用其他的焊接方法很难达到，并

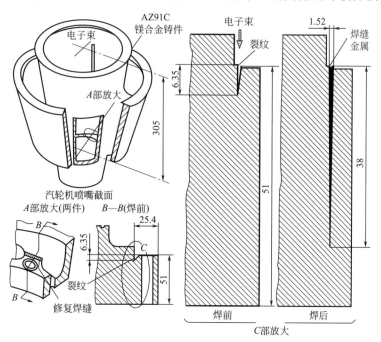

图 4.11　电子束焊修复汽轮机喷嘴疲劳裂纹

且由于喷嘴已经进行精加工，并与其他部件配合，不允许产生变形及随后的机加工。

　　焊接准备包括用丙酮擦洗裂纹区，不需要铲掉裂纹，也不需要填充金属，将工件放在移动工作台上，工件位于电子枪下318mm处，焊前用光学装置检查电子束和每条焊缝的对中，使电子束与凸台之间有合适的间隙。

　　选用的电子束功率应使熔透超出表观裂纹深度，但不能烧透截面，将电子束焦点调到工件表面6.35mm处，焊接时采用三级固定式焊枪，采用夹具将工件固定在自动跟踪导向架上，自动沿着裂纹有效长度直线移动单道焊几秒，可以获得较窄的焊缝。焊后接头不需要进行热处理。表4.29所示是镁合金汽轮机喷嘴裂纹的电子束焊修复的工艺参数。

表 4.29　汽轮机喷嘴裂纹的电子束焊修复设备及工艺参数

项　目	工艺参数
焊机容量	150kV,40mA
最高真空度/Pa	$6.67×10^{-2}$
真空室尺寸/mm	635×559×711
焊接电压、电流	140kV,40mA
焊接真空度/Pa	$2.67×10^{-2}$
工作距离/mm	381
电子束斑点尺寸/mm	0.762
焊接速度/(cm/min)	76.2

4.3.4　飞机发动机镁合金铸件裂纹的 TIG 焊修复

　　在仔细检查飞机喷气发动机的过程中，采用荧光渗透检验（PT），在靠近压缩机轴套（AZ92A-T6 镁合金）铸件上的加强肋板上发现有长63.5mm的裂纹，如图4.12所示，有裂

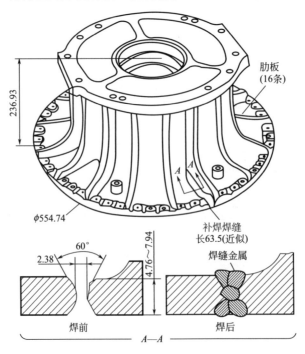

图 4.12　采用手工 TIG 焊修复喷气发动机进气压缩机轴套铸件

纹的截面厚度范围为 4.8～8mm，可以采用手工 TIG 焊进行补焊修复。

零件采用气化脱脂以清除表面油脂合污物，并浸入市售除碱液中，然后用毡印标出裂纹位置。在法兰盘上开槽以清除裂纹，槽的斜边与垂直方向夹角约为 30°，这样就构成了 60° 的 X 形坡口，待焊表面采用电动不锈钢丝刷清理。采用手工 TIG 焊进行焊接，焊前铸件不需要进行预热。焊接接头采取对接形式，采用高频引弧焊接电源，最大输出电流为 300A。焊接时选用直径为 1.6mm 的 EWTh-2 型钨电极，填充金属选用直径为 4mm 的 ER AZ101A 型焊丝，保护气体为 Ar 气，流量为 6L/min。手工钨极氩弧焊的工艺参数见表 4.30。

表 4.30 手工钨极氩弧焊的工艺参数

项目	工艺参数
接头形式	对接
焊缝形式	60°X 形坡口,补焊
保护气体(Ar)流量/(L/min)	101(双面保护,也起衬垫作用)
电极	EWTh-2,直径 1.6mm
填充金属	ER AZ101A,直径 4mm
焊炬	水冷
焊接电源	300A 弧焊变压器(高频引弧)
焊接电流(交流)/A	<70(用脚踏开关调节电流)
焊后消除应力热处理	204℃×2h(也作焊前加热)
焊后检验	荧光渗透(PT)

焊接时，应使低电流电弧（低于 70A）直接作用于母材，填充金属在坡口两侧熔敷，从最里边向外焊接。熔池形成后，电弧稍微摆动以在坡口两侧熔敷焊道。在焊接过程中，采用脚踏开关控制的可变电阻调节电流，以保持均匀一致的焊接熔池。上面坡口焊完后，将整个铸件翻过来，磨削清根，然后采用相同的工艺焊接下面坡口。焊后以 204℃×2h 热处理工艺消除铸件应力，并采用荧光渗透法进行检验。

4.3.5 AZ31B/AZ61A 异种镁合金的搅拌摩擦焊

异种镁合金的搅拌摩擦焊具有广泛性和实用价值，但各种镁合金性能差异较大，焊接过程中需要注意一些问题。

挤压变形镁合金 AZ31B 与 AZ61A 经机械加工后制成尺寸为 200mm×80mm×5mm 的板件，然后进行搅拌摩擦焊，采用凹面圆台形搅拌头。试验设备为 FSW-3LM-015 型搅拌摩擦焊机，焊接速度为 10～2000mm/min，转速为 250～2500r/mm，该设备对铝合金最大焊接厚度为 14mm，可满足对镁合金的焊接要求。两种变形镁合金的化学成分和力学性能见表 4.31。通过改变摩擦头形式，调整旋转速度和焊接速度，可获得成形良好无表面缺陷的接头。

表 4.31 两种镁合金的化学成分和力学性能

镁合金	化学成分(质量分数)/%			抗拉强度/MPa
	Al	Zn	Mg	
AZ31B	3.1	0.9	余量	232
AZ61A	6.5	0.8	余量	270

（1）材质差异和搅拌头形状对 FSW 焊缝成形的影响

变形镁合金 AZ61A 与 AZ31B 相比，AZ61A 的 Al 含量（质量分数）约为 6%，表现在性能上即为材料的强度和硬度的提高，而塑性变形能力却明显下降。这使得在它们之间进行搅拌摩擦焊要比在同种材料之间进行搅拌摩擦焊困难。试验结果表明，当 AZ31B 置于后退侧、AZ61A 置于前进侧施焊时易得到外观成形良好、无宏观缺陷的接头，所用的工艺参数范围也比较宽。反之，很难得到成形完好的 FSW 焊缝，总产生表面沟槽或焊缝内部隧道型缺陷。这主要是由于与 AZ31B 相比，AZ61A 的塑性变形能力差、母材晶粒更粗大、晶界上二次相 $Mg_{17}Al_{12}$ 和杂质也更多。

采用 2 种不同搅拌针的搅拌头（见图 4.13）进行焊接，结果表明，圆柱形搅拌头［图 4.13(a)］施焊时接头表面成形差，容易出现表面沟槽或在焊缝内部出现孔洞及隧道型缺陷。圆台内凹形搅拌头［图 4.13(b)］易得到外观成形良好、无宏观缺陷的接头。

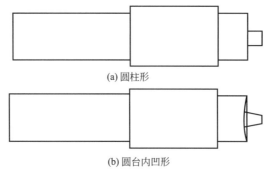

(a) 圆柱形

(b) 圆台内凹形

图 4.13　搅拌摩擦焊的摩擦头形状

图 4.14 所示为 AZ31B/AZ61A 搅拌摩擦焊接头横截面的宏观组织。可明显观察到沿着焊核与母材的分界线金属流线由后退侧上部流向焊核，然后再流向前进侧上部，形成与搅拌针形状一致的流线。这样在母材金属塑性流动性差的情况下，圆台形搅拌针比圆柱形搅拌针更有助于塑性金属的流动。由图 4.10 可看到，在焊缝表面及近表面塑性金属的流线呈较大内凹状，这使得内凹形肩轴与工件表面处形成的空间有利于塑化金属填充搅拌针所留下的间

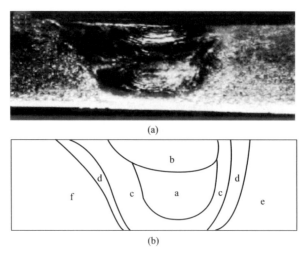

(a)

(b)

图 4.14　AZ31B/AZ61A 异种镁合金 FSW 接头横截面组织

a—焊核区；b—冠状区；c—热机影响区；d—热影响区；e—AZ31B 母材；f—AZ61A 母材

隙。这也是圆台内凹形搅拌头比圆柱形搅拌头更适合 AZ31B/AZ61A 异种镁合金搅拌摩擦焊的原因。

（2）焊接参数对接头力学性能的影响

调节旋转速度为 750～1300r/min、焊接速度为 30～50mm/min 时，能获得成形良好、无宏观缺陷的接头，焊接参数与抗拉强度的关系如图 4.15 所示。

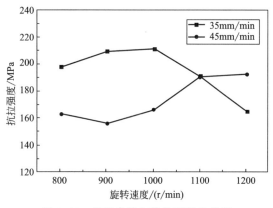

图 4.15　焊接参数与抗拉强度的关系

在一定的焊接速度下，FSW 接头的抗拉强度随着旋转速度 ω 的增加而增大，但当 ω 过大时抗拉强度反而降低。随着旋转速度 ω 的增大，接头薄弱区的性能得到明显改善。这是因为旋转速度 ω 增加使搅拌区的摩擦搅拌充分，施焊区上表面及端面的表面氧化膜得到去除，端面的氧化物和夹杂物被打碎，经搅拌混合扩散到焊核与热机影响的过渡区。同时热输入量随之增加、温度升高，为塑性流变提供有利条件，热机影响区变宽，粗大组织在机械搅拌作用下被拉长、破碎和再结晶，细小组织回复，使接头整体性能得到改善。

但随着旋转速度 ω 的进一步增大，热输入量过大，焊缝表面过热氧化，热机影响区与热影响区晶粒严重长大，反而使该区域力学性能下降。当焊接速度 $v=35\text{mm/min}$、旋转速度 $\omega=1000\text{r/min}$ 时，接头的抗拉强度达到最大值 210MPa，为母材 AZ31B 抗拉强度的 90.5%。对拉伸试样断裂位置分析发现，所有的断裂都发生在 AZ61A 侧（前进侧）热机影响区附近。断口与受力方向成 45°解理断裂，塑性断口很少，近似脆性断裂，尤其在抗拉强度较低时表现得更明显。

（3）接头的显微硬度

对接头抗拉强度最高和最低的试样 A、B 进行显微硬度分析，试验结果见图 4.16（TM-HAZ—热机影响区），工艺参数分别为焊接速度 $v=35\text{mm/min}$、旋转速度 $\omega=1000\text{r/min}$ 和焊接速度 $v=45\text{mm/min}$、旋转速度 $\omega=800\text{r/min}$。试样 A 显微硬度分布曲线比较平缓，焊核区显微硬度略高于 AZ31B 母材硬度。

AZ31B 镁合金侧热机影响区的显微硬度高于焊核区，在热影响区略有下降。AZ61A 镁合金侧热机影响区显微硬度与焊核区相当，热影响区硬度由低至高过渡到母材。试样 B 显微硬度分布与试样 A 在焊核区、热影响区基本相当，而在热机影响区的显微硬度远高于试样 A。这是由于在热机影响区出现大量呈层状分布的氧化物和夹杂物富集带，这些富集带类似于经过了加工硬化，硬度很高，而且在该处形成的残余应力集中也更大。另外，A、B 两组试样在 AZ31B 母材区的显微硬度并不一致，这与母材组织不均匀有关。

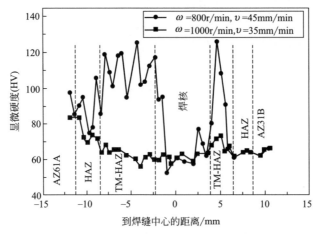

图 4.16　FSW 接头的显微硬度分布

4.3.6　镁合金超声波振动钎焊

镁合金以其优异的物理、化学性能，低廉的价格，可回收再利用等优点，被誉为 21 世纪的绿色工程材料，在航空航天、汽车、电子领域有重要的应用价值。

北京工业大学对镁合金超声波钎焊进行了实验研究。试验采用 AZ31B 镁合金板材，板厚 3mm。自制钎料成分（质量分数）为 47.9Mg-2.4Al-49.7Zn，室温相组成为 α-Mg ＋ MgZn＋MgZn$_2$，熔化区间为 341～348℃。母材和钎料尺寸分别为 50mm×10mm×3mm 和 3mm×3mm×10mm。

超声波探头产生的超声波频率为 20kHz，振幅为 55μm。试验钎焊温度为 370～380℃，焊前用丙酮清洗试件表面以去除油污，经 400 号砂纸打磨表面后，以搭接形式放置在自制卡具上进行加热，块状钎料置于焊缝间隙端部，钎缝预留间隙为 0.1～0.3mm，搭接长度为 15mm，待加热至钎料熔化时，向下板施加超声振动 0.1～5s，液态钎料填满间隙，随卡具自然冷却最终形成钎焊接头。

接头显微组织主要为 α-Mg 和 Mg-Zn 相，母材部分溶解和钎料中 Zn 元素向母材的扩散是接头中扩散层形成的主要原因，扩散层对接头强度有较大影响。

（1）超声振动时间对接头强度的影响

待焊母材预留间隙为 0.15mm 时，超声振动时间对接头抗剪强度的影响如图 4.17 所示。

超声振动时间对接头抗剪强度的影响主要体现在对氧化膜破坏程度及对界面反应的作用。超声振动时间为 0.1s 时，界面反应不充分，没有形成明显的扩散层，焊缝基本保持原钎料成分，故接头强度很低，只有 12.4MPa。接头为典型的层片状脆性断裂，断裂发生在界面区，断口光滑平整，表明界面结合力很弱。随振动时间的增加，超声波加速母材表面的 Mg 元素与钎料中 Zn 元素相互扩散，接头强度逐渐增加。当超声时间增加到一定范围（$t=$ 2～4s），界面反应充分，形成明显扩散层，接头强度较高，可达 80～90MPa。随着超声振动时间的增加，断口形貌从层片状撕裂向沿晶断裂转变，断裂发生在焊缝内部。继续延长超声振动时间（$t>4$s），大量的钎料从母材间隙中被振出，留在间隙中的较少液态钎料不能与母材充分作用，接头强度降低，断面中可见大量气孔和未焊合等缺陷。

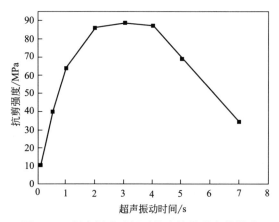

图 4.17　超声振动时间对接头抗剪强度的影响

（2）钎缝预留间隙对接头强度的影响

在超声振动 3s 的工艺条件下，界面作用充分，结合紧密，只需考虑钎缝预留间隙对接头强度的影响。图 4.18 所示为超声振动时间 $t=3s$ 时不同钎缝预留间隙下接头的抗剪强度。

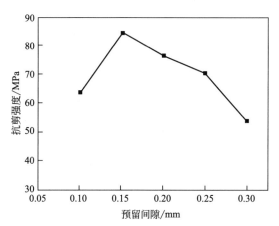

图 4.18　预留间隙对接头抗剪强度的影响

由图 4.18 可见，随着预留间隙的增大，接头强度先增加后减小。当预留间隙为 0.1mm 时，钎料并未填满预留间隙，与超声波诱导填缝过程中填缝速度随预留间隙的减小而变快的规律相反。这是由于间隙过小容易导致预留间隙不均匀，在毛细作用下液态钎料在间隙小的一侧流动速度快，在间隙大的一侧流动速度慢，使得填缝不均匀，因此接头强度较低，且间隙两侧钎料填入量差异较大，加剧了间隙的不均匀，接头变形严重；若间隙过小接近零时，超声诱导和毛细作用都不能促使钎料填充间隙。而 0.15mm 是此钎料理想的预留间隙，接头抗剪强度最高，为 84MPa。当接头预留间隙继续增大时，毛细作用减弱，钎料填缝困难，接头强度大幅降低。

4.3.7　镁合金自行车架的脉冲交流 TIG 焊

自行车正朝着轻便、高强度、高舒适度和低成本的方向发展。由于镁合金比钢的强度低，因此最初仅应用在自行车身的少数零件上，如手把、前叉和脚踏板等。但自行车架的断裂往往发生在焊接结合点处，例如前管与下管结合点处，立管与下管结合点处，这表明自行车架的使用材料只要达到一定的要求即可，不必局限于钢材料。镁合金的性能已经可以满足自行车架的要求。同时，车架更新换代非常快，用压铸件的铸模成本很高。而采用镁合金焊接车架，生产效率高，且许多镁合金不需要进行热处理，加工控制稳定，成本较低。

（1）镁合金自行车架的焊接工艺分析

自行车架属于薄壁批量产品，采用电弧稳定的交流钨极氩弧焊方法，采用大电流、快速焊工艺参数和刚性固定等措施，可以获得优质的镁合金焊接接头。镁合金填丝焊接接头区由较粗大的等轴晶构成，焊缝区由于冷却速度快产生的晶粒较小，而热影响区近缝区的晶粒则由于受热而有所长大。拉伸性能测试表明，采用填丝交流 TIG 焊方法焊接镁合金，可以获得高质量的焊缝，焊接接头抗拉强度可以达到母材的 93%，高于不填丝焊接接头。

镁合金自行车架用材主要是壁厚为 1.5~3mm 的薄壁管，由于镁合金的表面有一层高熔点的金属氧化膜，且从固态加热到熔化时没有明显的颜色变化，因此，用交流 TIG 焊方法引起的主要问题是：

① 较大的焊接热输入引起的焊缝背面塌陷。

② 镁容易和一些合金元素（如 Cu、Al、Ni 等）形成低熔点共晶，产生焊接热裂纹。

③ 由于氢在镁中的溶解度随着温度的降低而急剧减小引起的焊缝气孔。

④ 焊缝及周围发黑，并且成形不良。

（2）镁合金自行车架的材料及焊接材料

在镁铝锌合金（AZ31B、AZ61A、AZ63A、AZ91 和 AZ92A）中，铝含量增加 10% 以上，可以通过细化晶粒的作用增加焊接性，但锌含量的增加超过 1%，会导致裂纹敏感性增大。对于母材为镁铝锌合金的焊接，焊接材料可选用与母材一致的材料，较好的是配用熔点较低的含铝量较大的配套焊丝，如 ER AZ61A、ER AZ101A 或 ER AZ92A 来防止焊接裂纹。

对于镁合金自行车架的用材，如 AZ31B、AZ61A 和 AZ92D，可选择 ER AZ61A 或 ER AZ92A 焊丝。镁合金车架材料及焊丝的主要成分见表 4.32。

表 4.32　镁合金车架材料及焊丝的主要成分　　　　　　　　　　　%

材料		Al	Si	Mn	Zn	Mg
母材	AZ31	3.13~3.55	0.05~0.12	0.26~0.34	1.40~1.55	余量
	AZ62	4.45~5.19	0~0.120	0.34~0.35	1.79~2.24	余量
焊丝	1	3.65~3.91	0.10~0.21	0.38~0.49	1.40~1.62	余量
	2	4.45~5.19	0~0.120	0.34~0.35	1.79~2.24	余量
	3	5.67~5.74	0.45~0.86	0.26~0.34	1.40~1.55	余量

注：1 号焊丝（直径为 4mm）和 2 号焊丝（直径为 2mm）是用同一种材料制作的；3 号焊丝用的是从 AZ62 母材上切下的条形材料。

（3）镁合金自行车架的焊接工艺

1）焊接设备

采用专用 WSE-315 交流氩弧焊机。该焊机将预设的上升和下降电流时间预设至最小值，使用平衡交流方波设计，配备了可调节电流的脚控遥控器。主要电气参数为：牌号为 PNE20~315ADP，电流调节范围为 12~315A，交流频率调节范围为 5~100Hz，额定负载持续率为 60%，输入电压为 380V。

2）镁合金自行车架交流 TIG 焊工艺设计原则

① 减小热输入量，保证焊缝成形和防止背面塌陷。

② 减小热应力，防止焊缝产生热裂纹。

③ 焊前表面清理和保护电弧区域清洁是防止气孔和裂纹产生的重要因素，也是防止和减少焊接区域发黑问题的措施之一。

按照上述焊接工艺的设计原则，采用小的焊接热输入，选用两种工艺方式：一是用人工控制电流脉冲的方式，称之为断弧焊工艺；另一种采用小电流短弧快速连续焊以降低焊接热输入量，称之为连弧焊工艺。减小热应力通过减小相对温差的方式来实现，常用电弧预热的方式。

3）断弧焊工艺要点

断弧脉冲交流 TIG 焊的工艺参数见表 4.33。

表 4.33　镁合金车架的脉冲交流 TIG 焊的工艺参数

工艺方法	焊接电流/A	频率/Hz	气体流量/(L/min)	钨极直径/mm	焊丝直径/mm	钨极伸出长度/mm
断弧焊	30～150	50	10	3.2	2.5～4	2～3
连弧焊	50	50～60	8	2.4	2.5～4	2～3

① 镁合金母材和焊丝焊前必须经过严格的化学和机械清理，去除油污、氧化膜，机械清理时用不锈钢丝刷和非硅类打磨材料。工件放置时间过长时，需重新打磨。

② 采用带脚踏开关并可调节电流的 WSE-315 氩弧焊机，关掉爬坡和下坡电流功能。

③ 采用 Ar≥99.99% 纯度的氩气保护。

④ 对口间隙尽量小，并将工件用夹具固定好。

⑤ 采用左焊法。焊枪距离工件的距离尽量小，焊丝放在待焊焊缝上，角度尽量与焊缝平行。

⑥ 对准起焊部位，起弧后拉高电弧，预热 1～2s，根据熔池温度开始填充焊丝，电弧指向焊丝。

⑦ 利用脚踏开关快速加大电流，形成熔池后，逐步减小电流至维弧状态，移动焊枪至下一步，完成一个断弧脉冲循环，再加大电流形成下一个熔池，这样逐步形成连续焊缝。

4）连弧焊工艺要点

连弧交流 TIG 焊的工艺是利用小电流、快速移动来减小焊接热输入，同时采用低电弧的方法来避免表面污染。焊接工艺过程如下。

① 镁合金母材和焊丝焊前必须进行严格的化学和机械清理，去除油污、氧化膜，机械清理时用不锈钢丝刷和非硅类打磨材料。

② 采用面板控制或带遥控并可调节电流的操作盒，连接到 WSE-315 焊机。关掉爬坡和下坡电流功能。

③ 采用 Ar≥99.99% 纯度的氩气保护。

④ 对口间隙尽量小，并将工件用夹具固定好。

⑤ 采用左焊法。焊枪与工件的距离尽量小，焊丝放在待焊焊缝上，角度尽量与焊缝平行。

⑥ 对准起焊处，起弧后拉高电弧，预热 1～2s，电弧指向焊丝。

⑦ 形成熔池后快速移动，左手填丝，形成连续焊缝。

4.3.8 ZM 镁合金铸件缺陷的补焊

镁及其合金具有优良的导热性、导电性及电磁屏蔽性能，高的比强度、比刚度和减振性能，优良的加工工艺性能，在航空航天领域得到了广泛的应用。在我国，许多飞机的轮毂、轮缘、气缸座、机匣、座舱骨架等重要构件以及某些新型导弹的外壳等都采用镁合金铸件。但镁合金在铸造过程中常因局部出现的铸造缺陷及机械加工和运输过程中产生的缺陷而使铸件成为不合格品，不仅造成了材料的极大浪费而且影响产品的交付使用。在保证质量的前提下，采用补焊的方法修补局部缺陷，可使铸件不致报废，具有良好的经济效益和社会效益。

（1）焊接性分析

ZM5 及 ZM6 铸造镁合金的焊接性较差，主要表现为：

① 镁的熔点低（650℃），导热快，用大电流焊接，焊缝及近缝区金属易产生过热和晶粒长大。

② 氧化性极强，焊接时易形成氧化镁和氮化物，造成焊缝夹渣，使接头性能变坏。

③ 线胀系数大，焊接过程中易引起较大的热应力。

④ Mg 容易与一些合金元素（如 Cu、Ni 等）形成低熔点共晶，易产生热裂纹。

⑤ 焊接时易产生气孔。

（2）铸件缺陷补焊要求

镁合金铸件允许补焊的缺陷有：夹渣、疏松、砂眼、裂纹、缩孔、气孔及机械损伤等；铸件允许补焊的面积、深度、个数和间距见表 4.34。

表 4.34　镁合金铸件允许补焊的规定

铸件分类	铸件表面积/cm²	焊接修复区最大面积/cm²	焊接区最大深度/mm	一个铸件上允许焊接部位的数量/个	一个铸件上允许焊接部位的总数量/个	焊接修复部位的最小间距	
						两个球面坡口	两条长条形坡口；一条长条形坡口和一个球面坡口
小型铸件	＜1000	10	无规定	3	3	不小于相邻两焊接部位的最大直径之和	① 不小于 50mm ② 长条形坡口的长度不大于沿坡口长度方向铸件基本尺寸的 1/3，且不大于 100mm
中型铸件	1000～6000	10	无规定	4	6		
		15	10	1			
		20	8	1			
大型铸件	6000～8000	10	无规定	6	9		
		20	12	2			
		30	8	1			
超大型铸件	＞8000	10	无规定	7	12		
		20	12	3			
		30	8	1			
		40	6	1			

（3）补焊工艺

补焊采用交流钨极氩弧焊机，保护气体（Ar）纯度不低于 99.99%；补焊用的焊丝与铸件材料相同；补焊工作场地温度应不低于 15℃，且不应有穿堂风。

1）铸件缺陷的清理

补焊前应用风动铣刀或其他工具对铸件的缺陷部位进行打磨，扩修成坡口，且需对补焊部位离坡口边界约 10～30mm 的范围内清理干净。扩修坡口的要求如下。

① 缺陷部位开坡口的深度要比实际缺陷深 2～3mm，开坡口的尺寸要比实际缺陷大 5mm。

② 分别铲除相互距离大于 20mm 的缺陷，当距离小于 20mm 时开成整体的坡口。

③ 缺陷部位开坡口后要具有平滑的外形和光滑的过渡。坡口底部的半径不小于 10mm，坡口角度为 30°～50°，如图 4.19(a) 所示。

④ 对于穿透性缺陷（如裂纹），坡口以 30°～50°夹角开到铸件内壁的钝边处，钝边为 1.5～2.0mm，见图 4.19(b)。

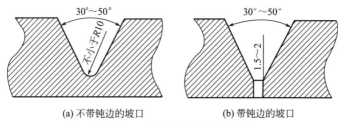

(a) 不带钝边的坡口　　　　　(b) 带钝边的坡口

图 4.19　缺陷修复的坡口形式

⑤ 对于靠近边缘的缺陷，将坡口开到边缘处。

⑥ 将浇铸不足和未熔合处的尖角倒成平滑过渡的圆角，半径不小于 10mm。

⑦ 对于任意厚度铸件中的穿透性裂纹从单面或双面开坡口，坡口角度不小于 60°，在坡口底部均应光滑过渡，半径不小于 5mm；裂纹两端预先钻直径为 2～3mm 的止裂孔。

⑧ 对于位于疏松区的缺陷，将疏松区全部铲除。

2）铸件补焊前的预热

① 对于大型和壁厚差较大的 ZM5 和 ZM6 铸件，采用整体预热。ZM5 镁合金铸件的预热温度为 350～390℃，ZM6 镁合金铸件预热温度为 380～430 ℃；对于补焊后不进行热处理的铸件，预热温度不应超过镁合金的时效温度。

② 对于一般铸件，采用局部预热。可用煤气、氧-乙炔焰（用中性焰）或喷灯进行局部预热。

③ 对于 ZM5 镁合金铸件边缘的小应力部位或厚壁部位上缺陷的补焊可不预热。

3）焊接操作工艺要点

镁合金铸件补焊的工艺参数见表 4.35，焊接操作注意事项如下。

① 尽量采用水平船形位置补焊；补焊时焊枪与零件表面的夹角为 70°～80°，焊枪与焊丝间的夹角为 80°～90°，收弧时要填满弧坑；补焊后用石棉布将焊接处盖住或随炉冷却，以防铸件产生裂纹。

② 由于镁合金易过热，补焊时宜采用小电流、小直径焊丝、小面积的熔敷金属，以缩短熔池高温停留时间及减小热影响区的宽度。

③ 采用多层焊时，每焊一层应清除表面的氧化膜残渣后，方可补焊下一层。

④ 若补焊处较多或进行多层补焊时，应及时检查铸件补焊区的温度，当温度过高时，应停止补焊，进行冷却，以防止金属产生过热倾向。

表 4.35　镁合金铸件补焊的工艺参数

材料厚度/mm	焊接电流/A	钨极直径/mm	喷嘴直径/mm	焊丝直径/mm	氩气流量/(L/min)	坡口深度/mm	焊接层数
≤5	60～110	2～3	6～8	2～3	6～8	≤5	1～2
5～10	90～140	2～4	8～10	4～5	8～11	≤5	1～2
						5～10	1～3
10～20	120～140	3～5	9～12	5～6	10～16	≤5	1～2
						5～20	2～5
20～30	140～260	4～6	10～14	5～8	12～18	≤5	1～2
						5～20	2～5
						20～30	3～8
>30	150～300	5～6	10～18	5～8	14～20	≤5	1～2
						5～20	2～5
						>20	>6

注：1. 当补焊穿透性的缺陷和不开坡口的缺陷时，可适当加大电流。
2. ZM6 镁合金铸件补焊时推荐用参数上限值。

（4）补焊后的检验

① 补焊后的铸件检验包括尺寸检验、外观检验、X 射线探伤、气密性检验（对有气密性要求的铸件）、力学性能检验等。

② 按上述工艺要求补焊的铸件，经检验应符合铸件的技术要求。

③ 补焊部位经检验不合格时，允许再次进行补焊，同一处缺陷补焊次数不得超过3 次。

参 考 文 献

[1] 张津，章宗和，等.镁合金及应用.北京：化学工业出版社，2004.
[2] 陈振华.镁合金.北京：化学工业出版社，2004.
[3] 冯吉才，王亚荣，张忠典.镁合金焊接技术的研究现状及应用.中国有色金属学报，2005，15（2）：165～178.
[4] 张华，吴林，林三宝，等.AZ31镁合金搅拌摩擦焊研究.机械工程学报，2004，40（8）：123～126.
[5] Esparza J A，Davis W C，Trillo E A. Friction-stir welding of magnesium alloy AZ31B. Materials Science，2002，21（12）：917-920.
[6] Nakata，Kazuhiro. Weldability of magnesium alloys. Journal of Light Metal Welding and Construction，2001，39（12）：26-35.
[7] 邢丽，柯黎明，孙德超，等.镁合金薄板的搅拌摩擦焊工艺.焊接学报，2001，22（6）：18～20.
[8] 高晨，李红，栗卓新.AZ31B镁合金超声振动钎焊接头微观结构和力学性能.焊接学报，30（2）：129-132，159-160.
[9] 王希靖，张永红，张忠科.异种镁合金AZ31B与AZ61A的搅拌摩擦焊工艺.中国有色金属学报，2008，18（7）：1199-1224.
[10] 王立志，贺定勇，蒋建敏，等.镁合金钎焊材料研究进展.焊接，2007，8：9-14.
[11] 赵志刚，陈军，张保良.镁合金焊接工艺在自行车架的应用.现代制造，2009（20）：1-8.
[12] 杨宏伟，王雅生.镁合金铸件缺陷补焊技术.焊接技术，2004，33（4）：32-33.
[13] 谭兵，张海玲，陈东高，等.中厚度镁合金激光焊接组织与性能分析.兵器材料科学与工程，2009，32（6）：58-61.
[14] 王鹏，宋刚，刘黎明.镁合金MIG焊接工艺及焊接接头组织性能分析.焊接学报，2009，30（12）：109-112.

［15］ 王红英，李志军. 焊接工艺参数对镁合金 CO_2 激光焊焊缝表面成形的影响. 焊接学报，2006，27（2）：64-68.

［16］ 单际国，张婧，郑世卿，等. 压铸镁合金激光焊气孔形成原因的实验研究. 金属学报，2009，45（8）：1006-1012.

［17］ Esparza J A，Davis W C，Trillo E A. Friction-stir welding of magnesium alloy AZ31B. Materials Science，2002，21（12）：917-920.

［18］ 邢丽，魏鹏，宋骁，等. 轴肩下压量对搅拌摩擦焊搭接接头力学性能的影响. 焊接学报，2013，34（3）：15-19.

［19］ 张华，林三宝，吴林. AZ31 镁合金搅拌摩擦焊接头力学性能. 焊接学报，2003，24（5）：65-68.

［20］ Nakata，Kazuhiro. Weldability of magnesium alloys. Journal of Light Metal Welding and Construction，2001，39（12）：26-35.

［21］ Suhuddin U F H，Mironov S，Takahashi H，et al. Grain structure formation ahead of tool during friction stir welding of AZ31 magnesium alloy. Solid State Phenomena，2010，（160）：313-318.

［22］ Park S H C，Sato Y S，Kokawa H. Effect of micro-texture on fracture location in friction stir weld of Mg alloy AZ61 during tensile test. Scripta Materialia，2003，49（2）：161-166.

第5章
叠层材料的焊接

叠层材料是近年来通过模拟自然界贝壳结构而设计发展起来的一种新型仿生结构材料，因其独特的耐高温和耐腐蚀性能而备受欧美、俄罗斯等国家和地区的关注。超级镍叠层材料（Super-Ni/NiCr）由较薄的超级镍复层包覆在基层表面通过真空压制而成，能够抑制基层的微裂纹扩展，防止结构件在存在微裂纹时发生瞬间破坏，提高叠层材料的整体承载能力。超级镍叠层材料具有低密度、耐腐蚀、耐高温等优点，在航空航天、能源动力等领域具有广阔的应用前景，叠层材料的焊接问题也日益受到人们的关注。

5.1 叠层材料的性能特点及焊接性

5.1.1 叠层材料的性能特点

超级镍叠层复合材料是近年来发展起来的一种新型高温结构材料，由两侧的超级镍（Super-Ni）复层和中间的基层（NiCr 合金或金属间化合物）真空压制复合而成，具有"三明治"型结构，可有效抑制叠层间裂纹的扩展。这种叠层材料的复层厚度仅为 0.2～0.3mm，Ni>99.5%，基层是厚度约为 2.0～2.6mm 的 NiCr 合金（Ni 含量为 80%，Cr 含量为 20%）。所谓超级镍是指复层纯度超出国标规定的 Ni 含量水平。超级镍具有较好的抗氧化性、耐蚀性和塑韧性，可应用于耐腐蚀的高温结构件中。

叠层材料的 NiCr 基层是由 Ni80Cr20 粉末烧结而成的多孔材料，孔隙率约为 30%～35%。多孔结构具有很多优良性能，如轻质、高比刚度、高比强度、抗冲击、隔音、隔热等，但由于存在结构易变形、孔壁和表面存在缺陷等问题，单一多孔金属很少作为结构件使用，往往与实体材料配合形成复合结构，以发挥其独特的材料性能。多孔金属材料可用作刚性夹层复合结构，在航空、航天、导弹、飞行器设计等领域受到关注。

超级镍复层具有较好的耐蚀性、抗氧化性和韧性；而 Ni80Cr20 粉末经真空烧结形成多孔材料，具有较低的密度，能够减轻结构质量，提高零部件的整体性能。Super-Ni/NiCr 叠层复合材料能够充分发挥 Super-Ni 复层与 NiCr 基层各自的性能优势，应用于某些特定场合优于单一材料。

（1）NiCr 基层的化学成分及孔隙率

Super-Ni/NiCr 叠层复合材料的物理性能参数与传统材料有很大不同，采用等离子发射光谱分析 Ni80Cr20 基层中的元素含量，实测结果见表 5.1。

由表 5.1 可知，Ni、Cr 为基层主体元素，Fe、Co、Mo、Al 为存在的微量元素。叠层复合材料的组织特征如图 5.1 所示。在金相显微镜下观察到，超级镍叠层材料基层的骨骼状结构（白色组织）与造孔剂之间黑白分明，组织结构均匀。

表 5.1 叠层复合材料基层的化学成分

元素	Ni	Cr	Fe	Mo	Al	Co
波长/nm	231.6	284.3	259.9	204.5	167.0	231.1
平均含量/%	64.86	17.44	0.4343	0.0467	0.0387	0.0133

叠层材料的 Ni80Cr20 基层为粉末烧结合金，其名义孔隙率与名义密度是反映材料性能的重要参数。根据体视学原理，采用面积法对 Ni80Cr20 基层的名义孔隙率及名义密度进行了测算。

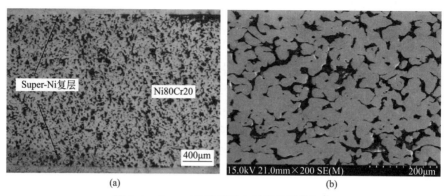

图 5.1　Super-Ni 叠层复合材料的显微组织

测量孔隙部分的截面积 A_P 以及观测部分的总面积 A，按式（5-1）计算出孔隙部分截面积占总面积的百分数，根据体视学理论（其体积百分比等于截面积百分比），可以计算出多孔材料的名义孔隙率 ε。

$$\varepsilon = \frac{A_P}{A} \times 100\%$$

（5-1）

经计算分析，Ni80Cr20 合金基层的名义孔隙率为 35.41%，名义密度为 $6.72\mathrm{g/cm^3}$。

（2）叠层材料的结构特点

叠层材料由两种不同性能的材质通过真空压制或特殊的加工制备方法复合而成，复合了两种组元各自的优点，可以获得单一组元所不具有的物理和化学性能。目前美国、俄罗斯、英国、德国等发达国家在叠层材料的研究及应用领域成果显著。我国相关研究开始于 20 世纪 60 年代，近年来在其科研及生产应用中也取得了重要的进展。

图 5.2 为合金使用温度与使用温度占其熔点百分比的函数关系图。先进的航空发动机用材料常在熔点 85% 以上的温度、高负载条件下工作，对材料的高温性能提出了更高要求。由图 5.2 可知，将两种具有不同耐高温性能与力学性能的材料结合，可以充分发挥两种材料

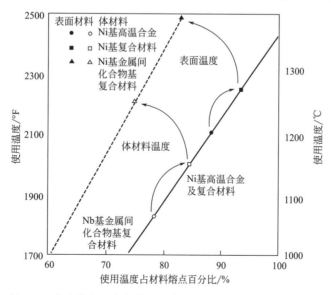

图 5.2　合金使用温度与使用温度占其熔点百分比的函数关系

良好的耐高温性能与力学性能优势，更好地满足特殊服役环境的需求。

复合材料可分为层状复合材料、颗粒增强复合材料和纤维增强复合材料等。层状复合材料是由两种或两种以上性能不同的材料通过特殊的加工方法得到的，复合了不同组元的优点，得到单一材料所不具备的物理和化学性能。从各组元尺寸角度可把层状复合材料分为两种类型：叠层复合材料、微叠层复合材料，见表 5.2。叠层复合材料呈复层＋基层＋复层的"三明治"型结构，复层较薄，一般小于 0.4mm；基层主要满足结构强度和刚度的要求，复层满足耐腐蚀、耐磨等特殊性能的要求。而微叠层复合材料是由两种或三种材料交替层叠而成，这与微叠层材料的制备工艺有关，微叠层材料的层厚为 100～300μm。

表 5.2　叠层状复合材料的分类

层状复合材料	结构形式	层间厚度
叠层复合材料	"三明治"型	(复层)小于 0.4mm
微叠层复合材料	交替层叠	100～300μm

用于航空航天领域的叠层复合材料主要包括 Ni-Cr、Ni-Al 及 Ti-Al 三大体系，Ni-Cr 系叠层材料（例如 Ni80Cr20）是较早研发的一种基础的叠层复合材料，而 Ni-Al 及 Ti-Al 系叠层复合材料是近年发展起来的，其制备工艺、性能及应用研究成为研发的热点。三个体系的叠层复合材料所占比重及使用性能要求有很大差异，可以适用于不同服役环境的特殊需求。

（3）叠层材料的制备工艺特点

Super-Ni/NiCr 叠层材料是将 Ni80Cr20 粉末置于包套中通过真空压制而成的，兼具复层和基层的性能优势。Super-Ni 复层包覆在 NiCr 基层表面，能够抑制 NiCr 基层的裂纹扩展，防止零部件存在裂纹和缺陷时发生瞬间破坏，提高叠层材料的整体强度。Super-Ni/NiCr 叠层材料具有低密度、耐腐蚀、耐高温等优点，在航空航天、能源动力等领域具有广阔的应用前景。

微叠层复合材料是将两种或两种以上物理化学性能不同的材料按一定的层间距及层厚比交互重叠而成的多层材料，材料组分可以是金属、金属间化合物、聚合物或陶瓷。微叠层复合材料旨在利用韧性金属克服金属间化合物的脆性，层间界面对内部载荷传递、增强机制和断裂过程有重要影响，使这种复合材料相对于单体材料表现出优异的性能。微叠层复合材料的性质取决于各组分的特性、体积分数、层间距及层厚比。叠层复合材料的应力场是一种能量耗散结构，能克服脆性材料突发性断裂的致命缺点，当材料受到冲击或弯曲时，裂纹多次在层间界面处受到阻碍而偏折或钝化，这样可以有效减弱裂纹尖端的应力集中，改善材料韧性，使界面阻滞裂纹扩展、缓解应力集中。

叠层材料的研究始于 20 世纪 60 年代，美国、苏联、英国等有深入的研究；我国的相关研究工作始于 20 世纪 60、70 年代，主要研究单位有上海钢铁研究所、东北大学、北京科技大学、武汉科技大学等。薄层金属复合材料的生产总体上可以分为三大类：固-固相复合法、液-固相复合法和液-液相复合法，如图 5.3 所示。

20 世纪 60 年代中期，苏联研究者首次提出微叠层材料的概念，他们将亚微米尺度的 Cu 与 Cr 交替沉积形成微叠层材料，得到材料的强度是单体块状材料的 2～5 倍。所谓微叠

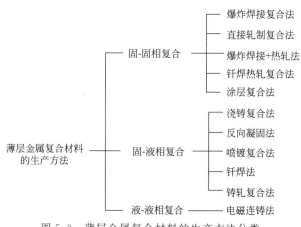

图 5.3　薄层金属复合材料的生产方法分类

层材料是将两种不同材料按一定的层间距及层厚比交互重叠形成的多层材料，一般是由软、硬基体增强材料制备而成的。材料的性质取决于各组分的结构特性、层间距、互溶度以及界面化合物。叠层方向对阻碍疲劳裂纹扩展具有重要意义，垂直于界面方向的抗疲劳性能优于平行于界面方向的抗疲劳性能，这种增强作用主要是因为过渡韧性金属阻碍裂纹尖端扩展。提高叠层材料的层间距可以改善断裂韧性和抗疲劳裂纹扩展能力。

通过研究制备工艺对 NiAl/Al 微叠层复合材料反应合成机制的影响，差热分析（DTA）结果显示：Ni/Al 界面上首先出现 $NiAl_3$ 的形核与长大，接着 Ni_2Al_3 在 $Ni/NiAl_3$ 界面上扩散生长；经 $50\sim100MPa$、$900\sim950℃$ 的焊后热处理，获得了 NiAl 与 Ni_3Al 金属间化合物中间层。有的研究者还采用 Ni、Al 箔轧制出了 Ni/铝化物多层复合材料，并进一步研究了 Ni/铝化物多层复合材料的反应合成机制。结果表明：最终形成的 Ni/Ni_3Al 多层复合材料具有较高的抗拉强度。

5.1.2　叠层材料的焊接性分析

针对这种具有"三明治"型结构的 Super-Ni/NiCr 叠层材料，由于其特殊的 Super-Ni 复层包覆 NiCr 合金基层，而且 Super-Ni 复层厚度仅为 0.2～0.3mm，焊接时既要使 Super-Ni 复层和 NiCr 基层与焊缝之间结合良好，又要保证 Super-Ni 复层和 NiCr 基层之间的复合结构完整，因此焊接难度很大。由于基层两侧 Super-Ni 复层的厚度仅为 0.2～0.3mm，Super-Ni/NiCr 叠层复合材料的焊接与传统的大尺寸复合板（复层厚度＞1mm）的焊接有着本质的区别。

叠层材料熔焊过程中出现的问题主要有以下几个方面：焊缝及熔合区微裂纹、Super-Ni 复层烧损、NiCr 基层熔合缺陷（包括未熔合、显微孔洞及裂纹等），等等。

（1）焊接区的微裂纹

叠层材料熔焊中最突出的是裂纹问题。焊缝中主要是产生热裂纹，以及焊接过程中应力集中导致的开裂。焊接热循环引起的热胀冷缩易使焊接熔合区结合力差的大晶界在应力作用下产生微观裂纹并沿大晶界边缘扩展，终止于 NiCr 基层的烧结孔洞处，烧结孔洞可起到止裂作用。

Super-Ni 叠层材料熔焊时接头的应力状态、焊接物理冶金反应造成的低熔点夹杂物聚集都可能引发裂纹产生。通常焊缝凝固时，S 元素等易与 Fe、Ni 元素形成金属硫化物（FeS、NiS 等）低熔点共晶，易在大晶界聚集，成为裂纹源。为进一步分析形成低熔点硫化物的可能性，采用碳硫分析仪对焊缝及母材中 C、S 元素的含量进行测试，如图 5.4 所示。焊缝中的 C、S 元素含量均低于钢材焊接时的规定含量，其中焊缝中的硫含量远低于规定值，形成低熔点硫化物而导致裂纹产生的可能性很小。

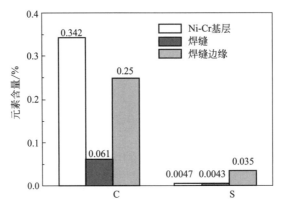

图 5.4　焊缝及 Ni-Cr 基层合金中的 C、S 含量柱状图

Super-Ni 叠层复合材料与奥氏体钢（1Cr18Ni9Ti，简称 18-8 钢）填丝钨极氩弧焊焊接试验中观察到的裂纹形态如图 5.5 所示。焊缝组织垂直于熔合区呈柱状晶形态生长，合金元素以及可能的低熔点杂质相在柱状晶末端的剩余液相中聚集，这一区域成为焊缝中的薄弱区域。如果焊接过程中有拘束应力作用，极易在焊接过程中产生凝固裂纹。

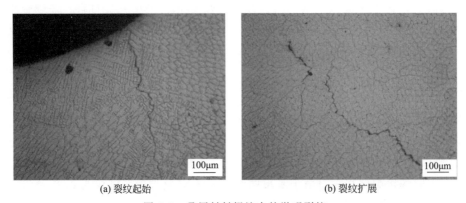

(a) 裂纹起始　　　　　　　　　　　(b) 裂纹扩展

图 5.5　叠层材料焊缝中的微观裂纹

图 5.5(a) 所示为焊接应力导致的裂纹，从焊缝表面启裂，扩展到焊缝内部，这类裂纹通常在焊缝冷却过程中形成。这类显微裂纹的存在，表明 Super-Ni/NiCr 叠层材料熔化焊（TIG 焊）接头中有较大的残余应力存在，导致焊缝中心萌生裂纹，沿大晶界分布和扩展。图 5.5(b) 所示为焊缝柱状晶末端分布的裂纹，裂纹尺寸较大，有明显的低熔点夹杂物存在。

Super-Ni 叠层材料与 18-8 奥氏体钢填丝钨极氩弧焊时，由于叠层材料本身的复层结构，并且 NiCr 基层、Super-Ni 复层、奥氏体钢及 0Cr25-Ni13 填充合金焊丝不同材料的热物性参数不同，焊接后接头区形成复杂的应力状态。在焊缝成形后，冷却至室温的过程中，焊缝金属的塑性下降，形成拉伸应力作用，因而在焊接接头的薄弱区域易产生裂纹。裂纹大多是从焊缝根部或表面形成，并进一步向焊缝中心扩展。同时焊接热循环和不均匀的焊缝组织形态进一步加剧了残余应力的产生。在无复层焊接的情况下（仅焊接 NiCr 基层），因焊接应力而产生热裂纹的情况将明显降低，因此在实际焊接叠层材料的操作中，需采取必要的降低焊接应力的措施。

Super-Ni 叠层材料与奥氏体钢钨极氩弧焊时，在焊接电弧力的搅拌作用下，从 Ni80Cr20 合金基层脱离的烧结填充剂可能进入熔池，焊缝冷却过程中在柱状晶末端聚集，可能成为裂纹形成的根源。

能谱仪测试结果表明，引发裂纹的夹杂物中主要含有 B、C、O、Cr、Fe、Ni 等元素，可能形成 Cr 的碳化物及金属氧化物，包括从 Ni80Cr20 基层中过渡而来的烧结填充剂。随着焊缝结晶过程中柱状奥氏体晶粒的生长，杂质元素聚集在奥氏体柱状晶族的末端，形成焊缝金属的薄弱区域。因此应控制焊接工艺参数，减小电弧吹力作用，控制基层合金母材的熔合比。

（2）超级镍复层的烧损

超级镍叠层材料熔化焊接时存在超级镍复层的烧损，这是因为超级镍覆层很薄（厚度仅为 0.2～0.3mm），焊接电弧热对其影响很大。焊接过程中很薄的超级镍复层金属由于优先受热，并且其热导率 $67.4W/(cm \cdot ℃)$ 远高于 Ni80Cr20 基层的热导率，因此在焊接时熔化迅速，致使最后焊缝表面成形变宽，如果焊接电弧作用较长时间时，甚至会发生过度烧损（焊接电流较大时），而导致焊接接头成形不良。

超级镍叠层材料熔化焊接过程中很薄的镍基复层的烧损是难以避免的，这主要与超级镍复层和 Ni80Cr20 基层不同的热物理性质有关。因此熔化焊过程中要严格控制焊接热输入（工艺参数），焊接电弧功率过大、电弧长时间加热复层，或者焊接过程中工艺参数不稳定、电弧摆动等都易造成超级镍复层的烧损。

（3）基层熔合缺陷

Super-Ni 叠层复合材料焊接时，Ni80Cr20 基层的焊接行为、基层的熔合状态对接头的组织与性能有重要的影响，是 Super-Ni 叠层材料可焊性分析的重要因素。分析发现，部分熔合、熔合区孔洞、熔合区微裂纹成为 NiCr 基层焊接过程中的主要熔合缺陷。

对叠层材料与 18-8 钢填丝钨极氩弧焊接头熔合区的分析发现，NiCr 基层存在部分熔合现象，部分熔合的 NiCr 基层熔合区状态如图 5.6(a) 所示，焊接参数控制不当极易形成不

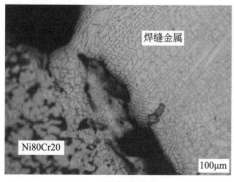
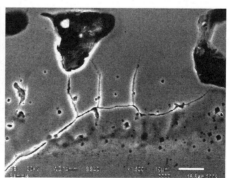

(a) 熔合不良　　　　　　　　　　　　(b) 微裂纹

图 5.6　Ni80Cr20 基层的部分熔合及微裂纹

连续的熔合区形态。

NiCr 基层熔合区的组织以奥氏体为主,晶界处析出铁素体。与传统的铸造或轧制合金的熔合区不同,NiCr 基层中烧结填充材料的存在对其焊接成形也有很大影响。熔合区中有少量从 NiCr 基层中过渡的烧结填充剂,形成非连续性的熔合区形态。

Super-Ni 叠层复合材料钨极氩弧焊时可能会在焊缝填充金属与基层合金母材之间形成一系列的孔洞,在铁基粉末合金的焊接中也存在类似现象。基层合金中的烧结填充剂降低了母材的熔合性,是形成这种大尺度(长度约为 $400\mu m$)孔洞缺陷的主要原因。

对 Super-Ni 叠层复合材料焊接接头使用性能影响较大的一类缺陷是有可能存在的 NiCr 基层熔合区的微裂纹,如图 5.6(b) 所示。NiCr 基层熔合区微裂纹起源于结合力差的大晶粒晶界,沿大晶界边缘扩展,终止于 NiCr 基层的烧结孔洞处。烧结孔洞起到止裂作用,能够抑制微裂纹的进一步扩展,对焊接接头维持其使用性能有利。

(4) 应力与液化裂纹

叠层复合材料一侧焊缝组织中的 Ni 含量可达 40%,$Cr_{eq}/Ni_{eq}<1.52$,焊缝凝固模式为 AF 模式,方向性柱状晶生长强烈,有热裂纹敏感性。NiCr 基层的孔隙率对焊接性有重要影响,使 NiCr 基层的焊接与传统轧制材料不同。由于 NiCr 合金基层存在孔隙,焊接热输入较大时 NiCr 基层热影响区(HAZ)的骨骼状组织在焊接电弧热作用下发生局部熔化,重新凝固收缩后可能会有大尺寸孔洞出现。NiCr 基层的孔隙使叠层材料与 18-8 钢的热胀系数差别较大,影响焊接接头的应力分布甚至引发液化裂纹。采用 ANSYS 有限元分析对 Super-Ni/NiCr 叠层材料与 18-8 钢填丝 TIG 焊接头进行应力分布模拟,发现应力集中在叠层材料一侧熔合区附近,Super-Ni 复层的应力高于 NiCr 基层,Super-Ni 复层与 NiCr 基层界面为 Super-Ni/NiCr 叠层复合材料焊接时的薄弱区域。

5.1.3 叠层材料的焊接研究现状

中南大学采用包套轧制技术,在 1050℃ 条件下制备了厚度为 2.7mm 的 TiAl 基合金板。金相分析表明,薄板具有均匀、细小的等轴晶组织,平均晶粒尺寸约为 $3\mu m$。包套轧制技术可以降低 TiAl 基合金变形时的流变应力,延缓流变软化趋势,降低局部流变系数,从而提高 TiAl 基合金的塑性变形能力。

采用先进焊接技术在实现结构设计新构思中具有重要优势,如减轻结构质量、降低制造成本、提高结构性能等,研究 Super-Ni/NiCr 叠层复合材料的焊接问题将为其推广应用提供理论与试验基础。由于 Super-Ni/NiCr 叠层复合材料化学成分和组织结构的特殊性,它的焊接性研究涉及镍基高温合金、粉末高温合金以及层状复合材料等的焊接。

叠层材料特殊的"三明治"型复层结构形式,是影响其焊接性的重要因素之一。由于叠层复合材料综合了两种金属的优良性能,能满足许多特殊场合的使用要求,使其焊接行为研究及应用受到关注。中、厚度板叠层材料焊接通常采用开坡口、复层和基层分别焊接及中间加过渡层的方法焊接,例如复合钢的焊接。亦有研究者对复合板单道焊进行研究。而复层厚度仅为 0.2~0.3mm 的叠层复合材料则不能套用中、厚度板复合钢焊接的方法,解决叠层复合材料的焊接问题是其推广应用的关键。

叠层材料特殊的复层结构是影响其焊接性的关键,由于基层和复层是由两种或两种以上化学成分、力学性能差别较大的金属叠置复合而成的,焊接时要兼顾基层和复层两种材料的性能。山东大学采用扩散焊、填丝钨极氩弧焊和扩散钎焊等实现了 Super-Ni/NiCr 叠层材料与 18-8 钢、叠层材料与钛合金等的连接，获得了扩散界面或熔合区结合良好的接头。由于 Super-Ni 复层厚度仅为 0.3mm，熔焊过程易烧损，需在复层侧开坡口并控制电弧偏向 18-8 钢一侧。

对双面超薄不锈钢复层材料（复层厚度＜0.5mm）的焊接性进行研究表明，分别采用钨极氩弧焊、熔化极氩弧焊以及微束等离子弧焊工艺对复层为 18-8 钢、基层为 Q235 的（0.25mm＋3mm＋0.25mm）的不锈钢复合板进行焊接，综合分析各种焊接工艺的优缺点，并对焊接接头的电化学腐蚀性能、力学性能等进行研究，可推进超薄不锈钢复层材料的焊接应用。

采用 YAG 脉冲激光对 0.1mm 不锈钢＋0.8mm 碳钢＋0.1mm 不锈钢的双面超薄不锈钢复合板进行对接焊，为了保证焊缝与复层不锈钢的耐蚀性一致，可采用高 Cr、Ni 含量的 Fe 合金粉作为填充金属。焊缝金属与复层不锈钢及基层碳钢结合良好，接头的抗拉强度达到母材的 92%，伸长率为母材的 25%。

有的研究者对双面薄层复合材料的焊接性进行了研究，复层为 18-8 钢、基层为 Q235A，厚度尺寸为（0.8mm＋5mm＋0.8mm），借鉴焊接中、厚度复合板的方法，采用手工电弧焊焊接基层、钨极氩弧焊焊接复层的方法施焊，能够获得满足使用性能要求的焊接接头。但因为复层很薄，所以对于坡口加工及焊接操作的要求高，并且焊接效率较低。

有的研究者还对两种金属叠层材料的电阻点焊行为进行了研究，这种金属叠层复合材料由三层 0.5mm 厚的钢板采用纯 Zn 及 95%Pb-5%Sn 作为中间层复合轧制而成。研究表明，这两种叠层材料表现出很好的焊接性，Zn 中间层的叠层材料电阻点焊强度高于 95%Pb-5%Sn 中间层的情况，接头有 Fe-Zn 及 Fe-Sn 金属间化合物生成。

Super-Ni 叠层复合材料 NiCr 基层的密度约为致密材料密度的 80%。采用电子束焊、微束等离子弧焊以及激光焊对 Super-Ni/NiCr 叠层材料与 18-8 钢进行焊接的试验结果表明，电子束焊及微束等离子弧焊时对 Super-Ni/NiCr 叠层复合材料的穿透性强，焊接飞溅严重，很难控制叠层材料熔合区获得良好的成形；激光焊接时，当激光焊功率为 500～600W 时，可使复层熔合良好，但对 Super-Ni/NiCr 叠层复合材料的熔透性不够；当激光焊功率为 700～1000W 时，复层出现断续的微孔；当功率增大到 1500W 时，微孔连续出现，有明显飞溅现象，熔合急剧变差。

由于 Super-Ni/NiCr 叠层复合材料特殊的多层结构及 NiCr 基层为粉末烧结合金，采用高能束流焊接（包括电子束焊、等离子弧焊以及激光焊等）时，对 NiCr 基层的冲击力大，较难获得良好的焊缝成形。钨极氩弧焊方法具有良好的工艺参数可调节性能，在粉末合金焊接中应用较普遍。

Super-Ni 叠层材料在传统高温合金的基础上复合了粉末高温合金的优良性能，是一种有发展前景的新型高温结构材料。焊接是制造技术的重要成形手段，实现叠层复合材料的焊接不但能提高这种新型材料的利用率还能使构件性能得到大幅提升。Super-Ni 叠层复合材料的焊接成形与传统金属材料有很大不同，传统复合钢一般采用开坡口、分层多道焊的办法，而对于复层厚度仅为 0.3mm 的叠层复合材料则不适用。超级镍复层及 NiCr 基层的成形特点成为叠层复合材料的焊接性研究重点。研究叠层复合材料特殊的焊缝成形及组织形态，建立显微组织与接头性能的内在联系，对于阐明叠层复合材料的焊接性及促进其工业应用具有重要的意义。

5.1.4 微叠层复合材料加工及增韧机制

(1) 微叠层复合材料的提出

随着航空发动机推重比的提高，对航空发动机涡轮叶片的高温性能提出了更高的要求。金属间化合物因为其优良的耐高温性能，从 20 世纪 80 年代至今越来越受到航空工业届的重视。但是金属间化合物作为单体材料脆性大，难以适于制造航空发动机的关键部件。为改进这一状况，美国通用电气公司（General Electric Company，简称 GE 公司）在美国空军实验室材料指导部资助下，开展了将金属间化合物与韧性金属组成微叠层复合材料这一新方案的研究，从事这一研究的还有洛克希德·马丁公司、橡树岭国家实验室、加州大学等。研究旨在依靠耐高温金属间化合物提供高温强度和蠕变抗力，而利用高温金属作韧化元素，从而很好地克服了金属间化合物脆性这一弱点。

微叠层复合材料是通过对自然界贝壳结构的仿生学设计制备的超细层状结构材料，是将两种或两种以上的具有不同物理、化学性能的材料按一定的层间距及层厚比交互重叠形成的多层材料，一般是由基体和增强相制备而成，其结构不同于梯度材料，各层之间具有明显的界面。微叠层复合材料的组分可以是金属、金属间化合物、聚合物或陶瓷等。层厚不同的微叠层复合材料（steel/Fe-3Si）如图 5.7 所示。

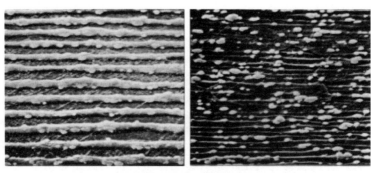

图 5.7　层厚不同的微叠层复合材料 steel/Fe-3Si

微叠层复合材料与其他材料的最大不同之处在于多界面特征。层间距小及多界面效应使得微叠层复合材料在性能上明显优于相应的单体材料，尤其是应用于航空航天领域的金属/金属间化合物微叠层复合材料具有更为优异的高温韧性、抗蠕变能力、低温断裂强度、断裂韧度、热循环过程中的抗氧化性、较高温度时的微结构热力学稳定性等，这些特点使微叠层复合材料成为各国研究的热点。例如一些航空飞行器机身蒙皮采用的是铝基叠层复合材料。

目前航空航天领域采用的微叠层复合材料主要集中在 Fe、Ni、Ti 和 Al 的合金或金属间化合物上。这类金属的金属间化合物具有熔点高、密度小、热导率高及抗高温性能好等优点，可被用作航空飞行器或航空发动机的高温结构材料。但是这类金属间化合物具有其本征脆性，导致其室温下的断裂韧性很差，应用受到限制。为解决这一问题，采用特种加工技术制备出具备微叠层结构的金属/金属间化合物复合材料是理想的手段之一。

微叠层复合材料的设计制备主要包括两个方面：

① 原材料的选择要保证化学组成相相容，物理力学性能相匹配；

② 确定层数和层厚比以保证材料获得最优性能。

不论研究和制备哪一种微叠层复合材料，都离不开界面研究问题，要制备性能良好的微叠层复合材料，必须克服脱层、断裂性能等问题。如何改进制备工艺以获得良好的界面性能是研究的重点。目前用于制备金属/金属间化合物微叠层复合材料的特种加工工艺有：热压扩散成形（HD）、激光沉积（PLD）、电子束物理气相沉积（EB-PVD）、自蔓延高温合成（SHS）、磁控溅射沉积（MSP）等方法，这些方法各有其优势和特点。

（2）微叠层复合材料的加工制备

1）热压扩散和热等静压扩散

热压扩散工艺是将交替叠置的材料置于密闭容器中。在真空条件下，向被交替叠置的材料施加压力，使受压材料界面处发生原子间的相互扩散而形成界面连接的过程。在制备微叠层复合材料时，将异种金属箔片交替叠放置于真空室中，在高温下施加压力进行扩散连接，使层与层之间产生金属键结合。结合强度受压力、解热温度、保温时间及合金成分等因素的影响。这种方法的优点是对于相同或异种材料箔片，容易制备成整体大块材料，能产生很强的界面连接，不需要熔化母材，界面的力学性能能够达到或接近母材力学性能。但是这种方法只能进行金属-金属叠层材料的制备，制品层间距较大，制品尺寸受到真空室的限制，在制备大尺寸微叠层复合材料方面受到限制。

美国加利福尼亚大学 Aashish Rohatgi 等采用热压扩散法制备出了 Ti/Al_3Ti 微叠层复合材料并对叠层复合材料的断裂韧性进行了研究。Ti/Al_3Ti 微叠层复合材料的层间距约为 $300\sim550\mu m$，界面结合良好，如图 5.8 所示。在微叠层复合材料的断裂过程中，由于韧性金属 Ti 层的加入，提高了微叠层复合材料的韧性。

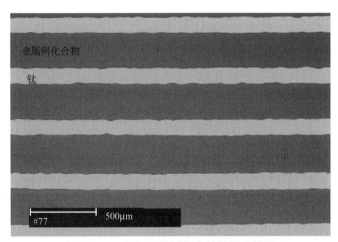

图 5.8 Ti/Al_3Ti 叠层复合材料微观结构

热等静压（hot isostatic pressing，简称 HIP）工艺是将制品放置到密闭的容器中，向制品施加各向同等压力的同时施以高温，在高温高压的作用下，使制品得以烧结或致密化。图 5.9 所示为热等静压设备及系统工作原理。

热等静压技术在研发初期因为设备整体成本较高，发展一直较为缓慢，应用也仅集中在军工、核反应等领域。近年来，随着科学技术的不断进步，各领域对材料使用要求也越来越苛刻，热等静压技术在制备具有高密度、高纯度、高均匀性、高韧性等优良综合性能的材料方面占据优势，已成为高性能新材料开发不可缺少的一种新技术。

热等静压扩散连接是将 2 种或 2 种以上的不同材料，在高温高压作用下进行热等静压扩

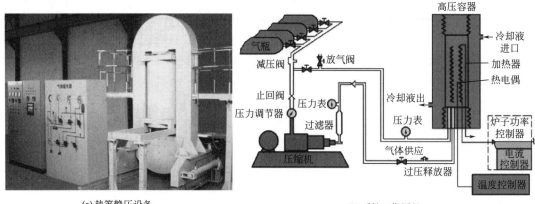

(a) 热等静压设备　　　　　　　　(b) 系统工作原理

图 5.9　热等静压设备及系统工作原理

散连接的一种新技术，涉及的材料可以是金属-金属、金属-非金属、非金属-非金属等。近年来，一些工业发达国家（特别是美国）逐渐将热等静压覆层和热等静压复合扩散连接技术推广应用到包括航空航天等在内的许多工业领域。

热等静压覆层和热等静压复合扩散连接技术的特点是：

① 对于相同或不同的材料，能产生很强的连接界面；

② 界面结合紧密，弥散均匀；

③ 界面力学性能可达到母材的性能，产生均匀的显微组织；

④ 不需熔化母材，连接温度一般为母材熔点的 $50\%\sim70\%$，同时不产生由母材熔化所引起的其他缺陷；

⑤ 可处理几何形状复杂的零件。

这项技术在制备超轻多孔微叠层复合材料方面具有良好的发展前景。

2）激光沉积

激光沉积工艺（PLD）一般采用激光逐点原位熔化粉末状材料来实现各层材料的沉积合成。激光沉积设备及微叠层复合材料的激光沉积过程如图 5.10 所示。首先制备异种粉末材料，并将粉末置于不同的送粉器中。开启激光器，高功率激光束作用于基体金属上，使基体材料局部熔化形成熔池，然后打开 1 号送粉器，将 1 号粉末材料均匀注入熔池中，使其熔化并随着激光束的移动发生冷却凝固，形成第一薄层；再将 1 号送粉器关闭并打开 2 号送粉

(a) 激光沉积设备

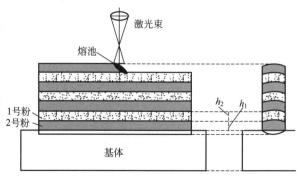

(b) 微叠层复合材料的激光沉积过程

图 5.10　激光沉积设备及微叠层复合材料的激光沉积过程

器,将2号粉末材料注入,并形成第二薄层。如此反复交替沉积,最终形成具有多层结构特征的微叠层复合材料。

激光沉积过程具有设计柔性、加工快速、精确控制、材料性能优异、原材料利用率高等特点。清华大学利用脆-韧相间层层叠加方法用激光沉积法制备出不同层厚比的脆-韧相间的 A15-Nb$_3$Al/B2 微叠层结构金属间化合物基复合材料,发现叠层结构 Nb 基金属间化合物复合材料具有良好的室温和高温强度,性能各向异性;随着脆-韧层厚比的增大,微叠层复合材料的强度增加,在水平、垂直两方向的室温屈服强度分别可达到 1030MPa 和 871MPa。

美国伊利诺伊大学采用激光沉积方法在 Si 基体上制备出 NbAl$_3$/Al 微叠层复合结构材料,研究结果表明在无氮分压条件下,微叠层复合材料呈现非晶结构特征;随着氮分压的增大,微叠层结构呈现出有序结晶结构,Al 叠层结晶的尺寸约为 30nm。激光沉积方法制备的微叠层材料每层厚度约为 80nm,在 NbAl$_3$ 层和 Al 层之间未发现明显的成分相互扩散。

3)电子束物理气相沉积

电子束物理气相沉积(EB-PVD)是以电子束为热源的一种蒸镀方法,电子束气相沉积设备及工作原理如图 5.11 所示。电子束通过磁场或电场聚焦在蒸发源锭子上,使材料熔化,然后在真空环境下蒸发源材料的气相原子以直线从熔池表面运动到基片表面沉积成膜。电子束物理气相沉积方法制备微叠层复合材料时,应分别将不同的材料进行熔化蒸发,逐层沉积到基体材料表面,从而制备出叠层厚度小、结合性能良好的微叠层复合材料。

(a)电子束气相沉积设备

(b)电子束气相沉积的工作原理

图 5.11 电子束物理气相沉积设备及工作原理

电子束物理气相沉积技术的工艺特点:

① 工艺过程在真空状态下进行,有利于防止材料的污染和氧化,可以获得结合质量较高的微叠层复合材料;

② 不同材料交替叠层之间具有较高的结合力;

③ 具有较高的沉积速率和良好的工艺可重复性;

④ 由于电子束具有很高的能量密度,可熔化蒸发难熔及蒸气压很低的材料(如金属钽、钨、钼等)。

同磁控溅射法相比,电子束物理气相沉积速率高,特别是大功率电子束物理气相沉积技术的发展，使制备大尺寸微叠层复合材料成为可能。电子束物理气相沉积技术不仅可以制备出各种层厚、体积分数以及组分的金属间化合物基叠层复合材料，而且间隙元素污染程度低，具备良好的结构完整性。这些因素使电子束物理气相沉积技术成为制备微叠层复合材料最具发展潜力的工艺方法之一。

哈尔滨工业大学采用电子束气相沉积法制备了单层厚度为 0.2mm 的 Nb/TiAl 微叠层复合材料，发现叠层材料界面清晰，层间距约为 $8\mu m$。与 TiAl 金属间化合物单体材料相比，Nb/TiAl 微叠层复合材料具有更好的韧性。采用电子束气相沉积法制备了大尺寸 Ti/TiAl 微叠层复合材料，发现随着层间距的减小或 TiAl 层厚的增加，叠层复合材料的硬度增加；而且 Ti/TiAl 微叠层复合材料对改善 TiAl 的室温脆性具有明显的作用。微叠层复合材料在 500～800℃之间受到 TiAl 的反常强化作用，强度降低不明显。

北京航空航天大学采用电子束气相沉积技术制备了总厚度为 0.3mm 的 NiAl/Al$_2$O$_3$ 微叠层复合材料。这种新型复合材料由纳米级 NiAl 微晶层和 Al$_2$O$_3$ 层交替叠加而成，叠层界面清晰且无明显混合现象。这种微叠层复合材料具有很高的室温硬度（约 800HV）和良好的高温抗氧化性，但当温度高于 900℃时，微叠层复合材料的晶粒急剧长大，多层结构特征消失。

除以上三种特种加工工艺外，还有的研究者采用磁控溅射沉积（MSP）、自蔓延高温合成（SHS）等方法进行了微叠层复合材料的制备研究。例如加利福尼亚大学采用真空磁控溅射方法制备了 Cu/Nb 微叠层复合材料，采用该方法还可以制备 Nb/Nb$_3$Al 微叠层复合材料；韩国昌原理工学院等采用自蔓延高温合成（SHS）法制备了 Nb/NbAl 微叠层复合材料，取得良好的效果。

（3）微叠层复合材料的增韧机制

近年来，许多研究者对微叠层复合材料的增韧机理进行了探索。加利福尼亚大学对微叠层复合材料 Nb/Nb$_3$Al 的断裂韧性进行的研究认为，由于韧性材料 Nb 的加入，微叠层复合材料中韧性层能够通过塑性变形有效地阻止裂纹扩展路径，屏蔽裂纹之间的桥接，改善材料的断裂韧性。与单体材料和颗粒增强的复合材料相比，这种微叠层状复合材料 Nb/Nb$_3$Al 的断裂韧性大大提高了。这表明随着叠层厚度的减小，微叠层复合材料的韧性和塑性变形能力有不同程度的提高。

美国俄亥俄州立大学制备了 NiAl/V 和 NiAl/Nb-15Al-40Ti 微叠层复合材料，制备过程如下：将 NiAl 粉末与 V 箔或 Nb-15Al-40Ti 箔交替层叠在一起放入不锈钢套中，然后将不锈钢套抽真空并用电子束焊密封，之后在 1100℃×270MPa 条件下热等静压 4h。通过预制裂纹后三点弯曲试验对微叠层复合材料的断裂韧性进行研究，如图 5.12 所示。

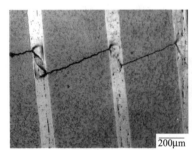
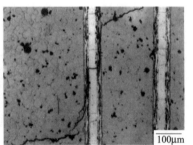

(a) NiAl/V微叠层复合材料　　　　　(b) NiAl/Nb-15Al-40Ti微叠层复合材料

图 5.12　微叠层复合材料的裂纹扩展路径

对于 NiAl/V 微叠层复合材料，初始裂纹在扩展至韧性层时停止；随着载荷的增加，在韧性层两侧裂纹沿 45°方向形成滑移带后进一步扩展，如图 5.12（a）所示。韧性层与脆性层之间发生脱粘，NiAl 块体材料以脆性晶间断裂为主，而在脱粘区表现出韧窝断口形貌。NiAl/Nb-15Al-40Ti 微叠层复合材料的裂纹沿晶界扩展，Nb-15Al-40Ti 层间的厚度为 $500\mu m$ 时形成裂纹桥接，见图 5.12（b）；而厚度为 $1000\mu m$ 时没有裂纹桥接形成，断口为混合型断裂形貌。

针对 ZrB_2 基微叠层复合材料的增韧机理进行的研究表明，微叠层复合材料中提高材料韧性的原因除 ZrB_2 内部 SiC 颗粒和晶须的拔出和桥接作用外，一是塑性层材料的本征韧性；二是主裂纹扩展到达塑性层的边界时，由于隔层较弱、强度较低，而且在间隔层内部存在着大量的微裂纹，主裂纹将优先沿界面扩展，造成裂纹尖端的偏转与分叉；三是由于这种叠层界面结构，造成主层间裂纹的大幅度偏转。

航空工业用金属/金属间化合物微叠层复合材料的制备一般是采用脆性的金属间化合物与韧性好的纯金属叠合而成的。因此，类似于叠层复合材料，微叠层复合材料在应力场中是一种能量耗散结构，这种耗散结构能够克服脆性金属间化合物突发断裂的缺点。当材料在受到弯曲或冲击时，韧性层与脆性基体之间的界面对微裂纹起到偏转作用，裂纹尖端频繁偏转，不仅造成了裂纹扩展路径的延长，而且导致裂纹从应力状态有利方向转向不利方向，导致裂纹扩展阻力增大，基体因而得到韧化。同时当微叠层复合材料整体发生变形与断裂时，韧性层发生塑性变形，从而降低了裂纹尖端的应力强度因子，增大了裂纹的扩展阻力，使抗裂性增强。

5.2 叠层材料的填丝钨极氩弧焊

很多零部件仅有部分结构承受高温、高应力或腐蚀介质的作用，因此将叠层材料与其他材料通过焊接方法形成复合结构不但能充分发挥不同材质各自的性能优势，还能节省贵重金属材料，具有重要的经济价值。

5.2.1 叠层材料填丝 TIG 焊的工艺特点

采用填丝钨极氩弧焊方法对 Super-Ni 叠层复合材料进行焊接，精确控制焊接工艺参数，使之形成柔和电弧，可以实现焊缝一次焊接成形。填丝钨极氩弧焊采用逆变氩弧焊机完成（焊接电流调节范围：15～150A），脉动填丝。首先进行焊接工艺性试验，焊前对叠层材料加工坡口，如图 5.13 所示，装配间隙小于 0.5mm。

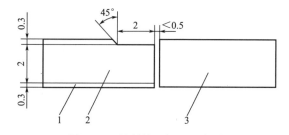

图 5.13 母材坡口加工示意图

1—超级镍复层；2—Ni80Cr20 基层；3—18-8 钢

焊接前将待焊试样（Super-Ni/NiCr 叠层材料、18-8 钢）表面经机械加工，并采用化学方法去除母材及填充材料（0Cr25-Ni13 合金焊丝）表面的油污、锈蚀、氧化膜及其他污物。焊接试板表面机械和化学处理步骤为：砂纸打磨→丙酮清洗→清水冲洗→酒精清洗→吹干。

焊接过程中采用 0Cr25-Ni13 合金焊丝作为填充金属，采用填丝钨极氩弧焊，试验中采用的焊接工艺参数见表 5.3，焊丝直径为 2.5mm，钨极直径为 2.0mm。因超级镍复层厚度仅为 0.3mm，焊接时要求采用较小的焊接热输入，并严格控制电弧方向。焊接得到的宏观焊缝形貌如图 5.14 所示。

表 5.3 试验中采用的焊接工艺参数

焊接电流 /A	焊接电压 /V	焊接速度 /(cm/s)	氩气流量 /(L/min)	焊接热输入 /(kJ/cm)	备注
80	10~12	0.08	8	7.6~9.0	电弧偏向叠层
80	10~—12	0.12	8	5.0~6.0	电弧居中
80	11~12	0.20	8	3.3~3.6	电弧偏向 18-8 钢

注：电弧有效加热系数 η 取 0.75。

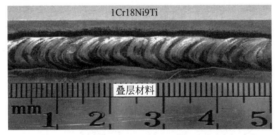

图 5.14 叠层材料/18-8 钢焊缝的形貌

试验中发现，应将钨极电弧稍偏向 18-8 钢一侧。如果钨极电弧直接指向 Super-Ni 叠层复合材料，则叠层材料表面的 Super-Ni 复层熔化过快，与 NiCr 基层的熔化不同步，难以保证 Super-Ni 复层焊接成形质量的稳定。

对 Super-Ni 叠层材料与 18-8 钢 TIG 焊接头取样，对焊接区域的组织结构及性能进行试验分析。首先应切取、制备试样，并对焊接区进行表面处理及组织显蚀。采用电火花线切割方法在 Super-Ni 叠层材料与 18-8 钢 TIG 焊接头处切取系列试样。TIG 对接焊接头试样切取如图 5.15 所示。

5.2.2 叠层材料焊接区的熔合状态

（1）叠层材料焊接冶金及接头区的划分

1）叠层材料焊接冶金

Super-Ni 叠层材料与 18-8 钢填丝 TIG 焊时，主要涉及两方面的焊接冶金过程：一是 Ni、Cr、Fe 元素的相互作用，分析几种主要元素的相互作用特征（见表 5.4），易于形成无限固溶体的金属焊接性好；二是叠层材料特殊的压制结构，使其焊接行为与常规金属有很大差异，NiCr 基层合金焊接时，极易形成锯齿形的熔合区，焊接熔合区的组织形态对叠层材料接头的组织与性能有重要的影响。

Super-Ni 叠层材料与 18-8 钢填丝 TIG 焊时（采用 0Cr25-Ni13 焊丝），叠层材料及 18-8

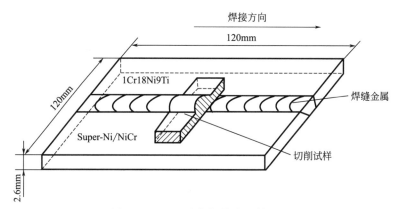

图 5.15 TIG 对接焊接头试样切取

钢母材与 0Cr25-Ni13 填充焊丝中的 Cr 含量相近，而 Fe、Ni 含量相差很大，因此叠层材料焊接冶金特征可以借助于 20％Cr-Fe-Ni 相图（见图 5.16）进行分析。

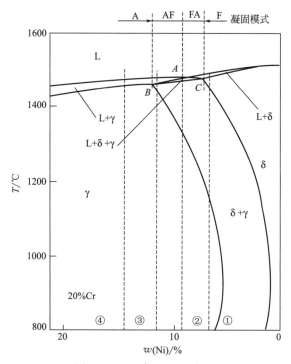

图 5.16 20％Cr-Fe-Ni 相图

表 5.4 Fe、Cr、Ni 元素的相互作用

合金元素	熔点 /℃	晶型转变温度 /℃	晶格类型	原子半径 /nm	形成固溶体		形成化合物
					无限	有限	
Fe	1536	910	α-Fe 体心立方 γ-Fe 面心立方	0.1241	α-Cr，γ-Ni	γ-Cr，α-Ni	Cr，Ni
Cr	1875	—	体心立方	0.1249	α-Fe	γ-Fe，Ni	Fe，Ni
Ni	1453	—	面心立方	0.1245	γ-Fe	Cr，α-Fe	Cr，Fe

由图 5.16 可见，根据元素过渡程度的不同，20％Cr-Fe-Ni 合金可有四种凝固模式：

合金①，以 δ 相完成凝固过程，凝固模式为 F；

合金②，以 δ 相为初生相，超过 AC 面后，依次发生包晶和共晶反应 $L+\delta \rightarrow L+\delta+\gamma \rightarrow \delta+\gamma$，凝固模式为 FA；

合金③，初生相为 γ 相，然后发生以下反应 $L+\gamma \rightarrow L+\delta+\gamma \rightarrow \delta+\gamma$，凝固模式为 AF；

合金④，以 γ 相完成整个凝固过程，凝固模式为 A。

奥氏体钢焊接过程中，在焊缝及近缝区产生热裂纹的可能性大，最常见的是焊缝凝固裂纹。焊缝凝固模式与焊缝中的铁素体化元素与奥氏体化元素的比值（Cr_{eq}/Ni_{eq}）有关，其中 Cr_{eq} 表示把每一铁素体化元素按其铁素体化的强烈程度折合成相当若干 Cr 元素后的总和，Ni_{eq} 表示把每一奥氏体化元素折合成相当若干 Ni 元素后的总和。研究发现：决定焊缝凝固模式的 Cr_{eq}/Ni_{eq} 值是影响热裂纹的关键因素，当 $Cr_{eq}/Ni_{eq} > 1.52$ 时，初生相以 δ 铁素体相为主，凝固过程中发生 δ 铁素体相向 γ 奥氏体相的转变，最终形成 γ 奥氏体＋少量 δ 铁素体的焊缝组织，一般不易产生热裂纹。而当 $Cr_{eq}/Ni_{eq} < 1.52$ 时，初生相为 γ 奥氏体相，冷却过程中会有少量 δ 铁素体析出，焊缝组织韧性明显下降，热裂纹倾向明显。

18-8 钢采用 0Cr25-Ni13 合金焊丝焊接时，焊缝 Cr_{eq}/Ni_{eq} 处于 $1.5\sim2.0$，易于形成含少量 δ 铁素体的奥氏体焊缝，焊缝具有良好的综合力学性能，热裂纹倾向小；叠层材料与 18-8 钢焊接时，靠近叠层材料一侧，叠层材料以 Ni 元素为主，向焊缝中过渡，当 $Cr_{eq}/Ni_{eq} < 1.52$ 时，Ni_{eq} 越高，其比值越小，热裂倾向明显。所以合理控制母材熔合比，尤其是 Super-Ni 叠层材料的熔合比，降低焊缝 Ni 含量，能有效降低焊缝的热裂纹敏感性。

试验中采用奥氏体钢填充材料，选用何种成分的填充合金，可借助舍夫勒（Schaeffler）焊缝组织图（见图 5.17）进行分析。

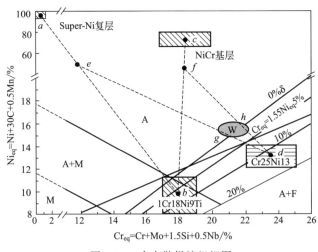

图 5.17 舍夫勒焊缝组织图

叠层材料基层母材属于 NiCr 合金，Ni 含量很高，根据异种金属焊缝组织预测，Super-Ni 复层（图 5.17 中 a 点）与 18-8 不锈钢（b 点）采用 0Cr25-Ni13 焊丝（d 点）焊接时，焊缝组织落在 g 点；而 NiCr 基层（c 点）与 18-8 不锈钢（b 点）采用 0Cr25-Ni13 焊丝（d 点）焊接时，焊缝组织落在 h 点。理想状态下，焊接时应使得焊缝金属的成分控制在图 5.17 所示的焊缝区（W）内，才能保证焊缝具有良好的抗热裂纹性能。异种金属接头中某元素的质量分数计算公式为：

$$w_W = (1-\theta)w_d + k\theta w_{b1} + (1-k)\theta w_{b2} \tag{5-2}$$

式中 w_W——某元素在焊缝金属中的质量分数；

w_d——某元素在熔敷金属中的质量分数；

w_{b1}，w_{b2}——某元素在母材 1、2 中的质量分数；

k——两种母材的相对熔合比；

θ——熔合比。

焊缝中的 Ni 含量与母材熔合比及相对熔合比有关，因此需严格控制母材的熔合比（γ）以保证焊缝金属组织落在图 5.17 所示的焊缝区（W）。熔合比的控制与母材成分及焊接工艺参数（热输入）有关，为保证焊缝金属中 $Cr_{eq}/Ni_{eq} > 1.52$，叠层材料与 18-8 钢对接焊时应保证熔合比 < 10%。可以采取开坡口及减小焊接热输入的方法控制焊缝熔合比。

2）叠层材料焊接接头区的划分

为便于分析 Super-Ni/NiCr 叠层材料与 18-8 钢填丝 TIG 接头不同区域的组织特征，可将叠层复合材料 TIG 焊接接头划分为三个特征区，如图 5.18 所示。

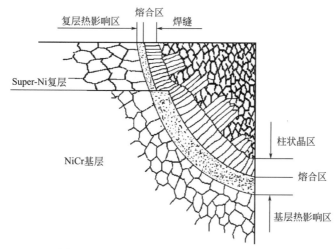

图 5.18 Super-Ni 叠层材料接头特征区划分

① Super-Ni 复层与焊缝的过渡区，包括 Super-Ni 复层侧熔合区及 Super-Ni 复层热影响区；

② Ni80Cr20 基层与焊缝的过渡区，包括 NiCr 基层侧熔合区及 NiCr 基层热影响区；

③ 焊缝中心区，包括柱状晶区和等轴晶区。

Super-Ni 叠层材料与 18-8 钢 TIG 焊的焊缝成形复杂，Super-Ni 复层附近焊缝过渡区及 Ni80Cr20 焊缝过渡区对叠层材料的组织性能影响最大，是叠层材料焊接性分析的重点。

Super-Ni/NiCr 叠层复合材料与 18-8 钢填丝钨极氩弧焊可形成具有一定熔深、均匀过渡的焊缝。完整的焊接接头区包括四个典型的区域：

① Super-Ni 复层与焊缝的过渡区；

② Ni80Cr20 基层与焊缝的过渡区；

③ 焊缝中心区；

④ 18-8 钢侧过渡区。

Super-Ni 叠层复合材料与 18-8 钢 TIG 焊接头的显微组织形貌如图 5.19（a）所示。Super-Ni

复层与焊缝熔合良好，焊缝表面成形平整光洁，Ni80Cr20 基层与焊缝金属形成良好的过渡。Ni80Cr20 合金基层熔合区与传统铸造或轧制合金不同，由于 Super-Ni 叠层复合材料基层烧结压制多孔的存在形成了锯齿状熔合区，这与铁基粉末合金焊接时的成形情况很相似。

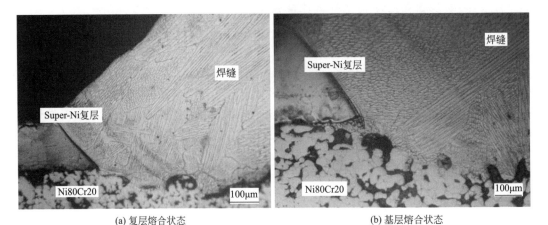

(a) 复层熔合状态　　　　　　　　(b) 基层熔合状态

图 5.19　Super-Ni 叠层材料熔合区及焊缝组织

　　叠层复合材料侧焊缝过渡区如图 5.19 所示，Super-Ni 复层与焊缝金属熔合良好。Super-Ni 复层的良好表面成形有利于保持叠层材料特有的耐热和耐腐蚀性能。由于焊接电弧温度梯度的作用，靠近焊缝过渡区的焊缝组织晶粒细小。Ni80Cr20 基层与焊缝的过渡区如图 5.19(b) 所示。焊缝与 NiCr 基层结合较弱，过渡界面形成部分熔合。与常规的镍基高温合金不同，NiCr 基层由于其特殊的骨骼状结构，其熔合区组织形态也与常规的焊缝过渡区不同。锯齿状的熔合区成形特点对焊缝的强度及耐高温、耐腐蚀等性能有较大影响。

　　采用较小焊接热输入的钨极氩弧（如小电流柔和电弧）配以相应的填充合金焊丝进行焊接时，Super-Ni 复层烧损情况大大减少；NiCr 基层在较柔和的电弧吹力作用下，也能熔合良好，有利于提高焊接接头区的整体性能。焊缝中奥氏体柱状晶平行及垂直于焊缝的奥氏体柱状晶交错生长，大晶界之间也可能产生组织弱化，存在低熔点杂质，增加热裂纹敏感性。焊缝中心为尺寸均匀的等轴奥氏体组织，如图 5.20 所示。

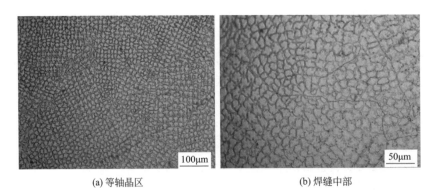

(a) 等轴晶区　　　　　　　　　　(b) 焊缝中部

图 5.20　焊缝金属中心的组织形貌

　　（2）叠层材料侧接头区的组织特征

　　由于 Super-Ni 叠层材料特殊的复层结构形式，填丝 TIG 焊接后形成了两个典型的过渡区：Super-Ni 复层与焊缝的过渡区，Ni80Cr20 基层与焊缝的过渡区。

① Super-Ni 复层与焊缝的过渡区　Super-Ni 复层厚度仅为 0.3mm，焊后形成的焊缝显微组织形貌如图 5.21 所示。Super-Ni 复层与焊缝结合良好，熔合过渡区清晰，Super-Ni 复层与焊缝的过渡区形成了明显的熔合区和热影响区［如图 5.21(a) 所示］。Super-Ni 复层热影响区由于焊接热循环作用，晶粒发生重结晶，由原先的轧制拉长形态的组织演变为块状组织。靠近熔合区处，热影响区晶粒有粗化倾向。

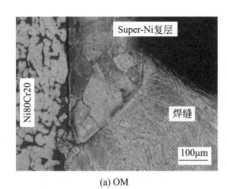
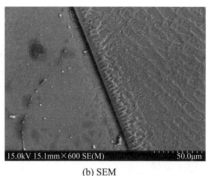

(a) OM	(b) SEM

图 5.21　Super-Ni 复层熔合区的组织特征

Super-Ni 复层 TIG 焊接头熔合区与 Super-Ni 复层热影响区交界线平直，焊缝中柱状晶组织垂直于交界线生长、晶粒细小。靠近熔合区母材一侧形成了组织敏化区，形成了贯穿熔合区的晶界形态，表明母材与焊缝组织形成了良好的冶金结合，有利于提高熔合区附近的结合强度，从而保证整个焊缝的强度。

② Ni80Cr20 基层与焊缝的过渡区　Ni80Cr20 基层原本为粉末烧结合金，其熔合区与常规金属不同，Ni80Cr20 基层熔合区的形态及成形是影响 Super-Ni 叠层材料焊接接头性能的重要因素。Super-Ni 叠层材料 Ni80Cr20 基层与焊缝之间的熔合区成形良好，因为烧结粉末合金内部孔隙的存在，熔合区与传统铸造或轧制金属的焊缝组织形态完全不同，粉末合金基层中的 NiCr 金属颗粒在高温下熔化后与填充金属形成冶金结合，熔合区呈现锯齿状断续形态。

熔合区的晶粒尺寸小于 NiCr 合金基体，晶粒呈柱状晶形态垂直于熔合区与热影响区交界线生长，不同的柱状晶族之间形成大晶界，在焊缝冷却过程中最后凝固。NiCr 合金基层的过渡区比超级镍复层的过渡区明显，超级镍复层侧的熔合区很小。

超级镍复层的热导率要远高于 NiCr 合金基层，焊缝冷却过程中，NiCr 基层熔合区附近的温度梯度更大，呈现出强烈的柱状晶生长形态。靠近超级镍复层的熔合区，由于 Super-Ni 复层基体的温度升高，因此焊缝金属冷却时温度梯度较小，柱状晶形态相对不明显，有等轴晶形态特征。但是由于处于焊缝表面，空气的对流冷却作用导致温度梯度增大，柱状晶生长形态增强。

NiCr 基层与焊缝金属的熔合区处有大尺寸孔洞出现，这是由于在 TIG 焊电弧高温作用下，烧结粉末合金基体对于液态填充金属的熔合性变差，相互之间的冶金结合比较困难。这种孔洞的存在对于熔合区的结合强度有不利影响，可以调整工艺参数（热输入）控制这种大尺寸孔洞的产生。

焊接过程中，NiCr 合金基层热影响区原来的烧结 NiCr 合金骨骼状结构发生了变化，出现大尺寸"孔洞"聚集。这种孔洞形态与熔合区形成的孔洞不同，是由于在焊接电弧热的作

用下，NiCr 骨骼状基体组织间的低温相发生局部熔化、重新凝固结晶，形成新的相互连接
形态，而产生的局部不均匀现象。这是烧结粉末合金焊接时存在的现象，铁基粉末合金的焊
接中也会出现这种孔洞。

③ 焊缝中心的组织特征　Super-Ni 叠层材料与 18-8 钢填丝 TIG 焊缝的显微组织如
图 5.22 所示。Super-Ni/NiCr 与 18-8 钢焊接接头的 18-8 钢一侧焊缝组织为方向性奥氏体柱
状晶，垂直于熔合区向焊缝中心生长［见图 5.22(a)］，18-8 钢一侧熔合区的柱状晶形态不
如叠层复合材料一侧平直，组织尺度更细小。

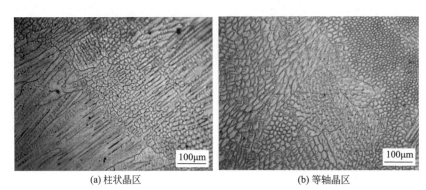

(a) 柱状晶区　　　　　　　　　　　　　(b) 等轴晶区

图 5.22　焊缝中的柱状晶区与等轴晶区

叠层材料与 18-8 钢焊缝两侧的柱状晶向焊缝中心生长，逐渐转变为焊缝中心部位的等
轴状奥氏体组织［见图 5.22(b)］，少量 δ 铁素体组织分布于奥氏体基体上。奥氏体不锈钢
焊缝中存在 4%～8% 的 δ 铁素体时，有利于保证焊缝金属韧性，防止热裂纹产生。冷却速
度较慢的焊缝中心部位，奥氏体组织主要平行于焊缝生长；靠近焊缝上表面的奥氏体柱状晶
交错生长。

与一般奥氏体钢的焊缝组织不同，由于有部分 Super-Ni/NiCr 叠层材料 Super-Ni 复层
或 NiCr 基层熔化进入焊缝，Ni 为奥氏体化元素，因此焊缝中奥氏体组织含量升高，δ 铁素
体含量降低。靠近 Super-Ni 叠层材料一侧由于母材中 Ni 元素的过渡作用，焊缝局部区域
$Cr_{eq}/Ni_{eq} < 1.52$，焊缝冷却过程中发生奥氏体向铁素体的转变（AF 凝固模式）；而焊缝靠
近 18-8 钢一侧 $Cr_{eq}/Ni_{eq} > 1.52$，在焊缝冷却过程中首先形成铁素体组织，发生铁素体向奥
氏体的转变（FA 凝固模式）。

焊缝中形成了明显的柱状晶向等轴晶过渡的形态，由于焊缝不同部位经受不同的焊接热
循环作用，靠近两侧母材的焊缝组织呈现柱状晶形态，在焊缝中心区域，受热均匀而形成等
轴晶形态。

5.2.3　叠层材料与 18-8 钢焊接区的组织性能

(1) 热输入对叠层材料接头区组织的影响

焊接热输入影响 Super-Ni 叠层材料 TIG 焊接头的微观组织及焊缝成形，可通过改变焊
接速度实现不同的焊接热输入。试验中确定的焊接热输入分别为 3.3～3.6kJ/cm、5.0～
6.0kJ/cm、7.6～9.0kJ/cm。对比不同焊接热输入时叠层材料 TIG 焊接头区相同位置的组
织特征，可以发现焊接热输入与接头组织形态之间的规律性。

① 不同焊接热输入时的焊缝组织　填丝 TIG 焊采用不同焊接热输入时的焊缝组织特征

如图 5.23 所示，不同的焊接热输入条件下均形成了由柱状晶向等轴晶过渡的焊缝组织。随着焊接热输入的增加（由 3.3～3.6kJ/cm 增大到 5.0～6.0kJ/cm、7.5～9.0kJ/cm），焊接速度变小，焊缝中心的等轴晶由细小变得粗大，焊缝组织的非均匀性降低。焊接速度越快，焊缝组织越不均匀。试验中还发现较大焊接热输入的焊缝组织有部分重熔特征。

总之，随着焊接热输入增大，焊缝中心等轴晶由细小变得粗大，焊接速度越快焊缝组织越细小，但也越不均匀。随着焊接速度的降低，焊接热输入增大，Super-Ni 叠层材料及18-8 钢侧组织呈现出柱状晶长度尺寸变小的趋势。较大焊接热输入时的焊缝成形变差。热输入为 3.3～3.6kJ/cm 和 7.5～9.0kJ/cm 时的焊缝组织形貌如图 5.23 所示。

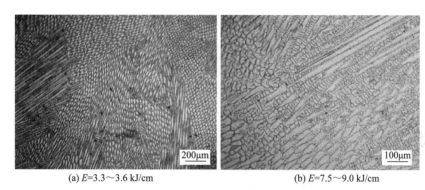

(a) E=3.3～3.6 kJ/cm　　　　　(b) E=7.5～9.0 kJ/cm

图 5.23　不同焊接热输入时的焊缝组织

② 不同焊接热输入时叠层材料一侧的组织　　不同焊接热输入时 Super-Ni 叠层材料一侧的组织也有所变化。焊接热输入为 3.3～3.6kJ/cm 时，叠层材料与填充合金焊丝形成了良好的熔合，焊缝形成了明显的柱状晶形态，柱状晶细长。焊接热输入为 5.0～6.0kJ/cm 时，叠层材料与填充合金焊丝也形成了良好的熔合形态，焊缝组织呈柱状晶形态生长，然而柱状晶生长过程中受其他柱状晶的阻碍，因此柱状晶的长度尺寸要小于热输入为 3.3～3.6kJ/cm 时的柱状晶。随着焊接速度的降低，焊缝冷却速度下降，形成的柱状晶的长度尺寸变小。

焊接热输入为 7.5～9.0kJ/cm 时，靠近焊缝表面与 Super-Ni 复层熔合的焊缝形成了明显的柱状晶形态，叠层材料与填充合金焊丝的熔合变差，焊缝组织粗大，叠层材料热影响区晶粒明显粗化。

（2）热输入对叠层材料 TIG 焊接头区显微硬度的影响

为判定 Super-Ni 叠层材料与 18-8 钢填丝 TIG 焊接头组织性能的变化，对不同焊接热输入时 Super-Ni 叠层材料熔合区附近的显微硬度进行测定，测定仪器为日本 Shimadzu 型显微硬度计，载荷为 50gf（$1gf = 9.80665 \times 10^{-3} N$），加载时间为 10s。

焊接热输入为 3.3～3.6kJ/cm 时，Super-Ni 叠层材料侧熔合区的显微硬度测试结果如图 5.24 所示。熔合区附近的显微硬度高于 Super-Ni 复层以及焊缝金属，形成了显微硬度峰值区（$190HV_{0.05}$）。焊接过程中，熔合区冷却速度快，首先凝固结晶，而且有淬硬倾向。焊缝中靠近熔合区处的组织化学成分不均匀，随着柱状晶组织的生长，成分逐渐均匀化，表现出的显微硬度值变化很小（均值为 $165HV_{0.05}$），表明焊缝中没有明显脆硬相生成。

Ni80Cr20 合金基层及焊缝中都含有大量的 Cr 元素，而 Super-Ni 复层侧由于 Ni 元素熔化向焊缝金属中过渡，对焊缝金属中原有的 Cr 元素起到稀释作用；高 Cr 相的硬度高于低 Cr 相的硬度。Ni80Cr20 基层熔合区附近的显微硬度值比 Super-Ni 复层熔合区附近偏高。

Super-Ni 叠层材料 NiCr 基层热影响区的显微硬度（均值 $135HV_{0.05}$）高于 Super-Ni 复层热影响区的显微硬度（均值为 $108HV_{0.05}$）。焊接接头冷却过程中不同位置的温度梯度变化很大，也是造成焊缝组织显微硬度不同的重要原因。

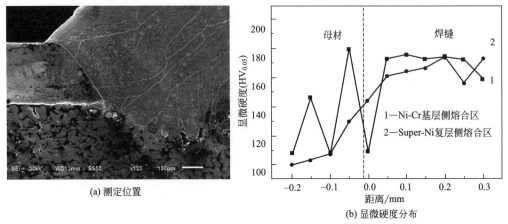

图 5.24　叠层材料侧熔合区附近的显微硬度（$E=3.3\sim3.6kJ/cm$）

焊接热输入为 $5.0\sim6.0kJ/cm$ 时，Super-Ni 叠层材料焊接熔合区附近的显微硬度测试结果如图 5.25 所示。焊缝显微硬度（均值为 $199HV_{0.05}$）明显高于 Super-Ni 叠层复合材料基层母材，NiCr 基层热影响区的显微硬度均值为 $135HV_{0.05}$，Super-Ni 复层热影响区的显微硬度均值为 $163HV_{0.05}$。NiCr 基层本质上为粉末合金基体，显微硬度测定时弹性效应明显，使显微硬度值的波动范围更大一些。

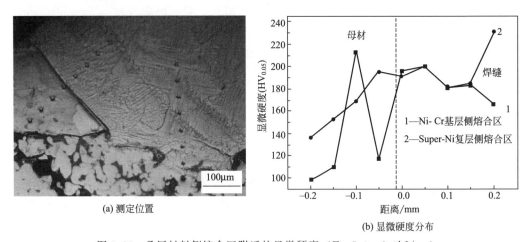

图 5.25　叠层材料侧熔合区附近的显微硬度（$E=5.0\sim6.0kJ/cm$）

焊接热输入为 $7.5\sim9.0kJ/cm$ 时，Super-Ni 叠层材料熔合区附近的显微硬度测试结果表明，焊缝显微硬度均值为 $166HV_{0.05}$，而 NiCr 基层热影响区的显微硬度均值为 $134HV_{0.05}$，Super-Ni 复层热影响区的显微硬度均值为 $128HV_{0.05}$，显微硬度的变化趋势与热输入为 $3.3\sim3.6kJ/cm$ 和 $5.0\sim6.0kJ/cm$ 时基本一致。大焊接热输入（$7.5\sim9.0kJ/cm$）时的焊缝成形相比前两种较小焊接热输入时较差，焊接热输入的变化直接影响合金元素的过渡及焊缝的凝固结晶。

对三种不同焊接热输入（$3.3\sim3.6kJ/cm$、$5.0\sim6.0kJ/cm$、$7.5\sim9.0kJ/cm$）熔合区

附近的显微硬度分析（见表5.5）表明，随焊接热输入的变化，Super-Ni叠层材料侧熔合区附近的显微硬度先增加后减小；焊缝显微硬度也是先增加后减小，Super-Ni复层热影响区的显微硬度也表现出先增加后减小的趋势。由于超级镍复层仅为0.3mm，受焊接电弧的热作用影响较大，显微硬度也表现出明显的变化。相比之下，NiCr基层热影响区的显微硬度变化不明显。18-8钢侧焊缝显微硬度逐渐降低，热影响区的显微硬度则先升高后降低。

总之，从熔合区两侧热影响区及母材显微硬度的测定点来看，除熔合区附近显微硬度略有升高外，其余部位显微硬度趋于一致，表明组织均匀性较好。熔合区附近的显微硬度偏高，而焊缝及NiCr基层的显微硬度低于熔合区。

表5.5 叠层材料侧熔合区附近显微硬度（$HV_{0.05}$）与热输入（E）的关系

焊接热输入 /(kJ/cm)	显微硬度均值/$HV_{0.05}$		
	Ni80Cr20 基层	Super-Ni 复层	焊缝
3.3～3.6	136	108	165
5.0～6.0	135	163	199
7.5～9.0	134	128	166

5.2.4 叠层复合材料焊接区的应力分析

Super-Ni叠层复合材料由于其特殊的叠层结构形式，焊接接头的应力状态复杂，应力集中是诱发焊接裂纹的重要原因。焊接应力的产生是随着加热与冷却而变化的材料热-弹塑性应力应变动态过程。采用ANSYS有限元分析软件对Super-Ni/NiCr与18-8不锈钢TIG焊接头应力分布状态进行分析。考虑材料的热物理性能参数随温度的变化对焊接温度场及应力分布形态的影响，采用热-结构间接耦合方法，施加移动的高斯平面热源，获得叠层复合材料与不锈钢TIG焊接温度场及应力场的动态分布，分析应力集中产生的部位及焊缝关键部位承受的应力类型和应力值。

（1）叠层复合材料焊接应力有限元分析过程

熔化焊接过程是不均匀加热冷却过程，零件局部受热时，随温度升高而产生膨胀，由于受到周边低温金属的约束，冷却后零件产生内应力和变形。焊接过程温度场分析属于非线性瞬态热分析，而应力分析则属于热-结构耦合分析。

ANSYS分析软件主要提供了两种热应力分析的方法：

① 间接法，首先进行热分析，然后将获得的节点温度作为体载荷施加在结构应力分析中。一般来说，在热分析结果对应力分析影响比较小的情况下，采用这种单向耦合计算结构应力场，例如焊接过程。

② 直接法，使用具有温度和位移自由度的耦合单元，同时得到热分析和结构应力分析的结果，主要用于热与结构的双向耦合分析。

1）单元类型及材料物性参数确定

采用间接热-结构耦合方法对Super-Ni叠层复合材料与18-8不锈钢TIG接头的温度场与应力场进行分析。选用solid70热分析单元计算Super-Ni叠层复合材料与18-8不锈钢TIG焊接时的瞬时温度场分布，然后将热单元转变为结构单元solid185，将热分析获得的焊接温度场数据作为体载荷施加于结构分析过程中，进行结构应力分析，获得叠层复合材料焊接过程中及焊缝冷却后的应力分布形态。

许多工程材料缺乏有限元分析使用到的高温时各种热物理性能参数，如弹性模量、热导率、比热容、线胀系数等，成为制约有限元分析的重要因素，尤其对于一些新材料，材料热物理性能测试难度很大。Super-Ni 叠层复合材料是一种新型材料，NiCr 基层的热物理性能参数主要根据致密材料的热物理性能参数，通过以下公式计算获得。

① 弹性模量：

$$E=E_0\left[\frac{(1-\varepsilon)^2}{1+\varepsilon(2-3\gamma_0)}\right] \tag{5-3}$$

式中，ε 为孔隙率；γ_0 为泊松比；E_0 为致密基体材料的弹性模量。

② 切变模量：

$$G=\frac{E}{2(1+\gamma_0)} \tag{5-4}$$

③ 抗拉强度：

$$\sigma_b=\sigma_0(1-\varepsilon)^n \tag{5-5}$$

式中，σ_0 为致密基体材料的抗拉强度。

对于 NiCr 基层，$n=3$。

④ 热导率：

$$\frac{\lambda}{\lambda_s}=\frac{1-\varepsilon}{1+n\varepsilon^2} \tag{5-6}$$

式中，λ_s 为致密基体材料的热导率。

对于 NiCr 基层，$n=11$。

⑤ 密度：

$$\rho=\rho_s(1-\varepsilon) \tag{5-7}$$

式中，ρ_s 为致密基体材料的密度。

⑥ 比热容　根据热扩散率公式求得：

$$\alpha=\lambda/\rho C_p \tag{5-8}$$

式中，α 为热扩散率。

一般金属材料密度随温度变化不大，则比热容与热导率成正比，比热容修正因子与热导率相同。材料随温度变化的非线性热物理性能参数对分析结果的影响很大。文中涉及的材料均为韧性材料，材料的应力应变曲线符合经典双线性模型。对 Super-Ni 叠层复合材料、18-8 不锈钢及 0Cr25Ni13 填充合金的热物理性能参数进行计算处理后，将各项材料参数分别定义到对应的材料模型。

2）焊接过程分析及热源模型选择

Super-Ni 叠层复合材料与 18-8 不锈钢 TIG 焊接应力有限元分析采用间接热-结构耦合分析的方法，需要先进行热分析，然后将热单元转为结构单元进行结构分析，主要分为四个步骤：

① 前处理，包括定义单元类型、输入材料热物理性能参数、创建三维有限元模型、划分网格等；

② 施加载荷及约束边界条件并进行求解；

③ 将热分析单元转换为结构分析单元（solid70 转为 solid185），输入材料力学性能参数，加载热分析结果到结构分析单元并进行求解；

④ 结果后处理。

熔化焊接过程中，焊接热源是实现焊接的基本条件，对焊后接头的应力分布状态有决定作用。焊接热源模型选取是否适当，对焊接温度场及应力应变模拟结果的准确性有很大的影响。研究者提出了一系列的热源研究模型，如 Rosonthal 解析模式，未考虑材料热物理参数变化，结果精度不高；高斯函数分布的热源模型，适用于电弧挺度小、对熔池冲击力小的情况；半球状热源模型和椭球形热源模型、双椭球形热源模型，能较好地吻合钨极氩弧焊的情况。

实验材料选用的焊接方式为钨极氩弧焊，采用高斯函数热流分布的热源模型可以获得较好的结果。焊缝表面与热源中心距离为 r 点的热流密度为：

$$q(r) = \frac{3Q}{\pi r_{\mathrm{H}}^2} \exp\left(-\frac{3r^2}{r_{\mathrm{H}}^2}\right) \tag{5-9}$$

式中，Q 是电弧有效热功率，$Q = \eta I U_{\mathrm{a}}$；$\eta$ 为电弧有效加热系数，TIG 焊条件下取 0.75；r_{H} 为电弧有效加热半径，本文取 4mm。

3）模型建立

采用自下而上的方法建立有限元模型，Super-Ni 叠层复合材料特殊的多层结构，并且 Super-Ni 复层仅为 0.3mm，使得网格划分难度很大。模型尺寸为 40mm×40mm×2.6mm，本文采用扫掠（SWEEP）网格划分方法生成六面体单元，焊缝及 Super-Ni 复层的单元尺寸为 0.3mm，保证焊缝附近的网格细密，避免出现质量差的网格单元。划分网格后的 Super-Ni 叠层复合材料与 18-8 不锈钢接头的有限元模型如图 5.26 所示。在 AB 线上施加 Z 方向的位移约束，抵消模型自重，AC 线上施加 X 方向的位移约束，CD 线上施加 Y 方向的位移约束，防止模型的整体刚性位移。

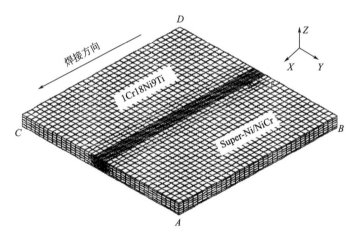

图 5.26 Super-Ni 叠层复合材料与 18-8 不锈钢接头应力分析的有限元模型

建立有限元模型并划分网格后，设定合理的求解条件包括边界条件和初始条件进行热分析。试样所加温度边界条件为 20℃，对流边界条件假设空气自然对流，设定表面换热系数为 18W/(m²·K)。环境温度及焊件初始温度均设定为 20℃。热分析结束后删除所施加的热边界条件，进行结构分析，结构分析时需要设定位移约束边界条件。

（2）叠层复合材料 TIG 焊接头温度场分布

温度场计算所采用的焊接工艺参数如表 5.6 所示。分析过程中忽略填充金属的冲击作用。根据经验公式，焊后冷却时间设定为焊接时间的 11 倍，焊接时间为 40s，结合模拟结果分析，焊后冷却至 480s 时，模型温度降至 30℃以下，这时温度梯度很小，接头的应力状态趋于稳定，因此设置焊后冷却时间为 440s。

表 5.6　叠层复合材料与 18-8 钢 TIG 焊接头温度场计算参数

焊接电压 U/V	焊接电流 I/A	焊接速度 v/(mm/s)	电弧有效加热系数 η	电弧有效加热半径 r/mm
11	80	1	0.75	4

1）无复层模型的焊接温度场分布

Super-Ni 叠层复合材料的 Super-Ni 复层具有良好的热导率，对叠层复合材料与 18-8 不锈钢 TIG 焊接头温度场分布影响很大，分别计算了无复层模型的温度场及叠层复合材料模型的温度场分布形态。无复层模型是指以 NiCr 基层为基础建模，模拟 NiCr 基层材料直接与 18-8 不锈钢 TIG 焊时的温度场分布情况。

仅有 NiCr 基层与 18-8 不锈钢焊接时，焊接温度场在两种不同的母材上呈现出近似对称的分布形态，NiCr 基层与 18-8 不锈钢的综合热物理性能相近。

2）叠层模型的焊接温度场分布

焊接过程中不同时刻（2s、10s、20s、30s）Super-Ni 叠层复合材料与 18-8 钢 TIG 焊接头的温度场分布如图 5.27 所示。

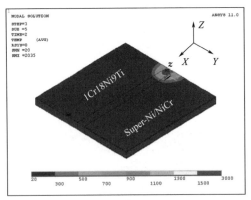

(a) t=2s

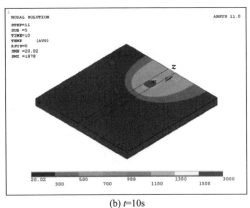

(b) t=10s

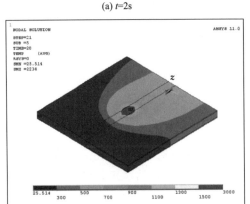

(c) t=20s

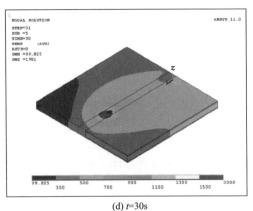

(d) t=30s

图 5.27　叠层复合材料与 18-8 钢 TIG 接头不同时刻的温度场分布

综合分析 Super-Ni 叠层复合材料的 Super-Ni 复层（1435℃）、NiCr 基层（1420℃）、18-8 钢（1425℃）及 0Cr25Ni13 填充合金焊丝（1470℃）的熔点，可知温度高于 1500℃时材料处于熔化状态，因此认为 1500～3000℃的温度区间是焊缝熔池的温度，熔池边缘与所建模型的熔合区相吻合。因为 Super-Ni 复层的热导率远远高于 18-8 不锈钢及 NiCr 基层，所以 Super-Ni 叠层复合材料侧等温线扩展速度快，与同时刻 18-8 钢相对称的相同位置相比，温度更高。如 $t=30s$ 时的温度场所示，Super-Ni 叠层复合材料侧温度高于 300℃，而 18-8 钢侧仍有部分区域温度为 100～300℃。

焊接过程中接头横截面的温度分布显示，无复层模型焊接熔池偏向 18-8 不锈钢一侧，而叠层复合材料焊接时熔池偏向 Super-Ni 叠层复合材料侧。同时刻叠层复合材料母材的温度高于 18-8 不锈钢母材。Super-Ni 叠层复合材料焊接时 Super-Ni 复层热导率良好，焊接时熔化迅速，易出现烧损缺陷。因此焊接时应控制钨极电弧偏向不锈钢一侧，避免 Super-Ni 复层的过度烧损。

叠层复合材料与 18-8 不锈钢 TIG 接头焊缝中心、叠层复合材料侧熔合区以及叠层复合材料母材热影响区沿焊接方向均匀分布的四个位置的热循环曲线如图 5.28 所示，时间范围为 0～100s，即焊接 40s 以及焊后冷却 60s。

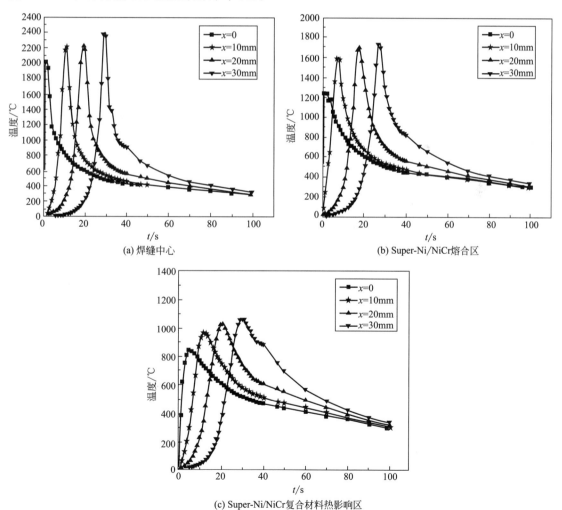

(a) 焊缝中心

(b) Super-Ni/NiCr熔合区

(c) Super-Ni/NiCr复合材料热影响区

图 5.28　Super-Ni 叠层复合材料 TIG 焊接头不同位置的热循环曲线

焊接结束时焊缝及母材温度偏高，焊接过程中电弧形成准稳态的温度场后稳定向前推进，焊缝中心线温度主要受电弧直接作用，温度变化不大，而熔合区及叠层复合材料母材受到热源加热及空气对流的双重作用，最高温度呈现上升趋势。焊缝中心准稳态温度场温度为2200～2400℃，而熔合区温度为1600～1800℃，略高于母材的熔点。

（3）叠层复合材料 TIG 焊接头应力模拟

异种材料的焊接应力场计算涉及材料塑性、非线性等多方面，如果焊接过程中非均匀温度场产生的内应力达到材料的屈服极限，会使材料局部发生塑性变形，并且在温度恢复到焊前状态时形成新的内应力。采用热弹-塑性方法分析 Super-Ni 叠层复合材料与 18-8 不锈钢焊接接头的应力分布。热弹-塑性分析时材料服从以下假定：

① 材料的屈服条件服从米塞斯（Von Mises）屈服准则；

② 材料塑性区内的行为服从塑性流动准则和强化准则；

③ 与温度有关的力学性能、应力应变在微小的时间增量内呈线性变化。

米塞斯（Von Mises）屈服准则公式：

$$\bar{\sigma} = \frac{\sqrt{2}}{2}\sqrt{(\sigma_1-\sigma_2)^2+(\sigma_2-\sigma_3)^2+(\sigma_3-\sigma_1)^2} \leqslant \sigma_s \tag{5-10}$$

式中，σ_1、σ_2、σ_3 为三个正交方向的主应力；σ_s 为材料的屈服极限。米塞斯屈服准则表示当等效应力超过材料的屈服极限 σ_s 时，材料屈服，发生塑性变形。

1）叠层复合材料接头整体应力分布

冷却到室温状态时 Super-Ni 叠层复合材料与 18-8 不锈钢焊接接头整体应力分布如图 5.29 所示。图 5.29（a）所示为等效应力，图 5.29（b）所示为平行于焊缝轴线方向的应力（纵向应力），用 σ_x 表示；图 5.29（c）所示为垂直于焊缝轴线方向的应力（横向应力），用 σ_y 表示；图 5.29（d）所示为沿厚度方向的应力（厚度应力），用 σ_z 表示。熔合区等效应力较大，表明熔合区应力集中。

叠层复合材料侧熔合区附近应力集中最突出，最大等效应力出现在焊接结束位置的叠层复合材料棱边处，为 187MPa 左右，高于材料本身的屈服强度，容易产生塑性屈服。最大等效应力主要由横向应力起作用，此处横向应力为压应力。接头内部叠层复合材料侧熔合区的最大应力约为 100MPa，NiCr 基层的屈服强度较低，熔合区容易形成塑性屈服区，接头纵向应力 σ_x、横向应力 σ_y 较大，厚度方向应力 σ_z 较小。

Super-Ni 叠层复合材料焊接接头与常规金属接头不同，叠层材料结构焊接后形成特殊的应力分布形态。不同厚度层面的应力状态对接头的成形及性能影响很大。为更直观分析 Super-Ni 叠层复合材料焊接接头不同位置的应力分布情况，在该接头三维实体建模的基础上，对接头横、纵截面不同层面的应力进行研究。

2）叠层复合材料接头横截面上的应力分布

Super-Ni 叠层复合材料焊接接头横截面上的应力分布，包括母材、热影响区、熔合区及焊缝在不同厚度层面的应力分布。叠层复合材料为多层结构，不同层间的应力分布不同，且叠层复合材料本体强度低于 18-8 不锈钢及 0Cr25Ni13 填充合金，因此叠层复合材料侧焊缝及母材本身的应力分布状态对接头整体强度起决定作用。选取 $x=0$ 及 $x=0.02\text{m}$ 处横截面上不同厚度层面的应力分布状态进行分析。

$x=0$ 端面叠层复合材料侧熔合区及叠层复合材料母材 σ_x、σ_y、σ_z 均表现为拉应力，18-8 不锈钢的应力水平较低，σ_x、σ_y、σ_z 也呈现拉应力状态。同一层面上 σ_x、σ_y 具有较大

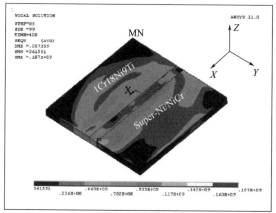

(a) 米塞斯等效应力

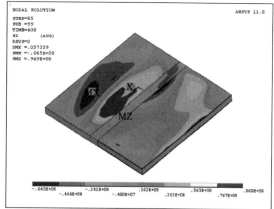

(b) σ_x

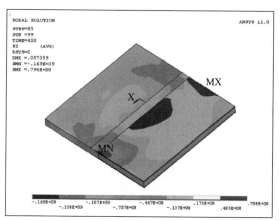

(c) σ_y

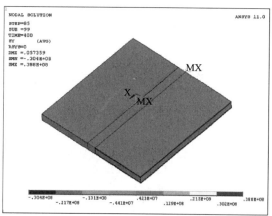

(d) σ_z

图 5.29　Super-Ni 叠层复合材料与 18-8 不锈钢接头焊后的应力分布

的应力值，而 σ_z 应力值最小。不同层面上应力峰值出现的位置及大小如表 5.7 所示。

表 5.7　叠层材料接头 $x=0$ 端面不同厚度层面上的应力分布

应力分量	应力类型	应力峰值 /MPa	所在厚度层面 /mm	所在位置
σ_x	拉应力	23.5	$z=0$	叠层材料侧 Super-Ni 复层熔合区
	压应力	-13.8	$z=1.3$	叠层材料侧 NiCr 基层熔合区
σ_y	拉应力	78.9	$z=2.6$	叠层材料侧 Super-Ni 复层热影响区
	压应力	-30.1	$z=0$	18-8 钢热影响区
σ_z	拉应力	10.8	$z=1.3$	18-8 钢侧熔合区
	压应力	-7.6	$z=1.3$	叠层材料侧 NiCr 基层熔合区

　　焊接后试板焊缝起始、终止端出现宏观翘曲变形，与纵向应力 σ_x 及横向应力 σ_y 的应力水平有关。Super-Ni 复层仅有 0.3mm，叠层复合材料侧的 σ_x、σ_y、σ_z 呈现对称分布，即叠层复合材料的上下表面及 Super-Ni 复层与 NiCr 基层的界面结合处分别表现出相似的应力分布趋势。Super-Ni 叠层复合材料母材的 Super-Ni 复层上的 σ_x、σ_y 应力较高，为拉应力，纵

向应力 σ_x 达到 25MPa 左右，横向应力 σ_y 达到 80MPa 左右。Super-Ni 复层与 NiCr 基层界面的最大拉应力为纵向应力 7MPa，横向应力 28.5MPa，出现在叠层复合材料母材热影响区。

纵向应力 σ_x 拉应力最大值出现在 Super-Ni 叠层复合材料 Super-Ni 复层侧熔合区，与接头焊接后的横向变形密切相关，σ_x 压应力最大值出现在 NiCr 基层中心。Super-Ni 复层表面及 NiCr 基层与 Super-Ni 复层界面的横向应力均表现为拉应力，Super-Ni 复层表面熔合区及热影响区的横向应力值较高（40~80MPa），而 NiCr 基层与 Super-Ni 复层界面熔合区及热影响区的横向应力为 20~30MPa，约为 NiCr 基层屈服强度（70MPa）的 50%。NiCr 基层受表层 Super-Ni 复层的拘束作用，NiCr 基层与 Super-Ni 复层界面表现出一定拉应力（20~30MPa），主要受横向应力 σ_y 作用。横向应力 σ_y 拉应力最大值出现在 Super-Ni 叠层复合材料的 Super-Ni 复层热影响区表面。$x=0.02m$ 横截面不同层面的应力分布如图 5.30 所示。

其中 $z=0$ 表示 Super-Ni 叠层复合材料下表面，$z=0.3mm$ 表示下 Super-Ni 复层与 NiCr 基层结合处，$z=1.3mm$ 表示 NiCr 基层中心，$z=2.3mm$ 表示上 Super-Ni 复层与 NiCr 基层结合处，$z=2.6mm$ 表示叠层复合材料上表面。等效应力最大值出现在 Super-Ni 叠层复合材料上表面，上下 Super-Ni 复层边缘的纵向应力 σ_x 呈现上升趋势，为拉应力。叠

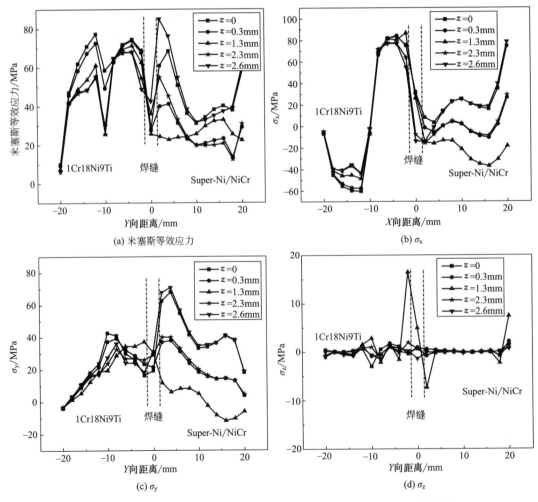

图 5.30 Super-Ni/NiCr 与 18-8 不锈钢接头内部横截面不同层面应力分布

层复合材料的横向应力从熔合区至母材逐渐变小，熔合区的应力最大，Super-Ni 复层熔合区的最大横向应力为 60～80MPa，为拉应力。NiCr 基层与 Super-Ni 复层界面熔合区的最大横向应力约为 40MPa，NiCr 基层中心的横向应力较低。NiCr 基层与 Super-Ni 复层界面熔合区的等效应力为 40～60MPa，低于 NiCr 基层的屈服强度，NiCr 基层处于弹性变形区。$x=0.02$m 横截面不同层面上的应力峰值出现的位置及其大小见表 5.8。

表 5.8 **Super-Ni 叠层复合材料接头截面不同厚度层面上的应力分布**

应力分量	应力类型	应力峰值/MPa	所在厚度层面/mm	所在位置
σ_x	拉应力	86.6	$z=1.3$	18-8 钢侧熔合区
	压应力	−60.4	$z=0$	18-8 钢热影响区
σ_y	拉应力	70.8	$z=2.6$	叠层材料侧 Super-Ni 复层热影响区
	压应力	−11.8	$z=1.3$	叠层材料侧 NiCr 基层热影响区
σ_z	拉应力	16.5	$z=1.3$	18-8 钢侧熔合区
	压应力	−7.3	$z=1.3$	叠层材料侧 NiCr 基层熔合区

$x=0.02$m 截面纵向应力 σ_x 及厚度应力 σ_y 的拉应力最大值出现在 18-8 不锈钢侧熔合区，横向应力最大值出现在 Super-Ni 叠层复合材料的 Super-Ni 复层外表面。Super-Ni 复层与 NiCr 基层界面的最大拉应力为横向应力 29.1MPa，纵向应力 40.1MPa，出现在母材热影响区。

Super-Ni 叠层复合材料焊接时，NiCr 基层与超级镍复层界面为薄弱区域，NiCr 基层的屈服强度低，在较高应力状态下容易发生屈服，形成塑性变形区，甚至会产生裂纹。微观表征分析发现 NiCr 基层熔合区及焊缝内部出现的微观裂纹如图 5.31 所示。微观裂纹的产生与此处承受较大的应力集中有关，NiCr 基层熔合区是 Super-Ni 叠层复合材料焊接时的薄弱区域。

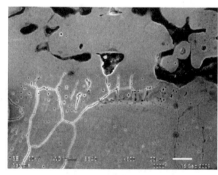

(a) NiCr基层熔合区　　　　　　　　　　(b) 焊缝区

图 5.31 Super-Ni 叠层复合材料接头的微裂纹特征

以上端面及接头内部的应力分布分析表明，Super-Ni 叠层复合材料熔合区处 NiCr 基层与 Super-Ni 复层界面在端面表现为拉应力，而在接头内部截面则表现为压应力。Super-Ni 叠层复合材料热影响区处 NiCr 基层与 Super-Ni 复层界面在端面及接头内部均表现为拉应力状态。Super-Ni 叠层复合材料焊接时，NiCr 基层与 Super-Ni 复层界面上形成的拉应力会加剧 Super-Ni 复层的剥离，可能使 Super-Ni 复层表现为过度烧损，形成熔合不良的接头。

3）叠层复合材料接头纵截面上的应力分布

Super-Ni 叠层复合材料接头纵截面上的应力分布是沿平行于焊缝轴线方向的应力分布。

因为纵向应力 σ_x 及横向应力 σ_y 对焊接接头成形及焊接区裂纹影响较大，而厚度方向的应力 σ_z 影响较小，以下将对 Super-Ni 叠层复合材料接头纵截面纵向应力 σ_x 及横向应力 σ_y 做重点分析。

Super-Ni 叠层复合材料与 18-8 不锈钢焊缝中心不同层面上的应力分布，对于纵向应力 σ_x，接头两端应力值较小，中心出现较大的拉应力，达到 40MPa 左右。NiCr 基层纵向应力主要表现为压应力。焊缝两端横向应力 σ_y 表现为压应力，而中心为拉应力，焊缝起始端表现为低值拉应力，而压应力出现在距起始端 5mm 的位置，此处压应力达到 40MPa，而焊接结束位置压应力为 100~120MPa，焊缝中心部位的拉应力为 20~40MPa，低于 NiCr 基层的屈服强度。焊缝表层纵向应力为拉应力，底层为压应力，Super-Ni 叠层复合材料薄板试样焊接后易发生平行于焊缝轴线的挠曲变形。

18-8 不锈钢侧熔合区的应力分布与焊缝区的应力分布不同，沿厚度方向纵向应力 σ_x 不同层面均表现出中间高两边低的分布趋势，接头两端表现为低于 -20MPa 的压应力，而接头中间为拉应力。焊缝两端横向应力 σ_y 表现为压应力，中心为拉应力，焊缝长度的 1/2 均为应力稳定区，焊缝纵截面横向应力分布形态与力学经典理论一致。

靠近焊缝上表面的纵向应力 σ_x 达 60MPa 左右，并且形成了应力稳定区，与焊缝中心的应力分布趋势相似，从焊缝下表面到上表面应力值逐渐升高，上下表面的 σ_x 应力差约为 30MPa。横向拉应力最大值出现在 NiCr 基层中心达到 40MPa 左右，焊缝两端不同层面的压应力均高于 40MPa，焊缝尾部横向压应力 σ_y 达到 80MPa 左右。

Super-Ni 叠层复合材料由于其特殊的叠层结构，经历焊接非均匀的加热冷却过程后，接头区形成的应力分布比较复杂。Super-Ni 叠层复合材料侧熔合区不同层面的应力分布如图 5.32 所示。

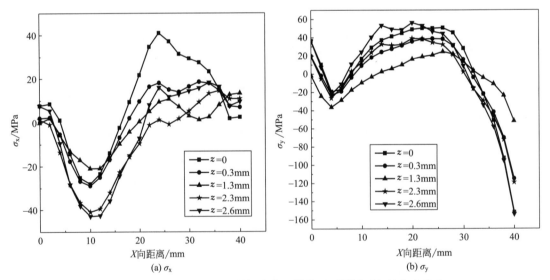

图 5.32　Super-Ni 叠层材料侧熔合区纵截面不同层面上的应力分布

与 18-8 不锈钢侧焊接熔合区的应力分布趋势不同，叠层复合材料侧先出现一个纵向应力 σ_x 压应力区，再转变为 σ_x 拉应力区，压应力区内熔合区厚度方向不同层面均表现为压应力，最高达到 -40MPa 左右，出现在叠层复合材料表层；在拉应力区，σ_x 拉应力最大值达到 40MPa 左右，出现在叠层复合材料底层；接头两端的应力水平较低。

横向应力 σ_y 分布与 18-8 钢侧不同,焊缝起始位置表现出一定拉应力,达到约 40MPa,焊缝中心横向拉应力达到 50MPa 左右,出现在叠层复合材料表层,焊缝尾部压应力达到 160MPa 左右。NiCr 基层与 Super-Ni 复层界面的拉应力约为 30MPa,室温时 NiCr 基层的屈服强度为 70MPa,焊缝中心处于弹性变形区,但焊缝受外力情况下容易发生屈服。

虽然只有焊缝区承受较大的不均匀加热冷却过程,但是焊接区的应力会传递到 Super-Ni 叠层材料母材,对母材的使用性能造成一定影响。

叠层复合材料热影响区的纵向应力 σ_x 分布趋势与叠层复合材料熔合区类似,同样有一个压应力区及一个拉应力区。但是接头端面的应力分布不像叠层复合材料熔合区,而是表现出 30MPa 的应力差。最高压应力出现在叠层复合材料 Super-Ni 复层上部,-30MPa 左右,而最高拉应力出现在叠层复合材料 Super-Ni 复层下部,40MPa 左右。NiCr 基层始终表现为压应力状态。试板起始端的横向拉应力 σ_y 较大,达到 60MPa,焊缝中部横向拉应力 σ_y 达到约 70MPa。

5.3 叠层材料的扩散钎焊

5.3.1 叠层材料扩散钎焊的工艺特点

采用的 Super-Ni/NiCr 叠层材料由超级镍(Super-Ni,Ni>99.5%)复层和 Ni80Cr20 粉末合金基层真空压制而成。Super-Ni/NiCr 叠层材料的厚度为 2.6mm,两侧复层的厚度仅为 0.3mm,NiCr 基层的厚度为 2.0mm。NiCr 基层为骨骼状 Ni80Cr20 奥氏体组织。NiCr 基层的孔隙率为 35.4%,名义密度为 6.72g/cm³。纯 Ni 的密度为 8.90g/cm³,相比之下,叠层材料可减轻结构质量 24.5%。

(1)扩散钎焊设备

真空扩散钎焊的加热温度低,对 Super-Ni/NiCr 叠层材料和 18-8 钢母材的影响较小;能够避免采用熔焊方法容易导致的复层烧损、基层缩孔等问题。扩散钎焊时被焊接件整体加热,焊件变形小,能够减小热应力、保证焊接件的尺寸精度。真空扩散钎焊不需要加入钎剂,对扩散钎焊接头无污染。

试验中采用美国真空工业公司(Centorr Vacuum Industries)生产的 WorkhorseⅡ型真空扩散焊设备,对 Super-Ni/NiCr 叠层材料与 18-8 钢对接和搭接接头进行真空扩散钎焊。试验设备的外观结构如图 5.33 所示。

该设备主要包括真空炉体、全自动抽真空系统、液压系统、加热系统、水循环系统和控制系统等。采用真空扩散钎焊有利于母材表面氧化膜分解和防止钎料氧化,能够保证扩散钎焊接头的成形质量。

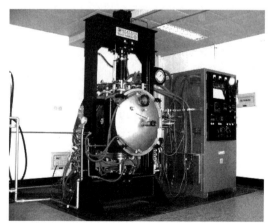

图 5.33 WorkhorseⅡ型真空扩散焊设备

（2）钎料

Super-Ni/NiCr 叠层材料因其独特的高温性能和耐腐蚀性能在航空航天、导弹、飞行器设计等领域受到了关注。为了发挥叠层材料的性能优势，可选择具有良好高温抗氧化性和耐蚀性的钎料作为填充金属，如镍基钎料、钴基钎料等。

钎料的主成分与母材相同时，钎料在母材表面的润湿性较好。钎缝在冷却过程中，与母材同成分的初生相容易以母材晶粒为晶核生长，与母材形成牢固结合，有利于提高接头强度。试验中采用镍基钎料对 Super-Ni/NiCr 叠层材料与 18-8 钢进行对接和搭接的真空扩散钎焊。

镍基钎料中加入 Cr 元素能提高钎料的抗氧化性和接头结合强度；加入 Si、B、P 等元素可降低熔点、提高流动性和润湿性。但是扩散钎焊过程中降熔元素（B、Si）可能会在钎缝或近缝区形成硼化物、硅化物等脆性相，对钎焊接头质量产生较大的影响。因此采用 Ni-Cr-P 系和 Ni-Cr-Si-B 系两种含有不同降熔元素的镍基钎料作为 Super-Ni/NiCr 叠层材料与 18-8 钢扩散钎焊的填充材料，Ni-Cr-P 钎料和 Ni-Cr-Si-B 钎料的化学成分和熔化温度见表 5.9。

表 5.9　钎料的化学成分和熔化温度

钎料	化学成分/%								熔化温度 /℃
	Ni	Cr	P	Si	B	Fe	C	Ti	
Ni-Cr-P	余量	13.0～15.0	9.7～10.5	≤0.1	≤0.02	≤0.2	≤0.06	≤0.05	880～900
Ni-Cr-Si-B	余量	6.0～8.0	≤0.02	4.0～5.0	2.75～3.5	2.5～3.5	≤0.06	≤0.05	970～1000

Ni-Cr-P 钎料属于共晶成分，是镍基钎料中熔化温度较低的钎料，具有较好的流动性和润湿性。Ni-Cr-P 钎料中不含 B，对母材的溶蚀作用较小，适用于薄壁件的焊接，并且不吸收中子，适用于核领域。Ni-Cr-Si-B 钎料具有较好的高温性能，钎焊接头结合强度高，适用于在高温下承受大应力的部件，如涡轮叶片、喷气发动机部件等。

试验中还采用了非晶态钎料。非晶态钎料成分均匀、组织一致、厚度可控，钎料自身的精度和强韧性好。非晶钎料可按工件结构冲剪成各种形状，简化钎焊装配工艺，控制钎料用量，钎焊后接头的结构精度较好。但是对于一些较难加工的材料或钎焊配合面比较复杂的零件，要保证精确的间隙比较困难，这时膏状或粉末状的晶态钎料具有较好的适应性。但当钎焊间隙超过 100μm 时，钎缝中容易形成一种或多种金属间化合物脆性相，需要控制保温时间或提高钎焊温度，抑制金属间化合物的形成。

试验中采用 Ni-Cr-Si-B 晶态及非晶钎料对 Super-Ni/NiCr 叠层材料与 18-8 钢进行真空扩散钎焊，晶态钎料的钎缝间隙为 100～150μm，研究接头的扩散-凝固过程为控制钎缝区脆性相的形成提供理论基础。

（3）工艺参数

采用线切割将 Super-Ni/NiCr 叠层材料和 18-8 钢板材加工成 30mm×10mm×2.6mm 的试样。扩散钎焊前，采用丙酮清洗除去试样表面的油污，将 Super-Ni/NiCr 叠层材料和 18-8 钢试样的待连接表面用金相砂纸进行打磨，然后用酒精清洗吹干。在 Mo 板上进行试样装配，装配前在待焊试样与 Mo 板之间放置石墨纸，防止钎料在试样与 Mo 板之间铺展形成连接。Super-Ni/NiCr 叠层材料与 18-8 钢扩散钎焊接头采用对接和搭接形式，对接接头的装配如图 5.34 所示。

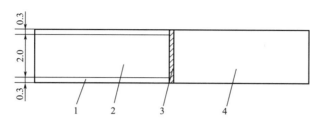

图 5.34 对接试样装配示意图

1—超级镍复层；2—NiCr 基层；3—填充材料；4—18-8 钢

采用膏状钎料，将膏状 Ni-Cr-P 钎料或 Ni-Cr-Si-B 钎料涂于接头缝隙处表面，为了控制钎缝间隙的大小，用直径约为 $150\mu m$ 的 Mo 丝置于对接面之间。试样装配好用不锈钢板固定后，放入扩散钎焊装备的真空室中。Super-Ni/NiCr 叠层材料与 18-8 钢扩散钎焊的工艺参数曲线如图 5.35 所示。

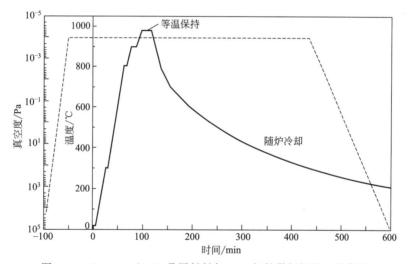

图 5.35 Super-Ni/NiCr 叠层材料与 18-8 钢扩散钎焊的工艺曲线

控制真空度为 $1.33\times10^{-4}\sim1.33\times10^{-5}$ Pa，采用 Ni-Cr-P 钎料时，钎焊温度为 $940\sim1060℃$，保温时间为 $15\sim25min$；采用 Ni-Cr-Si-B 钎料时，钎焊温度为 $1040\sim1120℃$，保温时间为 $20\sim30min$。将装配好的试样放入真空炉中，由于真空室尺寸较大，加热过程采用分级加热并设置几个保温平台的方式使真空室内部和焊件温度均匀；冷却过程采用循环水冷却至 $100℃$ 后，随炉冷却。循环水冷却初期，冷却速度约为 $10℃/min$。

不同工艺参数条件下，钎料对超级镍叠层材料与 18-8 钢扩散钎焊的接头结合及钎料铺展的影响见表 5.10。

采用 Ni-Cr-P 钎料对叠层材料与 18-8 钢进行真空扩散钎焊，加热温度为 $940℃$ 时，虽然高于熔点 $50℃$，但没有形成有效连接。Ni-Cr-P 钎料熔化后首先向叠层材料侧铺展，说明 Ni-Cr-P 钎料在 Super-Ni 复层表面具有较好的流动性和润湿性。由于 Ni-Cr-P 钎料的熔点较低，相同钎焊温度下，Ni-Cr-P 钎料比 Ni-Cr-Si-B 钎料的流动性好。

表 5.10　工艺参数对叠层材料和 18-8 钢接头结合及钎料铺展的影响

钎料种类	钎焊温度 /℃	保温时间/min	接头结合及钎料铺展情况
Ni-Cr-P	940	20	未结合,钎料团聚在一起没有润湿母材
	980	20	结合良好,钎缝表面钎料流向叠层材料侧
	1040	20	结合良好,钎缝外观平整,钎料流向叠层材料侧
	1060	20	结合良好,钎缝外观平整,钎料流向叠层材料侧
晶态 Ni-Cr-Si-B	1040	20	结合一般,钎缝表面存在一定厚度
	1060	20	结合良好,钎缝表面存在一定厚度
	1080	20	结合良好,钎缝表面存在一定厚度
	1100	20	结合良好,钎缝表面平整,但存在一定厚度
	1120	20	结合良好,钎料完全铺展
非晶 Ni-Cr-Si-B	1060	20	结合良好,钎缝表面平整,但存在一定厚度
	1080	20	结合良好,钎缝表面平整,但存在一定厚度
	1100	20	结合良好,钎缝表面平整,厚度较小
	1120	20	结合良好,钎料完全铺展

(4) 钎焊接头试样制备

为了对 Super-Ni/NiCr 叠层材料与 18-8 钢扩散钎焊接头的组织结构及接头性能进行分析,采用线切割法垂直钎焊界面切取系列试样,然后采用金相砂纸打磨、抛光。与 18-8 钢相比,叠层材料复层的硬度较低,打磨抛光过程中应用力均匀防止试样磨偏。Super-Ni 复层的厚度仅为 0.3mm,但是 Super-Ni 复层是整个接头中的重点观测区域,打磨过程中应保证复层与基层在同一平面上,防止将复层磨成弧形。采用盐酸、氢氟酸和硝酸混合溶液 (HCl∶HF∶HNO₃=80∶13∶7) 对系列试样进行腐蚀,金相试样腐蚀 1~2min,扫描电镜试样腐蚀时间稍长些,需 2~3min。

5.3.2　叠层材料与 18-8 钢扩散钎焊的界面状态

(1) 接头特征区域划分

采用 Ni-Cr-P 和 Ni-Cr-Si-B 镍基钎料对 Super-Ni/NiCr 叠层材料与 18-8 钢进行扩散钎焊,钎料与母材之间的相互作用主要包括两个方面:

① 钎料组分向母材扩散;

② 母材元素向钎缝溶解。

根据 Super-Ni/NiCr 叠层材料与 18-8 钢扩散钎焊接头的结晶和扩散特点,将叠层材料扩散钎焊接头划分为五个特征区域,如图 5.36 所示:

① Super-Ni 复层侧扩散影响区 (diffusion affected zone,DAZ);

② NiCr 基层侧扩散影响区;

③ 等温凝固区 (isothermal solidification zone,ISZ);

④ 非等温凝固区 (Athermal solidification zone - ASZ);

⑤ 18-8 钢侧扩散影响区。

Ni-Cr-P 钎料和 Ni-Cr-Si-B 镍基钎料中含有较多的 P、Si、B 等降熔元素,用以提高钎

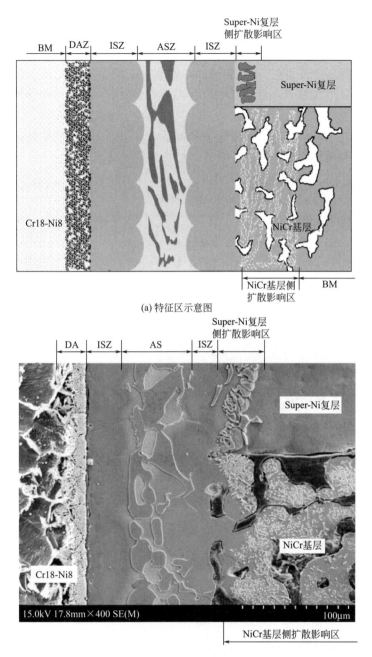

(a) 特征区示意图

(b) 接头的显微组织

图 5.36　Super-Ni/NiCr 叠层材料与 18-8 钢扩散钎焊接头特征区划分

料的流动性和润湿性。在扩散钎焊保温阶段，P、Si、B 元素向 Super-Ni/NiCr 叠层材料和 18-8 钢母材扩散，并且母材少量溶解于熔融钎料，使靠近母材的液相熔点升高。当降熔元素含量减少到一定程度时，靠近母材的液相熔点升高至钎焊温度，发生等温凝固结晶，形成固溶体组织。

扩散钎焊过程中，随着等温凝固结晶过程的持续进行，固-液相界面向钎缝中心推移，多余的溶质元素在剩余液相富集。在随后的降温过程中，剩余液相进行非等温凝固形成磷化物、硼化物或硅化物等脆性相；另外，P、Si、B 元素扩散至 Super-Ni/NiCr 叠层材料母材，容易与 Ni、Cr 元素结合形成新的析出相，影响叠层材料与 18-8 钢扩散钎焊接头的组织与性能。

NiCr 基层中有一定数量的孔隙存在，钎料将通过毛细作用渗入到这些孔隙中，但是有三种情况需考虑。如果大量钎料渗入孔隙会导致接头区钎料不足形成孔隙、未钎合等缺陷；另外渗入孔隙的填充金属与母材发生冶金反应引起内应力变化可能使母材膨胀产生微裂纹。而适当的钎料渗入孔隙可以通过扩大接触面积提高钎料与基体的结合强度，有利于得到可靠的扩散钎焊接头。如果没有钎料渗入孔隙，钎料与基体的接触面积减小，可能是整个扩散钎焊接头的薄弱环节。

（2）钎缝区的显微组织特征

采用 Ni-Cr-P 钎料，钎焊温度为 1040℃、保温时间为 20min 时，Super-Ni/NiCr 叠层材料与 18-8 钢扩散钎焊接头的显微组织如图 5.37 所示。Ni-Cr-P 钎料在 Super-Ni 复层、NiCr 基层上表现出良好的润湿性，整个扩散钎焊接头区没有孔隙、裂纹、未熔合等缺陷。

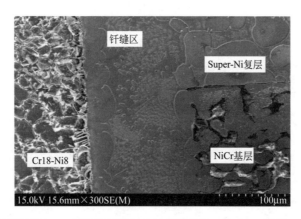

图 5.37　叠层材料/18-8 钢扩散钎焊接头的显微组织（Ni-Cr-P 钎料，$T = 1040$℃）

在 Super-Ni/NiCr 叠层材料与 18-8 钢扩散钎焊接头中，液态钎料没有沿孔隙渗入 NiCr 基层，而是保留在钎缝中。这是由于保温阶段进行的等温凝固，钎缝形成 γ-Ni 固溶体，抑制钎料渗入孔隙。这能够避免钎料大量流失基层形成孔隙、未钎合等缺陷，又有利于 NiCr 基层多孔结构的稳定性。

为了进一步分析扩散钎焊接头的组织特征，对钎缝区进行放大（见图 5.38）并采用能谱分析仪（EDS）测定钎缝中物相的化学成分。

分析表明，钎缝中心形成的是网状共晶相，测试点 1 的 Ni 含量为 69.66％，P 含量为 22.03％，并且 Ni、P 的原子比约为 3∶1。测试点 2 富 Ni（80.48％），P 含量较低，约 8.42％。根据 Ni-P 二元相图可知，当液态 Ni 中的 P 含量（原子分数）超过 0.32％时，液相就会析出由 γ-Ni（P）固溶体和 Ni_3P 组成的 Ni-P 二元共晶。因此，测试点 1 为 Ni_3P，测试点 2 为 γ-Ni（P）固溶体。靠近母材侧钎缝为 γ-Ni（Cr）固溶体。由于 18-8 钢中的 Fe 元素也可能向钎缝扩散，靠近叠层材料侧固溶体中的 Fe 含量（1.75％，测试点 3）低于 18-8 钢侧固溶体中的含量（5.58％，测试点 4）。

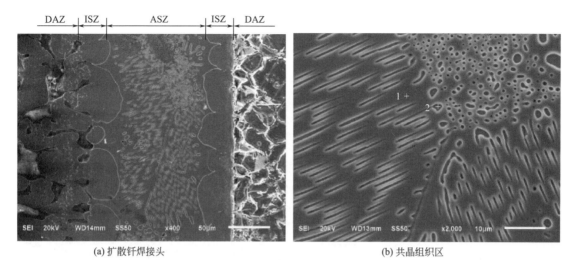

(a) 扩散钎焊接头　　　　　　　　　　　　(b) 共晶组织区

图 5.38　叠层材料/18-8 钢钎缝区的显微组织（Ni-Cr-P 钎料，$T=1040℃$）

（3）加热温度对钎缝区显微组织的影响

扩散钎焊加热温度为 940℃时，虽然加热温度高于 Ni-Cr-P 钎料的熔点 50℃，但钎料在两侧母材表面的流动性、润湿性仍较差。Ni-Cr-P 钎料在母材表面聚集成颗粒状，叠层材料与 18-8 钢之间未形成有效连接。

加热温度为 980℃、保温时间为 20min 的条件下，Super-Ni/NiCr 叠层材料与 18-8 钢扩散钎焊接头的显微组织如图 5.39 所示。所形成的钎缝主要由 γ-Ni 固溶体、Ni-P 共晶组成，但是钎缝中仍有少量未完全熔化铺展的钎料团（filler metal island）。由于钎料成分不均匀，组织不是单一相，当加热温度缓慢上升时，导致低熔点组分与高熔点组分相分离，在熔化过程中出现成分偏析现象。当焊件被加热至液相线温度时，低熔点相首先熔化、流动，高熔点相因流散缓慢以团状聚集。

(a) 扩散钎焊接头　　　　　　　　　　　　(b) 未熔填充金属

图 5.39　叠层材料/18-8 钢扩散钎焊接头的显微组织（Ni-Cr-P 钎料，$T=980℃$）

加热温度升高至 1060℃，保温时间为 20min 时，Super-Ni/NiCr 叠层材料与 18-8 钢扩散钎焊接头的显微组织如图 5.40 所示。Ni-Cr-P 钎料在 Super-Ni/NiCr 叠层钎料与 18-8 钢表面表现出良好的流动性和润湿性，整个扩散钎焊接头中未发现孔洞、空隙、裂纹、未熔合等缺陷。而且随着扩散钎焊温度升高，钎缝中心 Ni-P 共晶的范围减小，靠近两侧母材的固溶体层变厚。

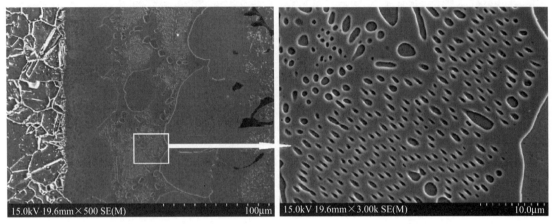

(a) 扩散钎焊接头　　　　　　　　　　　(b) 局部放大观察

图 5.40　叠层材料/18-8 钢扩散钎焊接头的显微组织

(Ni-Cr-P 钎料，$T = 1060℃$)

（4）钎缝区的结晶和扩散过程

由于钎料与母材之间存在浓度梯度，液态钎料在进行毛细填缝时与母材发生相互作用。Super-Ni 复层钎缝区和 NiCr 基层钎缝区 P、Ni、Cr、Fe 的元素分布如图 5.41 和图 5.42 所示。

Super-Ni/NiCr 叠层材料与 18-8 钢扩散钎焊时接头的形成过程分为以下几个阶段：

① 待焊表面的物理接触阶段 [室温 $< t <$ 890℃，如图 5.43(a) 所示]。加热温度低于钎料熔点时，Ni-Cr-P 钎料与母材之间的元素扩散不明显。随着加热温度提高，母材表面的氧化膜在真空气氛中被除去，露出纯净表面，提高表面润湿性。

② 钎料与母材之间的溶解扩散阶段 [890℃ $< t < T$，T 为钎焊温度，如图 5.43(b) 所示]。加热温度升高至 890℃以上时，Ni-Cr-P 钎料熔化并在钎缝中流动，母材与液态钎料之间进行溶解和元素扩散。Ni-Cr-P 钎料的熔点较低，仅有少量母材向钎料溶解，表层溶于钎料中，使母材以纯净的表面与钎料直接接触，可改善润湿性，提高接头强度。P 元素倾向于沿 Super-Ni 复层的晶界扩散。由于 NiCr 基层与钎料的 Ni、Cr 含量相似，Ni、Cr 元素的扩散不明显。

③ 等温凝固阶段 [保温阶段，$t = T$，如图 5.43(c) 所示]。P 元素向 NiCr 基层扩散，没有在 NiCr 基层与钎料之间聚集形成扩散反应层，NiCr 基层与钎缝结合良好。随着 P 元素扩散至 NiCr 基层以及 NiCr 基层溶于液态钎料，靠近母材的液相熔点升高。当熔点升高至钎焊温度时，发生等温凝固形成 γ-Ni 固溶体。γ-Ni 固溶体沿母材与熔融钎料的界面析出并向钎缝中心生长。

④ 非等温凝固阶段 [降温阶段，$t < T$，如图 5.43(d) 所示]。保温阶段结束后，随着

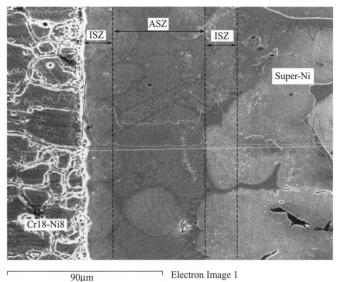

(a) 测试位置

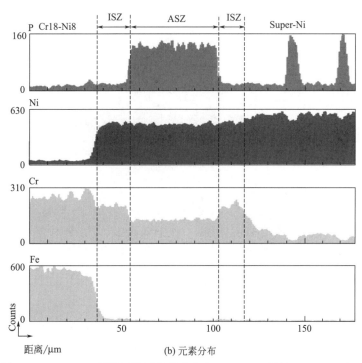

(b) 元素分布

图 5.41　Super-Ni 复层钎缝区的元素分布（Ni-Cr-P 钎料，$T=1040℃$）

温度降低，Super-Ni 复层晶界析出磷化物；P 元素扩散至 NiCr 基层使碳的溶解度降低，析出 Ni、Cr 的碳化物。剩余液相首先凝固形成 γ-Ni，达到共晶点时，富 P 液相凝固形成 γ-Ni（P）固溶体和 Ni_3P 共晶。

在降温过程中，靠近两侧母材的钎缝冷却速度较快，形成一定的温度梯度，Ni-P 共晶沿温度梯度生长，形成针状形态。钎缝中心的冷却速度较慢，形成准稳态温度场，共晶自由生长形成蜂窝状。

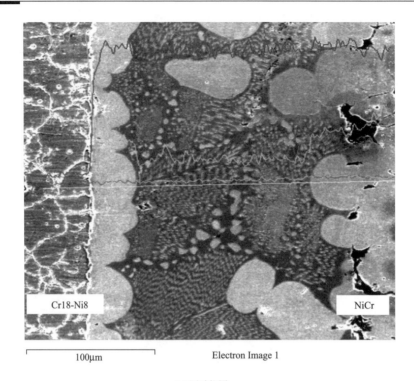

100μm   Electron Image 1

(a) 测试位置

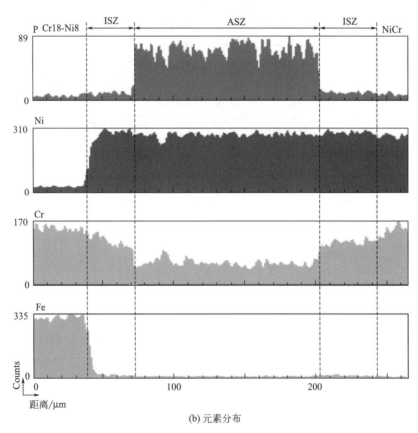

(b) 元素分布

图 5.42　NiCr 基层钎缝区的元素分布（Ni-Cr-P 钎料，T＝1040℃）

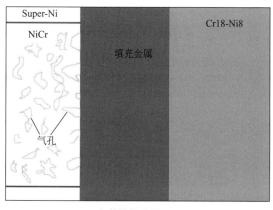

(a) 加热阶段(室温<t<890℃)

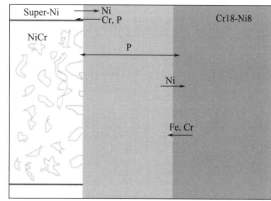

(b) 元素扩散阶段(890℃<t<T)

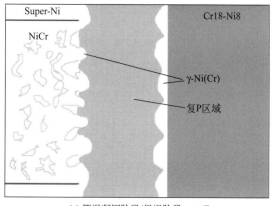

(c) 等温凝固阶段(保温阶段，$t=T$)

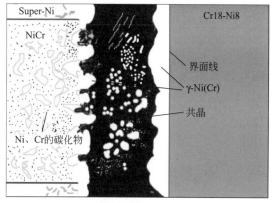

(d) 非等温凝固阶段(保温阶段，t<T)

图 5.43 叠层材料与 18-8 钢扩散钎焊接头形成过程（Ni-Cr-P 钎料）

5.3.3 叠层材料/18-8 钢扩散钎焊接头的显微硬度

（1）Ni-Cr-P 钎料

为判断采用 Ni-Cr-P 钎料获得的 Super-Ni/NiCr 叠层材料与 18-8 钢扩散钎焊接头的组织性能，对钎焊接头的显微硬度进行测定，测定位置及测试结果如图 5.44 和图 5.45 所示。

靠近 Super-Ni/NiCr 叠层材料侧 γ-Ni 固溶体的显微硬度为 $150HV_{0.05}$，靠近 18-8 钢侧

(a) 超级镍复层

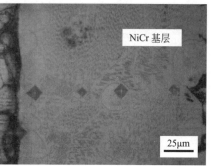

(b) NiCr基层

图 5.44 叠层材料/18-8 钢扩散钎焊接头的显微硬度位置（Ni-Cr-P 钎料，$T=1040$℃）

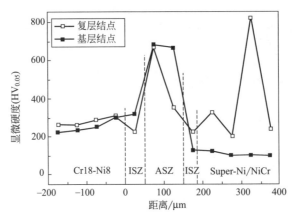

图 5.45 叠层材料/18-8 钢扩散钎焊接头的显微硬度分布（Ni-Cr-P 钎料，$T = 1040℃$）

γ-Ni 固溶体的显微硬度为 $300HV_{0.05}$。这是由于不锈钢中的 Fe 原子扩散至 γ-Ni 固溶体，形成间隙固溶体，使显微硬度升高。非等温凝固区中 Ni-P 共晶的显微硬度最高，为 $650HV_{0.05}$。Super-Ni 复层出现显微硬度波动，最大值为 $800HV_{0.05}$，最小值为 $200HV_{0.05}$。这是由于 P 元素沿 Super-Ni 晶界扩散形成 γ-Ni 固溶体＋Ni_3P 共晶。NiCr 基层母材的显微硬度为 $100HV_{0.05}$，焊后基层的显微硬度升高至 $150HV_{0.05}$。这是由于 NiCr 基层扩散影响区析出 Ni、Cr 的碳化物颗粒，对基层起析出强化作用。

（2）Ni-Cr-Si-B 钎料

扩散钎焊温度为 1040℃、保温时间为 20min 的条件下，采用 Ni-Cr-Si-B 钎料钎焊 Super-Ni/NiCr 叠层材料与 18-8 钢扩散钎焊接头的显微组织如图 5.46 所示。Super-Ni 复层钎缝区的显微组织与 NiCr 基层钎缝区的显微组织一致。钎料保留在钎缝中，整个钎焊接头没有出现空隙、裂纹、未钎合等缺陷。钎缝与 Super-Ni 复层和 NiCr 基层形成良好的结合，特别是在基层与复层界面也表现出良好的润湿性。钎缝中形成以网状分布的深灰色块状相，并且块状相边缘有白色颗粒析出。

钎缝中弥散分布着白色星型颗粒 [图 5.46（b）]，颗粒（测点 1）的 Si 含量为 18.77％，Ni 含量为 79.70％。而颗粒周围基体（测点 2）的 Si 含量较低，仅为 5.16％。根据 Ni-Si 二元合金相图可知，700℃下 Si 在 Ni 中的溶解度为 10.1％（原子分数）。钎料凝固过程中，Si

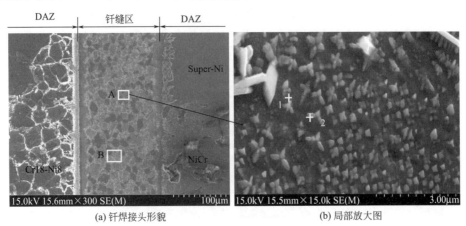

(a) 钎焊接头形貌   (b) 局部放大图

图 5.46 叠层材料/18-8 钢扩散钎焊接头的显微组织

（Ni-Cr-Si-B 钎料，$T = 1040℃$）

在 Ni 中的溶解度随着温度降低逐渐减小，以 Ni$_3$Si 的形式在 γ-Ni 固溶体中析出。因此，白色星型颗粒为 Ni$_3$Si。深灰色块状相（测点 3）主要含 Ni 和 B，并且 Ni、B 原子百分比约为 3∶1。根据 Ni-B 二元合金相图可知，块状相为 Ni$_3$B。Ni$_3$B 块状相上析出不规则白色颗粒（测点 4），颗粒的 Cr、B 元素含量较高，为 Cr 的硼化物。

扩散钎焊温度为 1040℃、保温时间为 20min 的条件下，采用 Ni-Cr-Si-B 钎料钎焊 Super-Ni/NiCr 叠层材料与 18-8 钢扩散钎焊接头的显微硬度如图 5.47 所示。

18-8 钢母材的显微硬度约为 180HV$_{0.05}$，18-8 钢扩散影响区（DAZ）的显微硬度升高至 200～430HV$_{0.05}$，其中靠近钎缝侧富 Cr 层的显微硬度为 430HV$_{0.05}$。离钎缝较近的 18-8 钢侧扩散热影响区为富 Cr 层，形成 Cr$_2$B、Fe$_{23}$B$_6$ 高硬度相；离钎缝较远的 18-8 钢侧扩散热影响区在晶界析出 Cr 的硼化物颗粒，使显微硬度升高。

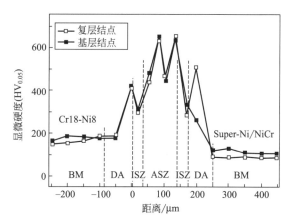

图 5.47　叠层材料/18-8 钢扩散钎焊接头的显微硬度
（Ni-Cr-Si-B 钎料，$T = 1040℃$）

等温凝固区（isothermal solidification zone，ISZ）由 γ-Ni 固溶体组成，显微硬度较低，约为 300HV$_{0.05}$。非等温凝固区（asothermal solidification zone，ASZ）的显微硬度波动较大，γ-Ni 固溶体的显微硬度为 450HV$_{0.05}$；Ni$_3$B 的显微硬度为 650HV$_{0.05}$，整个钎焊接头中 Ni$_3$B 的显微硬度最高。非等温凝固区（ASZ）中 γ-Ni 固溶体的显微硬度高于等温凝固区中 γ-Ni 的显微硬度，这是由于非等温凝固区的 γ-Ni 固溶体中出现弥散分布的 Ni$_3$Si 颗粒，起析出强化作用。

Super-Ni 复层侧扩散影响区的显微硬度为 500HV$_{0.05}$，而 Super-Ni 复层母材的显微硬度仅约为 90HV$_{0.05}$。这是由于 B 元素扩散至 Super-Ni 复层形成 Ni$_3$B 反应层，导致显微硬度升高。这种高硬度相会降低叠层材料/18-8 钢接头的韧性，高硬度相与钎缝的界面在承受复杂应力状态时，有可能成为裂纹源。NiCr 基层扩散影响区析出的 Ni、Cr 的硼化物颗粒也使显微硬度升高。

扩散钎焊温度为 1100℃、保温时间为 20min 时，叠层材料/18-8 钢扩散钎焊接头的显微硬度如图 5.48 和图 5.49 所示。18-8 钢侧扩散影响区（DAZ）的范围约为 150μm，随着至钎缝距离的增大，18-8 钢侧 DAZ 的显微硬度由 500HV$_{0.05}$（富 Cr 层）降低至 300HV$_{0.05}$，最后降低至 180HV$_{0.05}$（母材）。

非等温凝固区的显微硬度波动幅度增大，γ-Ni 固溶体的显微硬度最低为 332HV$_{0.05}$；Ni$_3$B 的显微硬度为 946HV$_{0.05}$；Ni-Si-B 网状相的显微硬度为 612HV$_{0.05}$。Super-Ni 复层侧扩散影响区的显微硬度为 $640HV_{0.05}$，而 Super-Ni 复层母材的显微硬度明显降低。B 元素对 Super-Ni 复层的影响主要集中在靠近钎缝侧 Super-Ni 复层，形成约 $20\sim30\mu m$ 由 Ni_3B 块状相组成的扩散反应层。

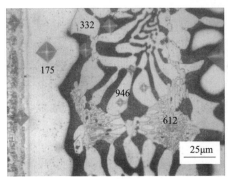

| (a) 超级镍复层钎焊区 | (b) 18-8钢扩散影响区 |

图 5.48　叠层材料/18-8 钢扩散钎焊接头组织及显微硬度测点

（Ni-Cr-Si-B 钎料，$T=1100℃$）

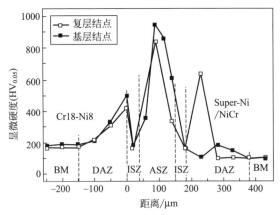

图 5.49　叠层材料/18-8 钢扩散钎焊接头的显微硬度分布

（Ni-Cr-Si-B 钎料，$T=1100℃$）

　　NiCr 基层侧扩散影响区（DAZ）的宽度增大至 $100\mu m$，随着至钎缝距离的减小，NiCr 基层侧 DAZ 的显微硬度先增大后减小。这与钎焊温度为 1040℃时，NiCr 基层侧 DAZ 显微硬度逐渐增大的趋势不同。钎焊温度为 1100℃时，NiCr 基层表面溶于液态 Ni-Cr-Si-B 钎料，基层与钎料之间的原始界面消失，但没有硼化物相生成，使显微硬度与 NiCr 基层母材一致，具有良好的塑韧性。

　　扩散钎焊温度为 1120℃、保温 20min 时，18-8 钢侧扩散影响区（DAZ）的范围扩大至 $200\mu m$。Super-Ni 复层钎缝区的显微硬度为 $180HV_{0.05}$，由 γ-Ni 固溶体组成，没有脆性相生成。Super-Ni 复层侧扩散影响区（DAZ）的显微硬度为 $300HV_{0.05}$，低于钎焊温度降低（1040℃、1100℃）时的情况。钎焊温度升高至 1120℃时，Super-Ni 复层侧扩散热影响区由 γ-Ni＋Ni_3B 共晶组成，显微硬度低于 Ni_3B 扩散反应层。

　　NiCr 基层钎缝区仍有 Ni_3B 脆性相存在，显微硬度可达 $700HV_{0.05}$。NiCr 基层侧扩散热影响区的显微硬度最高值出现在距离钎缝 $150\mu m$ 处。与非等温凝固区的高硬度共晶组织相比，NiCr 基层侧扩散影响区和 18-8 钢侧扩散影响区的硼化物析出相不连续，显微硬度相对较低，对接头的不利影响较小。

5.3.4 叠层材料/18-8 钢扩散钎焊接头的剪切强度

扩散钎焊参数直接影响钎焊接头的组织特征，进而对钎焊接头的结合强度、断裂位置和断口形貌产生影响。为了研究 Super-Ni/NiCr 叠层材料与 18-8 钢扩散钎焊接头的力学性能，采用 CMT-5015 型电子万能试验机和专用夹具对不同钎料、不同工艺参数获得的系列 Super-Ni/NiCr 叠层材料与 18-8 钢扩散钎焊接头进行剪切强度试验，试验结果见表 5.11。

表 5.11 叠层材料与 18-8 钢扩散钎焊接头的剪切强度

钎料	工艺参数 $(T \times t)$	剪切面积 /mm^2	最大载荷 F_{max}/kN	剪切强度 /MPa
Ni-Cr-P	980℃×20min	9.78×2.38	0.83	37
	1040℃×20min	7.95×2.61	2.85	137
	1060℃×20min	9.25×2.53	3.35	143
Ni-Cr-Si-B 晶态	1040℃×20min	8.00×2.56	5.01	140
	1060℃×20min	10.22×2.46	4.93	150
	1080℃×20min	9.69×2.35	3.49	153
	1100℃×20min	9.47×2.43	3.52	153
	1120℃×20min	10.14×2.45	3.94	159
Ni-Cr-Si-B 非晶	1060℃×20min	8.32×2.68	3.35	150
	1080℃×20min	9.69×2.35	3.97	174
	1100℃×20min	8.69×2.42	4.02	191
	1120℃×20min	9.47×2.54	4.74	195

Ni-Cr-P 钎焊接头的剪切应力达到最大值后迅速降低，破断前基本没有屈服，无塑性变形，剪切断裂从微观缺陷或脆性相处开始，然后迅速贯穿整个接头，导致完全断裂。采用 Ni-Cr-Si-B 钎料的钎焊接头及非晶 Ni-Cr-Si-B 钎焊接头断裂前出现屈服，接头区表现出一定的塑性。

采用 Ni-Cr-P 钎料时，钎焊温度对叠层材料/18-8 钢扩散钎焊接头剪切强度的影响如图 5.50 所示。加热温度为 980℃时，叠层材料/18-8 钢接头的剪切强度仅为 37MPa；随着

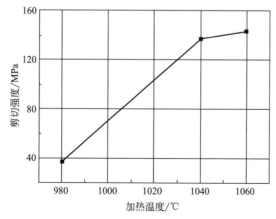

图 5.50 加热温度对叠层材料/18-8 钢接头剪切强度的影响（Ni-Cr-P 钎料）

加热温度升高至 1040℃，接头的剪切强度升高至 137MPa。但加热温度继续升高至 1060℃ 时，剪切强度升高为 143MPa。

　　加热温度为 980℃时，钎缝中存在高熔点组分团聚，接头的结合强度较弱；加热温度升高至 1040℃时，Super-Ni/NiCr 叠层材料与 18-8 钢结合良好，钎缝中以 Ni-P 共晶为主；加热温度升高至 1060℃时，P 元素向两侧母材的扩散速度提高，钎缝中的 Ni-P 共晶组织含量减少，剪切强度升高。Ni-P 共晶的显微硬度较高，可达 $650HV_{0.05}$，是裂纹起源和扩展的优先路径。加热温度为 1060℃时，钎缝中的 Ni-P 共晶并未完全消失，剪切强度升高幅度较小。

　　采用 Ni-Cr-Si-B 钎料时，加热温度对叠层材料/18-8 钢扩散钎焊接头剪切强度的影响如图 5.51 所示，随着加热温度升高，扩散钎焊接头的剪切强度增大。

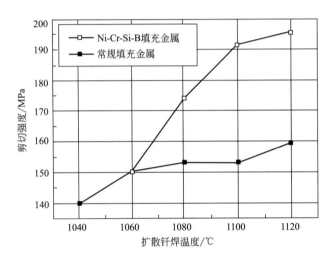

图 5.51　加热温度对叠层材料/18-8 钢接头剪切强度的影响
（Ni-Cr-Si-B 钎料）

　　采用 Ni-Cr-Si-B 晶态钎料，扩散钎焊接头剪切强度随加热温度的升高增大缓慢：加热温度为 1040℃时，扩散钎焊接头的剪切强度为 140MPa；加热温度为 1080℃时，扩散钎焊接头的剪切强度为 152MPa；加热温度升高至 1120℃时，扩散钎焊接头的剪切强度为 159MPa。采用 Ni-Cr-Si-B 非晶钎料，接头剪切强度随加热温度的升高增大较快：加热温度为 1060℃时，扩散钎焊接头的剪切强度为 150MPa；加热温度为 1100℃时，接头的剪切强度可达 191MPa；加热温度升高至 1120℃时，接头的剪切强度为 195MPa。Ni-Cr-Si-B 钎料钎焊叠层材料/18-8 钢接头的剪切强度高于 Ni-Cr-P 钎料钎焊接头。

　　扩散钎焊温度为 1060℃时，采用 Ni-Cr-Si-B 晶态与非晶钎料得到的叠层材料/18-8 钢接头的剪切强度一致。由于 B 元素向母材扩散不充分，钎缝中析出 Ni_3B 脆性相。对于非晶钎料，由于钎缝间隙较小，随着加热温度升高，钎缝中的共晶组织减少；加热温度升高至 1100℃，B 元素充分向母材扩散，钎缝完全由 γ-Ni 固溶体组成，接头的剪切强度明显增大。对于晶态钎料，由于钎缝间隙较大，加热温度升高至 1100℃时，钎缝中仍有大量共晶组织存在，剪切强度增幅较小；加热温度升高至 1120℃时，钎缝中的共晶组织减少，扩散钎焊接头剪切强度增大。

5.4 叠层材料与钛合金的过渡液相扩散焊

5.4.1 叠层材料与钛合金 TLP 扩散焊的工艺特点

（1）过渡液相（TLP）扩散焊的工艺特点

过渡液相（TLP）扩散连接是用一种特殊成分、熔化温度较低的薄层中间层作为过渡合金，放置在连接面之间。施加较小的压力或不施加压力，在真空条件下加热到中间层合金熔化，液态的中间层合金润湿母材，在连接界面间形成均匀的液态薄膜，经过一定的保温时间，中间层合金与母材之间发生扩散，合金元素趋向于平衡，形成牢固的连接。

过渡液相扩散连接开始时中间层熔化形成液相，液体金属浸润母材表面填充毛细间隙，形成致密的连接界面。在保温过程中，借助固-液相之间的相互扩散使液相合金的成分向高熔点侧变化，最终发生等温凝固和固相成分均匀化。

（2）叠层材料与钛合金 TLP 连接工艺

Super-Ni/NiCr 叠层复合材料与 Ti-6Al-4V 钛合金（TC4）作为待焊母材。叠层复合材料是一种"复层 - 基层 - 复层"的"三明治"型复合结构，厚度为 2.6mm（两侧超级镍复层仅为 0.3mm，Ni80Cr20 基层厚度为 2.0mm）。Super-Ni/NiCr 叠层材料尺寸为 30mm× 10mm×2.6mm，Ti-6Al-4V 钛合金尺寸为 40mm×20mm×6mm。

考虑到 Cu 作为中间层既可与 Ti 发生共晶反应，又能与 Ni 实现无限固溶，故采用 Cu 箔作为中间层材料，厚度约为 $50\mu m$。如图 5.52 所示，在 Ti-Cu 二元相图中存在两个共晶

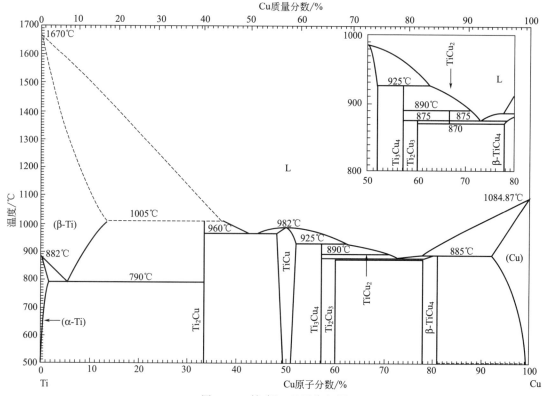

图 5.52 钛-铜二元平衡相图

点，在 960℃和 885℃时，Ti 与 Cu 都可以发生共晶反应。在 960℃时发生 L→Ti$_2$Cu＋TiCu，生成 Ti$_2$Cu＋TiCu 的共晶组织；在 885℃时发生 L→Ti$_2$Cu$_3$＋TiCu$_4$ 的反应，生成 Ti$_2$Cu$_3$＋TiCu$_4$ 的共晶组织，上述两种共晶组织的形成有利于 TLP 扩散反应中过渡液相的形成。不可忽略的是在 Ti-Cu 二元体系中存在六种中间相：Ti$_2$Cu(ψ)、TiCu(Φ)、Ti$_3$Cu$_4$ (λ)、Ti$_2$Cu$_3$(ξ)、TiCu$_2$(ζ)、TiCu$_4$(η)，其中 ψ、λ、ζ、η 四种中间相是通过如下的包晶反应生成的：

$$L + \alpha \rightarrow \psi(1005℃) \tag{5-11}$$
$$L + \Phi \rightarrow \lambda(925℃) \tag{5-12}$$
$$L + \delta \rightarrow \zeta(890℃) \tag{5-13}$$
$$L + \alpha \rightarrow \eta(890℃) \tag{5-14}$$

TiCu$_2$ (ζ) 仅存在于 875℃及以上的高温区间，因为在 875℃时 TiCu$_2$(ζ) 会通过共析反应而分解，即 $\zeta \rightarrow \eta + \xi$，从而生成 TiCu$_4$($\eta$) 与 Ti$_2Cu_3$($\xi$)。Ti-Cu 中间相的生成会弱化扩散焊界面性能。

如图 5.53 所示，铜-镍二元体系在大部分温度区间是以 Cu-Ni 固溶体形式存在的，利于扩散焊界面组织与性能的改善与提高。为探究中间层及保温时间对叠层材料与钛合金 TLP 扩散焊接头界面结合行为的影响，设置了多组试验参数。

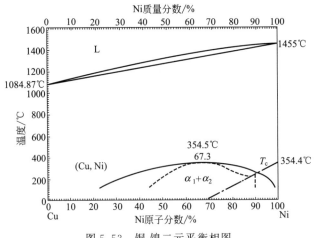

图 5.53　铜-镍二元平衡相图

将待焊试样的表面用砂轮机磨平，然后用金相砂纸打磨，将待焊试样及 Cu 箔中间层放入丙酮溶液中进行超声清洗，然后用酒精冲洗并吹干。接头装配及尺寸如图 5.54(c) 所示，设计了两种连接界面，一种是采用 Cu 中间层对 Super-Ni 复层与钛合金进行 TLP 连接，另一种是采用 Cu 中间层对 Ni80Cr20 基层与钛合金进行连接。

扩散焊试验采用 Workhorse Ⅱ型真空扩散焊设备（美国 Centorr Vacuum Industries），抽真空至 10^{-4}Pa，开始加热升温，为使整个真空室温度均匀，采用多个保温平台分级加热。在采用 1100℃进行扩散连接叠层材料与钛合金时，由于高温钛合金的软化，在压力作用下钛合金被压扁，接头成形较差，因此采用焊接温度 950℃，保温时间 30min、60min、90min，以 10℃/min 的速度冷却到 900℃并保温 2min，之后采用循环水冷却至 150℃，然后随炉冷却至室温。扩散焊过程中真空度保持 1.33×10^{-5}Pa，在加热至扩散焊温度（950℃）前 5min，液压系统开始加压至 5MPa，开始降温冷却时，撤除压力。

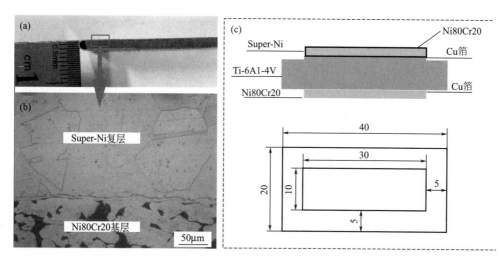

图 5.54　Super-Ni/NiCr 叠层复合材料结构与过渡液相扩散焊接头装配

　　由于在加热温度为 1100℃时扩散焊，钛合金软化不能实现与叠层材料的有效连接，为提高叠层材料与钛合金的可靠连接及实现在高端制造领域中的生产应用，采用了 Cu 箔及 NiCrSiB 非晶箔片作为过渡中间合金对叠层材料与钛合金扩散连接，加热温度控制在 1050～1080℃。由于在此温度区间钛合金容易软化，因此逐步撤除压力，界面的接合仅依靠中间合金的润湿。

　　制备的金相试样经打磨、抛光、腐蚀后，利用扫描电镜（SEM）及能谱仪（EDS）对接头界面微观组织、断口形貌及元素分布进行分析，采用 X 射线衍射仪（XRD）测定界面物相组成，采用 DHV-1000 型显微硬度计测定扩散焊接头显微硬度，施加载荷和时间分别为 50g 和 15s。采用 CMT5205 万能试验机进行扩散焊接头的抗剪强度测试，评估接头的结合强度，剪切试验加载速率为 0.5mm/min。

5.4.2　叠层材料与钛合金 TLP 扩散焊的界面行为

（1）TLP 扩散焊界面组织特征

　　加热温度为 950℃时经过不同的保温时间获得叠层材料与钛合金的过渡液相扩散焊（TLP）接头，该参数条件下获得的叠层材料 TLP 扩散焊接头的整体性得到了保障，在三组不同的保温时间条件下界面均实现了良好的宏观界面接合。Cu 箔中间层在焊接温度下熔化并在两侧母材的接触面铺展，随着保温时间的延长，熔化的 Cu 箔液态中间层在接触界面呈现出良好的铺展性和流动性，流向 Super-Ni/Ti-6Al-4V 界面边缘。

　　图 5.55 所示为在 950℃时，经不同保温时间（30min、60min、90min）得到的 Super-Ni/NiCr 叠层复合材料与 Ti-6Al-4V 钛合金扩散焊接头过渡区界面组织。由图 5.55 中可知，扩散焊接头由三个特征界面层组成，主要包含 Super-Ni 侧扩散层（Ⅰ）、中间反应层（Ⅱ）、钛侧扩散层（Ⅲ），界面组织的能谱分析（EDS）结果列于表 5.12 中。各界面间由于母材和中间层的溶解、扩散而呈镶嵌状接合。

　　保温时间通过影响界面反应动力学过程，从而改变界面扩散程度和界面组织特征。保温时间为 30min 时，在扩散层（Ⅰ）与 Super-Ni 复层之间有非连续分布的孔洞和微裂纹，如

图 5.55(a) 所示，微裂纹平行于连接界面，沿界面处浅灰色 A 相扩展，如图 5.55(b) 所示。活性元素 Ti 具有强扩散能力，少部分 Ti 原子可穿过中间层扩散至 Super-Ni 侧，与 Cu 反应生成了脆性 Ti-Cu 金属间化合物，结合 EDS 结果中的 A 点成分，Cu 与 Ti 原子个数比接近于 3∶2。根据 Ti-Cu 二元相图，推测 A 相为 Ti_2Cu_3 相，而 B 点的 Cu 含量明显增高，根据 Cu 和 Ti 的原子含量，推测 B 相为 $TiCu_4$ 相。Ti_2Cu_3 和 $TiCu_4$ 相由下面的共晶反应生成：$L \rightarrow Ti_2Cu_3 + TiCu_4$。由于保温时间较短，中间层原子未能充分扩散，由线扫描结果可知中间层 Cu 含量较高。

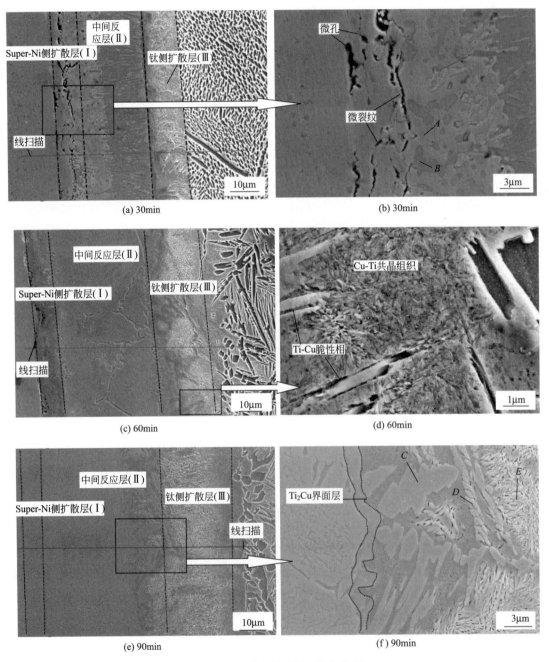

图 5.55　扩散焊接头界面组织特征

表 5.12 界面特征组织的 EDS 分析结果（原子分数） ％

位置	Ti	Al	V	Cu	Ni	相组成
A	35.48	2.38	2.94	54.44	4.76	Ti_2Cu_3
B	23.16	2.39	—	71.24	3.21	$TiCu_4$
C	52.23	2.03	—	40.85	4.90	$TiCu$
D	55.33	7.80	6.14	27.79	2.95	Ti_2Cu
E	73.74	5.58	8.95	8.65	3.09	$\alpha\text{-}Ti$

随着保温时间的延长，中间层与两侧母材界面处的原子相互扩散迁移量增多，界面扩散反应较为充分，显微孔洞逐渐消失，而形成致密的扩散焊界面过渡区。在保温时间为 60min 时，扩散层（Ⅰ）与 Super-Ni 复层之间无裂纹，且非连续分布的孔洞较少，主要是由于中间反应层晶界液化提供了快速扩散通道，将扩散层（Ⅰ）与 Super-Ni 复层之间部分微孔填充。中间反应层分布有粗化晶界，由钛侧向 Super-Ni 复层侧延伸，如图 5.55(c) 所示。由于 Cu、Ti 原子的扩散，在钛侧扩散层（Ⅲ）达到共晶成分，形成细小的 Cu-Ti 共晶组织，如图 5.55(d) 所示。

保温 90min 时，Super-Ni 侧元素充分溶解、扩散，如图 5.55(e) 所示。中间反应层的液化晶界明显增多，且延伸距离增加，在晶粒内有弥散分布的细小析出物，如图 5.55(f) 所示。析出物的形成主要与 Ti 原子沿液化晶界的扩散有关，Ti 发生向晶内的溶解、迁移，在晶内与 Cu 扩散反应，由于 Ti 与 Cu 的溶解度较小，在 TiCu 相基体上析出细小的 Ti_2Cu 相。保温时间的延长造成了界面金属间化合物的生长，TiCu 相不仅在中间反应层与钛侧扩散层的界面处形成宽度约为 $5\mu m$ 的锯齿状组织层，而且以长条状垂直于界面向钛侧扩散层内延伸，延伸距离达 $30\sim40\mu m$. 钛侧扩散层的晶粒随保温时间增加而粗化。

叠层材料与钛合金的扩散钎焊，采用 Cu 箔为钎料，保温时间为 20min。加热温度为 1050℃ 以及 1080℃ 时，钎缝中心界面断裂，无法得到有效的扩散钎焊接头。由于 TC4、Cu、Super-Ni 以及 NiCr 粉末合金的线胀系数不同，加热过程结束后焊接接头中有较大残余应力，钎缝中心由于两侧的拉应力而发生断裂。当加热温度为 1070℃ 时，靠近 TC4 一侧界面处有孔洞生成。NiCr 基层与 TC4 的扩散钎焊接头如图 5.56 所示。

加热温度为 1060℃ 及 1070℃ 时得到的钎缝宽度大致相同，钎缝与母材之间有明显界面。TC4 与钎缝之间有黑色扩散影响区形成，只是由于钛合金中元素与熔化的钎料混合反应，导致钛合金与钎缝界面处某些元素缺失而形成黑色界面带，钎缝有孔洞分布。加热温度为 1080℃ 时，钎缝孔洞较多且出现分层现象，图 5.56(c) 中均匀较亮区域为 Cu 箔；较暗的多孔洞区域为 Cu 与 Ti 后所形成。

采用 NiCrSiB 非晶钎料，保温时间为 20min，当加热温度为 1050℃ 时，所得到的扩散钎焊接头如图 5.57 所示。在该温度下，钎料与母材润湿效果好，扩散钎焊接头成形良好，加热过程中，NiCrSiB 非晶钎料与母材发生相互作用：NiCrSiB 非晶钎料熔点比母材低，在加热温度下，钎料处于熔融状态，并在表面张力的作用下流入固态母材的间隙中并填充间隙，熔化的 NiCrSiB 非晶钎料中元素向两侧的 TC4 合金与 NiCr 基层扩散，而两侧母材向钎料溶解冷却后形成钎缝。钎料与 TC4 一侧润湿良好，有明显界面，钎缝与 TC4 界面处形成黑色扩散影响区，TC4 靠近钎缝一侧有细针状组织生成，具有明显方向性。钎缝与 NiCr 基层侧界面处有孔洞和微裂纹分布。

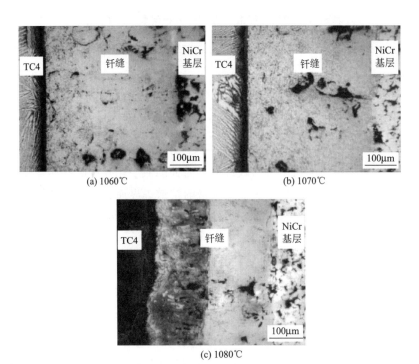

图 5.56　叠层材料 NiCr 基层与钛合金扩散钎焊接头的组织特征（Cu 箔为钎料）

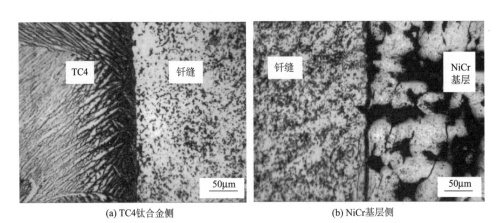

图 5.57　叠层材料 NiCr 基层与钛合金扩散钎焊接头的组织特征（NiCrSiB 非晶钎料）

（2）界面元素分布特征

叠层材料与钛合金扩散钎焊界面元素的分布如图 5.58 所示，在保温开始阶段，在浓度梯度和化学度梯度驱动下，主要发生 Ti 和 Cu 的扩散，保温时间为 30min 时，Cu 和 Ti 都已发生明显的扩散，如图 5.58（a）所示，且 Cu 原子向钛合金侧的扩散迁移量要高于向 Super-Ni 侧的扩散迁移量，主要是由于 Cu 和 Ti 扩散接触后，界面处浓度变化造成界面体系熔点降低，促进共晶液相的产生，降低扩散激活能，增大了系统互扩散系数。而 Ni、Al 的扩散不明显，Ni 与 Cu 可实现无限互溶，但 Ni 与 Cu 的原子半径都较大，扩散方式主要为置换扩散，Cu 和 Ni 的扩散接触会造成体系熔点升高，提高扩散激活能，使得 Ni 与 Cu 的互扩散较为缓慢。

采用 NiCrSiB 非晶钎料，保温时间为 20min、加热温度为 1050℃时所得到的扩散钎焊接

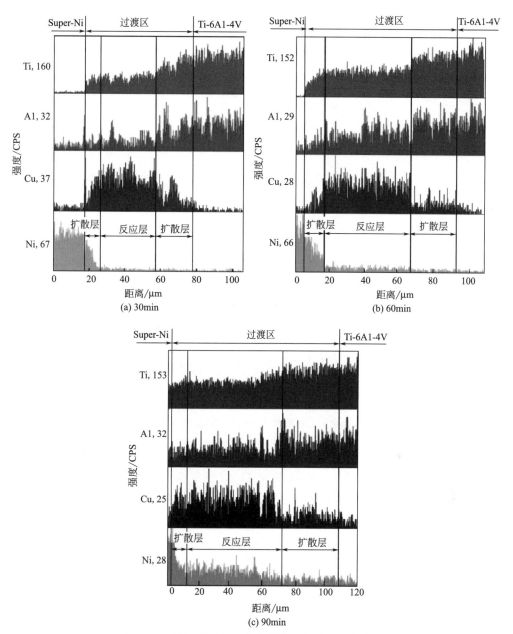

图 5.58 叠层材料与钛合金扩散钎焊界面元素分布

头扫描电镜下组织如图 5.59 所示。对其进行点成分测定，元素含量见表 5.13。

表 5.13 图 5.59 中各点的 EDS 结果 %

点	元素含量（原子分数）					
	Ti	Ni	Al	V	Cr	Si
1	65.38	29.37	3.89	—	1.09	0.27
2	89.14	—	8.95	1.71	—	0.20
3	63.45	30.19	4.92	—	1.44	—

测点 1 处为位于 TC4 与钎缝扩散影响区处的细针状组织，由 EDS 分析结果可知，Ti 原

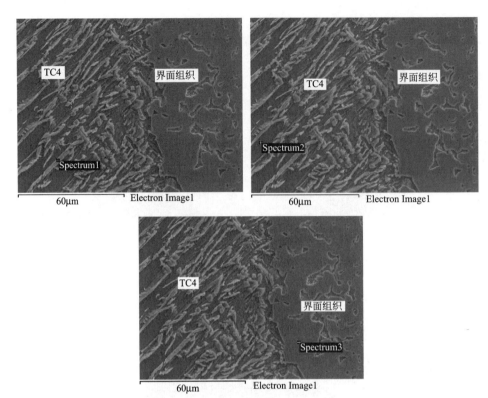

图 5.59　NiCrSiB 非晶钎料 1050℃叠层材料与
钛合金扩散钎焊界面 SEM 组织及成分测定

子与 Ni 原子百分比含量之比为 2∶1，推测其组成为 Ti_2Ni 金属间化合物。由钛-镍二元相图可知，加热温度为 984℃时，Ti 与 Ni 可形成 Ti_2Ni 稳定金属间化合物。扩散钎焊过程中，TC4 与 NiCrSiB 非晶钎料中元素发生相互反应。Ni 元素优先沿着 TC4 晶界扩散，Ni 先与 Ti 生成 TiNi，随着温度升高，TiNi 可与 Ti 发生反应并生成 Ti_2Ni 作为独立物相存在，在冷却过程中在晶界处形成细针状晶组织。测点 2 的成分中 Ti 为 89.14%，其次较多的是 Al，存在微量的 V 与 Si，故点 2 处是未与钎料发生反应的 TC4 基体，其中 Al 的含量略高，有可能是周围细针状组织内 Al 元素扩散至 TC4 基体所形成的。测点 3 位于靠近 TC4 一侧的钎缝上，由其 EDS 分析结果可知，其元素含量与点 1 处类似。扩散钎焊过程中，TC4 母材向钎料溶解，Ti 与 Ni 反应生成 Ti_2Ni，此处组织与点 1 晶界处细针状组织不同，此处组织形貌较为均匀。

5.4.3　叠层材料与钛合金 TLP 扩散焊接头的性能特点

（1）接头的显微硬度

叠层材料与钛合金扩散钎焊界面附近的显微硬度分布如图 5.60 所示，Super-Ni/Cu/Ti-6Al-4V 的过渡区和钛合金母材的显微硬度明显高于 Super-Ni 复层，由 Super-Ni 侧到过渡区显微硬度值急剧升高。

中间反应层与钛合金侧扩散区界面处出现显微硬度峰值（约 $600HV_{0.05}$），而钛合金侧扩散区的显微硬度为 $420\sim470HV_{0.05}$，表明中间反应层与钛合金侧扩散区界面处，Cu 与 Ti

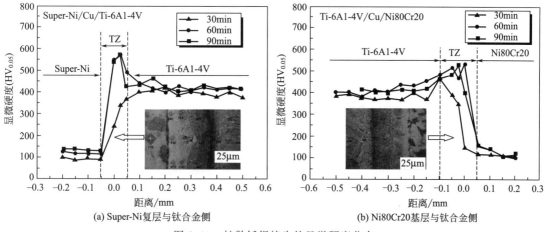

图 5.60　扩散钎焊接头的显微硬度分布

的接触反应最为剧烈，形成 Ti-Cu 脆性相，导致显微硬度升高，而钛合金侧扩散区多以共晶组织为主，显微硬度降低。

保温时间从 30min 增加至 60min，过渡区的显微硬度由 $350HV_{0.05}$ 增加到 $600HV_{0.05}$，这是由于界面附近的 Cu、Ti 原子得到充分的相互扩散，并发生扩散反应，但当保温时间继续增加时，过渡区的显微硬度不再升高，趋于稳定。

Ti-6Al-4V/Cu/Ni80Cr20 界面附近的显微硬度如 5.60(b) 所示，过渡区的显微硬度明显高于钛合金母材，主要是 Ti-Cu 金属间化合物的形成。在保温时间为 30min 时，过渡区显微硬度值波动较大，保温时间较短导致过渡区组织不均匀。在保温时间为 60min 与 90min 时，过渡区的显微硬度分布较为均匀，且均高于保温时间为 30min 时的显微硬度值。

（2）接头的抗剪强度

对 Ti-6Al-4V/Cu/Ni80Cr20 扩散钎焊接头的抗剪强度进行了测试，剪切断裂后的断口微观形貌如图 5.61 所示。

对于 Super-Ni/Cu/Ti-6Al-4V 扩散钎焊接头，剪切断裂多发生在叠层材料复层与基层之间的界面，表明叠层材料与钛合金 TLP 扩散焊接头的抗剪强度明显高于原始叠层材料 Super-Ni 与 NiCr 基层之间的接合强度，这主要是由于在 TLP 扩散焊连接工艺中的持续高温使叠层材料复层与基层之间的接合强度弱化，复层与基层之间的界面被认为是叠层材料与钛合金 TLP 扩散焊接头最薄弱的环节，保温时间为 30min 时，获得的接头抗剪强度最高（58MPa），明显高于采用 NiCrP 钎料进行钎焊叠层材料与不锈钢获得的接头抗剪强度（36MPa）。当保温时间增至 60min 和 90min 时，接头的抗剪强度分别为 33MPa 和 37MPa。

Ni80Cr20/Cu/Ti-6Al-4V 接头的抗剪强度最高值为 46MPa，是在保温时间为 30min 和 90min 时获得的，然而在保温时间为 60min 时，接头的抗剪强度为 36MPa。在保温时间为 30min 时，界面反应主要为元素之间的扩散与固溶，形成了 Cu(Ni) 或者 Ni(Cu) 的固溶体，只有少量的金属间化合物生成，这与 XRD 测定的结果一致。保温时间为 90min 时，虽然 Ti-Cu 金属间化合物生成，但界面成分得到了充足的均匀化。因此叠层材料与钛合金的扩散焊界面特征不仅受界面金属间化合物的影响，还与界面成分的均匀化有关。保温时间为 60min 时，界面生成了大量的 Ti-Cu 金属间化合物，且界面成分不均匀，两者都导致了接头抗剪强度的下降。

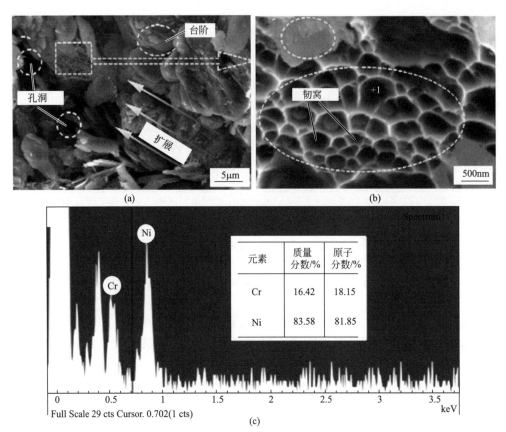

图 5.61　叠层材料与钛合金扩散钎焊接头剪切断口的微观形貌

参 考 文 献

[1]　陈亚莉. 未来航空发动机涡轮叶片用材的最新形式——微叠层复合材料. 航空工程与维修，2001（5）：10-12.

[2]　郭鑫，马勤，季根顺，等. 金属间化合物基叠层复合材料研究进展. 材料导报，2007，21（6）：66-69.

[3]　王增强. 高性能航空发动机制造技术及其发展趋势. 航空制造技术，2007，（1）：52-55.

[4]　Jang-Kyo Kim, Tong-Xi Yu. Forming and failure behavior of coated, laminated and sandwiched sheet metals：a review. Journal of Materials Processing Technology，1997，63：33-42.

[5]　张俊红，黄伯云，周科朝，等. 包套轧制制备 TiAl 基合金板材的研究. 粉末冶金材料科学与工程，2001，6（1）：48-53.

[6]　李亚江，夏春智，U. A. Puchkov，王娟. Super-Ni 叠层材料与 18-8 钢焊接性. 焊接学报，2010，31（2）：13-16.

[7]　Wu Na, Li Yajiang, Ma Qunshuang. Microstructure evolution and shear strength of vacuum brazed joint for super-Ni/NiCr laminated composite with Ni-Cr-Si-B amorphous interlayer，Materials and Design，2014（53）：816-821.

[8]　M. . Li，W. O. Soboyejo. An investigation of the effects of ductile-layer thickness on the fracture behavior of nickel aluminum microlaminates. Metallurgical and Materials Transaction，2000，31A：1385-1399.

[9]　马培燕，傅正义. 微叠层结构材料的研究现状. 材料科学与工程，2002，20（4）：589-593.

[10]　陈燕俊，周世平，杨富陶. 层叠复合材料结构技术进展. 材料科学与工程，2002，20（1）：140-142.

[11]　Xia Chunzhi, Li Yajiang, U. A. Puchkov, et al. Microstructural study of super Ni laminated composite/1Cr18Ni9Ti steel dissimilar welded joint. Materials Science and Technology，2010，26（11）：1358-1362.

[12]　[德] 埃里希·福克哈德. 不锈钢焊接冶金. 栗卓新，朱学军译，北京：化学工业出版社，2004.

[13]　吴娜，李亚江，王娟. Super-Ni/NiCr 叠层材料与 Cr18-Ni8 钢真空钎焊接头的组织性能. 焊接学报，2013，34（3）：41-44.

[14] Kun Liu, Yajiang Li, Chunzhi Xia, Juan Wang. Microstructural evolution and properties of TLP diffusion bonding super-Ni/NiCr laminated composite to Ti-6Al-4V alloy with Cu interlayer. Materials and Design, 2017, 135: 184-196.

[15] 杜善义. 先进复合材料与航空航天. 复合材料学报, 2007, 24 (1): 1-12.

[16] 易剑, 郝晓东, 李垚. 微叠层材料及其制备工艺研究进展. 宇航材料工艺, 2005, 5: 16-21.

[17] Jeffrey Wadsworth, Donald R Lesuer. Ancient and modern laminated composites — from the great pyramid of gizeh to Y2K. Materials Characterization, 2000, 45: 289-313.

[18] 马李, 孙跃, 郝晓东. EB-PVD 工艺制备 Ti/Ti-Al 超薄多层复合材料的微观结构与性能研究. 航空材料学报, 2008, 28 (1): 5-8.

[19] Aashish Rohatgi, David J Harach, Kenneth S Vecchio, et al. Resistance-curve and fracture behavior of Ti-Al3Ti metallic-intermetallic laminate (MIL) composites. Acta Materialia, 2003, 51: 2933-2957.

[20] 刘慧渊, 何如松, 周武平, 等. 热等静压技术的发展与应用. 新材料产业, 2010, 11: 12-17.

[21] 钟敏霖, 何金江, 刘文今, 等. 激光沉积制备 A15-Nb_3Al/B2 叠层金属间化合物复合材料. 中国激光, 2007, 34 (12): 1694-1699.

[22] 汪建华. 焊接数值模拟技术及其应用. 上海: 上海交通大学出版社, 2003.

[23] 武传松. 焊接热过程数值分析. 哈尔滨: 哈尔滨工业大学出版社, 1990.

[24] 奚正平, 汤慧萍. 烧结金属多孔材料. 北京: 冶金工业出版社, 2009.

[25] V. K. Sorokin. Strength of porous sintered sheet materials. Powder Metallurgy and Metal Ceramics, 1988, 27 (2): 171-175.

[26] 中国航空材料手册编辑委员会. 中国航空材料手册: 第2卷　变形高温合金、铸造高温合金. 第2版. 北京: 中国标准出版社, 2001.

[27] 刘光启, 马连湘, 刘杰. 化学化工物性数据手册 (无机卷). 北京: 化学工业出版社, 2002.

第6章
异种轻金属的焊接

现代工程中的许多零部件需要工作在高温或低温、腐蚀介质、电磁场或放射性环境中，其中有色金属材料的用量也比较大。所选用的材料应该是能满足工作要求的特殊材料，单独使用一种材料常常不能满足实际应用中的各种要求。为了节约大量的优质贵重有色金属材料，降低成本，在不同的工作条件下使用不同的材料，充分发挥不同材料的性能优势，异种有色金属焊接结构得到越来越多的应用。

6.1 铜与铝及铝合金的焊接

铜和铝是电力行业中应用广泛的两种有色金属，铜与铝接头被应用于电力传输领域。过去几十年时间内研究者们在铜与铝连接方面做了大量的工作，取得了良好的进展。

6.1.1 铜与铝及铝合金的焊接特点

（1）铜与铝为什么要进行焊接

铜和铝都是制造导电体的材料，铝的密度是铜的 1/3，因此，铝与铜形成连接件可以降低成本，减轻构件的重量以及发挥各自的优点。但由于铝表面极易氧化，所形成的氧化膜十分牢固，且电阻性很大，采用机械连接是不可靠的。

电工产品以铝代铜后，突出的问题是接头的连接问题。采用机械方法连接（例如螺钉连接）是电工产品中常用的方法，但将机械方法用于铝/铜连接后，在产品运行过程中接点处接触不稳定，常发生冒烟、放爆等现象，并由此引起事故和造成火灾。实践证明，铝与铜用机械方法连接的电工产品在负荷较大的情况下，是极不可靠的。

铝是十分活泼的金属，在大气中，铝的表面覆盖着一层坚固的氧化膜，这层氧化膜是电和热的绝缘介质。当铝与铜采用机械方法连接时，由于铝表面氧化膜的绝缘作用，连接处的接触电阻很大，在负荷较大的情况下接点处的温度升高，引起铝本身的蠕变。接点处的铝在室温下可以承受机械压力而不会产生塑性变形，但蠕变后的铝则可能在压力下发生"流动"，导致接点处温度继续升高，直至引起电弧放电，把接头烧坏。

铜的屈服强度较高，没有氧化膜的绝缘问题，因此铜与铜采用机械方法连接是可行的。在负荷较小的线路中，铝采用合理的机械连接并不是完全不可行；但在负荷较大的线路中，铝与铜应采用焊接方法连接。例如，电工产品的引出线或配电板上，为了保证连接处有良好的导电性能，可靠的办法是在铝导线的端部焊接一段铜导线，以便于铜导体之间用机械方法连接。

由于铝比铜轻、价格低，而且资源丰富，在制造导线和母线时，经常以铝代铜。生产中应用焊接方法实现铜与铝的连接，以提高铜和铝连接件的综合性能。

（2）铜与铝焊接中存在的问题

铜与铝的焊接（属于异种金属焊接）要比铝与铝或铜与铜的焊接难度更大。可以做如下试验：将铜与铝用氩弧焊使之熔化并焊接起来，但将该接头抛落在水泥地面上就会立即断裂开，焊缝断口呈脆性断裂特征，用锉刀锉削断口，硬得很。铜与铝本身都是很软的金属，但两者熔合的焊缝却变得却又硬又脆。测量一下这个接头的电阻，你会发现，它的电阻值远远大于同截面的铝的电阻值。这是为什么？

因为，铜与铝熔合后会生成金属间化合物，硬而脆、导电性能差是这类化合物的特性。铜和铝液态下可以无限相互溶解，而在固态下互相溶解度很小，铜与铝在高温下能形成多种金属间化合物，主要有 Cu_2Al、Cu_3Al_2、$CuAl$、$CuAl_2$ 等。铜-铝合金状态如图 6.1 所示。铝与铜在高温时发生强烈氧化，能生成多种难熔的氧化物。

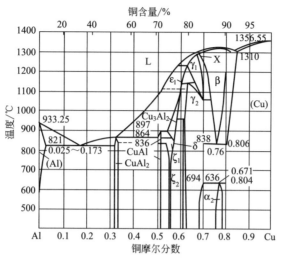

图 6.1　铜-铝合金状态图

铜与铝在物理性能方面存在着较大的差异，特别是熔点相差 424℃，线胀系数相差 40% 以上，电导率也相差 70% 以上。其中铝与氧易形成 Al_2O_3 氧化膜，熔点高达 2050℃；而铜与氧以及 Pb、Bi、S 等杂质易形成多种低熔点共晶组织。铜与铝的物理性能比较见表 6.1。

表 6.1　铜与铝及铝合金的物理性能比较

材料		熔点 /℃	沸点 /℃	密度 /(g/cm³)	热导率 /[W/(m·K)]	线胀系数 /10⁻⁶K⁻¹	弹性模量 /GPa
铝及铝合金	纯铝	660	2327	2.7	206.9	24	61.74
	L1	640～660	—	2.7	217.7	23.8	61.70
	L2	658	—	2.7	146.6	24	61.68
	LF3	616	—	2.67	117.3	23.5	—
	LF6	580	—	2.64	117.4	24.7	—
	LF21	643	—	2.73	163.4	23.2	—
	LY12	502	—	2.78	117.2	22.7	—
	LD2	593	—	2.70	175.8	23.5	—
铜及铜合金	纯铜	1083	2578	8.92	359.2	16.6	107.78
	T1	1083	2578	8.92	359.2	16.6	108.30
	T2	1083	2578	8.9	385.2	16.4	108.50
	黄铜	905	—	8.6	108.9	16.4	
	锡青铜	995	—	8.8	75.36	17.8	
	铝青铜	1060	—	7.6	71.18	17	
	硅青铜	1025	—	7.6	41.90	15.8	
	铍青铜	955	—	8.2	92.10	16.6	

铜与铝的焊接可以采用熔焊、压焊和钎焊。由于铜和铝具有良好的塑性，铜的压缩率达

80%～90%，铝的也有 60%～80%，因此目前主要是采用压焊方法进行焊接。熔焊的主要困难是铝和铜的熔点相差很大。熔焊时，应以铝为主组成焊缝，铜的含量应控制在 12%～13%以下，否则在晶界上易形成固溶体和 $CuAl_2$ 脆性化合物，使接头的强度和塑性降低。焊接时，电弧中心要偏向铜板一侧。焊接线能量要比焊接铝及铝合金时大，但比焊接铜及铜合金时小。

铜与铝采用钎焊-熔焊能获得良好的接头，焊前在铜的待焊面上用钎料（如 Ag 50%，Cu 15.5%，Zn 16.5%，Cd 15%）钎焊一层约 1mm 厚的金属过渡层。然后与铝进行氩弧焊，填充材料为含硅 10%的铝焊丝。此法对铝母材是熔焊，对铜母材是钎焊，焊接时尽量不要让电弧偏向铜母材的一侧。

铜与铝及铝合金的焊接主要存在以下问题：

① 铝、铜易被氧化　铜和铝都是极易被氧化的金属，在焊接过程中氧化十分激烈，能生成高熔点的氧化物。因此，在焊接中很难使焊缝达到完全熔合的程度，这给铜与铝的焊接带来了很大的困难。

② 铜与铝的焊接接头脆性大，易产生裂纹　铜与铝采用熔焊时，在靠近铜母材一侧的焊缝金属中，很容易形成 $CuAl_2$ 共晶或 $Cu+Cu_2O$，分布于晶界附近，使焊缝金属的脆性倾向增大，并易于产生裂纹。由于填充材料以及 Cu、Al 母材的影响，也可能产生三元共晶组织，易产生晶间裂纹。

③ 焊缝易产生气孔　铜与铝熔焊时，易产生气孔，主要是由于两种金属的导热性都比较大，焊接时熔池金属结晶快，高温时的冶金反应气体来不及逸出，进而产生气孔。气孔对焊接接头的强度以及耐蚀性影响都很大，所以焊前对焊接部位必须进行严格的清理，并且应严格控制焊接线能量。

可以采用如下方式获得性能良好的铜/铝焊接接头：

① 使用焊接加热温度不高于 Al-Cu 共晶温度（548℃）的焊接方法，如冷压焊、低温摩擦焊、钎焊等。

② 使用能把已经生成的 $CuAl_2$ 化合物在压力下挤出焊缝的焊接方法，如闪光对焊、储能焊等。完全去除 $CuAl_2$ 化合物非常困难，实践证明：控制 $CuAl_2$ 化合物厚度为 0.01～0.02mm，接头的各种性能即能满足使用要求。

6.1.2　铜与铝及铝合金的熔焊

铜的熔点比铝的熔点约高一倍。在熔焊中，当铝熔化时，铜却保持固体状态；当铜开始熔化时，铝已熔化很多了。这就使铝的损耗量大大超过铜。铜与铝的熔点相差很大，使得实现铜与铝的熔焊有很大难度。

铜与铝熔化焊时，在 Cu/Al 接头的靠铜一侧易形成一层厚度约为 $3～10\mu m$ 的金属间化合物（$CuAl_2$），存在这样一个区域会使接头强韧性降低。只有在金属间化合物层的厚度很小的情况下，才不会影响接头的强韧性。

（1）铜与铝的钨极氩弧焊（TIG）

焊接前先用钢丝刷清除工件表面的氧化膜，或用化学方法进行清洗，通常是采用氢氧化钠（NaOH）水溶液，浓度约为 20%，加温可加快清洗速度。采用钨极氩弧焊直接焊接铜与铝时，铜、铝工件应用夹具夹紧。工件厚度不大时，可不开坡口；否则铜侧可开 V 形坡口，坡口角度一般为 45°～75°。填充材料选用纯铝焊丝，直径为 2～3mm。卷边焊接一般不必使用填充焊丝。

铜与铝钨极氩弧焊的工艺参数为：焊接电流为 150A，焊接电压为 15V，焊接速度为 0.17cm/s。焊接过程中，电弧偏向铝一侧，主要熔化铝一侧，而对铜一侧不能熔化太多。焊接电流是否适宜，可从焊缝的"鱼鳞纹"（即波纹）的形状来判断：当焊缝皱纹突出而极不平滑、焊缝波纹间高低明显时，表明焊接电流过小；当焊件被烧塌陷、焊缝极低、焊缝波纹极不明显时，表明焊接电流过大。

采用上述工艺的焊缝中含铜量会很高（超过 13%），最终获得的接头强度和塑性比较低。如果焊前在铜一侧的坡口上熔敷上一层 0.6～0.8mm 的银钎料，然后用 Al-Si 合金焊丝与铝进行焊接，可获得强度和塑性良好的焊接接头。在焊接过程中，钨极电弧中心要偏离坡口中心一定距离，使电弧不直接指向铜一侧，而指向铝的一侧，尽量减少焊缝金属中的含铜量，至少控制在 10% 以下。

铜与铝采用对接钨极氩弧焊时，为了减少焊缝金属的含铜量、增加铝的成分，可将铜侧加工成 V 形或 K 形坡口，并在坡口表面镀上一层 Zn，厚度约为 $60\mu m$。铜与铝钨极氩弧焊的工艺参数见表 6.2。

表 6.2 铜与铝钨极氩弧焊的工艺参数

被焊金属	焊丝	焊丝直径 /mm	焊接电流 /A	钨极直径 /mm	氩气流量 /(L/min)
Cu + Al	Al-Si 丝	3	260～270	5	8～10
	Al-Si 丝	3	190～210	4	7～8
	铜丝	4	290～310	6	6～7

施焊操作的工艺要点：

① 焊炬与工件间的倾角（从右向左施焊时）约为 75°～85°，起弧时可将焊炬垂直于工件，随后保持正常的倾角；钨极应稍指向铝件一侧。

② 钨极电弧长度一般为 5mm 左右，工件越薄，电弧长度应相应越短。

③ 将填充铝焊丝放在熔池的前部边沿，与工件的夹角不大于 15°，焊丝端部不能与熔池接触，但应始终处于氩气保护区。切忌将铝焊丝抬起过高，或者倾角太大。

④ 填充铝丝应在电弧侧进行必要的预热，然后送入弧心与基体熔合，避免铝丝的大段熔填。

⑤ 卷边接头焊接完毕，将氩弧移开，待铝液凝固后再进行一次电弧回热，借助外层氧化膜的表面张力，获得光亮圆滑的接头。

⑥ 钨极与工件短路粘住时，不要急于提起焊炬，这样容易折断钨棒。正确的方法是放开手动开关，关闭电源，然后轻轻摇动焊炬，使钨极脱离焊件。

⑦ 氩弧焊对接接头的收尾处易出现弧坑或裂纹、塌边等缺陷，处理办法是收尾时适当增加焊丝填充量，同时掌握好熄弧的技术：保持焊炬不动，放开手动开关，即自动熄弧。

（2）铜与铝的埋弧焊

铜与铝采用埋弧焊时的接头形式如图 6.2 所示。焊接电弧与铜母材坡口上缘的偏离值 L 为 $(0.5～0.6)\delta$，其中 δ 为焊接工件厚度。铜母材侧开 U 形坡口，铝母材侧不开坡口。U 形坡口中预置直径为 3mm 的铝焊丝。当焊接板材厚度为 10mm 时，采用直径为 2.5mm 的纯铝焊丝 SAl-2，焊接电流为 400～420A，焊接电压为 38～39V，焊接速度为 0.58cm/s。用

图 6.3 所示的各种坡口进行试验，只有图 6.3(e) 所示焊缝金属中 Cu 含量最低（只有 8%～10%），可获得满意的焊接接头，抗拉强度为 50～70MPa。其他坡口形式的焊缝中的 Cu 含量都明显增加，所以接头都很脆。

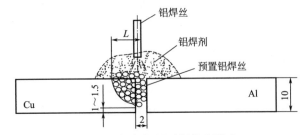

图 6.2　铜与铝埋弧焊接头形式

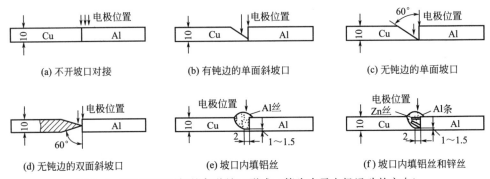

(a) 不开坡口对接　(b) 有钝边的单面斜坡口　(c) 无钝边的单面坡口

(d) 无钝边的双面斜坡口　(e) 坡口内填铝丝　(f) 坡口内填铝丝和锌丝

图 6.3　铜与铝埋弧焊的各种坡口形式（箭头表示电极运动的方向）

开坡口焊接铜与铝需要由技术熟练的焊工来完成，否则易使电弧指向铜件而增加焊缝中的 Cu 含量。铜与铝埋弧焊的工艺参数见表 6.3。铜/铝异种金属埋弧焊的线能量应比同种铝焊接时的线能量大，但比同种铜焊接时的线能量小。

表 6.3　铜与铝埋弧自动焊的工艺参数

板厚 /mm	焊接电流 /A	焊丝直径 /mm	焊接电压 /V	焊接速度 /(cm/s)	焊丝偏离距离 /mm	焊剂层/mm 宽	焊剂层/mm 高	层数
8	360～380	2.5	35～38	0.68	4～5	32	12	1
10	380～400	2.5	38～40	0.60	5～6	38	12	1
12	390～410	2.6	39～42	0.60	6～7	40	12	1
20	520～550	3.2	40～44	0.2～0.3	8～12	46	14	3

埋弧焊时，尽量减少铜在焊缝中的熔入量，这主要取决于焊接工艺、接头的坡口形式与尺寸以及电弧距坡口中心的距离等因素。电弧应指向铝一侧，但又不能偏移坡口中心太远，最佳偏移距离为 5～7mm。在焊缝中加入 Si、Zn、Ag、Sn 等元素，可使接头强度大幅度地提高。

（3）铜与铝的电子束焊

铜与铝可以采用加中间合金层的电子束焊进行焊接，能获得优良的焊接接头。在不加中间合金层的情况下，直接进行电子束焊，焊后接头的焊缝窄而深，主要由 $CuAl_2$ 共晶组织的 θ 相外加大量的 η 及 β 相所组成，使得焊缝金属硬而脆。采用 Ag 作为中间合金层时，由于 Ag 与 Cu、Al 均可形成互溶固溶体，所以采用 Ag 为中间层可以提高焊缝金属的力学性能。采用厚度为 0.7mm 的 Ag 作为中间合金层进行电子束焊接，能得到良好的铜与铝的焊接接头。

6.1.3　铜与铝及铝合金的压焊

铜和铝由于在物理、化学和加工性能方面相差较大，采用熔焊难以得到优质的铜与铝接头。研究者们更加关注用压焊的方法来获得可靠的铜与铝接头。铜和铝的塑性都很好，是采用压焊的有利条件。

（1）铜与铝的闪光对焊

闪光对焊是电阻对焊工艺中的一种，也是铜与铝焊接的重要方法之一。采用闪光对焊，铜与铝的脆性金属间化合物和氧化物均可以被挤出接头，使接触面产生较大的塑性变形，能获得良好的焊接接头。

铜与铝的闪光对焊具有以下特点：

① 铜与铝的导热、导电性良好，要使端面加热到焊接所需的温度，必须通过大的焊接电流；

② 铝与铜相比熔点低，熔化过程中的熔化速度快，比一般钢的熔化速度大很多；铜开始熔化时，铝已熔化很多了，闪光焊时铝的耗损量比铜大得多（约是铜的三倍多）；

③ 铜与铝的顶锻速度比钢快，带有冲击性，必须保证带电顶锻和足够大的顶锻力，一般顶锻速度以 $720 \sim 960 \text{cm/min}$ 为宜。

对铜、铝件焊前还应进行一系列的表面准备。铜、铝件的尺寸要精确，形状要平直；清理表面污物及氧化物；对铜及铝件进行退火处理，以降低硬度，增加焊件的塑性，以提高接头质量。铜、铝焊件退火处理的工艺参数见表 6.4。

表 6.4　铜与铝退火处理的工艺参数

材料	退火温度/℃	保温时间/min	冷却条件
铜件	$600 \sim 650$	$40 \sim 60$	水中冷却
铝件	$400 \sim 450$	$40 \sim 60$	空冷

闪光对焊属于热压焊，所需要的单位面积顶锻力较小，但闪光对焊所需的电功率很大，限制了可焊接最大截面的范围。我国生产的对焊机有 LQ-150、LQ-200 和 LQ-300 等型的闪光对焊机，可以进行大截面的铜-铝闪光对焊。如 800mm^2、1000mm^2 及 1500mm^2 等截面积的焊件，使用上述闪光对焊机能满足焊接要求。根据需要还可将不同对焊机改装成铜-铝专用闪光对焊机。表 6.5 所示为采用 LQ-200 型闪光对焊机对铜与铝闪光对焊的工艺参数。

表 6.5　采用 LQ-200 型对焊机对铜与铝闪光对焊的工艺参数

焊件尺寸 /mm	伸出长度/mm		夹具压力/MPa	顶锻压力/MPa	烧化时间/s	带电顶锻时间/s	凸轮角度/(°)
	Cu	Al					
6×60	29	17	0.44	0.29	4.1	1/50	270
8×80	30	16	0.39	0.29	4.0	1/50	270

续表

焊件尺寸 /mm	伸出长度/mm		夹具 压力/MPa	顶锻 压力 /MPa	烧化 时间 /s	带电顶 锻时间 /s	凸轮角度 /(°)
	Cu	Al					
10×80	25	20	0.54	0.39	4.1	1/50	270
10×100	25	20	0.59	0.54	4.1	1/50~2/50	270
10×150	25	20	0.59	0.54	4.2	1/50~2/50	270
10×120	31	18	0.64	0.59	4.2	2/50~3/50	270
6×24	14	16	0.29	0.29	4.2	1/50	—
6×50	25	17	0.44	0.39	4.2	1/50	270

伸缩节是输、变电线路中的主要电力工具,图 6.4 是 MSS(125mm×10mm)型铜-铝过渡母线伸缩节的结构及尺寸。

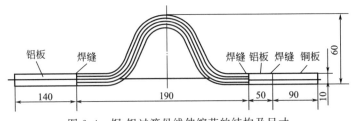

图 6.4　铜-铝过渡母线伸缩节的结构及尺寸

采用 TIG 焊焊接厚度为 0.5mm 铝箔组成的箔层封头,MIG 焊焊接箔层与铝板,闪光对焊焊接铜与铝板。箔层封头 TIG 焊选用直径为 $\phi35mm$ 的 HS301 焊丝,焊接电流为 260~280A,焊接速度为 0.28cm/s,工件预热温度不低于 200℃,焊时在起弧和收弧处适当填丝,以保证端角饱满,其余位置可不填丝。

箔层与铝板的 MIG 焊选用直径为 1.6mm 的 HS302 焊丝。截面为 10mm×100mm 的铜与铝闪光对焊时要求焊接功率较大。铜-铝过渡母线 MIG 焊和闪光对焊的工艺参数见表 6.6。

表 6.6　铜-铝过渡母线 MIG 焊和闪光对焊的工艺参数

焊接方法	焊接 电流 /A	焊接 电压 /V	焊接 速度 /(cm/s)	气体 流量 /(L/min)	烧化 速度 /(cm/min)	顶锻 速度 /(cm/min)	顶锻 总量 /mm	顶锻 压力 /MPa	闪光 时间 /s
MIG 焊	280~300	26~28	1~1.1	22~26	—	—	—	—	—
闪光对焊	—	—	—	—	0.12~0.24	13	4.5	365	4

(2) 铜与铝的摩擦焊

铜与铝的摩擦焊可以避免消耗大量电能和损失很大的热量,可以采用高温摩擦焊和低温摩擦焊。高温摩擦焊时,高速旋转(可达 0.58m/s 以上)接触面的温度可达到铝的熔点(660℃),完全超出了铜-铝共晶点的温度(548℃)。在这种温度下,铜、铝原子相互发生扩散反应,可以形成良好的焊接接头。

铜与铝的高温摩擦焊时,先将铜端面加工成 90°锥角,并对铜件与铝件进行退火处理,纯铜与纯铝退火处理的工艺参数见表 6.7。退火处理后的铜件和铝件的表面一定要清理干净，特别是焊件的接触端头，形状应规整，尺寸要符合要求。

表 6.7　纯铜与纯铝退火处理的工艺参数

材料	加热温度/℃	保温时间/min	冷却方式	退火后硬度（HB）
CuT1	600～620	45～60	水冷	≤50
CuT2	600～620	45～60	水冷	≤50
Al 1070	400～450	45～60	水冷或空冷	≤26
Al 1060	400～450	45～60	水冷或空冷	≤26

表 6.8 列出了铜与铝高温摩擦焊的工艺参数。采用这些工艺参数进行焊接，焊后接头的力学性能较差，易于断裂。这主要是由于摩擦焊时，接触面温度过高，产生了 $CuAl_2$ 及 Cu_9Al 脆性相，使焊接接头脆性增加。高温摩擦焊适于对铜与铝焊接接头质量要求不高的焊接结构。

表 6.8　铜与铝高温摩擦焊的工艺参数

焊件直径/mm	转速/(r/min)	外圆线速度/(m/s)	摩擦压力/MPa	摩擦时间/s	顶锻压力/MPa	铜件轴角/(°)	接头断裂特征
8	1360	0.58	19.6	10～15	147	90	
10	1360	0.71	19.6	5	147	60	
12	1360	0.75	24.5	5	147	70	
14	1500	1.07	24.5	5	156.8	80	
15	1500	1.07	24.5	5	166.6	80	
16	1800	1.47	31.36	5	166.6	90	脆断
18	2000	1.51	34.3	5	176.4	90	
20	2400	1.95	44.1	5	176.4	95	
22	2500	2.52	49	4	205.8	100	
24	2800	2.61	54.2	4	245	100	
26	3000	3.11	60	3	350	120	

为了解决高温摩擦焊时存在的接头脆断问题，目前主要是采用低温摩擦焊对铜与铝进行焊接。低温摩擦焊的焊接接头的温度能控制在铜-铝共晶点温度以下（即 548℃ 以下），不易产生脆性相层，能提高接头力学性能，使接头不易产生脆性断裂。

铜与铝的低温摩擦焊，是将摩擦端面的温度控制在铜-铝共晶点温度 548℃ 以下，而在 460～480℃ 温度范围内完成铜-铝摩擦焊接。460～480℃ 温度是低温摩擦焊接的最佳温度范围，该温度范围能获得令人满意的铜-铝焊接接头。

低温摩擦焊主要工艺参数有摩擦压力、摩擦速度、摩擦时间、顶锻压力以及铜与铝的出模长度。表 6.9 列出了不同直径铜与铝焊件低温摩擦焊的工艺参数。低温摩擦焊属于半加热的压力焊，所需单位面积的顶锻压力比冷压焊小，但大于闪光对焊。低温摩擦焊适于焊接中等截面（300～800mm^2）的铜/铝预制接头。

表 6.9　铜与铝低温摩擦焊的工艺参数

直径 /mm	转速 /(r/min)	摩擦 时间 /s	顶锻 压力 /MPa	维持 时间 /s	铜出 模量 /mm	铝出 模量 /mm	顶锻 速度 /(cm/min)	焊前 预压力 /N	摩擦 压力 /MPa
6	1030	6	588	2	10	1	8.4	—	166～196
8	840	6	490	2	13	2	8.4	196～294	166～196
9	540	6	441	2	20	2	12.6	392～490	166～196
10	450	6	392	2	20	2	12.6	490～588	166～196
12	385	6	392	2	20	2	19.2	882～980	166～196
14	320	6	392	2	20	2	19.2	1078～1176	166～196
16	300	6	392	2	20	2	19.2	1274～1372	166～196
18	270	6	392	2	20	2	3.2	1470～1568	166～196
20	245	6	392	2	20	2	3.2	1666～1764	166～196
22	225	6	392	2	20	2	3.2	1862～1960	166～196
24	208	6	392	2	24	2	3.7	2058～2156	166～196
26	205	6	392	2	24	2	3.7	2058～2156	166～196
30	180	6	392	2	24	2	3.7	2058～2156	166～196
36	170	6	392	2	26	2	3.7	2254～2352	166～196
40	160	6	392	2	28	2	3.7	2450～2548	166～196

（3）铜与铝的冷压焊

冷压焊的本质是在室温下利用压力使工件待焊部位产生塑性变形，将工件接触面上的氧化膜挤出焊缝之外，使界面间金属原子达到原子间引力的距离，伴随着原子间的扩散，产生原子间结合的牢固接头。铜与铝的冷压焊，多是以对接和搭接接头为主。冷压焊适于焊接中、小截面的铜/铝预制接头。

① 铜与铝的对接冷压焊　对接冷压焊是在室温下进行的，不用任何外加热源，金属组织不发生再结晶和软化退火等现象，接头强度不低于母材。铜与铝对接冷压焊时的变形程度（ΔL）一般为 $\Delta L_{Al}:\Delta L_{Cu}=0.7:1$。对接接头冷压焊可以焊接 $1～1000mm^2$ 截面的铜/铝接头，可应用在电机、变压器、架空输电线、中同轴电缆等方面。铜与铝对接冷压焊的工艺参数见表 6.10。

表 6.10　铜与铝对接冷压焊的工艺参数

焊件直径 /mm	每次伸出长度/mm		顶锻次数	顶锻压力 /MPa
	L_{Cu}	L_{Al}		
6	6	6	2～3	≥1960
8	8	8	3	3038
10	10	10	3	3332
5×25	6	4	4	≥1960

铜与铝进行对接冷压焊时，焊件表面准备是决定冷压焊接头质量的重要工艺因素。首先

是清除焊件表面上的油垢和杂质；其次是焊件的接触端面必须具有规整、平直的几何尺寸，尤其两焊件对准轴线不可有弯曲现象。母材端面的加工，可采用机械加工方法。同时焊前必须对铜件和铝件进行退火处理，以增加焊件的塑性变形能力，这也是提高冷压焊接头质量的一项重要工艺措施。

② 铜与铝的搭接冷压焊 对于铜与铝塑性材料的板与板、线与线、线与板、箔与板、箔与线等形式的冷压焊，最好的接头形式是搭接。同时可采用与电阻点焊类似的方式进行点冷压焊，获得良好的焊接接头，可用于变压器、电机生产中。

首先将焊接部位的表面清理干净，不可有任何污点与杂质。然后，将工件上下装配于夹具之间，并对上下压头施加压力，使铜、铝件各自产生足够大的塑性变形而形成焊点。这种冷压焊的形式有单面的，也有双面的。焊点的形状有圆形的，也有矩形或方形的，但圆形冷压焊较多。圆形焊点的直径为 $d = (1 \sim 1.5)\delta$（δ 为工件厚度）。矩形焊点尺寸为：宽度 $a = (1.0 \sim 1.5)\delta$，长度 $b = (5 \sim 6)a$。

如果铜与铝母材的厚度相差较大，可采用单面变形方法进行搭接冷压焊，圆焊点的直径 $d = 2\delta$；矩形焊点尺寸为：$a = 2\delta$，$b = 5a$。如果多点时，应交错分布，其焊点中心距应大于 $2d$（d 为压头直径），矩形焊点应呈倾斜形分布。铜与铝搭接冷压点焊时的工艺参数见表6.11。

表 6.11 铜与铝搭接冷压点焊的工艺参数

焊件尺寸 /mm	搭接长度 /mm	焊点数	压点直径/mm		压头总长/mm		压点中心距离 /mm	压点边距 /mm	压力 /MPa
			Al	Cu	Al	Cu			
40×4	70	6	7	8	30	55	10	10	235
60×6	100	8	9	10	30	55	15	15	382
80×8	120	8	12	13	30	55	25	15	431

（4）铝与铜的爆炸焊和电容储能焊

① 爆炸焊 由于爆炸焊是瞬间完成（2500m/s）的，焊接时爆炸热来不及传递到金属材料上，所以具有冷压焊的特点。爆炸焊结合面的典型特征是呈细波状，有利于保证接头的密封性。例如，电冰箱用铜管与铝管可采用爆炸焊制备，铜管与铝管爆炸焊过渡接头的装配如图6.5所示。

采用搭接爆炸焊的方法，铜管尺寸为 $\phi 8mm \times 1mm$，铝管尺寸为 $\phi 8mm \times 1.5mm$，按图6.5所示方式进行装配。经爆炸焊后，接头抗拉强度可达 12MPa。对焊接后的接头进行温度为 50～196℃ 的热循环及高温加热（250～400℃），接头性能仍保持良好。

② 电容储能焊 电容储能焊是电阻焊的一种特殊形式，属于固相焊接。储能焊的本质是预先把能量以某种形式储存起来，然后在极短时间内通过焊件释放出来，瞬间在接头处产生大量热能，同时在快速挤压下形成焊接接头。铜、铝的导电性、导热性好，焊接时须采用大电流、短时间的强规范。电容储能焊特别适于焊接小截面的铜/铝导线，是目前焊接铝/铜细

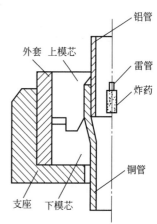

图 6.5 铜管/铝管过渡接头爆炸焊装配示意图

导线较理想的方法。

铝与铜电容储能焊的工艺参数包括焊接电流、焊接时间、顶锻压力和伸出长度等。小截面铝与铜导线电容储能焊的工艺参数见表 6.12。这种焊接方法的工艺参数可调范围很窄，因此，电容储能焊过程中须严格控制焊接工艺参数。

表 6.12 铝与铜电容储能焊的工艺参数

直 径/mm		电容量 /μF	焊接电压 /V	伸长度/mm		顶锻压力 /MPa	夹紧力 /MPa	变压器 比值
Al	Cu			Al	Cu			
1.81	1.56	8000	190~210	2.5	2	608	2646	60∶1
2.44	1.88	8000	300~320	3.2	2.4	911	3136	90∶1
3.05	2.50	10000	370~390	4	3	1254	3430	60∶1

（5）铜与铝的扩散焊

① 铜与铝扩散焊特点　用真空扩散焊技术焊接的铜与铝密封接头，用于制造冷冻设备及其他装置，也可用于制造电力设备的电器接头。铜与铝扩散焊的工艺参数控制十分严格，比熔焊、钎焊和闪光对焊的质量稳定。

铜与铝焊接有一定难度，一是铝表面那层化学性能稳定的氧化膜难以彻底去除；二是在界面附近易形成脆性化合物，降低扩散接头的强韧性。为了获得高质量的接头，必须采取相应的工艺措施，以便直接在焊接室内抽真空的同时将氧化膜从扩散表面上去除。

母材的物理化学性能、表面状态、加热温度、压力、扩散时间等是影响扩散焊接头质量的主要因素。加热温度越高，结合界面处的原子越容易扩散。但由于受 Cu、Al 热物理性能的限制，加热温度不能太高，否则母材晶粒明显长大，使接头强度和塑性降低。在 540℃ 以下 Cu/Al 扩散焊接头强度随加热温度的提高而增加，继续提高温度则使接头强韧性降低，因为在 565℃ 时会形成 Al 与 Cu 的共晶体。在扩散焊接头被拉断后，在铜一侧的表面可观察到很厚的铝层。

焊前焊件表面必须严格地进行精细加工、磨平及再抛光和清洗去油，使其尽可能光洁和无任何杂质。去除铝材和铜材表面的氧化膜，然后将铝板、铜板叠合在一起放入真空室。铜与铝真空扩散焊时，影响接头质量和焊接过程稳定性的主要因素有：加热温度、焊接压力、保温时间、真空度和焊件的表面准备等。

压力越大、温度越高，界面处紧密接触的面积越大，易于原子扩散。压力小易产生界面孔洞，阻碍晶粒生长和原子穿越界面的扩散迁移。铜、铝原子具有不同的扩散速度，扩散速度大的 Al 原子越过界面向 Cu 侧扩散，而反方向扩散过来的 Cu 原子数量较少。但是受铝热物理性能的影响，压力不能太大。试验证明，Cu/Al 扩散焊压力为 11.5MPa 时可避免界面扩散空洞的产生。在温度和压力不变的情况下，延长保温时间到 25~30min 时，接头强度显著地提高。

铜与铝真空扩散焊的工艺参数应根据实际情况来确定。例如，针对电真空器件的零件，扩散焊的工艺参数为：加热温度为 500~520℃，焊接压力为 6.8~9.8MPa，保温时间为 10~15min，真空度为 6.67×10^{-3}Pa。当焊接压力为 9.8MPa 时，扩散焊的接头合格率可达 100%。当扩散界面生成的金属间化合物层厚度小于 1μm 时，扩散焊接头具有良好的导热和导电性能。

对厚度为 0.2~0.5mm 的铜与 2A12 硬铝合金进行真空扩散焊时，采用加热温度为

$480 \sim 500 ℃$、保温时间为 $10min$、压力为 $4.9 \sim 9.8MPa$、真空度为 $1.332 \times 10^{-2} \sim 10^{-3}Pa$ 的工艺参数，可以获得良好的焊接接头。

② 铜与铝扩散焊工艺参数示例　采用最新从美国引进的真空扩散焊设备，进行了工业纯铝和紫铜的扩散焊试验，取得良好的效果，这对于扩大 Cu/Al 异种材料的应用具有重要的意义。试验材料为厚度为 $4mm$ 的工业纯铝（L_4）和紫铜（T_2），试板尺寸为 $50mm \times 50mm \times 4mm$，叠合在一起进行扩散焊接。两种材料的化学成分和热物理性能见表 6.13。

表 6.13　铝和铜的化学成分及物理化学性能

化学成分（质量分数）/%							
材料	Al	Fe	Si	Cu	O	Ni	Pb	其他
工业纯铝 L4	99.3	0.30	0.35	0.05	—	—	—	—
紫铜 T2	—	0.005	—	99.9	0.06	0.006	0.005	0.024

物理性能					
材料	液相点温度 /℃	密度 /(g/cm³)	平均比热容 /[J/(kg·K)]	熔化热 /(kJ/mol)	热导率 /[W/(m·K)]
工业纯铝 L4	657	2.70	917	10.47	238
紫铜 T2	1083	8.96	386	13.02	397

化学性能					
材料	相对原子质量	原子半径 /10^{-10}m	原子外层电子数	晶格类型	晶格常数 /10^{-10}m
Al	26.98	1.43	1	面心立方	$a = 4.0496$
Cu	63.54	1.28	1	面心立方	$a = 3.6147$

由于铜的热导率高，铜、铝的线胀系数不同，且铝和铜在加热时易形成氧化膜，因此不利于焊接。紫铜在高温下的氧化膜为 $CuO + Cu_2O$（外层为 CuO，内层为 Cu_2O），这些氧化物容易还原，对真空扩散焊影响不大。但是，铝的表面易形成致密且化学性质稳定的 Al_2O_3 膜，阻碍母材的润湿和界面结合。焊前须先去除铝材表面的氧化膜，然后将铝、铜试板叠合在一起放入真空室。

采用 Workhorse-Ⅱ 型真空扩散焊设备，真空度达到 $5 \times 10^{-5}Pa$。在 $520 \sim 540℃$ 的焊接温度下，扩散时间为 $60min$ 时，压力为 $11.5MPa$，接头界面结合较好。保温时间越长，铜、铝原子扩散均匀充分。时间太短，铜、铝原子来不及进行充分扩散，无法形成牢固结合的扩散焊接头。但时间过长使 Cu/Al 界面过渡层区晶粒长大，金属间化合物增厚，致使接头强韧性下降。

③ Al/Cu 扩散界面区的组织特征　将 Cu/Al 扩散焊接头的试块镶嵌制备成金相试样，进行抛光后在金相显微镜和扫描电镜（SEM）下观察其组织特征。由于铜、铝基体的耐蚀性不同，Cu/Al 扩散焊接头进行腐蚀的时间较难掌握，对腐蚀剂的选择也很困难。试验中分别用 $FeCl_3$ 盐酸酒精溶液和氢氟酸溶液（浓度为 50%）两种腐蚀剂对扩散过渡区进行腐蚀。

经氢氟酸腐蚀后，在铝基体上可以观察到初晶硅，呈边界整齐的多边形块状。铜基体经 $FeCl_3$ 盐酸酒精溶液腐蚀后可观测到呈规则形状的晶粒和孪晶亚组织。分别用 $FeCl_3$ 盐酸酒精溶液和氢氟酸溶液两种腐蚀剂腐蚀 Cu/Al 扩散焊结合界面，然后在扫描电镜下进行观察，可以见到 Cu/Al 结合界面处有明显的扩散过渡区。

扫描电镜下观察到的 Cu/Al 扩散焊接头铝侧过渡区和铜侧过渡区的组织与铜侧基体和铝侧基体明显不同（见图 6.6）。Cu/Al 结合界面过渡区组织中残存原始 β 晶界，图 6.6 中为点状白色相，在原始 β 晶粒内为细针状 α 相，相邻几个针状 α 相成束平行排列，针状 α 相细而短。铜基体仍为细小晶粒，并未发生明显长大现象。

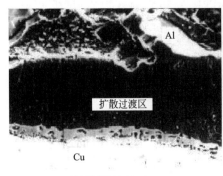 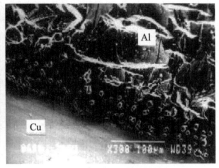

(a) 氢氟酸腐蚀(400×)　　　　　　　(b) FeCl₃盐酸腐蚀(2000×)

图 6.6　Cu/Al 扩散焊接头结合界面过渡区的组织特征（SEM）

用电子探针（EPMA）对 Cu/Al 扩散焊接头区的主要元素进行成分分析，测定点位置和分析结果见表 6.14。电子探针分析结果表明，Al 和 Cu 在 $520 \sim 540℃$ 的扩散焊温度范围内互扩散运动较为顺利，扩散过渡区宽度约为 $40\mu m$，其中铜侧扩散区域较厚（约为 $28.8\mu m$），铝侧扩散区约为 $11.8\mu m$。这是因为 Al 原子活动性比 Cu 强，Al 向铜侧扩散进行较充分。

表 6.14　Cu/Al 扩散界面两侧的电子探针（EPMA）分析结果　　　　　%

测定位置		Al 基体	Al 侧过渡区	结合界面	Cu 侧过渡区	Cu 基体
Al	质量分数	99.3	80.86	25.34	7.74	—
	原子分数	99.4	90.87	44.42	16.49	—
Cu	质量分数	0.05	19.14	74.66	92.26	99.9
	原子分数	2.10	9.13	55.58	83.51	99.7

由于结合界面铜侧 Al 原子扩散进行得较充分，形成铝含量浓度峰值。铝扩散含量达到 $8\% \sim 9\%$ 时，β→α 转变不能完全进行，部分 β 相被保留，然后分解成 α+γ 组织。当铝扩散含量超过 10% 时，出现脆性金属间化合物，使塑韧性严重降低。必须控制加热温度、保温时间、压力等工艺参数，确保铝的扩散含量不超过 10%。

④ Cu/Al 扩散过渡区的显微硬度　从 Al-Cu 合金相图可知，在扩散温度范围内形成了以电子化合物 Cu_3Al 为基的固溶体 β 相和以 $Cu_{32}Al_{19}$ 为基的固溶体相等。扩散过渡区无论产生上述哪种类型的 Al-Cu 金属间化合物，都使铜侧过渡区硬度升高、脆性增大。

采用显微硬度计分别对铜基体、铝基体、界面过渡区铝侧以及过渡区铜侧的不同区域进行显微硬度测定，试验载荷为 25g，加载时间为 10s，显微硬度（HM）测定结果见图 6.7。

显微硬度试验结果表明，过渡区铝侧显微硬度 HM 较低，而铜侧过渡区存在显微硬度峰值（780HM），该点与铜侧基体硬度相比显微硬度明显较高。显然铜侧过渡区中可能产生了金属间化合物。在高温下 Al 和 Cu 形成多种脆性的金属间化合物，在温度为 150℃时，在反应扩散的起始就形成了 $CuAl_2$；在 350℃时出现化合物 Cu_9Al_4 的附加层；在 400℃时，在

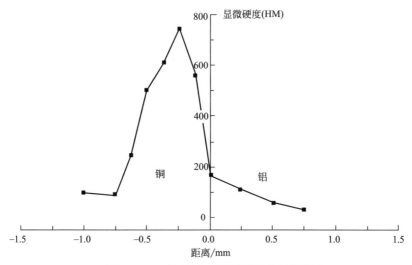

图 6.7　Cu/Al 接头界面过渡区的显微硬度

$CuAl_2$ 与 Cu_9Al_4 之间出现 CuAl 层。当金属间化合物层的厚度达到 $3\sim5\mu m$ 时，扩散接头的抗拉强度明显降低。

　　熔化焊时，在 Cu/Al 接头的靠铜一侧易形成一层厚度约为 $3\sim10\mu m$ 的金属间化合物（$CuAl_2$），存在这样一个区域会使接头强韧性降低。只有在金属间化合物层的厚度小于 $1\mu m$ 的情况下，才不会影响接头的强韧性。但是，Cu 与 Al 扩散焊时，由于 Cu 与 Al 的相互扩散，在界面处形成不太厚的扩散层。扩散层具有细化的晶粒组织并夹带有金属间化合物层，因此显微硬度明显增高，但只要控制脆性区宽度不超过某一限度，接头过渡区强韧性的降低就是可以避免的，仍然可以满足扩散焊接头的使用要求。

6.1.4　铜与铝及铝合金的钎焊

　　铜与铝的钎焊早已引起人们的关注。近年来新型钎料、钎剂的出现，推动了铜与铝钎焊技术的进步，使铜/铝复合结构得到应用。

　　（1）钎料的选用

　　为了获得良好的铜/铝钎焊接头质量，对钎料的要求是：适宜的熔点，良好的润湿性和流动性、抗腐蚀性及导电性等。铜具有良好的可钎焊性，因此对铜/铝钎焊的钎料选择，主要考虑对铝的可钎焊性。

　　从铜与铝及铝合金的熔点、电极电位和可钎焊性来看，一般采用锌基钎料，并通过加入 Sn、Cu、Ca 等元素来调整铜与铝的接头性能。在 Sn 中加入 $10\%\sim20\%$ 的 Zn 作为铜与铝钎焊的钎料，可提高钎焊接头的力学性能和抗腐蚀性能。

　　目前用于钎焊铝与铜的钎料主要有低温钎料和高温钎料两大类。低温钎料主要是锌基钎料和锡基钎料；高温钎料主要是铝基钎料。铜与铝钎焊的低温钎料成分见表 6.15。铜与铝高温钎焊的钎料成分见表 6.16。

　　锌基钎料有自然老化现象。锌基钎料炼制成条状，室温下放置 6 个月后，发现表面发黑，断面失去光泽，重熔后产生大量渣状物，这是由电化学腐蚀和晶间腐蚀所致。提高钎料成分的纯度（如用分析纯锌和化学纯铅配制），自然老化现象就不显著了。

表 6.15　铜与铝低温钎焊的钎料成分

化学成分/%						熔点或工作温度 /℃	应用情况及钎剂	钎料 代号
Zn	Al	Cu	Sn	Pb	Cd			
50	—	—	29	—	21	335	Cu-Al 导线配合 QJ203	—
58	—	2	40			200～350		HL501
60	—	—	—		40	266～335	配合 QJ203	HL502
95	5	—	—		—	382,工作温度 460	Cu-Al 钎剂	
92	4.8	3.2	—		—	380～450	Cu-Al 钎剂	
10	—	—	90		—	270～290	Cu-Al 钎剂	
20	—	—	80		—	270～290	Cu-Al 钎剂	
99	—	—	—	1		417	Cu-Al 钎剂	

表 6.16　铜与铝高温钎焊的钎料成分

钎料牌号	AA 牌号	化学成分/%	钎焊温度/℃	钎焊方法
BAl92Si(HLAlSi7.5)	4343	Si 6.8～8.2,Cu 0.25, Zn 0.2,其余 Al	599～621	浸渍、炉中
BAl90Si(HLAlSi10)	4045	Si 9.0～11.0,Cu 0.3, Zn 0.1,其余 Al	588～604	浸渍、炉中
BAl88Si(HLAlSi12)	4047	Si 11.0～13.0,Cu 0.3, Zn 0.2,其余 Al	582～604	浸渍、炉中、火焰
BAl86SiCu (HLAlSiCu10～4)	4145	Si 9.3～11.7,Cu 3.3～4.7, Zn 0.2,其余 Al	585～604	火焰、炉中、浸渍
BAl90SiMg (HLAlSiMg7.5～1.5)	—	Si 6.8～8.2,Zn<0.20, Mg 2.0～3.0,其余 Al	599～621	真空炉中
BAl89SiMg (HLAlSiMg10～1.5)	—	Si 9.0～10.5,Zn<0.20, Mg 0.2～1.0,其余 Al	588～604	真空炉中
BAl86SiMg (HLAlSiMg12～1.5)	—	Si 11.0～13.0,Zn<0.20, 其余 Al	582～604	真空炉中

（2）钎剂的选用

铜与铝钎焊除刮擦钎焊和超声波钎焊外，其他的钎焊过程都需要有钎剂的配合。例如，锌液与铝的润湿性很差，锌液滴在铝表面上聚集成球状，因此用纯锌作钎料须用无机盐类钎剂来改善其润湿性。

钎剂的熔点要低于钎料的熔点，并易脱渣清除。钎剂分为无机盐类和有机盐类两大类，并应根据钎料及钎焊件的要求适当选择。铜与铝钎焊常用的钎剂见表 6.17。钎焊熔剂一般应根据配合钎料来选择使用。

表 6.17　铜与铝钎焊常用的钎剂成分

主要成分/%								熔点 /℃
LiCl	KCl	NaCl	LiF	KF	NaF	ZnCl₂	NH₄Cl	
35～25	余	—	—	8～12	—	8～15	—	420

续表

主要成分/%								熔点/℃
LiCl	KCl	NaCl	LiF	KF	NaF	ZnCl₂	NH₄Cl	
—	—	—			5	95		390
16	31	6			5	37	5	470
—	—	SnCl₂,28			2	55	NH₄Br,15	160
—	—	—			2	88	10	200~220
—	—	10			—	65	25	220~230

（3）铜与铝的低温、中温和高温钎焊

1）低温钎焊

某单位研制出简单、经济的铜与铝钎焊方法，即用松香酒精溶液作钎剂，以锌基钎料低温钎焊铝及铜导线，获得成功并得到推广应用。松香的成分是松香酸 $C_{20}H_{30}O_2$，熔化温度是 173℃，在 400℃ 左右很快挥发，能微量溶解氧化铝和氧化铜层。锌基钎料与松香酒精配合，采用浸渍钎焊的方式钎焊铜与铝，这种方法的优点在于：

① 经济易得、成本低；

② 避免了钎剂腐蚀的可能性；

③ 简化了钎焊工艺，提高了生产率。

锌基钎料的成分是：分析纯锌 96%～98%，化学纯铅 2%～4%。钎剂配方是：松香与无水酒精比例大于或等于 1。钎料的钎焊温度为 420～460℃。

将涂有松香酒精溶液的铜/铝接头快速浸入 440℃ 左右的钎料中，松香酸在 400℃ 左右具有迅速挥发的性质，会产生急剧的物理膨胀，形成爆炸力。这种爆炸力在液体金属中能形成单位能量很大的冲击波，使氧化铝膜破裂。氧化铝膜的微观结构呈蜂窝状，加上刮削时形成的沟槽和裂纹，都是存留松香酸液的缝隙，爆炸力越大，越有利于使氧化膜破裂。

氧化铝与铝基体的结合力很大，光靠溶解和爆破作用还不足以彻底去除氧化膜。浸渍过程中，由于锌中加入铅，增加了铅与锌基钎料之间的电位差，可增加铝被溶蚀的速度，使残余的氧化铝膜进一步脱落。

纯锌中铅的加入量为 1%～4%，Pb 在 Zn 中起机械分离 Zn 和细化晶粒的作用。

2）中温钎焊

① 采用的钎焊材料：Zn-Sn 钎料，压制成厚度约为 0.7～1.0mm 的片状。

② 焊前准备：铝件和铜片去油、去氧化膜；Zn-Sn 钎料去油、去氧化膜。

③ 装配：用不锈钢板按铝、钎料、铜片的次序组装、夹紧；可分层叠放，中间用不锈钢板隔开，用紧固螺母拧紧。

④ 装炉钎焊，步骤如下：

a. 装炉，抽真空。

b. 真空度达到 10^{-2}Pa 以后，启动加热。

c. 升温速度为 10～20℃/min（酌情调整），在 150℃ 和 300℃ 时各保温 10min，然后连续升温到 425℃，保温 15min 后，冷却。

d. 降温：冷却到 400℃ 以下时，关闭加热装置；冷却到 300℃ 以下时，填充氮气加快冷却速度；冷却到 100℃ 以下时，打开炉门。

3）高温钎焊

① 采用的钎焊材料：AlSi12 钎料，母材采用纯铝或防锈铝。

② 焊前准备：铝件和铜片去油、去氧化膜；钎料由丝状压制成厚度约为 1mm 的回形片状，去油、去氧化膜。

③ 装配：用不锈钢板按铝、钎料、铜片的次序组装、夹紧，分层叠放，用紧固螺母拧紧。

④ 装炉钎焊，步骤如下：

a. 装炉，抽真空。

b. 真空度达到 $10^{-2}Pa$ 以后，启动加热。

c. 升温速度为 $10\sim20℃/min$（酌情调整），在 150℃ 时保温 10min，350℃ 和 540℃ 时各保温 5min，然后连续升温到 624℃，保温 6min 后，冷却。

d. 降温：冷却到 600℃ 以下时，关闭加热装置；冷却到 450℃ 以下时，填充氮气加快冷却速度；冷却到 100℃ 以下时，打开炉门。

（4）紫铜与纯铝的钎焊示例

① 钎焊工艺要点　试验材料为紫铜（C11000）和工业纯铝（1035），试板的尺寸分别为 100mm×50mm×1mm（铜材）和 100mm×50mm×6mm（铝材），采用低温钎焊连接（420～460℃）。采用的是 Sn-Pb 亚共晶钎料，这种钎料与铜及镍镀层的钎焊性良好，具有良好的力学性能及电导率，有利于 Cu/Al 焊接接头在电力零部件中的应用。钎焊前，预先在铝板表面浸镀镍磷合金，使得铝表面具有良好的物理化学性能；然后再将表层镀 Ni 的铝板与铜板进行炉中钎焊。因为 Ni 与 Sn-Pb 钎料结合良好，可以获得界面结合良好的钎焊接头。

钎焊后切取 Cu/Al 异种材料接头制备成金相试样。Cu/Al 钎焊接头各部分的耐蚀性差异很大，采用 $25\%NH_3 \cdot H_2O + 3\%H_2O_2$ 的混合水溶液显蚀钎缝区组织。

② Cu/Al 钎焊接头的显微组织　采用金相显微镜和 JXA-840 扫描电镜（SEM）对 Cu/Al 钎焊接头的组织进行观察。直接用 Sn-Pb 钎料钎焊铝材时，由于 Al 与 Sn 和 Pb 的互溶度极低，且无化合物生成，界面结合很弱；并且 Al 与 Sn、Pb 的电极电位差很大，易发生电化学腐蚀。

图 6.8(a) 所示为 Cu/Al 钎焊接头钎缝组织及显微硬度分布。Cu/Al 钎焊接头区由 Cu 侧过渡区、钎缝区、Al 侧过渡区组成。钎缝宽度约为 0.5mm，钎缝区主要形成了 Sn-Pb 共

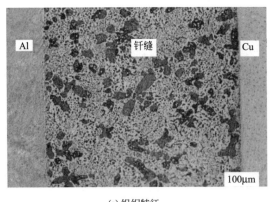

(a) 组织特征

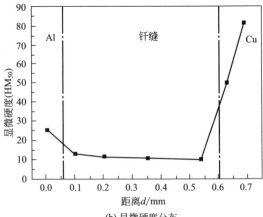

(b) 显微硬度分布

图 6.8　Cu/Al 钎焊接头组织特征及硬度分布

晶组织及分布于其中的 β(Sn) 初晶，如图 6.8(a) 中所示灰色块状组织。钎焊后母材未因冶金反应而发生严重溶蚀，钎料与母材的界面结合良好，钎缝中无气孔等缺陷。

由 Sn-Pb 相图可知，共晶温度时 Pb 在 Sn 中的固溶度为 2.5%，而在室温下 Pb 在 Sn 中的固溶度仅为万分之一。从钎焊温度冷却到室温时，颗粒状 Pb 从初晶 β(Sn) 相中析出。Cu/Al 钎焊焊缝附近的显微硬度分布如图 6.8(b) 所示，加载载荷为 50g，加载时间为 10s。

钎缝区的显微硬度为 $10 \sim 15HM_{50}$，没有大幅度变化，表明组织均匀。铝母材与钎缝的界面附近没有明显的显微硬度变化，铝侧 Ni 镀层厚度很薄（仅为 $2 \sim 5\mu m$），小于显微硬度测试的有效对角线长度（$20\mu m$）；靠近钎缝的铜侧显微硬度低于铜母材的显微硬度，这与钎焊时 Cu 向钎缝中扩散有关。

试验结果表明，铝表面镀 Ni 层很好地保护了铝母材，镀 Ni 层与 Sn-Pb 钎料结合良好，无较大尺寸脆性相生成。铜侧由于 Cu 元素向钎缝中扩散，使得靠近钎缝的显微硬度介于钎缝与 Cu 母材之间，缓解了 Cu 与钎料由于物理性质差异引起的接头破坏。铜侧界面附近也无较大尺寸脆性相生成，有利于获得良好的接头组织性能。

③ 钎缝相结构　采用 X 射线衍射（XRD）对 Cu/Al 钎焊接头钎缝的分析表明，钎缝中主要形成了富 Pb 相及 Sn 相；在 Cu/Al 钎焊接头铜侧界面形成了 Cu_3Sn 和 Cu_6Sn_5 金属间化合物，该金属间化合物过渡层的宽度为 $10 \sim 25 \mu m$。因钎料中 Sn 含量高而 Cu_3Sn 量少，Cu_6Sn_5 向钎缝中生长，对于提高界面的结合强度有重要影响。

在 Cu/Al 钎焊接头铝侧界面，由于存在 Ni-P 镀层，界面反应比较复杂。先在铝基体一侧生成了 Al-Ni 金属间化合物，而 Ni-P 镀层经过 Sn-Pb 钎料钎焊，Ni 向 Sn 基钎料中扩散后，在镀 Ni 层表面有 Ni_3P 及 Sn_4P_3 金属间化合物生成，而扩散到钎料中的 Ni 与钎料中的 Sn 反应，生成了 NiSn 金属间化合物。铝侧金属间化合物虽然种类多（NiSn、Ni_3P 及 Sn_4P_3），但过渡层宽度小，生成的多种金属间化合物对钎焊接头性能的影响有限。

(5) 铜/铝合金 CPU 散热器钎焊技术

由于计算机 CPU 运算速度的加快，因此 CPU 的稳定性对散热条件提出了严格的要求，开发散热效果好的散热器是提高 CPU 运算速度的有力保障。在原有铝合金散热器的散热翅片反面加厚度为 $5 \sim 6mm$ 的紫铜板，可获得更好的散热效果。但由于铝与铜的热物理性质差异很大，形成致密可靠的连接难度较大，因此如何将铝与铜有效地连接在一起成为铜/铝合金 CPU 散热器能否应用的关键。

CPU 散热器由铝合金散热器与铜板钎焊而成，其中铝合金散热器的尺寸为 $70mm \times 50mm \times 30mm$，铜板的尺寸为 $70mm \times 50mm \times 5mm$，如图 6.9 所示。

① 钎焊膏的制备　针对铜与铝合金 CPU 散热器的钎焊特点，钎焊膏主要由适当比例的活性粉末（颗粒度为 $50 \sim 100\mu m$ 的球形粉末，含氧量小于 0.03%）、改良过的无腐型钎剂及有机黏结剂组成。其中活性粉末能与铝和铜在一定温度下发生反应，在铝和铜之间形成一种导热良好的合金反应层。钎剂主要成分为 $KAlF_4$、$K_2AlF_5 \cdot H_2O$、K_3AlF_6 以及降低熔点的微量元素。这种钎剂在达到一定的加热温度时能去除铝合金和铜表面的氧化物及污染物，以保证反应的顺利进行。黏结剂采用有机纤维素配制，是在高温挥发后不留残渣的有机化合物，具有适度的黏性，作为活性粉末和钎剂的载体能长期保存，不会与任何一种成分发生化学反应。

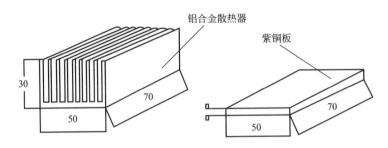

图 6.9　铜与铝合金 CPU 散热器示意

黏结剂的配置工艺如下：采用离子交换净水器对蒸馏水进行净化，水质标准达到一级水的标准，按 0.5% 的比例进行配比搅拌，静置 24h 以上后使用。活性粉末、无腐型钎剂及有机黏结剂按照适当的比例在搅拌器中搅拌均匀。得到的钎焊膏密度为 2.8g/cm³，无色无味、无腐蚀，不燃烧、不爆炸，不与其他物质发生化学反应。

② 焊前准备　在常温及高温下，铝合金和铜表面都存在阻碍反应进行的污物及氧化膜，钎焊前须仔细去除工件待焊面的污物及氧化膜。焊前处理过程为：铜板采用机械去油和氧化膜的方法（即用 400 号砂纸打磨铜板的待焊表面），然后用清水清洗，晾干；铝合金采用 10% 的烧碱溶液去氧化膜，然后用清水清洗，再用 5% 的硝酸溶液中和处理，然后用清水清洗后晾干。钎焊时钎焊膏刷涂在铝合金一侧。

③ 气体保护炉中钎焊工艺　气体保护炉采用氩气保护，钎焊时采用冷却水保证炉膛口的低温状态，避免炉膛盖的橡胶密封圈受热而降低密封作用。为保证氩气的流动性和炉膛内的气压，设计出气孔的同时，将氩气流量控制在 2～3L/min。为提高反应气氛的质量，将试件放置在一个 200mm×150mm×70mm 方形盒中，在盒中试件周围放置 8～10 小块 Mg，利用 Mg 在高温下的蒸气净化气氛，以降低氧分压。

焊接工艺流程为：化学清洗→配料→装配试件、加压→进炉→抽真空充氩气→设定温度、升温→保温→降温冷却→工件出炉。

为保证散热器的尺寸，焊接采用的夹具必须保证试件在钎焊过程中被可靠地压紧，以增加试件之间的接触面积，避免发生变形。夹具自身不能和试件发生接触反应，且与试件的溶解度很小，要求夹具刚性好、变形量小、成本低、易于加工。因此采用了"弹性夹具"：试件由不锈钢限制板压紧，压板间设置高温弹簧，弹簧可根据钎焊所需的压力大小采用不同的型号，使弹簧垫圈的压紧力在钎焊温度下不会使焊件变形，而在降温时又始终能压紧试件。焊后钎焊接头的平均拉伸强度在 100MPa 以上，可以满足计算机芯片散热器的使用强度要求。

④ CPU 散热器的高频感应钎焊　高频感应钎焊具有加热速度快、温度易控制、容易实现自动化焊接和控制等特点，应用于铜与铝合金 CPU 散热器器件的钎焊批量生产，可以降低生产成本、提高生产效率。

钎焊时将涂敷好焊膏的工件置于感应器上，感应器为平面形式，其与工件之间有一带磁性的感应板，热量通过感应板被感应加热，然后在压力作用下传递到工件上。通过调整电源的输出功率、加热时间及加热后停留的时间来完成钎焊过程。散热器钎焊采用的电源输出功率为 10kW，加热时间为 28s，加热后停留时间为 32s。可获得接头结合致密、性能良好的钎焊工件。

6.1.5 铜与铝的搅拌摩擦焊

与熔焊相比，搅拌摩擦焊在焊接过程中不发生熔化，可以避免气孔、裂纹等缺陷，焊后的变形小，是焊接低熔点材料较为理想的方法。铜与铝搅拌摩擦焊随着板厚增加，厚度方向上的温度梯度更大，合适的工艺参数范围变得很窄。针对厚度为 10mm 的铜与铝异种金属的连接，分析铜与铝 FSW 接头的显微组织，测试接头的电学性能和力学性能如下。

（1）焊接工艺

试验材料为厚度为 10mm 的 T2 紫铜板和 1060A 纯铝板，其物理和力学性能见表 6.18。焊前采用丙酮清洗工件表面，采用自制的龙门式数控搅拌摩擦焊设备进行焊接试验。搅拌头轴肩直径为 15mm，搅拌针为左旋螺纹，搅拌针直径为 5mm，针长度为 4.9mm。

表 6.18 纯铝和 T2 紫铜的物理及力学性能

材料	熔点 /℃	线胀系数 /℃$^{-1}$	热导率 /[W/(m·℃)]	电阻率 /Ω·m	拉伸强度 /MPa
1060A 纯铝	660	24.7×10^{-6}	218	2.8×10^{-8}	60
紫铜 T2	1083	16.9×10^{-6}	391	1.7×10^{-8}	195

厚板铜与铝平板试样对接，搅拌摩擦焊时铜材置于前进边（AS）、铝材置于返回边（RS），搅拌针中心线偏向铝侧。搅拌头旋转速度 $n=950$r/min，焊接速度 $v=60$mm/min，采用双面焊工艺进行焊接。焊后沿垂直于焊缝方向截取试样，先用 2mL 氢氟酸＋5mL 硝酸＋3mL 盐酸＋90mL 水溶液腐蚀铝侧，再用 4mL 饱和氯化钠＋2g 重铬酸钾＋10mL 水＋8mL 硫酸容易腐蚀铜侧。用 Leica 图像分析仪观察焊接接头的显微组织；用 HVS-1000 型显微硬度计测量焊缝横截面的显微硬度分布；在 WDS-100 电子万能试验机上进行铜/铝接头的拉伸试验；采用上海双特电工仪器有限公司生产的 QJ36s-2 低电阻测量仪测量铜/铝接头的电阻。

（2）铜/铝搅拌摩擦焊的焊缝成形和组织特征

铜/铝搅拌摩擦焊接头的焊缝表面成形如图 6.10(a) 所示。通过观察可以发现焊缝表面的弧形纹较为致密，焊缝表面没有观察到裂纹、沟槽等缺陷。图 6.10(b) 所示是铜/铝焊接接头的横截面宏观形貌，可见焊接接头完好，无孔洞、裂纹等缺陷。因此针对 10mm 的厚板铜/铝接头，采用双面搅拌摩擦焊在合适的工艺参数下可以获得表面成形良好、无缺陷的厚板铜/铝异种金属对接接头。

铜/铝接头横截面上焊缝界面的形貌如图 6.11 所示。可见铜/铝接头界面结合较为紧密，铜与铝之间以几种不同的方式形成结合。图 6.11(b) 为图 6.11(a) 中 A 处的放大图，可以发现，对接界面处铜发生了较大程度的变形，部分铜以"钩子"形态镶入到焊核区的铝中，这样的形貌提供了铜/铝之间的机械结合，使接头的强度提高。产生"钩子"形貌的原因是界面处的铜受热影响软化后，在搅拌针的搅拌作用和搅拌针螺纹的摩擦作用下，部分软化的铜以条状形貌迁移到铝焊核中，搅拌针上的螺纹使其沿厚度方向迁移，最终形成了铜先沿横向焊核迁移一段距离后沿厚度方向迁移的"钩子"形貌。图 6.11(c) 为 B 处的高倍放大图，铜/铝在该处形成的是一种叠状交互结构，产生了一种灰色物质，具有较强的抗腐蚀性。

由于搅拌摩擦焊为固相焊接，焊接时界面温度接近纯铝的熔点，铜和铝已发生了化学反应，形成了金属间化合物。图 6.11(d) 为焊核区域 C 处的放大图，该处的焊核区域中分布

(a) 铜/铝焊缝表面

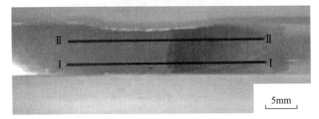

(b) 铜/铝对接接头横截面

图 6.10　铜/铝搅拌摩擦焊的焊缝形貌

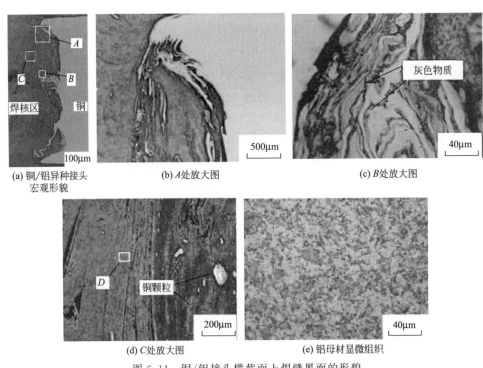

图 6.11　铜/铝接头横截面上焊缝界面的形貌

有大小不同、形状不同、分布无规律的铜颗粒，分析可能是由于搅拌针的旋转作用将部分呈"钩子"状的铜破碎后与铝焊核一起进行塑性变形后留下的。在该焊核区域中发现了许多塑性金属流线，表明该区域的金属发生了剧烈的塑性变形。可观察到焊核区域中铝晶粒比铝母材的晶粒细小，因为铝在焊核区域内发生了动态再结晶。

（3）接头强度及电学性能

沿图 6.11(b) 所示焊缝截面Ⅰ-Ⅰ、Ⅱ-Ⅱ测量的显微硬度分布如图 6.12 所示。可见铝母材的硬度约为 30 HV，铜母材的硬度为 109～115HV，焊核中铝侧的显微硬度较铝母材高，因为焊核内的铝发生了动态再结晶，晶粒细化，使硬度提高。焊核中铝侧的显微硬度不均匀，因为焊核区域内分布有很多的铜颗粒，这些颗粒的大小、尺寸及分布没有明显规律，导致焊核区域硬度分布不均匀。靠近铜/铝界面的区域硬度值有明显升高，大大高于铜、铝母材的硬度值，这是在铜/铝界面附近形成了铜-铝金属间化合物所导致的。

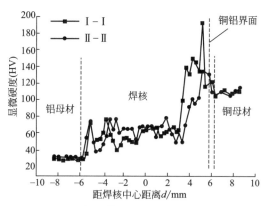

图 6.12　焊缝横截面上的显微硬度分布

对铜/铝搅拌摩擦焊对接接头进行了拉伸试验，表 6.19 所示为铜/铝接头性能的测试结果，接头的拉伸强度为 70～75MPa，达到铝母材强度的 125%。铜/铝接头断裂的截面形貌如图 6.13 所示，断裂发生在接头铝侧的热影响区，而铜/铝接头和焊核处没有受到破坏，表明铜/铝接头有很好的结合强度。

图 6.13　铜/铝接头断裂的形貌

分别测量铜/铝接头、纯铝 1060A、T2 紫铜的电阻率，表 6.19 所示为同一温度下的测量结果，其中测得的铜与铝接头的电阻率为 2.8971×10^{-8} $\Omega \cdot m$，高于紫铜的电阻率，但比所测的铝电阻率低，约是纯铝电阻率的 90%。

表 6.19　铜/铝接头性能测试结果

材料	电阻率/$\Omega \cdot m$	拉伸强度/MPa
铜/铝接头	2.8971×10^{-8}	70～75
T2 紫铜	1.9378×10^{-8}	195
纯铝	3.2198×10^{-8}	60

在电力行业中，厚板的铜与铝接头较多的是使用螺栓连接，最大的问题是此时铜与铝界面会存在缝隙，导致电阻增加；当通以较大电流时，接头处较大的电阻使接头处产生较大的热量导致接头失效。采用搅拌摩擦焊方法得到的铜与铝焊接接头，由于铜与铝紧密连接且形成了冶金结合，降低了接头的电阻率，能很好满足电力行业的需求。

6.2 铜与钛及钛合金的焊接

钛及钛合金是一种优良的结构材料，具有密度小、比强度高、塑韧性好、耐热耐蚀性好、可加工性较好等特点，对于铜与钛形成异种连接构件被广泛应用在航空航天、化工、造船、冶金、仪表等领域。铜与钛由于物理化学性能上较大的差异，在焊接时易形成致密的氧化膜，给焊接带来了很大困难。常用的焊接方法有：熔化焊、扩散焊、爆炸焊和钎焊等。

6.2.1 铜与钛及钛合金的焊接特点

铜与钛在物理性能和化学性能方面存在较大的差异，图 6.14 是铜-钛合金状态图。铜与钛的互溶性有限，但在高温下能形成 Ti_2Cu、$TiCu$、Ti_3Cu_4、Ti_2Cu_3、$TiCu_5$、$TiCu_4$ 等多种金属间化合物，以及 $Ti + Ti_2Cu$（熔点为 1003℃）、$Ti_2Cu + TiCu$（熔点为 960℃）、$TiCu_2 + TiCu_3$（熔点为 860℃）等多种低熔共晶体。这是铜与钛异种材料进行焊接的主要困难，焊接时的热作用，极易导致这些脆性相的形成，降低了接头的力学和耐腐蚀性能。

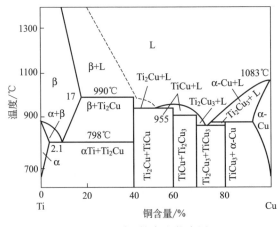

图 6.14　铜-钛合金状态图

铜和钛对氧的亲和力都很大，在常温和高温下都极易氧化。在高温加热状态下，铜与钛吸收氢、氮、氧的能力很强，在焊缝熔和线处易形成氢气孔，并且在钛母材侧易生成片状氢化物 TiH_2 而引起氢脆，以及由于杂质侵入而在铜母材侧形成低熔点共晶体（如 $Cu + Bi$ 共晶体，熔点为 270℃）。另外，铜与钛焊接时，靠铜一侧的熔合区及焊缝金属的热裂纹敏感性较大。

6.2.2 铜与钛及钛合金的氩弧焊

铜与钛氩弧焊时，为避免两种金属的相互搅拌产生低熔点共晶组织，而使焊接接头产生热裂纹，常采用在钛合金中间隔离层加入含有 Mo、Nb、Ta 等元素的方法，以使 α 相—β 相转变温度降低，从而获得与铜的组织相近的单相 β 的钛合金。

在铜与钛的氩弧焊过程中，严格控制并避免形成金属间化合物，是获得优良接头的关键。具有单相 β 的钛合金（TA1）能够直接与铜进行氩弧焊，施焊过程中，氩弧焊电弧不能指向 TA1 合金，应离开 TA1 合金一定距离，而直接指向铜的一侧。这种焊接接头的塑性及韧性不高，只适宜用在不太重要的零部件上。

采用氩弧焊方法焊接铬青铜 QCr0.5 与 $\alpha+\beta$ 钛合金 TC2 时，常用厚度为 1.1mm 的铌作中间过渡层，选用表 6.20 中所列的焊接工艺参数，并对焊接区加强保护，可以获得良好的焊接接头。在常温 20℃ 下，接头的抗拉强度 $\sigma_b=303.8\sim318.5\text{MPa}$；在 400℃ 时，抗拉强度 $\sigma_b=88.2\sim101.9\text{MPa}$，接头的冷弯角可达 150°~180°。

表 6.20 铜合金（QCr0.5）与钛合金（TC2）氩弧焊的工艺参数

厚度/mm	焊接电流/A	焊接电压/V	焊丝直径/mm	电极直径/mm	氩气流量/(L/min)
2+2	250	10	1.2	3	
3+3	260	10	1.2	3	
5+5	300	12	2.0	3	15~20
6+6	320	12	2.0	4	
8+6	350	13	2.5	4	
8+8	400	14	2.5	4	

对厚度为 1.5~2mm 的 Ti-Mo、Ti-Nb、Ti-Ta 系合金及 TB2 等 β 相钛合金与铜进行钨极氩弧焊，焊接过程中应使钨极电弧指向铜的一侧，可以获得良好的焊接接头。铜与钛合金 TIG 焊的工艺参数和接头力学性能见表 6.21。

表 6.21 铜与钛合金 TIG 焊的工艺参数和接头力学性能

被焊材料	板厚/mm	焊接电流/A	焊接电压/V	填充材料 牌号	填充材料 直径/mm	电弧偏离距离/mm	抗拉强度σ_b/MPa	冷弯角/(°)
TA2 + T2	3.0	250	10	QCr0.8	1.2	2.5	177.4~202.9	—
	5.0	400	12	QCr0.8	2	4.5	157.2~220.5	90
Ti3Al37Nb + T2	2.0	260	10	T4	1.2	3.0	113.7~138.2	90
	5.0	400	12	T4	2	4.0	218.5~231.3	90~120

6.2.3 铜与钛及钛合金的扩散焊

铜与钛的真空扩散焊可以采用直接扩散焊和加入中间过渡层的扩散焊两种方法，前者获得的接头强度较低，后者获得的接头强度高，并有一定塑性。铜与钛之间不加中间过渡层直接进行扩散焊时，为了避免和减少金属间化合物的生成，焊接过程只能在短时间内完成。但由于焊接温度略低于产生共晶体的温度，界面结合效果差，因此铜与钛扩散焊接头的强度并不高，低于铜母材的强度。

在铜（T2）与钛（TC2）中间加入过渡金属层钼和铌进行焊接，可以阻止被焊金属间相互作用发生反应，使被焊金属 Cu/Al 之间既不产生低熔点共晶体，也不产生脆性化合物相，从而使扩散焊接头的质量能得到很大的提高。Cu/Ti 扩散焊的工艺参数：加热温度为 810℃，保温时间为 10min，真空度为 $1.33\times10^{-4}\sim6.66\times10^{-5}\text{Pa}$，焊接压力为 3.4~4.9MPa。

铜与钛扩散焊的工艺参数对接头抗拉强度的影响见表 6.22。用电炉加热和保温时间较长的扩散焊接头强度高于用高频感应加热和焊接时间较短的扩散焊接头强度。

表 6.22　铜（T2）与钛（TC2）扩散焊的工艺参数及接头抗拉强度

中间层材料	工艺参数			抗拉强度 σ_b/MPa	加热方式
	焊接温度 /℃	保温时间 /min	压力 /MPa		
不加中间层	800	30	4.9	62.7	高频感应加热
	800	300	3.4	144.1～156.8	电炉加热
钼（喷涂）	950	30	4.9	78.4～112.7	高频感应加热
	980	300	3.4	186.2～215.6	电炉加热
铌（喷涂）	950	30	4.9	70.6～102.9	高频感应加热
	980	300	3.4	186.2～215.6	电炉加热
铌（0.1mm 箔片）	950	30	4.9	94.1	高频感应加热
	980	300	3.4	215.6～266.6	电炉加热

　　表面清洁度对真空扩散焊的质量影响很大。焊前将铜件用三氯乙烯进行清洗，彻底清除油脂和污染物，然后在 10% 的 H_2SO_4 硫酸溶液中浸蚀 1min，再用蒸馏水洗涤，随后进行退火处理，退火温度为 820～830℃，时间为 10min。钛合金母材用三氯乙烯清洗干净后，在体积分数为 2%HF 和体积分数为 50%HNO_3 的水溶液中，用超声波振动方法浸蚀 4min，去除氧化膜，然后用水和酒精清洗干净。立即按工艺要求组装后放入真空炉内进行焊接。

　　图 6.15 所示是板厚 5mm 的铜（T2）与板厚 8mm 的钛合金（TA2）采用真空扩散焊的焊接结构。

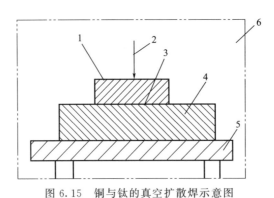

图 6.15　铜与钛的真空扩散焊示意图

1—铜（T2）；2—压力；3—扩散层；4—钛合金（TA2）；5—座板；6—真空室

　　焊接工艺参数为：加热温度为 810℃，保温时间为 10min，焊接压力为 5MPa，真空度为 1.333×10^{-4}Pa。按照上述焊接工艺，也可以在铜与钛合金接头之间加入中间层，通常采用铌箔片作为中间层材料。

　　铜与钛还可以采用钎焊进行焊接，钎焊时采用的钎料多是银钎料（如钎料 308），当银钎料含 72%Ag 时，其熔点为 779℃。在钎料熔化过程中，铜与钛都将向熔化的钎料液体中溶解，并在钎料液体中形成铜与钛金属间化合物相。为了避免产生金属间化合物，必须严格控制钎焊温度和时间等工艺参数，并尽量缩短加热时间。

6.3 钛与铝的焊接

钛及钛合金具有熔点高、线胀系数和弹性模量小、耐蚀性优良等特性,成为在工业中广泛应用的材料。钛合金已经大量应用于重要承力构件,但其中的连接问题是阻碍其应用的关键。铝合金具有比强度高、密度小、耐蚀性好、导热和导电性好等特点,是主要的结构材料。将铝和钛连接形成复合结构在工程应用中是十分必要的。

6.3.1 钛与铝的焊接性特点

钛与铝在液态下无限互溶,在固态(特别是室温)下钛在铝中的溶解度极小。图 6.16 是钛-铝合金状态图。而且 Ti 与 Al 在不同高温条件下反应可形成一系列脆性 Ti-Al 金属间化合物。表 6.23 所示为纯钛与纯铝的主要热物理及力学性能对比,两者熔点、线胀系数及热导率存在巨大差异。上述因素导致钛与铝异种金属的熔焊焊接性很差,必须采用适当的焊接工艺才能获得较为满意的接头。

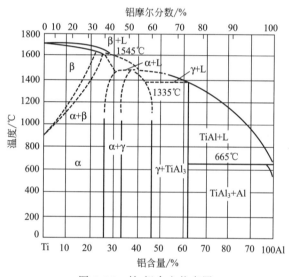

图 6.16 钛-铝合金状态图

表 6.23 钛与铝热物理及力学性能

材料	熔点 /℃	密度 /(g/cm³)	弹性模量 /GPa	线胀系数 /$10^{-6}K^{-1}$	热导率 /[W/(m·K)]	泊松比	抗拉强度 /MPa	屈服强度 /MPa
纯钛	1678	4.5	106.3	7.35	22.08	0.34	250	190
纯铝	660	2.7	70	24.58	235.2	0.3	75	28

焊接钛与铝异种金属的困难主要有以下几个方面。

(1)表面氧化与合金元素烧损

钛与铝高温下都极易氧化,阻止界面结合,而且合金元素容易烧损蒸发。钛在 600℃ 时开始氧化,生成 TiO_2,在焊缝及界面形成中间脆性层,使焊缝的塑性和韧性下降。焊接加热温度越高,氧化越严重。其次,铝和氧作用生成致密难熔的 Al_2O_3 氧化膜(熔点为

2050℃），阻碍两种金属的结合，而且焊缝容易产生夹杂，增加金属的脆性，使焊接难以进行。铝与钛熔焊时，为使钛熔化需要提高焊接热输入，当温度达到钛的熔点时，温度过高会引起铝及其合金元素大量烧损蒸发，使得焊缝的化学成分不均匀，降低焊缝金属的性能。

（2）脆性金属间化合物

钛与铝在熔焊温度下发生一系列冶金反应，和其他杂质形成脆性化合物。钛与铝在1460℃时，形成铝含量为36%的TiAl型金属间化合物，使接头处的脆性增加；在1340℃时，形成铝含量为60%~64%的Ti_3Al型金属间化合物。Ti-Al金属间化合物晶格内存在较高密度的位错，脆性大，导致结合区韧性变差。钛与铝熔化后，当含钛为0.15%时形成钛在铝中的固溶体。高温下Ti极易与C及气氛中的N发生反应形成碳化物和氮化物，降低钛母材的塑性。钛和碳反应形成碳化物，当含碳量大于0.28%时，两种金属的焊接性显著变差。

（3）焊缝气孔

钛与铝的相互溶解度小，高温时吸气性大。在665℃时，钛在铝中的溶解度为0.26%~0.28%，随着温度的降低，溶解度变小。温度降为20℃时，钛在铝中的溶解度降为0.07%，使两种金属很难熔合。铝在钛中的溶解度更小，使两种金属熔合形成固溶体焊缝十分困难。氢在钛中的溶解度很大，低温时容易扩散并聚集形成气孔，使焊缝的塑性和韧性降低，产生脆裂。液态铝可溶解大量氢，固态时则几乎不溶解，使熔池凝固时氢来不及逸出，易在铝侧焊缝中形成大量氢气孔。

（4）焊接变形

钛与铝的焊接变形大，钛与铝的热导率和线胀系数相差很大，铝的热导率和线胀系数分别约是钛的热导率和线胀系数的16倍和3倍，在焊接应力的作用下容易产生裂纹。熔焊过程中钛、铝两侧传热速率、热胀冷缩程度存在很大差异，增大了熔焊过程中焊接温度场与应力场分布的不均匀性，导致焊件变形量的增大，易造成结构的失效。

（5）焊接裂纹

钛与铝的线胀系数、热导率差异大，焊后厚度方向焊缝凝固收缩程度相差较大，易在接头内部形成较大的残余应力。残余应力使接头发生变形，极易导致Ti-Al脆性金属间化合物的开裂，形成脆性裂纹。多数铝合金为共晶组织，焊后冷却过程中α-Al晶粒首先凝固并发生收缩，低熔点共晶仍处于液态，液态金属若不能填充α-Al收缩产生的空隙即形成结晶裂纹。而经热处理强化的铝合金，连接过程中近缝区母材晶界的低熔点共晶发生熔化形成液态薄膜，在应力作用下易形成液化裂纹。

6.3.2　钛与铝的钨极氩弧焊

钛与铝钨极氩弧焊是利用钛、铝熔点相差大的特点，在焊接过程中使低熔点金属铝熔化，与填充金属熔合，形成熔焊连接；而使高熔点金属钛保持在固态，与填充金属发生界面反应，形成钎焊连接的工艺（也称熔-钎焊）。进行钛合金与铝合金的熔-钎焊，可使填充金属与低熔点铝熔合，保证接头强度；填充金属与高熔点钛形成钎焊结合，避免液态钛与铝直接反应，抑制脆性Ti-Al金属间化合物的形成。

例如，钛与铝电解槽的阳极是用厚度为2mm的钛合金（TA2）和厚度为8mm的纯铝（1035）制成的。用钨极氩弧焊进行对接、搭接或角接，填充材料为2A50焊丝，直径为3mm，焊接工艺参数示例见表6.24。为了获得优质接头，焊接过程要尽可能快速连续地进行，以防止钛母材熔化过多。焊前若在钛侧的坡口上熔敷一层铝粉，可以进一步提高焊接接头质量。

表6.24　铝与钛合金钨极氩弧焊的工艺参数示例

接头形式	板厚/mm		焊接电流/A	氩气流量/(L/min)	
	Al(1035)	Ti(TA2)		焊枪	背面保护
角接	8	2	270～290	10	12
搭接	8	2	190～200	10	15
对接	8～10	8～10	240～285	10	8

钨极氩弧焊具有焊接热输入相对较小、电弧稳定且热量相对集中、电弧能量参数可精确控制等特点，在铝合金、钛合金等有色金属同质焊接方面获得了广泛的应用，可获得优质的焊缝。与常规钨极氩弧焊相比，脉冲钨极氩弧焊（pulsed-TIG）电弧能量集中且挺度高，具有焊接热输入小、加热时间短、冷却速率快的优势，适用于焊接导热性能差别大或厚度差别较大的异种材料。采用脉冲钨极氩弧焊方法主要针对厚度小于3mm的钛合金与铝合金进行焊接。

（1）焊接工艺及参数

1）焊前准备

① 坡口加工　为了提高钛侧钎焊结合面积，保证钎焊界面结合强度，钛与铝的脉冲钨极氩弧焊应在钛单侧开坡口，以V形坡口较佳，其尺寸取决于焊接工艺参数的设定。一般地，钛侧坡口角度设定在30°～40°范围内。钛板的坡口加工最好采用刨、铣等冷加工工艺，以减小热加工时出现的坡口边缘硬化等现象，减小机械加工时的难度。

钛、铝都属于活泼金属，化学活性大，高温下与周围气氛（O、H、N等）极易作用，生成脆性相或者难熔氧化膜，焊接效果差，焊前须严格清理。清理过程主要分为机械清理和化学清理。

② 机械清理　钛合金和铝合金均具有超塑性，采用砂布、砂纸或砂轮进行表面打磨时，容易导致砂粒嵌入母材中，形成焊接缺陷。一般采用不锈钢丝刷进行表面氧化膜和部分污垢的清理，然后用丙酮或乙醇、四氯化碳或甲醇等溶剂去除有机物及焊丝表面的油污等。一般采用丙酮或汽油擦洗铝合金表面的油污，对于较薄的铝合金氧化膜可采用不锈钢丝刷进行清理，但对于较厚的氧化膜须采用化学清理方法。对于厚度小于3mm的焊件，焊缝两侧钛板和铝板各至少清理50mm范围。

③ 化学清理　化学清理方法效率和质量高，适于清理焊丝及尺寸不大的焊件。钛合金和铝合金各自化学清理如下：

a.对于热轧后未经酸洗的钛板，由于其氧化膜较厚，应先进行碱洗。碱洗时，将钛板浸泡在含80%的烧碱、20%的碳酸氢钠浓碱水溶液中10～15min，溶液温度保持在40～50℃。碱洗后取出用水冲洗，再进行酸洗。酸洗采用硝酸55～60mL/L、盐酸340～3540mL/L、氢氟酸5mL/L的混合酸溶液，室温下浸泡10～15min。取出后分别采用热水、冷水冲洗，最后擦拭晾干。如果钛板热轧后已经酸洗，但由于存放较久又形成新的氧化膜时，可在室温条件下浸泡在（2%～4%）HF ＋（30%～40%）HNO_3 ＋ H_2O 溶液中15～20min，然后用清水洗净并烘干。

b.铝表面氧化膜的化学清理溶液和清洗工序见表6.25。

表 6.25　去除铝表面氧化膜的化学处理方法

溶液	浓度	温度/℃	工艺	目的
硝酸	50%水 50%硝酸	18~24	浸 15min,冷水中漂洗,然后热水中漂洗,干燥	去除薄的氧化膜,供熔焊用
氢氧化钠+硝酸	5%氢氧化钠 95%水	70	浸 10~60s,冷水中漂洗	去除厚氧化膜,适于所有焊接方法
	浓硝酸	18~24	浸 30s,冷水中漂洗,然后热水中漂洗,干燥	
硫酸铬酸	硫酸 CrO₃ 水	70~80	浸 2~3min,冷水中漂洗,然后热水中漂洗,干燥	去除因热处理形成的氧化膜
磷酸铬酸	磷酸 CrO₃ 水	93	浸 5~10min,冷水中漂洗,然后热水中漂洗,干燥	去除阳极氧化处理镀层

钛板和铝板清理完毕后,须在 4h 内完成焊接,已超过技术规程要求时限的,可在焊前进行机械清理并立即进行装配焊接。

2) 焊材的选择

试验针对轧制后退火处理的 TA15(Ti-6.5Al-2Zr-Mo-1.5V) 钛合金,以及固溶+自然时效处理的 2024-T4 铝合金。

TA15 钛是一种高 Al 当量的近 α 型钛合金,既具有良好的工艺加工性和焊接性,又具有较高的热强性,主要用于制造高温下长时间工作的结构件和焊接承力件,已应用于发动机的叶片、机匣及飞机的各种梁、大型壁板或焊接承力框中。2024 铝是一种热处理强化的高强度硬铝合金,在航空航天结构中常用于飞机的机身、机翼蒙皮与连接件等。为了提高合金的耐蚀性,在 2024Al 板的表面常包有一层工业纯铝。

为避免钛、铝合金与空气作用,钛与铝的脉冲钨极氩弧焊最好选择一级工业高纯氩 (Ar, 99.99%) 进行焊接保护,其露点在 −40℃下,杂质总含量小于 0.02%,相对湿度小于 5%,水分低于 0.001mg/L。焊接过程中氩气压力降至 1MPa 时应停止使用,以保证焊接接头质量。

为了达到钛与铝氩弧熔-钎焊的目的,填充金属宜采用焊缝成形能力较好的铝合金焊丝。其中铝-硅合金焊丝具有良好的液态流动性和填隙能力,利于熔-钎焊接头成形。铝-硅焊丝主要包括 SAl4043 和 SAl4047 两种型号。其中 SAl4043 为含 Si 约 5% 的亚共晶合金焊丝,焊缝成形能力较好,熔敷金属强度较高;SAl4047 焊丝为含 Si 约 12% 的共晶合金焊丝,液态金属流动性大,填隙能力强,但熔敷金属组织具有一定的脆性。

3) 保护措施

由于高温下钛及钛合金对空气中的 O、N、H 具有极强的亲和力,而铝及铝合金高温下易氧化且极易吸 H,焊接区须采取严格的保护措施,以确保正、反面的焊接熔池和两侧焊接热影响区与空气隔绝。一般的常采用局部保护措施,具体要求如下:

① 采用保护效果好的圆柱形或椭圆形喷嘴,并相应增加氩气流量;

② 附加保护罩或者双层喷嘴;

③ 焊缝两侧吹氩;

④ 制作适应焊件形状的挡板限制氩气流动。

对于焊接要求较高、尺寸不太大的焊件，还可采用充氩箱内焊接的保护方式。充氩箱分为柔性箱体和刚性箱体。对柔性箱体采用不抽真空多次充氩的方法提高箱内氩气纯度，焊接时仍需喷嘴保护；对刚性箱体采用抽真空后再充氩的方法。

4）焊接参数的选择

采用平板对接形式对尺寸为 50mm×200mm×2.5mm 的 TA15 钛合金与 2024 铝合金异种材料进行脉冲钨极氩弧焊。焊接设备为广州超胜焊接设备有限公司产 WSE-250P 型方波交直流氩弧焊机；充氩箱内进行焊接（如图 6.17 所示）。填充材料各选择直径为 2mm 的 SAl4043 焊丝、SAl4047 焊丝；采用手动填丝。为了使熔敷金属在钛坡口表面良好铺展，焊接电弧可略向钛合金侧偏移 0.5~1mm，具体焊接工艺参数见表 6.26。

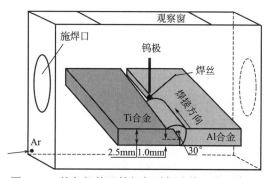

图 6.17 钛与铝填丝钨极氩弧焊连接工艺示意图

表 6.26 填丝脉冲钨极氩弧焊工艺参数

焊材	焊丝	脉冲频率 f/Hz	焊接电流 I/A	电弧电压 U/V	焊接速率 v/(m/min)	氩气流量/(L/min) 箱内充氩	喷嘴
TA15＋2024Al	SAl4043	中频 20	100~110	11~12	0.10	20	15
	SAl4047				0.15		

采用脉冲钨极氩弧焊进行 2.5mm 厚钛板与铝板的对接，可供选择的焊接热输入范围较宽，试验表明，实际焊接热输入在 4.0~8.0kJ/cm 范围内变动时，可获得宏观成形满意的 Ti/Al 焊接接头。

（2）钛与铝氩弧焊接头的组织特征

采用脉冲熔化极氩弧焊获得的 Ti/Al 接头，薄弱区域有两处，一是 2024 铝合金侧焊接热影响区；二是 Ti/Al 界面结合区。

1）铝合金焊接热影响区

热处理强化的 2024 铝合金在焊接热循环的影响下，焊接热影响区强度、硬度会显著下降，即出现"软化"。在焊接过程中，近缝区铝母材被加热至接近甚至高于共晶组织温度。晶内弥散分布的 S($CuMgAl_2$）相和 θ($CuAl_2$）相发生分解并固溶于 α-Al。由于 Cu、Mg 元素在铝中固溶度小，焊后冷却过程中，过固溶元素从晶内析出形成 S、θ 相并聚集长大，形成大颗粒状析出相。由于焊接热循环峰值温度较高，晶界处共晶组织发生熔化，冷却凝固后形成晶界三角区域。

焊后时效过程中，Cu 元素等向晶界处发生扩散和聚集，形成溶质原子富集区（GP

区）。随着时效时间的延长，晶界处 Cu 成分达到 θ 相含量，晶体点阵发生改组，形成与 α-Al 共格的过渡 $\theta'(CuAl_2)$ 相，形成固溶强化。当焊接热循环温度较高时，GP 区（一般为晶界处）Cu 元素含量较高，形成的 θ' 相发生脱溶析出，形成稳定的 θ 相。θ 相优先在晶界处析出，形成颗粒状聚集区域。距离熔合区较远的母材经历的焊接热循环峰值温度较低，晶界处部分 S、θ 相发生分解与固溶；晶内大部分 S、θ 相发生聚集并长大，形成絮状的团簇组织。强化相的脱溶再析出行为，导致焊接热影响区弥散强化机制部分失效，导致出现"时效软化"。

2）Ti/Al 界面结合区

在两种焊丝获得的接头上部、接头中下部选择相近位置分析 Ti/Al 结合区显微组织，如图 6.18 所示。采用两种焊丝时，接头上部钛合金表面均发生了微量的熔化，形成一定厚度的熔合区。

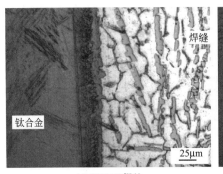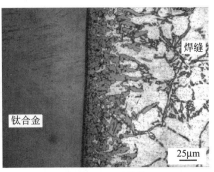

(a) SAl4043焊丝　　　　　　(b) SAl4047焊丝

图 6.18　接头上部 Ti/Al 结合区显微组织

采用 SAl4043 焊丝时熔合区平均厚度约为 $20~\mu m$。经分析熔合区自钛侧至焊缝侧由均匀的 $Ti_3(Al, Si)$ 薄层，厚度较大的 $Ti(Al, Si)+Ti_5Si_3$ 共晶层、$Ti_9(Al, Si)_{23}+Ti_5Si_3$ 共晶层，以及不连续的块状 $Ti(Al, Si)_3$ 层组成，附近焊缝中存在大量的条、块状 $Ti(Al, Si)_3$ 析出相。采用 SAl4047 焊丝时熔合区平均厚度降至 $10~\mu m$，自钛侧至焊缝侧形成了厚度很小的 $Ti_3(Al, Si)$ 层，$Ti(Al, Si)+Ti_5Si_3$ 共晶层与不连续的 $Ti(Al, Si)_3$ 层，紧靠熔合区的焊缝中存在少量块状 $Ti(Al, Si)_3$ 析出相。两种接头熔合区与钛合金之间存在平直、锐利的界面，组织基本无过渡；熔合区与铝基焊缝之间的界面呈曲线状或者锯齿状，增大了两者的结合面积。

根据 Ti-Al 二元相图，焊接时该区域熔化的钛与铝发生混合反应，生成多种 Ti-Al 金属间化合物。由于 Ti-Al 金属间化合物具有其本征脆性，熔合区脆性大。如果在钛合金与焊缝之间形成厚度较大的连续金属间化合物层，熔合区在残余应力的作用下极易发生开裂，形成显微裂纹。熔合区附近较大范围的焊缝中存在粗大的针状、条状脆性相时会降低焊缝的韧性，不利于焊缝组织性能。

在两种焊丝获得的接头中、下部选择相近位置分析 Ti/Al 结合区显微组织，如图 6.19 所示。两种接头的钛合金与焊缝之间形成了良好的钎焊界面结合，界面处形成了一定厚度的反应层，经分析，该界面反应层均为金属间化合物 $Ti(Al, Si)_3$。采用 SAl4043 焊丝时，界面反应层平均厚度约为 $5\mu m$ 且呈芽状向焊缝中延伸，界面附近焊缝中存在极少量的针状 $Ti(Al, Si)_3$ 析出相。采用 SAl4047 焊丝时界面反应层厚度为 $3\sim5\mu m$，呈芽状向焊缝中延伸，界面附近焊缝中也存在少量尺寸较小的块状、条状 Ti(Al，Si)₃。

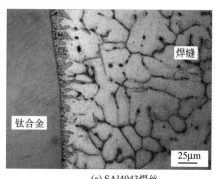 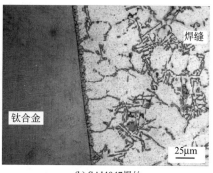

(a) SAl4043焊丝　　　　　　　　　　(b) SAl4047焊丝

图 6.19　接头中、下部 Ti/Al 结合区显微组织

综上，采用 Al-Si 系列焊丝进行 TA15 与 2024Al 的脉冲钨极氩弧焊可以获得结合良好的焊接接头。接头上表面微区形成 Ti/Al 熔合区，其余部位钛与铝基焊缝通过形成一层芽状 Ti(Al，Si)₃ 实现钎焊结合。

3）焊接裂纹

在焊接工艺参数不稳定的条件下，Ti/Al 接头焊接区会出现不同形式的焊接裂纹。根据裂纹的位置将其分为铝侧焊接热影响区裂纹、焊缝裂纹和 Ti/Al 熔合区裂纹。

① 铝侧焊接热影响区裂纹　焊缝冷却凝固时体积收缩，形成水平方向的拉应力。铝侧半熔化区晶界处低熔点 α-Al＋S＋θ 共晶发生熔化，形成液态薄膜。在拉应力作用下，液态薄膜处发生开裂形成间隙，液态薄膜不足以填充间隙即形成液化裂纹，如图 6.20 所示。焊接热影响区中 α-Al 塑性较好而晶界共晶组织较脆，所以裂纹主要沿 α-Al 晶界迅速扩展延伸，最终亦止裂于晶界处。受到水平方向拉应力的作用，图 6.20 中所示裂纹由接头上表面铝侧熔合区启裂，并沿着接头厚度方向延伸入焊接热影响区中，几乎贯穿接头厚度。

② 焊缝裂纹　熔池冷却凝固过程中，熔点较高的 α-Al 首先形核长大并相互接触，形成焊缝的基本骨架；并将富含 Si 或 Mg 元素的低熔点液态金属排挤至晶界。随着温度的下降，α-Al 冷却收缩。熔池凝固后期固-液阶段，由于焊缝的收缩导致水平方向形成较大的残余应力，部分尚未发生凝固的液态晶界受应力作用发生变形形成间隙。若残余液态金属不足以填充这种间隙，即会使晶界发生剥离，形成结晶裂纹［如图 6.20(b) 所示］。由于焊缝冷凝时主要受水平拉应力的作用，形成的裂纹主要沿着接头厚度方向延伸。焊缝主要由塑性良好的 α-Al 与脆性较大的晶界共晶组织（Al＋Si 或 Al＋β 共晶组织）组成，所以裂纹优先沿着 α-Al 晶界处进行扩展，并最终止裂于晶界处。

③ Ti/Al 熔合区裂纹　在焊接工艺选择不当时，接头局部形成较厚的 Ti/Al 熔合区，图 6.21 中熔合区厚度甚至达约 150 μm。熔合区脆性 Ti-Al、Ti-Si 金属间化合物形成过程中，晶内会形成大量的晶格缺陷如空位、位错等。金属间化合物形成之后，由于金属间化合物与两侧金属线胀系数的差别，形成垂直于熔合区厚度方向的残余拉应力，位错发生增殖与聚集，在熔合区内局部微区位错浓度过高而形成多边化边界。多边化边界结合较弱，在残余应力的作用下极有可能发生破坏形成裂纹。Ti/Al 熔合区主要受到垂直于其厚度方向的拉应力作用，所以位错发生迁移聚集后，形成的多边化边界基本垂直于应力方向。裂纹优先沿多边化边界启裂并扩展，形成基本垂直于钛合金表面的裂纹。

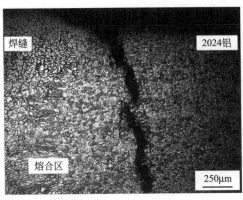

(a) 2024铝合金HAZ液化裂纹　　　　　　　(b) 焊缝结晶裂纹(SAl4043焊丝)

图 6.20　钛与铝氩弧焊接头铝合金侧的裂纹特征

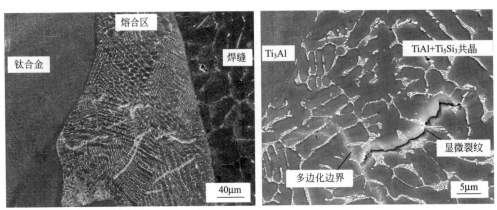

(a) 裂纹形态　　　　　　　　　　　　　　(b) 多边化边界

图 6.21　Ti/Al 氩弧焊熔合区裂纹（SAl4043 焊丝）

（3）焊接接头的力学性能

① 接头的抗拉强度　填充 Al-Si 焊丝，采用双面焊工艺（正面焊接热输入为 6.6～7.2kJ/cm；背面焊接热输入为 6.2～6.8kJ/cm）获得的 Ti/Al 焊接接头拉伸断裂位置如图 6.22 所示。

由于钛/焊缝界面两侧显微组织相差大且过渡急剧，界面附近又形成了脆性的 Ti-Al 金属间化合物层，所以钛/焊缝界面是接头的薄弱部位，拉伸过程中易发生破坏。因此接头多

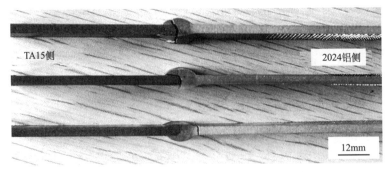

图 6.22　Ti/Al 接头拉伸断裂位置（SAl4043 焊丝）

断裂于钛/焊缝界面附近（见图 6.22），其抗拉强度为 $150\sim220$MPa。个别情况下，接头断裂于铝合金侧焊接热影响区中，抗拉强度只有 74MPa。造成这种情况的原因可能是 2024 铝焊接热影响区出现软化。

②　接头的断口形貌　当 Ti/Al 接头断裂于钛/焊缝界面附近时，断口主要存在两种形貌。大部分断口具有平滑的断面，表现为脆性断裂，如图 6.23(a) 所示。对该处断面进行 EDS 元素分析，Ti 元素原子百分含量为 86.32%，Al 元素约为 12.35%，Si 元素约为 1.33%，说明该区域为 α-Ti。断面还存在大量的台阶状区域，具有明显的撕裂棱，如图 6.23(b) 所示。对该区进行 EDS 元素分析，Ti 元素原子百分含量为 3.82%，Al 元素约为 74.11%，Si 元素约为 22.06%，说明该区域为铝基焊缝。即在拉伸过程中，坡口斜面处断裂主要发生在 α-Ti/TiAl$_3$ 界面处，也有局部发生在 Ti/Al 过渡区附近的焊缝中。

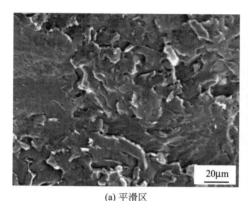
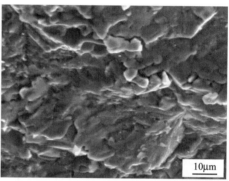

(a) 平滑区　　　　　　　　　　　　　　(b) 台阶状区

图 6.23　钛/焊缝界面处的断口形貌

接头由铝侧焊接热影响区断裂时，断口表面极不平整，存在大量的撕裂棱，说明该区在断裂之前发生了一定的塑性变形，故接头以塑性断裂为主。由于 α-Al 晶界由脆性的 Al+Si 共晶组织组成，因此容易发生沿晶脆性断裂，断口局部微区存在光滑的 α-Al 晶粒表面。故接头沿铝侧 HAZ 断裂时为塑性+脆性混合型断裂方式。

在铝侧断口中也存在断面全部由光滑的 α-Al 晶粒表面组成的区域，α-Al 晶粒未发生明显的变形，说明拉伸测试之前晶界可能已经发生剥离，该区域应为液化裂纹区。液化裂纹的存在，导致 Ti/Al 接头抗拉强度大幅度下降。

6.3.3　钛与铝的扩散焊

为了消除铝与钛金属表面的油脂和氧化膜，焊前先用 HF 去除工件表面的氧化膜，然后用丙酮进行清洗，并使钛-铝表面紧密接触。钛与铝直接进行真空扩散焊，接头塑性和强度很低。因此，可采用三种工艺进行铝与钛的真空扩散焊：

①　在钛表面镀铝后再与铝进行扩散焊；

②　先在钛表面渗铝，然后与铝进行扩散焊；

③　铝和钛之间夹铝箔作为中间层进行扩散焊。

铝与钛可以采用在钛金属表面先进行镀铝，然后再进行真空扩散焊的方法进行连接。中间镀铝层一般采用 1035 纯铝。铝与钛真空扩散焊的工艺参数为：加热温度为 $520\sim550$℃，保温时间为 30min，压力为 7～12MPa，真空度为 5×10^{-4}Pa。采用在钛表面镀铝的纯钛（TA7）与防锈铝（5A03）扩散焊的工艺参数及接头性能见表 6.27。

表 6.27　5A03 防锈铝与 TA7 扩散焊的工艺参数及接头性能

镀铝工艺参数		中间层		扩散焊工艺参数		抗拉强度 σ_b/MPa	断裂部位
温度/℃	时间/s	厚度/mm	材料	焊接温度/℃	保温时间/s		
780～820	35～70	—	—	520～540	30	202～224 (214)	Ti 侧 1035 中间层上
—	—	0.4	Al1035	520～550	60	182～191 (185)	Ti 侧 1035 中间层上
—	—	0.2	Al 1035	520～550	60	216～233 (225)	Ti 侧 1035 中间层上

注：括号内数值为平均值。

为了解决铝与钛直接扩散焊的困难，除了采用在钛表面镀铝的工艺措施以外，还可以采用在钛表面渗铝以及在铝和钛之间夹铝箔作为中间过渡层的工艺措施进行扩散焊。夹铝箔工艺中铝箔的厚度为 0.2～0.4mm。纯铝（1035）与工业纯钛（TA2）真空扩散焊的工艺参数见表 6.28。

表 6.28　纯铝与工业纯钛真空扩散焊的工艺参数

被焊材料	工艺参数				工艺措施	接头结合状况
	焊接温度/℃	保温时间/min	压力/MPa	真空度/Pa		
TA2 + 1035	540	60	5.55	$(1.86～2.52) \times 10^{-5}$	未加中间层	未结合
	568	60	4.5	$(1.46～3.46) \times 10^{-5}$	夹铝箔 钛表面渗铝	未结合 未结合
	630	60	8	$(3.59～4.66) \times 10^{-5}$	夹铝箔 钛表面渗铝	未结合 结合良好
	640	90	20	$(1.12～2.66) \times 10^{-5}$	夹铝箔 钛表面渗铝	结合良好 结合良好

铝与钛真空扩散焊在加热温度为 630℃、保温时间为 60min、压力为 8MPa 时，采用钛板表面渗铝工艺的接头产生了相当程度的扩散结合。在两个界面处（铝侧、钛侧）发生了一定程度的扩散结合，虽然结合情况还比较差。但是，采用夹铝箔工艺扩散焊的试样仍旧没有发生大面积的扩散结合。当加热温度为 640℃、保温时间为 90min、压力为 20MPa 时，采用钛板表面渗铝和夹铝箔工艺扩散焊的两组试样均发生了较好的扩散结合。

Ti 表面渗铝后的 Ti/Al 扩散焊界面随着 Ti、Al 原子的相互渗入，Ti 表面渗铝层的相结构发生了变化，形成了固溶体和 Ti-Al 金属间化合物。渗铝层中虽然还有形如链粒状的共晶组织，但由于 Ti 原子的渗入，相结构与 Al 基体或 Ti 基体不同。

Ti 侧过渡区、渗铝结合界面和 Al 侧过渡区共同组成了 Ti/Al 扩散焊接头的扩散过渡区。扩散过渡区中从钛侧到铝侧 Ti 含量的浓度逐渐降低，形成的相组成也不同。扩散过渡区中 Al 含量为 36% 时，形成 γ 相的 TiAl 型金属间化合物；Al 含量为 60%～64% 时，生成 $TiAl_3$ 型金属间化合物。

钛侧过渡区是白亮的 $TiAl_3$、TiAl 金属间化合物和 Ti 溶入铝中形成的 α-Al(Ti) 固溶体，这是在渗铝和扩散焊时 Ti、Al 原子相互扩散的结果。α-Al(Ti) 固溶体是呈等轴状分布的 α 相，$TiAl_3$ 和 TiAl 是脆硬的金属间化合物，它们的出现使扩散过渡区的显微硬度提高。

6.3.4　钛与铝的冷压焊

钛与铝也可以采用冷压焊进行焊接，因为在加热温度为 450～500℃、保温时间为 5h 时，钛与铝接合面上不会产生金属间化合物。其焊接接头比熔焊方法有利，且能获得很高的接头强度，冷压焊的钛与铝接头的抗拉强度可达 298～304MPa。

铝管与钛管的冷压焊结构如图 6.24 所示。管口预先加工成凹槽和凸台，当压环 3 沿轴向压力使钢环 4 和 5 进入预定位置时，铝管 1 受到挤压而与钛管 2 的凹槽贴紧形成接头。冷压焊工艺方法适合于内径为 10～100mm，壁厚为 1～4mm 的铝/钛管接头。接头焊后须从100℃开始以 200～450℃/min 的速度在液氮中冷却，并且接头经 1000 次的热循环仍能保持其密封性。

铝/钛过渡管可以用正向冷挤压焊的方法制造，图 6.25 所示为采用冷压焊的过程。两种金属管都装入模具孔中，较硬的管装在靠近模具锥孔一端，冲头将两种管子同时从锥孔挤出。管内装有心轴，金属不可能向管内流动，因为两种金属的塑性变形是不一样的，所以两管间的界面会由于巨大的正压力而扩张加大并形成焊缝。较小的管子可以用棒料冷挤压焊后再钻孔制成。

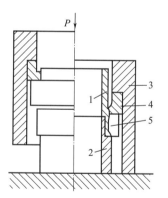

图 6.24　铝管与钛管的冷压焊结构示意图
1—铝管；2—钛管；3—钢制压环；4,5—钢环

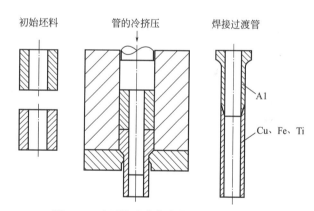

图 6.25　铝/钛过渡管冷挤压焊过程示意图

6.3.5　钛与铝的激光焊

激光具有极快的加热和冷却速度，拥有高的能量密度，能够精确控制焊接热输入。但钛与铝直接激光焊接容易形成大量 Ti-Al 金属间化合物，促使产生焊接裂纹，导致接头失效。从熔-钎焊角度来说，激光焊有着明显的技术优势：从时间尺度上来说，快速加热、快速冷却可以有效地减少金属间化合物的成长；从温度尺度上来说，对于热输入的精确控制，可容易地调整焊接热循环；从空间尺度上来说，激光的光斑形式可调，可以精确地控制加热位置，协调钛与铝异种金属各自的热输入。

采用激光焊进行钛与铝异种金属的熔-钎焊有两种方式。

一是通过激光直接照射钛合金母材（不熔化），采用同步加压使两种材料紧密贴合，通过热传导使低熔点铝合金母材熔化，与固态钛合金通过固-液界面结合形成钎焊结合。

二是采用填充低熔点铝合金焊丝的方式，使铝母材与焊丝熔化混合形成熔焊结合；而液态焊丝与保持固态的钛合金通过固-液界面结合形成钎焊结合。

目前后一种方式获得了更多的关注。

（1）焊接工艺及参数

针对厚度为 1.5mm 的 TC4 钛合金（Ti-6Al-4V）和退火态 5A06 铝合金板。TC4 钛合金属于 α+β 两相钛合金。其平衡状态的组织以 α 相为主，β 相含量为 9%～30%，它是航空航天等工业中应用最多的一类钛合金。5A06 铝是一种中高强度的非热处理强化防锈铝合金，耐大气、海洋腐蚀性较高，焊接性良好，主要应用于船舶结构的焊接结构件、蒙皮骨架零件等。

1）焊前准备及坡口的加工

对 TC4 钛合金的处理工艺：首先在丙酮中浸泡，取出擦干后在质量分数为 40% 的 HNO_3＋质量分数为 5% 的 HF 的混合酸水溶液中浸泡 3～5min；冷水冲洗后吹干，然后置于烘干炉中 120℃ 下保温 20min，取出待焊。对 5A06 铝的处理工艺见表 6.29。

表 6.29　5A06 铝表面焊前处理工艺

步骤	清洗液		处理方法
脱油去脂	汽油、丙酮		浸泡擦拭至出现金属光泽，然后热水冲洗
除氧化膜	碱洗	质量分数为 6%～10% 的 NaOH 水溶液	50～60℃ 溶液中浸泡 5～8min，取出后冷水冲洗 2min
	中和清洗	质量分数为 30% 的 HNO_3＋质量分数为 3% 的 H_2SO_4 的水溶液	室温下浸泡 2～3min，取出后冷水冲洗 2min
干燥			100～150℃ 干燥箱内烘干

为了使激光不仅能加热焊丝，也能加热两种母材的中部区域，钛与铝两侧需开适当坡口。铝合金侧开 45°V 形坡口，钛合金保留小角度 Y 形坡口。两种金属的坡口加工采用刨、铣等冷加工工艺。

2）焊丝及保护气体

填充金属采用液态流动性和填隙能力较好的 SAl4047(Al-Si12) 型铝-硅合金焊丝，其熔化范围为 575～590℃，具有流动性、润湿性良好，接头的耐蚀性优异等优点。采用 FRONIUS 公司的 KD4010 型自动送丝装置，其送丝速率参数为 0.2～10m/min。焊接时采用前置送丝方式（见图 6.26），这样更容易控制焊接过程的稳定性；焊丝的填入方向与焊接方向相反，在激光辐照的作用不断熔化，一般不会出现焊丝熔化回烧的现象；焊丝填充的方向与液态钎料流动方向一致，有利于液态钎料润湿铺展的稳定性。

钛与铝的激光焊选择一级工业高纯氩（Ar，99.99%）进行焊接保护，焊接时须采用正、反面双面氩气保护的方式，以保证焊接接头质量。

3）焊接参数

在对钛与铝异种金属进行激光熔-钎焊时，一方面要保证钛合金处于合适的温度范围使其与液态钎料发生合适的相互作用，另一方面又需要保证填充焊丝与铝合金母材能充分熔化，获得优良的焊缝成形。因此需要对光斑能量密度在时间上和空间上的分布进行控制：从时间上而言，主要是通过改变焊接速度、激光功率和光束的偏移量来实现；从空间上而言，改变光斑的尺寸和形状，采用散焦的圆形光斑和聚焦的矩形光斑两种光斑形式来实现。

① 光斑模式　圆形光斑的激光束的能量在空间上为高斯分布，能量密度集中，不利于钛合金母材与钎料的热量的分配协调，焊接过程中钛合金温度较低，不利于液态钎料的润湿铺展。宜将激光束倾斜入射到工件表面，形成一个椭圆光斑。椭圆的长轴与焊接方向保持一致，可增加加热面积。矩形光斑的激光束能量密度在长边为均匀分布，在短边为高斯分布（见图 6.27）。采用光斑的横向排布模式可增大焊缝的加热宽度，对焊接间隙与送丝稳定性的适应性较强，光束偏移量的适用范围更大，适合异种材料的熔-钎焊。

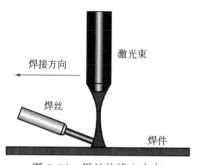

图 6.26　焊丝的填入方向

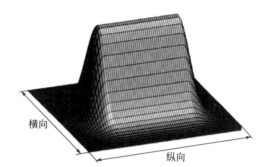

图 6.27　矩形激光光斑能量分布

② 光束偏移量　光束的偏移量是激光熔-钎焊首先要确定的参数。在激光熔-钎焊的过程中，利用激光的辐照效应加热金属，因而材料的反射率直接决定了实际吸收的热量。由于铝合金的反射率及热导率要远高于钛合金，因此在铝合金一侧的热量损失也要大于钛合金。为了协调好两者之间的能量分配，形成有效的连接，光束一般需向铝合金一侧做适当的偏移。

③ 对接间隙　为保证熔融钎料顺利地填充焊缝，最好留有合适的间隙。实践证明 Y 形坡口底部钝边的对接间隙在 0.4～0.6mm 之间可保证良好的焊缝成形。

④ 激光功率与焊接速率　激光功率与焊接速率是激光熔-钎焊过程中最重要的工艺参数，直接决定了焊接热输入的大小。焊接热输入过低，液态钎料的黏度较大，对固态金属润湿铺展性较差，焊缝的背面容易结合不良；焊接热输入过高，液态钎料的温度高、黏度低、流动性较好，但易导致焊缝下塌等缺陷。实践表明采用圆形光斑激光焊时，焊接热输入在 1.5～2.8kJ/cm 范围内变动时，均可获得成形满意的焊接接头；而采用矩形光斑时，焊接热输入为 1.8～4.3kJ/cm 时可获得满意的焊接接头。

⑤ 送丝速率　送丝速率和焊接速率的匹配，决定了接头的填充金属量，可用系数 K 表征送丝速率和焊接速率的匹配，分别选择不同 K 值进行试验。定义为：

$$K = \frac{v_s}{v_h}$$

式中，v_s 为送丝速率；v_h 为焊接速率。

在焊接速率一定时，K 值大小取决于送丝速率。若 K 值过小，则送丝速率低，焊缝填丝量小，不能保证钎料完全覆盖钛母材；若 K 值过大，则送丝速率高，钎料容易在焊缝表面形成堆积或形成较大下塌量。试验证明，当 K 值为 3.5～5.3 时，焊缝成形良好。当然填丝量还与接头设计有关，K 值应该根据实际条件而定。

（2）钛与铝激光焊接头的组织特征

5A06 铝合金焊接时热影响区的软化现象不显著，所以激光焊获得的 TC4/5A06Al 熔-钎焊接头，薄弱区域一是铝合金侧熔合区；二是 Ti/Al 界面结合界面。

① 铝合金侧熔合区　5A06 铝侧熔合区如图 6.28 所示，其附近的微观组织具有一定的

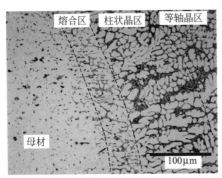

图 6.28　5A06 铝侧熔合区显微组织

规律性。从铝合金母材到焊缝依次可以划分为 4 个区域，即母材、熔合区、柱状晶区和等轴晶区。铝合金母材的热影响区不明显。

熔合区在焊接的过程中其温度位于铝合金母材的熔点附近，可能有一部分晶粒由于其利于导热而熔化较多，而另一部分铝晶粒熔化较少，属于半熔化状态。一般认为，熔合区的组织和性能是不均匀的，为焊接接头中的薄弱部位。柱状晶区由粗大的等轴晶组成，其生长方向一般垂直于熔合区，方向性明显。

② Ti/Al 界面结合区　激光焊接极快的加热及冷却速度以及其局部加热特性使得界面上部与下部的组织结构呈不均匀性。图 6.29 所示为圆形光斑 Y 形坡口条件下 Ti/Al 异种合金激光熔-钎焊界面的显微组织。图 6.29（a）所示为钎焊接头的宏观形貌，图 6.29（b）～图 6.29（f）所示分别为位置 A、B、C、D、E 处的微观结构，图中可以看出界面处在焊接过程中形成了金属间化合物，且沿厚度方向上微观组织发生了较大变化。

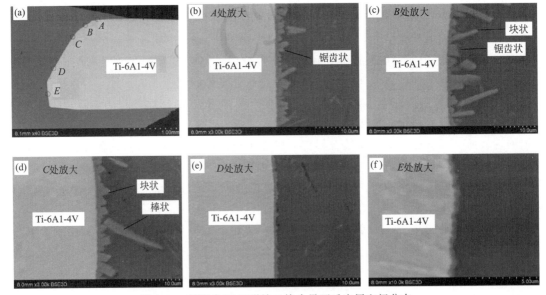

图 6.29　圆形光斑 Y 形坡口接头界面反应层空间分布

需指出的是，与传统炉中钎焊与电弧钎焊相比，激光熔-钎焊的最大特点是依赖于激光能量的精确可控性，能够形成极薄的界面金属间化合物，即使微观组织沿厚度方向存在不均匀性，其最大厚度一般也不会超过 $10\mu m$，这使得激光熔-钎焊工艺可以获得很高的界面连接强度。

　　界面上部的金属间化合物相对较厚，呈锯齿状，每个锯齿属小晶面形状，且存在呈棒状金属间化合物，有的甚至断裂进入熔池。距激光直接加热区域较远的下部，金属间化合物则明显变薄。位置 D 处金属间化合物厚度仅约为 $1\mu m$，界面上的"锯齿"也明显比上部小得多，呈胞状。在坡口钝边的 E 处界面反应层最薄，低于 $1\mu m$，已没有锯齿的特征，甚至某些部位可能没有形成有效的冶金连接。

　　在焊接过程中，接头下部钛合金基本上不受光照，钛合金母材的热量主要依赖于液态钎料和母材的热传导，因而界面反应明显不如上部充分，往往会出现界面反应不充分的虚弱连接等缺陷，往往成为裂纹的萌生之处。

　　（3）钛与铝激光焊接头的力学性能

　　对 Ti/Al 激光熔-钎焊接头的抗拉强度测试结果进行统计，可将接头的断裂划分为四种类型，包括部分断裂于界面处、完全断裂于焊缝处、完全断裂于界面处和断裂于焊缝气孔聚集区。其每种断裂类型的平均抗拉强度如图 6.30 所示。其中完全断裂在界面处和断裂于焊缝气孔聚集区的接头的焊接工艺参数大体相同，因而将其归为一种类型。

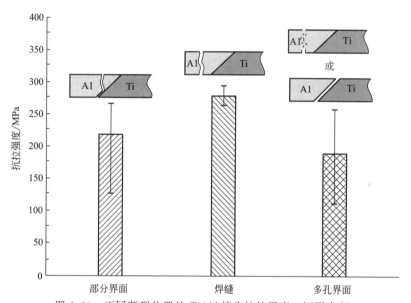

图 6.30　不同断裂位置的 Ti/Al 接头抗拉强度（矩形光斑）

　　完全断裂于焊缝处的接头抗拉强度最高，平均为 278MPa；其次为部分断裂于界面处，平均抗拉强度为 219MPa，最低的是完全断裂于界面处和断裂于焊缝气孔聚集区，平均抗拉强度为 189MPa。从图 6.30 中还可以看出，完全断裂于焊缝处时接头的抗拉强度不仅较高，而且几组数据的测试值波动也不大，焊缝的接头都获得了可靠的连接，说明这种条件下钎焊一侧接头的界面反应层结合强度非常高，且相对均匀。

6.4　铝与镁的焊接

6.4.1　铝与镁的焊接性特点

　　铝和镁都具有熔点低、密度小、塑性好等优点，被广泛应用于汽车、航空航天、电子等工业部门。由于镁和铝应用的广泛性和交叉性，以及在某些特殊场合某些特殊性能的要求，将镁与铝连接形成复合结构是十分必要的，可以减小结构重量，节约材料。

铝与镁的物理性质的对比见表 6.30。从表 6.30 中可知，铝、镁金属都属于轻金属，两种金属的熔点与其他金属相比较低，也比较接近；Mg 的沸点为 1090℃，Al 的沸点却高达 2467℃，两者差异很大；Mg、Al 都有着较大的热导率、线胀系数、比热容，结晶时体积收缩率差异较大，Mg 的体积收缩率为 3.97%～4.2%，Al 的体积收缩率为 6.5%～6.6%，这将导致在焊缝形成时会存在很大的残余应力和焊接变形，还可能导致焊缝开裂；Mg、Al 两种金属的原子半径接近，但有不同的晶格类型，Mg 的晶格结构属于密排六方 hcp，Al 的晶格结构属于面心立方 fcc。

表 6.30　铝与镁的物理性质的对比

物理性质	Al	Mg
密度/(g/cm³)	2.702	1.738
熔点/℃	660.37	648.9
沸点/℃	2467	1090
热导率/[W/(m·K)]	207	145
线胀系数/$10^{-6}K^{-1}$	23.8	25.8
比热容/[J/(kg·K)]	935	1087
结晶时体积收缩率/%	6.5～6.6	3.97～4.2
原子半径/nm	14.3	13.64
晶格类型	fcc	hcp

由于镁和铝的相互溶解度、熔点、线胀系数不同，镁和铝很容易形成氧化膜，并且镁具有较大的热脆性，使得镁与铝的焊接十分困难。图 6.31 为 Mg-Al 二元合金状态图。

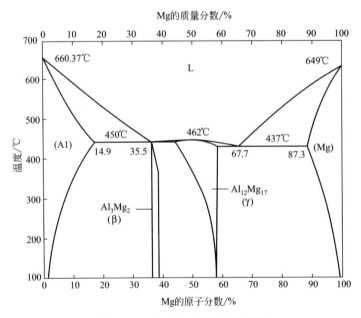

图 6.31　Mg-Al 二元合金状态图

在共晶温度下，Mg 在铝中的最大溶解度为 14.9%；100℃时的 Mg 溶解度为 1.9%。未溶解的镁往往以 β 相（Mg_2Al_3）存在于组织中。同时在熔焊与固相焊过程中还易形成 Mg_3Al_2 及 MgAl 等金属间化合物。

镁与铝的焊接性特点主要有以下几个方面：

① 铝与镁极易氧化。Mg 与 Al 均属于活泼金属，很容易与氧结合形成 MgO 和 Al_2O_3 氧化膜，Al_2O_3 结构致密且熔点为 2050℃，MgO 的熔点为 2852℃。这些氧化膜很难去除，会阻碍两种金属的连接，而且使接头区容易产生夹杂、裂纹等缺陷，使接头结合性能变差。

② 铝与镁在液态时相互溶解度小，高温时气体溶解度大。由 Mg-Al 二元合金状态图可知，Mg 与 Al 在低温时彼此溶解度很小，因为 Mg 为密排六方结构而 Al 为面心立方结构，晶体结构的不同是 Mg/Al 间相互溶解度差的原因之一。较低的相互溶解度使两种金属形成熔合区十分困难，难以形成有效的结合。

③ 铝与镁在高温时均能溶解一定的气体。液态铝中可溶解大量的氢，固态时几乎不溶解，这易使熔合区在凝固时氢来不及逸出而产生气孔，使熔合区塑韧性降低。

物理性质上的差异使铝与镁异种金属的焊接十分困难，焊接过程中，高熔点的氧化膜在熔池中容易形成细小片状固态夹渣，这些夹渣会阻碍焊缝的形成；在熔焊接头处可能形成气孔、热裂纹、夹杂以及热影响区软化等缺陷，也会降低接头的性能；Mg 还易与空气中的氮反应生成 Mg_2N_3，导致焊缝金属的塑性降低，焊接接头变脆。

采用熔焊方法对铝与镁进行焊接时，焊缝熔合区附近形成的高硬度 Mg-Al 系金属间化合物（如 Mg_2Al_{13}、$Mg_{17}Al_{12}$ 等）会促使接头脆性增大，降低焊接接头的力学性能，并且由于焊接时较大的热输入，会使热影响区产生较大的变形及裂纹。

大量国内外学者对铝与镁异种金属焊接进行了研究，采用的焊接方法主要是钎焊、熔焊和固相焊，例如钨极氩弧焊、钎焊、搅拌摩擦焊、扩散焊、电阻点焊等。

6.4.2 铝与镁的钨极氩弧焊

钨极氩弧焊是目前镁合金和铝合金最常用的焊接方法，焊接接头的变形小且热影响区较窄，接头的力学性能和耐腐蚀性能较高。由于镁的蒸气压高、易氧化，而且导热性能好，因此采用保护性强、能量密度高的焊接方法更易实现镁合金的焊接。

（1）焊接设备及工艺特点

用钨极氩弧焊对 Mg/Al 异种材料进行平板对接焊，可采用交流钨极氩弧焊机。接头采用对接形式，被焊母材 Mg、Al 为板材，尺寸为 100mm×40mm×3mm。焊前将两侧母材焊缝接触部位打磨平整，去除工件被焊部位及焊丝表面的氧化膜、油脂和水分，主要采用机械和化学方法进行清理。接头表面清理后，将接头定位、压紧、装配。TIG 焊时的工艺参数根据被焊材料、板厚及接头形式确定，Mg/Al 异种材料 TIG 焊的工艺参数见表 6.31。

表 6.31 Mg/Al 异种材料 TIG 焊的工艺参数

焊接电流 I/A	焊接电压 U/V	焊接速度 v/(mm/s)	Ar 气体流量 /(L/min)
60~120	25	1.2~1.5	10~12

TIG 焊过程中，由于镁合金的熔点低于铝合金的熔点，焊接时极易产生向镁合金母材一侧的电弧偏吹现象，导致靠近铝母材一侧的焊缝熔合较差。因此在焊接过程中应使焊枪钨

电极向铝侧倾斜一定角度，以保证获得熔合较好的焊接接头。焊接时采用铝焊丝 SAl-3 作为填充材料，进行平板对接焊。

（2）焊接接头组织与性能

对 Mg/Al 异种材料 TIG 焊接头 Mg 侧熔合区附近组织的分析表明，该区域存在明显的柱状晶组织，并垂直于镁基体向焊缝延伸生长。焊缝区主要是由细小的条状等轴晶组织和基体组织构成的。熔合区由熔化结晶区和半熔化结晶区构成，熔化结晶区主要由明显的柱状晶和等轴树枝晶组成，半熔化结晶区主要由未结晶组织和柱状树枝结晶组织组成。并且靠近焊缝附近的熔化结晶区是易产生裂纹的区域，裂纹沿着熔合区连续分布。Mg 侧熔合区附近组织的变化对于接头的性能影响较为明显，图 6.32 所示是 Mg 侧熔合区附近的显微硬度分布。

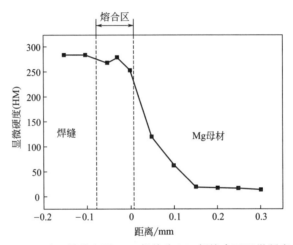

图 6.32　Mg/Al 异种金属 TIG 焊接头 Mg 侧熔合区显微硬度分布

从焊缝区经过 TIG 焊接头 Mg 侧熔合区过渡到 Mg 基体时，显微硬度几乎是连续变化的，在焊缝区和熔合区附近显微硬度较高，约为 $275\sim300$HM，向 Mg 基体过渡时显微硬度逐渐降低至 25HM。

根据 X 射线衍射（XRD）分析，在 Mg 侧熔合区附近主要形成了 $Mg_{17}Al_{12}$ 和 Mg_2Al_3 等 Mg-Al 系金属间化合物。在 XRD 分析结果中还存在一定量的 Al_4Si 相，主要是 TIG 焊采用的焊丝 SAl-3 中少量的 Si 元素过渡到熔合区附近与 Al 反应形成的。同时由于 Mg、Al 易被氧化，在焊缝及熔合区附近不可避免地也存在一定量的氧化物 MgO 和 Al_2O_3。

气孔是 Mg、Al 焊接中常见的一种缺陷，气孔不仅会削弱焊缝的有效工作断面，同时也会使焊接接头区产生应力集中，降低焊缝金属的强度和韧性。Mg/Al 异种材料 TIG 焊接头产生气孔的原因是氩气保护不充分，以及焊丝表面残留水分在高温下分解产生的 H_2 溶入焊接熔池中，当液态金属凝固时，气体的溶解度突然下降，来不及逸出而残留在焊缝中便形成气孔。

气孔也是导致接头断裂的原因之一，对镁与铝 TIG 焊接头 Mg 侧断口进行扫描电镜观察（SEM）发现存在气孔，这些气孔主要分布在解理区域的凹陷部位，并且垂直于焊缝方向。从宏观上也可见在焊缝横截面 Mg 侧熔合区附近存在可见的细小气孔。

6.4.3　铝与镁的搅拌摩擦焊

搅拌摩擦焊是一种固相连接技术，焊接温度低，材料没有发生熔化，因而避免 Al、Mg

元素的挥发损失，接头内部不易形成气孔和热裂纹，接头残余应力较低，焊接接头强度系数高。因此搅拌摩擦焊技术对于铝与镁异种金属焊接有一定优势。但是，铝与镁搅拌摩擦焊接头界面也容易生成脆性金属间化合物，从而降低接头力学性能。

（1）焊接研究进展

采用搅拌摩擦焊的方法可以实现 L2 纯铝与 MB2 镁合金的有效连接。研究工艺参数对 L2/MB2 接头成形、显微组织及力学性能的影响表明，当搅拌针偏置于 MB2 镁合金一侧且搅拌头旋转速度为 315r/min 时，接头焊缝外观成形较好；当搅拌针偏置于 L2 纯铝一侧且焊接速度不超过 30mm/min 时，也可形成外观成形较好的焊缝；当搅拌针不偏置且搅拌头旋转速度很高时，接头容易开裂，因为在这种条件下接头界面容易形成大量 Al_3Mg_2、$Al_{12}Mg_{17}$ 等脆性金属间化合物。

采用搅拌摩擦焊的方法对厚度为 5mm 的 LY12 铝合金与 AZ31 镁合金的连接表明，选用适当的工艺参数时，AZ31 镁合金与 LY12 铝合金异种材料的搅拌摩擦焊是可行的，但工艺参数范围很窄，必须严格控制工艺参数。焊接过程中，铝合金和镁合金的片层结构由于材料的彼此挤压而互相挤入，发生明显的变形，从而降低搅拌摩擦焊的接头强度（仅为铝合金母材的 60.7%）。

采用搅拌摩擦焊的方法可以实现厚度为 6mm 的 1050 铝合金和 AZ31 镁合金的连接。对 1050/AZ31 异种金属搅拌摩擦焊接头的显微组织分析表明，1050/AZ31 接头焊核内存在较大的不规则形状区，且在焊核中心区弥散分布有颗粒状金属间化合物 $Al_{12}Mg_{17}$。这是因为搅拌摩擦焊过程所产生的高温及强烈的塑性变形促进了焊核区 Al、Mg 原子的相互扩散，当焊接温度在一定时间范围内保持在 437℃ 以上时，在冷却过程中发生共晶反应，形成颗粒状金属间化合物 $Al_{12}Mg_{17}$，也正是 $Al_{12}Mg_{17}$ 的存在，使焊核区显微硬度明显高于两侧母材。

采用搅拌摩擦焊的方法对厚度为 12mm 的 AA5083 铝合金和 AZ31B 镁合金进行对接试验。对 FSW 接头力学性能测试后发现，接头焊核区几乎没有延展性。对接头显微组织及 X 射线分析的结果表明，接头中存在一个贯穿整个搅拌区的极薄界面层（如图 6.33 所示），该界面层化学成分与两侧母材不同，为金属间化合物 $Al_{12}Mg_{17}$。该界面层与铝合金之间的结合强度微弱，试样即便在相对较轻的抛光过程中也可能会出现裂纹。

采用搅拌摩擦焊方法对厚度为 6mm 的 6061-T6 铝合金与 AZ31 轧制态镁合金进行连接，研究搅拌头不同偏置位置对接头组织及性能的影响。结果表明，在搅拌头偏置铝侧、不偏置和偏置镁侧三种焊接方式下，接头界

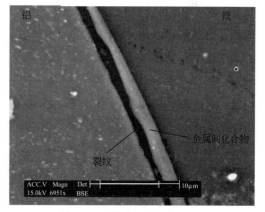

图 6.33 接头界面 $Al_{12}Mg_{17}$ 金属间化合物层组织特征

面处均有脆性金属间化合物 $Al_{12}Mg_{17}$ 和孔洞存在。少量的 $Al_{12}Mg_{17}$ 在接头焊核区存在，使接头焊核区硬度提高。对 6061/AZ31 搅拌摩擦焊接头进行拉伸试验结果表明，界面处存在的金属间化合物 $Al_{12}Mg_{17}$ 和孔洞是接头的薄弱区域，会降低接头的拉伸强度，断裂容易在此处发生。

针对 AZ31B-H24 镁合金与 6061-T6 铝合金进行搅拌摩擦焊连接。焊缝区和过渡区均出现了动态再结晶细晶组织，从基体金属、过渡区一直到焊缝区，晶粒尺寸呈现减小趋势，焊缝区未出现孔洞等焊接缺陷，接头中相互流动的旋涡和涡流所形成的洋葱状结构清晰可见。焊缝区形态多样，但分界线明显，属于典型的搅拌摩擦焊组织形貌。显微硬度试验显示，在焊缝和过渡区，硬度明显上升，推断在此处生成了脆性相化合物。

采用搅拌摩擦焊连接 1050 铝合金和 AZ31 镁合金，在焊缝处未出现如裂纹、孔洞等焊接缺陷，但在焊缝区中出现不规则区域。经 XRD 分析，焊核区存在 $Al_{12}Mg_{17}$ 金属间化合物和 $Al_{12}Mg_{17}+Mg$ 共晶组织。因为接头区含有 $Al_{12}Mg_{17}$ 金属间化合物，使得焊核区处硬度明显提高。

综上所述，采用搅拌摩擦焊的方法连接 4mm 以上铝与镁异种金属板材时容易产生孔洞和其他宏观缺陷，且焊接过程中易在 Al/Mg 搅拌摩擦焊接头界面形成脆性金属间化合物，降低接头强度。需进一步优化焊接工艺参数，减少脆性金属间化合物的形成，从而提高接头的综合力学性能。

（2）AZ31 镁合金与 6061 铝合金的搅拌摩擦对接焊示例

镁合金、铝合金因其低密度的特点，在汽车减重、降低能耗方面具有很好的潜力，已成功应用于部分汽车零部件的制造。铝与镁异种金属熔化焊时，容易生成金属间化合物，接头性能很低。但搅拌摩擦焊因为其低热输入的特点，对实现镁合金与铝合金的高质量可靠连接非常有利。

采用厚度为 10mm 的 AZ31 镁合金与 6061 铝合金板材进行对接实验，搅拌头采用 1Cr18Ni9Ti 不锈钢，搅拌针为直径 5mm 的粗螺旋型。焊接装配如图 6.34 所示。焊接前彻底清除母材表面的氧化皮，并用丙酮溶液清洗母材表面后吹干。搅拌摩擦焊工艺参数示例见表 6.32。

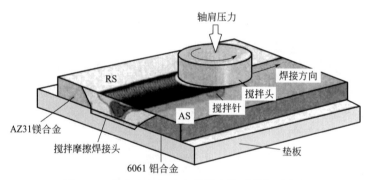

图 6.34　镁合金与铝合金搅拌摩擦对接焊示意图

表 6.32　搅拌摩擦焊对接工艺参数示例

搅拌头下压量	搅拌头旋转速度	搅拌头提升速度	搅拌头插入停留时间
0.4mm	1150r/mim	20mm/min	10s
搅拌头倾角	焊接速度	搅拌头下降速度	搅拌头回抽停留时间
4°	40mm/min	20mm/min	6s

焊接后显微组织分析显示，热影响区晶粒稍有增大，但未产生塑性变形；热机影响区在焊接温度场和搅拌头机械作用下，一部分晶粒被拉长，另一部分晶粒由于回复再结晶作用而得到细化；焊核区在强烈机械力和热循环作用下，发生了动态再结晶，得到细小的等轴晶组

织。焊核区生成了少量 $Al_{12}Mg_{17}$ 相和 Mg_2Al_3 相。

镁合金与铝合金搅拌摩擦焊接头抗拉强度达到 243MPa，分别为 AZ31 镁合金母材的 93.8%及 6061 铝合金母材的 78.4%。接头的室温伸长率为 8.5%，分别达到 AZ31 镁合金母材的 89.5%和 6061 铝合金母材的 70.8%。

镁合金、铝合金由于本身热物理性能的差异，搅拌摩擦焊中两侧母材相对于搅拌头的不同位置，对焊缝成形有显著影响。母材相对于搅拌头位置可以分为前进侧与后退侧。焊缝前进侧受摩擦产热最大，金属所受应力大，产生明显流变；而后退侧相对于前进侧受热应力小，流变小。镁合金与铝合金在塑性流动性方面也有明显差异，镁合金比铝合金软，当其处于后退侧时，能够被搅拌头搅进后侧的空洞中。镁合金与铝合金分别位于焊缝后退侧与前进侧时能够得到成形良好的焊缝，反之焊缝中缺陷较多。

搅拌头偏移方式对焊缝成形也有重要影响。搅拌头偏移方式的选择与待焊母材种类、状态、性能差异等密切相关，需根据具体焊接材料确定。

（3）汽车车架结构用铝、镁合金的搅拌摩擦点焊示例

搅拌摩擦点焊是在搅拌摩擦焊基础上发展起来的焊接工艺，具有接头质量高、工艺过程简单、节约能源、工作环境清洁等优点。5052-T6 铝合金与 AZ31-H24 镁合金可用于汽车车架结构。被焊材料厚度为 2mm，搭接长度为 30mm，进行摩擦点焊工艺性试验。搅拌头材料为热作磨具钢——H13 钢，搅拌头轴肩直径为 10mm，搅拌针直径为 5mm，搅拌针长度为 2.3mm，搅拌头为平面加小螺纹型。搅拌摩擦点焊前，将被焊母材表面的氧化物、油污及其他杂质清理干净。搅拌摩擦点焊的工艺参数示例见表 6.33。

表 6.33　搅拌摩擦点焊的工艺参数示例

搅拌头下压量 /mm	搅拌头旋转速度 /(r/min)	焊接时间 /s	旋转半径 /mm
0.1～0.5	1200	4	1

随着搅拌头下压量的增加（焊接热输入增加），5052-T6 铝合金与 AZ31-H24 镁合金搅拌摩擦点焊接头焊核区平均晶粒尺寸先减小后增大，接头的拉伸性能和耐腐蚀性能先提高后降低。搅拌头下压量对接头区的硬度分布影响很小，最低硬度位于前进侧热影响区，最高硬度位于焊核区中心。随搅拌头下压量增加，焊接区金属流动性提高，焊核区晶粒在搅拌头机械搅拌作用和温度场作用下发生动态再结晶，晶粒明显细化；热输入过大时，焊核区温度过高会导致晶粒有一定程度的粗化。

随着焊接热输入的增加，5052-T6 铝合金与 AZ31-H24 镁合金搅拌摩擦点焊接头的抗拉强度、屈服强度和伸长率也呈现出先增大后减小的变化趋势，但接头断裂方式均为脆性断裂。试验参数范围内，搅拌头下压量为 0.3mm 时，接头区的微观组织晶粒尺寸最小，接头的抗拉强度及屈服强度最高。

（4）铝合金与镁合金的搅拌摩擦搭接焊示例

采用搅拌摩擦搭接焊形式焊接铝合金与镁合金，可以增大被焊试板的接触面积，改善搅拌摩擦焊工艺性。搭接焊时可以直接对铝与镁异种金属进行搭接焊，也可以选用合适的中间层材料改善铝与镁异质界面连接时的界面反应，调控金属间化合物的类型及数量，从而提高接头的综合性能。铝与镁搅拌摩擦搭接焊如图 6.35 所示。

对厚度为 3mm 的 AZ31 镁合金与 5083 铝合金的搅拌摩擦搭接焊试验结果表明，搭接长

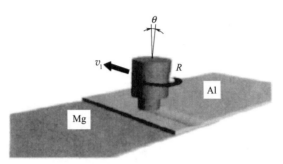

图 6.35　铝与镁搅拌摩擦搭接焊示意图

度为 40mm，采用圆锥带螺纹的搅拌针，轴肩直径为 16mm，搅拌针长 2.6mm，焊接速度为 50mm/min，旋转速度为 1350r/min 时，可以获得外观成形良好的焊接接头。在搭接界面处形成了一个晶粒均匀细小的过渡层，过渡层内弥散分布大量树枝晶，物相分析表明，形成了 $Mg_{17}Al_{12}$ 及 Mg_2Al_3 金属间化合物。

采用 Cu 箔或 Zn 箔作为中间层，对 AZ31 镁合金与 6061 铝合金进行搅拌摩擦搭接焊试验结果表明，中间层配合合适的焊接工艺参数，可以减少界面金属间化合物的形成，提高铝与镁异种金属搭接界面的力学性能。

6.4.4　铝与镁的扩散焊

为了避免熔焊过程中产生的各种焊接缺陷，采用真空扩散焊对铝与镁进行连接。采用扩散焊连接可以通过在有限时间内的加热和加压，使接触表面产生微小的宏观变形，通过原子的扩散，实现铝与镁异种材料可靠的连接。扩散焊没有采用熔焊方法时易产生的裂纹、变形、气孔等缺陷，可以获得结合良好的焊接接头。

（1）焊前准备及焊接工艺要点

镁和铝表面的 MgO 和 Al_2O_3 氧化膜会阻碍扩散焊时原子的扩散，必须进行清除。Al_2O_3 膜很稳定，在扩散结合过程中也不消失。但是随着结合面的变形，氧化膜将遭到破坏，有一部分表面将露出清洁表面。因此焊前应采用化学方法去除待焊工件表面的氧化膜，使待焊表面接触更紧密，增大原子扩散面积。

焊前待焊工件 Mg 与 Al 表面经过磨削加工，表面粗糙度 Ra 为 $12.5\sim25\mu m$。采用机械和化学方法去除待焊工件表面的氧化膜、油污和铁锈等。工件清理后，将清洁平整的待焊表面定位、压紧，装配好后立即放置到真空扩散焊的真空室中。进行扩散焊时，采用分级加热并设置几个保温时间平台。冷却过程采用循环水冷却至 100℃ 后，随炉冷却。

Mg/Al 异种材料真空扩散焊的工艺参数为：加热温度为 $460\sim540℃$，保温时间为 $40\sim60min$，焊接压力为 $0.074\sim0.895MPa$，真空度为 $6.5\times10^{-4}\sim6.5\times10^{-5}Pa$。Mg/Al 异种材料扩散焊的工艺参数及接头结合状况见表 6.34。

表 6.34　Mg/Al 异种材料扩散焊的工艺参数及接头结合状况

扩散焊工艺参数				接头结合状况
被焊材料	加热温度 /℃	保温时间 /min	焊接压力 /MPa	
Mg/Al	500～540	30～60	0.18～0.895	加热温度、压力较大，Mg 易发生塑性变形、脆裂，未能形成扩散焊接头

被焊材料	扩散焊工艺参数			接头结合状况
	加热温度 /℃	保温时间 /min	焊接压力 /MPa	
Mg/Al	470~490	30~60	0.074~0.081	焊合,接合面扩散充分,接头结合良好、结合强度较高
Mg/Al	≤460	30~60	0.074	加热温度低、压力较小,未焊合,界面无扩散痕迹

Mg/Al 异种材料进行扩散焊时,由于 Mg 具有较大的热脆性,加热温度、保温时间及焊接压力对接头的质量影响较大。严格控制加热温度、保温时间和压力,可以获得结合良好的扩散焊接头。

(2) 扩散焊接头的剪切强度和硬度

对不同工艺参数下获得的 Mg/Al 扩散焊接头,采用线切割方法从扩散焊接头位置切取 12mm×10mm×10mm 的接头试样(每种工艺参数取 2 个)。接头表面经磨制后在试验压力机上进行剪切强度测试,部分扩散焊接头的界面剪切强度见表 6.35。

表 6.35 Mg/Al 异种材料扩散焊接头的界面剪切强度

工艺参数 $(T \times t, p)$	最大载荷 F_m/N	剪切强度测试值 σ_τ/MPa	平均剪切强度 $\bar{\sigma}_\tau/MPa$
470℃×60min,0.081MPa	820	10.99	9.83
	750	8.67	
475℃×60min,0.081MPa	1910	20.54	18.94
	1640	17.34	
480℃×60min,0.081MPa	1080	12.04	13.21
	1250	14.02	

剪切强度试验结果表明,保温时间为 60min、焊接压力为 0.081MPa(保持接头不发生宏观变形)时,加热温度较低时 Mg/Al 扩散焊界面剪切强度较低,随着加热温度的升高,扩散焊界面的剪切强度有所增加。加热温度为 475℃时,扩散焊接头的界面剪切强度达最大值为 18.94MPa;当加热温度为 480℃时,扩散焊界面的剪切强度为 13.21MPa。这表明加热温度过高时,Mg/Al 扩散焊界面附近形成的过渡区组织粗化,因此导致扩散焊界面的剪切强度有所降低。图 6.36 所示为 Mg/Al 扩散焊接头界面剪切强度随加热温度的变化。

Mg/Al 异种材料扩散焊界面过渡区的组织特征决定了接头的力学性能。为了判定 Mg/Al 扩散焊接头组织性能的变化,采用显微硬度计对 Mg/Al 扩散焊接头界面附近不同区域进行显微硬度测定,试验中的加载载荷为 15g,加载时间为 10s。采用显微硬度计对保温时间为 60min,加热温度分别为 470℃、475℃和 480℃的条件下的 Mg/Al 扩散焊接头进行显微硬度测定。图 6.37 所示是 Mg/Al 扩散焊界面附近组织的显微硬度分布。

不同加热温度条件下 Mg 与 Al 扩散焊接头界面附近的显微硬度分布基本一致。Mg/Al 界面区的显微硬度明显比两侧基体的高,并且界面区靠近两侧基体附近的显微硬度也明显高于

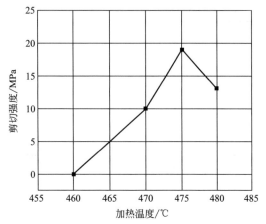

图6.36　Mg/Al扩散焊界面剪切强度随加热温度的变化

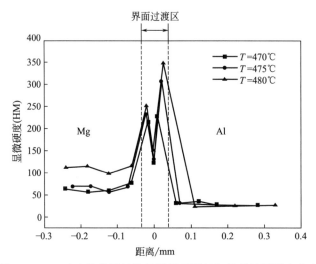

图6.37　Mg/Al异种材料扩散焊界面附近组织的显微硬度分布

界面中间区域组织的硬度。界面区靠近两侧基体附近的显微硬度为$200 \sim 350HM$，而过渡区中间区域的显微硬度为$125 \sim 150HM$。随着扩散焊加热温度的增加，界面附近的显微硬度也明显增加，同时界面区的宽度也明显增大。随着加热温度的提高，Mg基体的显微硬度呈现增加的趋势，当加热温度为$480℃$时Mg基体一侧的显微硬度约为$113HM$。

参 考 文 献

[1]　王浩，郭娟.汽车用AZ31镁合金与6061铝合金的异质搅拌摩擦焊工艺研究.热加工工艺，2014，43（23）：209-211.

[2]　李磊，冉黎涛.汽车车架结构的铝镁异质合金搅拌摩擦点焊研究.热加工工艺，2015，44（9）：216-218.

[3]　付宁宁，陈影，沈长斌，等.镁铝异质搅拌摩擦焊搭接接头微观组织分析.热加工工艺.2011，40（17）：133-135.

[4]　Michael Kreimeyer，Florian Wagner，Frank Vollertsen. Laser processing of aluminum-titanium tailored blanks. Optics and Lasers in Engineering，2005，43（9）：1021-1035.

[5]　F Möller，M Grden，C Thomy，et al. Combined laser beam welding and brazing process for aluminum titanium hybrid structures. Physics Procedia，2011，12：215-223.

[6]　周万盛，姚俊山.铝及铝合金的焊接.北京：机械工业出版社，2006.

［7］　李亚江，吴会强，陈茂爱，等.Cu/Al 真空扩散焊接头显微组织分析，中国有色金属学报，2001，11（3）：424-427.

［8］　Yanbin Chen，Shuhai Chen，Liqun Li. Effect of heat input on microstructure and mechanical property of Al/Ti joints by rectangular spot laser welding-brazing method. The International Journal of Advanced Manufacturing Technology，2009，44（3-4）：265-272.

［9］　Chen Shuhai，Li Liqun，Chen Yanbin，et al. Improving interfacial reaction non-homogeneity during laser welding-brazing aluminum to titanium. Materials and Design，2011，32：4408-4416.

［10］　陈树海，李俐群，陈彦宾.光斑形式对 Ti/Al 异种合金激光熔-钎焊特性的影响.焊接学报，2008，29（6）：49-52.

［11］　宋志华，吴爱萍，姚为，等.光束偏移量对钛/铝异种合金激光焊接接头组织和性能的影响.焊接学报，2013，34（1）：105-108.

［12］　张振华，沈以赴，冯晓梅，等.钛合金与铝合金复合接头的搅拌摩擦焊.焊接学报.2016，37（5）：28-32.

第7章
轻质复合材料的焊接

复合材料是由两种以上的物理和化学性质不同的物质（基体和增强相）组合而成的一种多相固体材料。轻质复合材料基体是采用轻金属（铝、钛、镁）或轻质树脂基，通过增强相/基体组配及适当的制造工艺，可充分发挥各组分的长处，得到单一材料无法达到的优异综合性能。近年来轻质复合材料的发展极为迅速，已从航空航天、军工装备等逐步向民用化方向扩展，轻质复合材料的连接/焊接也日益受到人们的重视。

7.1 轻质复合材料的分类、特点及性能

从广义上讲，复合材料是由两种或两种以上不同化学性质或不同组分（单元）构成的材料。从工程概念上讲，复合材料是通过人工方式将两种或多种性质不同但性能互补的材料复合起来做成的具有特殊性能的材料。

7.1.1 轻质复合材料的分类及特点

轻质复合材料是 20 世纪 60 年代应航天航空发展的需要而产生的。轻质复合材料指用高性能增强体（如纤维、晶须、颗粒等）与轻金属（铝、钛、镁）、碳（石墨）和轻质耐热高聚物为基构成的复合材料，性能优良，主要用于航空航天、电子信息、先进武器、机器人等领域。复合材料主要是按基体类型、增强相形态和材质等进行分类。轻质复合材料常见的分类方法及特点见表 7.1。

表 7.1 轻质复合材料的分类

分类依据	大类	小类或特征
按用途分类	结构复合材料	利用其优异的力学性能
	功能复合材料	利用其力学性能以外的其他性能,如电、磁、光、热、化学、放射屏蔽性等
	智能复合材料	能检知环境变化,具有自诊断、自适应、自愈合和自决策的功能
按基体材料类型	轻金属基复合材料	铝基、钛基、镁基等
	轻质高聚物复合材料	热塑性树脂基、热固性树脂基等
按增强相形态	连续纤维增强复合材料	纤维排布具有方向性,长纤维的两个端点位于复合材料的边界,复合材料具有各向异性
	非连续纤维增强复合材料	短纤维、颗粒、晶须等增强相在基体中随机分布,复合材料具有各向同性

轻质复合材料具有高比强度、高比模量、抗疲劳等优异的综合性能，由能承受载荷的增强体与能连接增强体成为整体材料又起传递力作用的基体构成，可根据材料在使用中工况要求进行组分选材设计和复合结构设计，即增强体排布设计，满足工程结构需求。

（1）轻金属基复合材料

轻金属基复合材料是以轻金属（铝、钛、镁）或合金为基体，以纤维、晶须、颗粒等为增强体的复合材料。其特点是横向剪切强度高，韧性及抗疲劳性等综合力学性能好，还具有导热、导电、线胀系数小、阻尼性好、不老化等优点。

轻金属基复合材料的分类有多种，根据增强相形态，可分为连续纤维增强、非连续纤维增强复合材料；根据基体材料，可分为铝基、钛基、镁基复合材料。不同基体轻金属基复合

材料的使用温度可以大致划分为：铝、镁及其合金为 450℃ 以下，钛合金为 450～650℃。

　　轻金属基复合材料除具有高强度、高模量外，还具有耐热、导热导电性好、抗辐射等特点，是令人注目的航空航天用结构材料，可用于超音速飞机和火箭、导弹等。不断发展和完善的轻金属基复合材料以碳化硅颗粒增强铝合金发展最快。这种复合材料的密度只有钢的 1/3、钛合金的 2/3，与铝合金相近。它的强度比中碳钢高，与钛合金相近而又比铝合金略高。其耐磨性也比钛合金、铝合金好，目前已小批量应用于汽车和机械工业，有商业应用前景的是汽车活塞、制动机部件、连杆、机器人部件、计算机部件、运动器材等。

　　轻金属基复合材料的焊接性取决于基体性能、增强相的类型，也与双相界面性质和增强相的几何特征有密切的关系。轻金属基复合材料的增强体包括碳纤维（C/C）、碳化硅、硼纤维、氧化铝纤维、陶瓷晶须、颗粒和片材等。

　　（2）树脂基复合材料

　　树脂基复合材料又称为聚合物基复合材料，分为热固性树脂基复合材料和热塑性树脂基复合材料两类。早期由于热塑性树脂加工工艺存在一些问题，热稳定性差，因此长期以来以热固性树脂基为主。近年来新研究开发的高性能热塑性树脂基复合材料的使用温度有了很大提高，不仅耐热性好，而且具有优异的韧性、吸水率低、湿态条件下力学性能好、可再生使用和焊接性好等，成为树脂基复合材料发展的主流。

　　树脂基复合材料通常只能在 350℃ 以下的不同温度范围内使用。树脂基复合材料由于密度小、强度高、隔热抗蚀、吸音以及设计成形自由度大，被广泛应用于航空航天、船舶与车辆制造、建筑、电器、化工等领域。

　　（3）C/C 复合材料

　　C/C 复合材料是以碳为基体，采用碳纤维或其制品（碳毡或碳布）增强碳（石墨）基体的复合材料。C/C 复合材料具有质量轻、强度高和良好的力学性能、耐热性、耐腐蚀性、减振特性以及热、电传导特性等特点，在航空航天、核能、军事装备以及许多工业领域有很好的应用前景。C/C 复合材料除在宇航方面用作耐烧蚀材料和热结构材料外，还用于高超音速飞机的刹车片以及发热元件和热压模等。几种常用碳纤维的品种和性能见表 7.2。

表 7.2　几种常用纤维的品种和性能

性能	碳纤维				石墨纤维	
	通用型	T-300	T-1000	M40J	通用型	高模型
密度/(g/cm³)	1.70	1.76	1.82	1.77	1.80	1.81～2.18
抗拉强度/MPa	1200	3530	7060	4410	1000	2100～2700
比强度/[GPa/(g/cm³)]	7.1	20.1	38.8	24.9	5.6	9.6～14.9
拉伸模量/GPa	48	230	294	377	100	392～827
比模量/[GPa/(g/cm³)]	2.8	13.1	16.3	21.3	5.6	21.7～37.9
伸长率/%	2.5	1.5	2.4	1.2	1.0	0.5～0.27
体积电阻率/$10^{-3}\Omega\cdot cm$	—	1.87	—	1.02	—	0.89～0.22
热膨胀系数/$10^{-6}℃^{-1}$	—	−0.5	—	—	—	−1.44
热导率/[W/(m·K)]	—	8	—	38	—	84～640
碳的质量分数/%	90～96				>99	

　　总之，轻质复合材料性能稳定，应用广泛，在航空航天领域发挥了重要的作用，在现代

车辆、化工、船舶、机械制造等领域也得到应用并具有广阔的前景。表 7.3 给出了轻金属基复合材料应用的示例。

表 7.3　轻质金属基复合材料应用的示例

种类	材料	应用示例	特点
铝基复合材料	25%（体积分数）SiC 颗粒增强 6061 铝基复合材料	航空结构导槽、角材	代替 7075 铝合金，密度下降 17%，弹性模量提高 65%
	17%（体积分数）SiC 颗粒增强 2014 铝基复合材料	飞机和导弹零用薄板	拉伸模量在 10^5 MPa 以上
	40%（体积分数）SiC 晶须增强 6061 铝基复合材料	三叉载导弹制导元件	代替机加工铍元件，成本低、无毒
	Al_2O_3 纤维增强铝基复合材料	汽车连杆	强度高、发动机性能好
	15%（体积分数）TiC 颗粒增强 2219 铝基复合材料	汽车制动器卡钳、活塞	模量高、耐磨性好
镁基复合材料	SiC 颗粒增强镁基复合材料	飞机螺旋桨、导弹尾翼	耐磨性好、弹性模量高
钛基复合材料	SiC 纤维增强 Ti-6Al-4V 钛基复合材料	压气机圆盘、叶片	高温性能好

7.1.2　轻质复合材料的增强体

复合材料具有优异的综合性能和可设计性，根据预期的性能指标将不同材料通过一定的工艺复合在一起，利用复合效应使复合后的材料具有单一材料无法达到的优异性能，如比强度和比模量高、耐热冲击、线胀系数小等。温度对轻质复合材料比强度和比模量的影响如图 7.1 所示。

复合材料一般有两个基本相，一个是连续相，称为基体；另一个是分散相，称为增强相。复合材料的命名是以复合材料的相为基础，命名的方法是将增强相（或分散相）材料放在前面，基体相（或连续相）材料放在后面，之后再缀以"复合材料"。例如，由

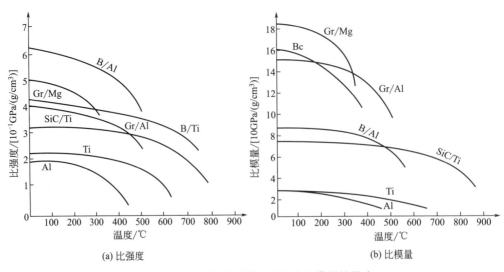

(a) 比强度　　　　　　　　　　(b) 比模量

图 7.1　温度对复合材料比强度和比模量的影响

纤维和铝基构成的复合材料称为"纤维增强铝基复合材料",在增强相与基体之间划一斜线(或一半字线)再加复合材料。增强相包括颗粒增强、晶须增强及纤维增强,颗粒、晶须、纤维及短纤维分别以下标 p、w、f、sf 表示。例如,碳化硅粒子增强铝基复合材料表示为 SiC_p/Al。

轻质复合材料的性能不仅取决于各相的性能、比例,而且与两相界面性质和增强剂的几何特征(包括增强剂形状、尺寸、在基体中的分布等)有密切的关系。分散相是以独立的形态分布在整个连续相中的,分散相可以是纤维、晶须、颗粒等弥散分布的填料。轻金属基复合材料的增强体示例见表 7.4。

表 7.4　轻金属基复合材料的增强体示例

增强体类型	直径/μm	典型长径比	最常用材料
颗粒	0.5~100	1	Al_2O_3,SiC,WC
短纤维、晶须	0.1~20	50∶1	Al_2O_3,SiC,C
长纤维	3~140	>1000∶1	Al_2O_3,SiC,C,B

① 晶须增强体　其为一类长径比较大的单晶体,直径为 $0.1\mu m$ 至几微米,长度一般为数十至数千微米,为缺陷少的单晶短纤维,其拉伸强度接近纯晶体的理论强度。晶须主要包括金属晶须增强体和非金属晶须增强体。不同的晶须可采用不同的方法制取。晶须常用作复合材料的增强体。

② 颗粒增强体　其为用以改善基体材料性能的颗粒状材料,有延性颗粒增强体和刚性颗粒增强体。它在基体中引入第二相颗粒,使材料的力学性能得到改善,使基体材料的断裂功能提高。颗粒增强体的形貌、尺寸、结晶完整度和加入量等因素都会影响复合材料的力学性能。

③ 纤维增强体　增强体为纤维物质的复合材料就是纤维增强体,包括硼纤维、碳纤维、碳化硅纤维、氧化铝纤维等。

增强相在轻质复合材料中是分散相,主要作用是承载,纤维承受载荷的比例远大于基体,能大幅度地提高复合材料的强度和弹性模量。不同轻质基体材料中加入性能不同的增强相,目的在于获得性能优异的复合材料。例如,SiC_f/Ti-6Al-4V 复合材料,纤维的主要作用是增加韧性和抗热振性。

7.1.3　轻金属基复合材料的性能特点

(1) 连续纤维增强轻金属基复合材料

与非连续(颗粒增强、短纤维或晶须)增强的轻金属基复合材料相比,连续纤维增强的轻金属基复合材料在纤维方向上具有很高的强度和模量。因此它对结构设计很有利,是宇航领域中的一种理想的结构材料。但其制造工艺复杂、价格昂贵,而且焊接性比非连续增强的轻金属基复合材料差得多。

轻质材料常用的连续纤维有 B 纤维、C 纤维、SiC 纤维、Al_2O_3 纤维、B_4C 纤维等,这些纤维具有很高的强度、模量及很低的密度,用于增强金属时,可使强度显著提高,而密度变化不大。表 7.5 给出了常用增强纤维的性能。

表 7.5　常用增强纤维及性能

纤维种类	直径 /μm	制造方法	抗拉强度 /10^3MPa	密度 /(g/cm^3)	拉伸弹性模量 /10^5MPa
硼纤维	100～150	化学气相沉积	3.2	2.6	4.0
复硼 SiC 纤维	100～150	化学气相沉积	3.1	2.7	4.0
SiC 纤维	100	化学气相沉积	2.7	3.5	4.0
碳纤维	70	热解	2.0	1.9	1.5
B$_4$C 纤维	70～100	化学气相沉积	2.4	2.7	4.0
复硼碳纤维	100	化学气相沉积	2.4	2.2	—
高强度石墨纤维	7	热解	2.7	1.75	2.5
高模量石墨纤维	7	热解	2.0	1.95	4.0
Al$_2$O$_3$ 纤维	250	熔体拉制	2.4	4.0	2.5
S-玻璃纤维	7	熔体喷丝	4.1	2.5	8.0

轻金属基复合材料基体有 Al、Ti、Mg 及其合金。轻金属基复合材料具有很高的比强度和比模量。例如，B 纤维增强铝基复合材料含 B 纤维 45%～50%，单向增强时纵向抗拉强度可达 1250～1550MPa，模量为 200～230GPa，密度为 2.6g/cm^3，比强度可为钛合金、合金钢的 3～5 倍，疲劳性能优于铝合金，在 200～400℃时仍能保持较高的强度，可用来制造航空发动机的风扇、压气机叶片等。

连续纤维增强轻金属基复合材料的主要制造方法包括扩散结合法、熔融金属渗透法、铸造法、等离子喷涂法、电镀法及挤压法等。表 7.6 和表 7.7 给出了几种轻金属基复合材料的性能。

表 7.6　SiC 纤维增强 Ti 基、Al 基复合材料的性能（SiC 体积分数为 28%）

复合材料	试验温度 /℃	纤维排列方向 /(°)	抗拉强度 /MPa	比例极限 /MPa	断裂应变 /(μm/mm)	弹性模量 /10^5MPa 拉伸	弯曲	膨胀系数 /10^{-6}℃$^{-1}$
SiC 纤维增强 Ti-6Al-4V (SiC$_f$/Ti-6Al-4V)	室温	0	979.2	806.1	—	2.5	—	—
		15	930.1	806.1	—	2.4	—	—
		30	779.2	716.6	—	2.2	—	—
		45	737.9	516.8	—	2.1	—	—
		90	655.1	365.2	—	1.9	—	—
涂覆 SiC 的硼纤维增强 Ti-6Al-4V (Borsic$_f$/Ti-6Al-4V)	21	0	965	—	3440	2.862	2.37	1.39
	21	15	689	—	3220	2.538	2.29	—
	21	45	454.7	—	4220	2.152	2.19	—
	21	90	289.4	—	3130	2.055	1.15	1.75
	260	0	820	—	—	—	2.28	1.55
	370	0	737	—	—	—	2.23	—
	450	0	751	—	—	—	2.17	1.75
	450	15	593	—	—	—	2.06	—
	450	45	365	—	—	—	1.90	—
	450	90	241	—	—	—	1.54	—

续表

复合材料	试验温度/℃	纤维排列方向/(°)	抗拉强度/MPa	比例极限/MPa	断裂应变/(μm/mm)	弹性模量/10⁵ MPa 拉伸	弹性模量/10⁵ MPa 弯曲	膨胀系数/10⁻⁶℃⁻¹
SiC 纤维增强 6061Al-T6（SiC$_f$/6061Al）	室温	0	585	415	—	1.31	—	—

表 7.7　石墨纤维增强铝基、镁基复合材料的性能

基体	基体成分	纤维 牌号	纤维 体积分数/%	制造工艺	抗拉强度/MPa	弹性模量/10⁵ MPa
铝基	纯铝	T-75	32 35	渗透、挤压	680 650	1.78 1.47
铝基	Al+7%Zn	T-75	32 38	渗透、挤压	710 870	1.66 1.90
铝基	Al+7%Mg	T-75	31	渗透	680	1.95
铝基	Al+7%Si	T-75	32	渗透	550	1.65
镁基	纯镁	T-75	42	渗透、挤压	450	1.80

（2）非连续增强轻金属基复合材料

非连续增强轻金属基复合材料既保持了连续纤维增强轻金属基复合材料的优良性能，又具有价格低廉、生产工艺和设备简单、各向同性等优点，而且可采用传统的金属二次加工技术和热处理强化技术进行加工，在民用工业中比纤维增强轻金属基复合材料具有更大的竞争力。目前这种材料发展迅速，应用也较为广泛。

非连续增强轻金属基复合材料的增强相包括晶须、颗粒和短纤维等。增强相包括单质元素（如石墨、B、Si 等）、氧化物（如 Al_2O_3、TiO_2、SiO_2、ZrO_2 等）、碳化物（SiC、B_4C、TiC、VC、ZrC 等）、氮化物（Si_3N_4、BN、AlN 等）的颗粒、晶须及短纤维（分别以下标 p、w、sf 表示）。常用的增强颗粒及晶须的性能见表 7.8。

表 7.8　常用增强颗粒及晶须的性能

类型	材料	密度/(g/cm³)	拉伸强度/10³ MPa	膨胀系数/10⁻⁶℃⁻¹	拉伸模量/10³ MPa	泊松比	比强度
晶须	C(石墨)	2.2	20	—	1000	—	9.09
晶须	SiC	3.2	20	—	480	—	6.25
晶须	Si_3N_4	3.2	7	1.44	380	—	2.19
晶须	Al_2O_3	3.9	14~28	—	700~2400	—	3.59~7.18
颗粒	SiC	3.21	—	5.40	324	—	—
颗粒	Si_3N_4	3.18	—	1.44	207	—	—
颗粒	Al_2O_3	3.98	0.221(1090℃)	7.92	379(1090℃)	0.25	—
颗粒	B_4C	2.52	2.759(24℃)	6.08	448(24℃)	0.21	—
颗粒	NbC	7.60	—	6.84	338(24℃)	—	—
颗粒	TiC	4.93	0.055(1090℃)	7.6	269(24℃)	—	—
颗粒	VC	5.77	—	7.16	434(24℃)	—	—
颗粒	ZrC	6.73	0.090(1090℃)	6.66	359(1090℃)	—	—

① 晶须增强轻金属基复合材料　基体金属主要有 Al、Mg、Ti 等轻金属，这是因为轻金属基复合材料的性能更能体现复合材料的高比强度、高比模量的性能特点。使用的晶须有：SiC、Si_3N_4、Al_2O_3、B_2O_3、$K_2O \cdot 6TiO_2$、TiB_2、TiC 和 ZnO 等。对于不同的基体，要选用不同的晶须，以保证获得良好的浸润性，而又不产生界面反应损伤晶须。如对铝基复合材料，大多选用 SiC、Si_3N_4 晶须；对钛基复合材料则选用 TiB_2、TiC 晶须。

这类轻质复合材料具有高的强度和模量，综合力学性能好，还具有良好的耐高温性、导电性、导热性、尺寸稳定性等。例如，20％SiC 晶须增强铝基复合材料，室温抗拉强度可达800MPa，弹性模量为 120GPa，比强度、比模量超过钛合金，使用温度为 300℃，缺点是塑性和断裂韧性较低。晶须增强铝基复合材料制备工艺较成熟，正向实用化方向发展。

② 颗粒增强轻金属基复合材料　这是一类研发比较成熟的复合材料。这类轻质复合材料的组成范围广泛，可根据工作条件需要选择基体金属和增强颗粒。基体金属主要有 Al、Mg、Ti 及其合金等；常用的增强颗粒有：SiC、TiC、B_4C、Al_2O_3、Si_3N_4、TiB_2、BN 和石墨等。增强颗粒尺寸一般为 $3.5 \sim 10 \mu m$（也有小于 $3.5 \mu m$ 和大于 $30 \mu m$ 的），含量范围为 $5％ \sim 75％$（一般为 $15％ \sim 30％$），视需要而定。

颗粒增强轻金属基复合材料有 SiC/Al、Al_2O_3/Al、TiC/Al、SiC/Mg、B_4C/Mg、TiC/Ti、C/Al 等。例如，$10％ \sim 20％Al_2O_3$ 增强铝基复合材料可将基体铝的弹性模量由原来的69GPa 增加到 100GPa，屈服强度可增加 $10％ \sim 30％$，耐磨性、耐高温性能也相应提高。这类材料在航空航天、汽车、电子等领域有很好的应用前景。

非连续增强轻金属基复合材料的制备方法有：粉末冶金法、铸造法（又分为半固态铸造法、浸渗铸造法、液态搅拌铸造法）及喷射雾化共沉积法等。粉末冶金方法的特点是可任意改变增强相与基体的配比，所得到的复合材料基体非常致密，增强相分布均匀，力学性能好。这种方法生产的轻质复合材料的含氢量较高，焊接时易产生气孔。

喷射雾化共沉积法的工艺流程是：液态金属在高压气体（通常为 N_2）作用下从坩埚底部喷出并雾化，形成熔融的金属喷射流，同时将增强颗粒从另一喷嘴中喷入金属流中，使两相混合均匀并共同沉积在经预处理的基板上，最终凝固得到所需的复合材料。这种方法的工艺及设备也较简单、生产率较高，适用于大批量生产。

铸造法是应用最广的制备轻金属基复合材料的方法，特别是美国开发的一种新型液态搅拌法（Dural 法），是在真空或惰性气氛保护下将增强相颗粒加入到被高速搅拌的基体金属溶液中，使增强相与金属溶液直接接触，实现颗粒在金属溶液中的均匀分布，然后进行浇注。Dural 法的特点是所制备的复合材料具有良好的重熔性，并能通过二次加工及热处理进一步强化，焊接性也比其他方法制备的复合材料好。表 7.9 给出了几种非连续增强铝基复合材料的性能。

表 7.9　几种非连续增强铝基复合材料的性能

材料	增强相的体积分数 /％	制造方法	密度 /(kg/m³)	弹性模量 /GPa	屈服强度 /MPa	抗拉强度 /MPa	伸长率 /％	热导率 /[W/(m·K)]
Al_2O_{3p}/6061Al	0	—	—	69	276	310	20.0	—
	10	Dural 法	2.80	81	297	338	7.6	—
	15		—	88	386	359	5.4	—
	20		—	99	359	379	2.1	—

续表

材料	增强相的体积分数/%	制造方法	密度/(kg/m³)	弹性模量/GPa	屈服强度/MPa	抗拉强度/MPa	伸长率/%	热导率/[W/(m·K)]
Al₂O₃ₚ/2024Al	0	—	—	73	414	483	13.0	—
	10	Dural法	—	84	483	517	3.3	—
	15		—	92	476	503	2.3	—
	20		—	101	483	503	0.9	—
SiCₚ/356Al	0	—	2.68	75	200	276	6.0	150.57
	10	Dural法		81	283	303	0.6	
	15		2.74	90	324	331	0.3	173.94
	20		2.76	97	331	352	0.4	
SiCw/6061Al	0	—		70	255	290	17	
	20	粉末冶金法		120	440	585	14	
	30			140	570	795	2	
SiCₚ/6061Al	20			97	415	498	6	
SiCₚ/2009Al	15		2.83	98.3	379.2		5.0	
SiCₚ/6113Al	20		2.80	104.8	379.2		5.0	
SiCₚ/6092Al	25	粉末冶金法	2.82	113.8	379.2		4.0	
SiCₚ/7475Al	15		2.85	97.9	586.1		3.0	
B₄Cₚ/6092Al	15		2.68	95.2	379.2		5.0	
B₄Cₚ/6061Al	12		2.69	97.9	310.3		5.0	

非连续增强轻金属基复合材料中研发最早和应用最广的是铝基复合材料，如 SiCₚ/Al（SiC 颗粒增强铝）、SiCw/Al（SiC 晶须增强铝）、Al₂O₃sf/Al（Al₂O₃ 短纤维增强铝）、Al₂O₃ₚ/Al（Al₂O₃ 粒子增强铝）、B₄Cₚ/Al（B₄C 颗粒增强铝）。短纤维增强及晶须增强的铝基复合材料的二次加工性能，介于颗粒增强金属基复合材料和连续纤维增强金属基复合材料之间。目前应用广泛的仍为颗粒增强的铝基复合材料。

7.2 轻质复合材料的焊接性分析

7.2.1 轻金属基复合材料的焊接性

轻金属复合材料的基体是塑、韧性好的铝、钛、镁及其合金，焊接性一般较好；增强相是一些高强度、高熔点、低线胀系数的非金属纤维或颗粒，焊接性较差。轻质复合材料焊接时不仅要解决金属基体的结合，还要考虑到金属与增强相（非金属）之间的结合。因此轻金属复合材料的焊接问题，关键是非金属增强相与金属基体以及非金属增强相之间的结合问题。

（1）金属基体与增强相的界面反应

轻金属基复合材料的金属基体与增强相之间，在较大的温度范围内是热力学不稳定的，焊接加热到一定温度时，两者的接触界面会发生化学反应，生成对性能不利的脆性相，这种反应称为界面反应。例如 B_f/Al 复合材料加热到 430℃ 左右时，B 纤维与 Al 发生反应，生成 AlB_2 反应层，使界面强度下降。C_f/Al 复合材料加热到约 580℃ 时发生反应，生成脆性针状组织 Al_4C_3，使界面强度急剧下降。SiC_f/Al 复合材料在固态下不发生反应，但在基体 Al 熔化后也会反应生成 Al_4C_3。此外，Al_4C_3 还与水发生反应生成乙炔，在潮湿的环境中接头处易发生低应力腐蚀开裂。因此，防止界面反应是这类复合材料焊接中要考虑的首要问题，可通过冶金和工艺两方面措施来解决。

① 冶金措施　加入一些活性比基体金属更强的元素或能阻止界面反应的元素来防止界面反应。例如加 Ti 可以取代 SiC_f/Al 复合材料焊接时的 Al 与 SiC 反应，不仅避免了有害化合物 Al_4C_3 的产生，而且生成的 TiC 还能起强化相的作用；提高基体 Al 中的 Si 含量或利用 Si 含量高的焊丝也可抑制 Al 与 SiC 之间的界面反应。

轻金属基复合材料瞬时（过渡）液相扩散焊时，为避免发生界面反应，应选用能与基体金属生成低熔点共晶或熔点低于基体金属的合金作为中间过渡层。例如，焊接 Al 基复合材料时，可采用 Ag、Cu、Mg、Ge 及 Ga 金属或 Al-Si、Al-Cu、Al-Mg 及 Al-Cu-Mg 合金作为中间层。采用 Ag、Cu 等纯金属作中间层时，瞬时液相扩散焊的焊接温度应超过 Ag、Cu 与基体金属的共晶温度。共晶反应时焊接界面处的基体金属发生熔化，重新凝固时增强相被凝固界面推移，增强相聚集在结合面上，降低接头强度。因此，应严格控制焊接时间及中间层的厚度。而采用合金作中间层时，只要加热到合金的熔点以上就可形成瞬时液相。

② 改善焊接工艺　通过控制加热温度和焊接时间限制界面反应的发生或进行。例如采用低热量输入或固相焊的方法，严格控制焊接热输入，降低熔池的温度并缩短液态 Al 与 SiC 的接触时间，可以控制 SiC_f/Al 复合材料的界面反应。

采用钎焊法时，由于温度较低，基体金属不熔化，加上钎料中的元素阻止作用，不易引起界面反应。采用 Al-Si、Al-Si-Mg 等硬钎料焊接 B_f/Al 复合材料时，由于钎焊温度为 577~616℃，而 B 与 Al 在 550℃ 时就可能发生明显的界面反应，生成脆性相 AlB_2，降低接头强度。而在纤维表面涂一层厚度为 0.01mm 的 SiC 的 B 纤维增强 Al 基复合材料（$B_{sic,f}/Al$）时，由于 SiC 与 Al 之间的反应温度较高（593~608℃），可避免界面反应。

采用扩散焊时，为防止发生界面反应，须严格控制加热温度、保温时间和焊接压力。随着温度的增加，界面反应越发容易发生，反应层厚度增大的速度加快，但加热和保温一定时间以后，反应层厚度增大速度变慢，如图 7.2 所示。SCS-6 是一种专用于增强钛基复合材料的 SiC 纤维，直径约为 $140\mu m$，表面有一层厚度为 $3\mu m$ 的富碳层。

采用中间过渡层可以避免界面上纤维的直接接触，使界面易于发生塑性流变，因此用直接扩散焊及瞬时液相扩散焊能较容易地实现焊接。但是直接扩散焊时所需的压力仍较大，金属基体一侧变形过大；采用瞬时液相扩散焊时，所需的焊接压力较小，金属基体一侧变形较小。采用 Ti-6Al-4V 钛合金中间层扩散焊接含有体积分数为 30% 的 SiC 纤维增强的 Ti-6Al-4V 复合材料时，中间层厚度对接头强度的影响如图 7.3 所示。

当中间过渡层厚度为 $80\mu m$ 时，复合材料接头的抗拉强度达到 850MPa。再增加中间层的厚度，SiC/Ti-6Al-4V 复合材料接头的强度不再增大。这是由于接头的强度由基体金属间的结合强度控制，当中间层厚度达到 $80\mu m$ 后，基体金属间的结合已达到最佳状态，再增加厚度时基体金属的结合情况不再发生变化，整个接头的强度也就不再变化。

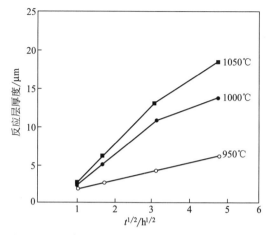

图 7.2 连接温度和时间对（SCS-6）$_f$/Ti-6Al-4V
复合材料界面反应层厚度的影响

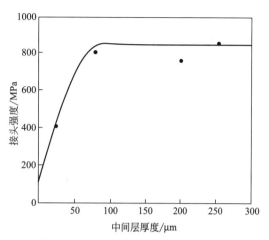

图 7.3 中间层厚度对接头强度的影响

还可以采用一些非活性的材料作为增强相，如用 Al_2O_3 或 B_4C 取代 SiC 增强 Al 基复合材料 Al_2O_3/Al、B_4C/Al，使得界面较稳定，焊接时一般不易发生界面反应。

（2）熔池流动性和界面润湿性差

轻金属与增强相的熔点相差较大，熔焊时基体金属熔池中存在大量未熔化的增强相，这大大增加了熔池的黏度，降低了熔池金属的流动性，不但影响了熔池的传热和传质过程，还增大了对气孔、裂纹、未熔合和未焊透等缺陷的敏感性。

采用熔焊方法焊接纤维增强轻金属基复合材料时，金属与金属之间的结合为熔焊机制，金属与纤维之间的结合属于钎焊机制，因此要求基体金属对纤维具有良好的润湿性。当润湿性较差时，应添加能改善润湿性的填充金属。例如，采用高 Si 焊丝不仅可改善 SiC$_f$/Al 复合材料熔池的流动性，还能够提高熔池金属对 SiC 颗粒的润湿性；采用高 Mg 焊丝有利于改善 Al_2O_3/Al 复合材料熔池金属对 Al_2O_3 的润湿作用。

采用电弧焊方法焊接非连续增强轻金属基复合材料时，基体金属不同时，复合材料焊接熔池的流动性也明显不同。基体金属 Si 含量较高时，熔池的流动性较好，裂纹及气孔的敏感性较小；Si 含量较低时，熔池的流动性差，容易发生界面反应。因此，为改善焊接熔池的流动性，提高接头强度，应选用 Si 含量较高的焊丝。

采用软钎焊焊接轻金属基复合材料时，由于钎料熔点低，熔池流动性好，可将钎焊温度降低到纤维开始变差的温度以下。采用 95%Zn-5%Al 和 95%Cd-5%Ag 钎料对复合材料 B$_f$/Al 与 6061Al 铝合金进行氧-乙炔火焰软钎焊的研究表明，用 95%Zn-5%Al 钎料焊接的接头具有较高的高温强度，适用于 216℃ 温度下工作，但钎焊工艺较难控制；用 95%Cd-5%Ag 钎料焊接的接头具有较高的低温强度（93℃ 以下），焊缝成形好，焊接工艺易于控制。

共晶扩散钎焊是将焊接表面镀上中间扩散层或在焊接面之间加入中间层薄膜，加热到适当的温度，使母材基体与中间层之间相互扩散，形成低熔点共晶液相层，经过等温凝固以及均匀化扩散等过程后形成成分均匀的接头。因此，采用共晶扩散焊、形成低熔点共晶液相层也能增强熔池的流动性。适用于 Al 基复合材料共晶扩散钎焊的中间层有 Ag、Cu、Mg、Ge 及 Zn 等，中间层的厚度一般控制在 $1.0\mu m$ 左右。

（3）接头强度低

轻金属复合材料基体与增强相的线胀系数相差较大，在焊接加热和冷却过程中会产生很大的内应力，易使结合界面脱开。由于焊缝中纤维的体积分数较小且不连续，因此焊缝与母材间的线胀系数也相差较大，在熔池结晶过程中易引起较大的残余应力，降低接头强度。焊接过程中如果施加压力过大，会引起增强纤维的挤压和破坏。此外，电弧焊时，在电弧力的作用下，纤维不但会发生偏移，还可能发生断裂。两块被焊接工件中的纤维几乎是无法对接的，因此在接头部位，增强纤维是不连续的，接头处的强度和刚度比复合材料本身低得多。

采用 Al-Si 钎料钎焊 SiC_w/6061Al 时，保温过程中 Si 向复合材料的基体中扩散，随着基体金属扩散区 Si 含量的提高，液相线温度相应降低。当降低至钎焊温度时，母材中的扩散区发生局部熔化。在随后的冷却凝固过程中 SiC 颗粒或晶须被推向尚未凝固的焊缝两侧，在此形成富 SiC 层，使原来均匀分布的组织分离为由富 SiC_w 区和贫 SiC_w 区所组成的层状组织，使接头性能降低。

钎焊时复合材料纤维组织的变化与钎料和复合材料之间的相互作用有关。经挤压和交叉轧制的 SiC_w/6061Al 复合材料中，Si 的扩散较明显；但在未经过二次加工的同一种复合材料的热压坯料中，Si 扩散程度很小，不会引起基体组织的变化。

连续纤维增强轻金属基复合材料在纤维方向上具有很高的强度和模量，保证纤维的连续性是提高纤维增强轻金属基复合材料焊接接头性能的重要措施，这就要求焊接时必须合理设计接头形式。采用对接接头时，由于焊缝中增强纤维的不连续性，不能实现等强匹配，接头的强度远远低于母材。

过渡液相扩散焊中间层类型、厚度及工艺参数影响接头的强度。表 7.10 列出了利用不同中间层焊接的体积分数为 15% 的 Al_2O_3 颗粒增强的 6061Al 复合材料接头的强度，用 Ag 与 BAlSi-4 作中间层时能获得较高的接头强度。

表 7.10 体积分数为 15% 的 Al_2O_3 颗粒增强的 6061Al 复合材料接头的强度

中间层		工艺参数		强度		
材质	厚度 /m	加热温度 /℃	保温时间 /s	剪切强度 /MPa	屈服强度 /MPa	抗拉强度 /MPa
Ag	25	580	130	193	323	341
BAlSi-4	125	585	20	193	321	326
Sn-5Ag	125	575	70	100	—	—

焊接时间较短时，中间层来不及扩散，结合面上残留较厚的中间层，限制接头抗拉强度的提高。随着焊接时间的延长，残余中间层减少，强度逐渐增加。当焊接时间延长到一定值时，中间层消失，接头强度达到最大。继续延长焊接时间时，由于热循环对复合材料性能的不利影响，接头强度不但不再提高，反而降低。

瞬时（过渡）液相扩散焊压力对接头强度有很大的影响。压力太小时，塑性变形小，焊接界面与中间层不能达到紧密接触，接头中会产生未焊合的孔洞，降低接头强度；压力过高时将液态金属自结合界面处挤出，造成增强相偏聚，液相不能充分润湿增强相，也会导致形成显微孔洞。例如，用厚度为 0.1mm 的 Ag 作中间层，在 580℃×120s 条件下焊接 Al_2O_3/Al 复合材料时，当焊接压力为 0.5MPa 时接头抗拉强度约为 90MPa；而当压力小于 0.5MPa 时，结合界面上存在明显的孔洞，接头强度降低。

　　非连续增强金属基复合材料焊接时，除界面反应、熔池流动性差等问题，还存在较强的气孔倾向、结晶裂纹敏感性和增强相的偏聚问题。由于熔池金属黏度大，气体难以逸出，因此焊缝及热影响区对形成气孔很敏感。为了防止气孔的产生，需在焊前对复合材料进行真空除氢处理。此外，由于基体金属结晶前沿对颗粒的推移作用，结晶最后阶段液态金属的 SiC 颗粒含量较大，流动性很差，易产生结晶裂纹。粒子增强复合材料重熔后，增强相粒子易发生偏聚，如果随后的冷却速度较慢，粒子又被前进中的液/固界面所推移，致使焊缝中的粒子分布不均匀，降低了粒子的增强效果。

7.2.2 树脂基复合材料的连接性

　　轻量化树脂基复合材料在航空航天等领域有广阔的应用，新一代战机的树脂基复合材料用量已占结构质量的 $25\%\sim30\%$，主要用于机身、机翼蒙皮、壁板等。树脂基分为热固性树脂和热塑性树脂两大类。树脂基复合材料的焊接一般是针对热塑性树脂而言的。

　　(1) 热固性树脂基复合材料的连接

　　热固性树脂的成形是在一定温度下加入固化剂后通过交联固化反应，形成三维网络结构。这是一个不可逆过程，固化后的结构不能再溶解和熔化。热固性树脂基复合材料的聚合物基体为交联结构，在高温下不仅不能熔化，还会因碳化而被破坏，所以这类材料不能进行熔化焊接，只能采用机械固定和胶接的方法进行连接。

　　(2) 热塑性树脂基复合材料的连接

　　热塑性树脂的高分子聚合物链是通过二次化学键结合在一起的，当加热时二次化学键弱化或受到破坏，于是这些聚合物键能自由移动和扩散，热塑性树脂基体变为熔融状态。因此这类树脂可反复加热熔融和冷却固化，这就使得这类材料可以在一定的温度和压力下热成形加工，还可以通过熔焊方法进行连接。

　　1) 热塑性树脂基复合材料的熔化特点

　　热塑性树脂基分为两类：一是无定形的非晶态热塑性树脂基；二是半结晶态的热塑性树脂基。这两类树脂基的熔化连接临界温度是不同的，但它们的熔化连接温度上限都不能超过其热分解温度。

　　① 无定形的非晶态热塑性树脂基复合材料，非晶区内高分子链无序排列。非晶态树脂基的熔化连接临界温度为其玻璃化转变温度 (T_g)。

　　② 半结晶态的热塑性树脂基，同时具有非晶区和结晶区两部分，结晶区内高分子链段是紧密堆积的，原子密集到足以形成结晶的晶格。半结晶态树脂基的熔化连接临界温度为晶体熔化温度 (T_m)。

　　热塑性树脂基复合材料的连接过程类似于塑料的连接。一般是将树脂基复合材料加热到熔融的流动状态，并加压进行连接。树脂基复合材料中由于有增强纤维或晶须，会影响加热熔化连接时的热过程、熔融树脂的流动和凝固后的致密性，因此连接时的加压尤为重要，这有助于促使界面紧密接触、高分子链扩散和消除显微孔洞等。熔化连接的冷却速度也影响接头的性能，因为冷却速度会影响到晶体的比例，较高的晶体比例会降低树脂基复合材料的韧性。

　　2) 热塑性树脂基复合材料的连接方法

　　比较常用的连接方法有热气焊、热板焊、红外或激光焊、超声波焊等。

　　① 热气焊　热气焊是采用热气流作为热源加热的树脂基复合材料的连接方法，是一种

非常灵活的连接方法，不受被连接面形状的限制，可以外加填充材料实现两部件的连接，适用于低熔化温度、变几何形状、小体积部件的树脂基复合材料焊接。但这种方法的连接速度慢、焊接面积小；在连接增强的树脂基复合材料时，很难通过增加连接面积达到补强的作用，影响接头的承载能力。

②热板焊　热板焊（包括电阻或感应加热焊）是应用较广泛的一种树脂基复合材料的连接方法。这种方法的加热过程与低温钎焊时的电烙铁加热类似，通过加热介质将热量传给工件，使工件熔化或熔融，然后施加压力完成连接。热板焊的工艺步骤如下：

a. 表面处理。对于热塑性树脂基复合材料，由于表面涂有脱模剂，表面处理是很重要的，一般脏污的连接处表面可以用机械打磨或化学方法进行处理。

b. 加热和加压。先将作为热源的热板放置在被连接工件之间，被连接面与热板接触，将需要连接的表面加热软化，然后迅速移出热板，同时对被连接工件加压，使分子充分扩散，实现连接的目的。由于热板与被连接表面直接接触加热，焊接效率高，一次能很快将整个连接表面加热连接。加热时须使工件适当支撑，以减小变形等。

c. 分子间扩散。结合表面间的分子扩散和分子链间的缠绕对接头强度有影响。对于非晶态聚合物，扩散时间依赖于材料温度和玻璃化温度差；对于半晶态聚合物，只有超过熔化温度才发生分子间扩散，因此熔化温度高于玻璃化温度，但扩散时间很短。

d. 冷却。冷却是焊接工艺的最后一步，这时热塑性树脂基重新硬化，保持工件和连接结构一体化。冷却过程中所加载荷要保持到基体材料足以抵抗软化和扭曲为止。

由于被焊工件直接与热板接触，因此易造成工件与热板的粘连。为了防止粘连，可在金属热板表面涂敷聚四氟乙烯涂层；对于高温聚合物，可采用青铜合金板以减少粘连。采用非接触热板加热也可防止粘连，但须提高加热板温度，依靠对流和辐射加热被连接件表面。

热板加热焊接对被焊工件形状的适应性差，由于受到加热面形状和尺寸的限制，这种方法适合于形状单一的小部件批量生产。这种连接方法不适于高导热性增强相的复合材料（如碳纤维复合材料），因为热板抽出后，被连接件在对中和加压之前表面温度下降很快，无法进行可靠的连接。

电阻加热焊是将电阻加热元件插入到被连接件表面之间，通电后电阻元件产生热量而实现焊接。加热结束后并不将电阻加热元件抽出，而是直接加压，连接结束后，加热元件留在接头内部，成为接头的一个组成部分。因此，这种焊接方法要求植入的加热元件与树脂基复合材料具有相容性，能很好地结合在一起。

感应加热焊与电阻加热焊的差别在于产生热量的原理不同。电阻加热是依靠电阻热加热工件。感应加热焊接时，将加热元件嵌入被连接件表面间，根据磁场感应产生的涡流来产生热量。感应焊接所用的加热元件一般是金属网或含有弥散金属颗粒的热塑性塑料膜，这种方法可用来连接非导电（或导电）纤维复合材料。

③超声波焊　与金属材料的超声波焊相同，依靠超声波振动时被连接件表面的凹凸不平处产生周期性的变形和摩擦，并产生热量，导致熔融而实现连接。为了改善材料的焊接性和加速熔化，通常在连接表面制造一些凸起。为了将超声波能量施加到待焊构件上，振动声波极和底座之间应加一定的压力，必要时还需放大振幅。冷却时仍需施加压力，以保证获得成形良好的接头。超声波焊接接头的强度不仅取决于选择的超声波能量、压力，还与接头形式有关。采用超声波焊接较小的热塑性树脂基复合材料时，接头强度可达到压缩模塑零件的强度。用断续焊和扫描焊两种超声波焊工艺连接大件时，接头强度为压缩模塑的80%。

超声波焊是一种较好的连接热塑性树脂基复合材料的方法。这种方法便于实现机械化和自动化，并有可能通过对焊缝质量的监测实现焊接过程的闭环控制。

7.2.3 非连续增强金属基复合材料的焊接特点

连续纤维增强金属基复合材料（MMC）由于制造工艺复杂、成本高，其应用仅限于航空航天、军工等少数领域。非连续增强金属基复合材料保持了复合材料的大部分优良性能，而且制造工艺简单、原材料成本低、便于二次加工，这种材料发展迅速，应用也较为广泛。这类材料的焊接性虽然比连续纤维增强金属基复合材料好，但与单一金属及合金的焊接相比仍是非常困难的。非连续增强金属基复合材料主要有 SiC_p/Al、SiC_w/Al、Al_2O_{3p}/Al、Al_2O_{3sf}/Al 及 B_4C_p/Al 等。

（1）非连续增强 MMC 焊接中的问题

根据非连续增强金属基复合材料的性能特点，焊接中可能会存在以下问题：

1）界面反应

大部分金属基复合材料（MMC）的基体与界面之间在高温下会发生界面反应，在界面上生成一些脆性化合物，降低复合材料的整体性能。Al_2O_3 颗粒或短纤维在任何温度下均不会与 Al 发生反应，因此属于化学相容性较好的复合材料。固态 Al 中的 SiC 不与 Al 发生反应，但在液态 Al 中，SiC 粒子与 Al 会发生如下反应：

$$4Al(液)+3SiC(固) \longrightarrow Al_4C_3(固)+3Si(固)$$

该反应的自由能为：

$$\Delta G = 11390 - 12.06T\ln T + 8.92 \times 10^{-3}T^2 + 7.53 \times 10^{-4}T^{-1} + 2.15T + 3RT\ln\alpha_{[Si]}$$

式中，$\alpha_{[Si]}$ 为 Si 在液态 Al 中的活度。

上述反应不仅消耗了复合材料中的 SiC 增强相，而且生成的脆性相 Al_4C_3 使接头明显脆化。因此，防止界面反应是这类复合材料焊接中要考虑的首要问题。

防止或减弱界面反应的方法有：

① 采用含 Si 量较高的 Al 合金作基体或采用含 Si 量高的焊丝作填充金属，以提高熔池中的含 Si 量。根据反应自由能公式，Si 的活度增大时，反应的驱动力（$-\Delta G$）减小，界面反应减弱甚至被抑制。

② 采用低热量输入的焊接方法，严格控制焊接热输入，降低熔池的温度并缩短液态 Al 与 SiC 的接触时间。

③ 增大接头处的坡口角度（尺寸），减少从母材进入熔池中的 SiC 量。

④ 也可采用一些特殊的填充金属，其中应含有对 C 的结合能力比 Al 强、不生成有害碳化物的活性元素，例如 Ti。当熔池中含 Ti 时，Ti 将取代 Al 与 SiC 反应生成 TiC 质点，这不仅对焊接性能无害而且还能起强化相的作用。

Al_2O_3/Al、B_4C/Al 等复合材料的界面较稳定，一般不易发生界面反应。

2）熔池的黏度大、流动性差

复合材料熔池中未熔化的增强相，增加了熔池的黏度，降低了熔池金属的流动性，增大了气孔、裂纹、未熔合等缺陷的敏感性。通过采用高 Si 焊丝或加大坡口尺寸（减少熔池中 SiC 或 Al_2O_3 增强相的含量）可改善熔池的流动性。采用高 Si 焊丝可改善熔池金属对 SiC 颗粒的润湿性；采用高 Mg 焊丝有利于改善熔池金属对 Al_2O_3 的润湿作用，并能防止颗粒集聚。

3）气孔、结晶裂纹的敏感性大

金属基复合材料，特别是用粉末冶金法制造的金属基复合材料的含氢量较高。由于熔池金属黏度大，气体难以逸出，因此气孔敏感性很高。为了避免气孔，一般焊前对材料进行真空除氢处理。

此外，焊缝与复合材料的热膨胀系数不同，焊缝中的残余应力较大，这进一步加重了结晶裂纹的敏感性。

4）增强相的偏聚、接头区的不连续性

重熔后的增强相粒子易发生偏聚，致使焊缝中的粒子分布不均匀，降低了粒子的增强效果。目前还没有复合材料专用焊丝，电弧焊时一般根据基体金属选用焊丝，这使得焊缝中增强相的含量大大下降，破坏了材料的连续性。即使是避免了上述几个问题，也难以实现复合材料的等强性焊接。

（2）非连续增强 MMC 的焊接方法

非连续增强金属基复合材料既保持了连续纤维增强金属基复合材料的优良性能，又具有价格低、生产工艺和设备简单、各向同性等特点，可以采用传统的金属二次加工技术和热处理强化技术进行加工，在工业生产中比连续纤维增强金属基复合材料具有更大的竞争优势。

用于非连续增强金属基复合材料的焊接方法主要有电弧焊（如 TIG 焊/MIG 焊）、激光焊、电子束焊，以及固相焊（如扩散焊、摩擦焊等）、钎焊等。厚度小于 3mm 时采用 TIG 焊，而厚度大于 3mm 时采用 MIG 焊。表 7.11 给出了可用于焊接非连续纤维增强金属基复合材料的三类焊接方法（熔焊、固相焊、钎焊）的优点及缺点。

表 7.11　各种焊接方法用于复合材料焊接的优点及缺点

焊接方法		优点	缺点
熔焊	TIG 焊	①可通过选择适当的焊丝来抑制界面反应，改善熔池金属对增强相的润湿性 ②焊接成本低，操作方便，适用性强	①增强相与基体间发生界面反应的可能性较大 ②采用均质材料的焊丝焊接时，焊缝中颗粒的体积分数较小，接头强度低 ③气孔敏感性较大
	MIG 焊	同上	同上
	电子束焊	①不易产生气孔 ②焊缝中增强相分布极为均匀 ③焊接速度快	①焊接参数控制不好时增强相与基体间会发生界面反应 ②焊接成本较高
	激光焊	不易产生气孔，焊接速度快	难以避免界面反应
	电阻点焊	加热时间短，熔核小，焊接速度快	熔核中易发生增强相偏聚
固相焊	固态扩散焊	①通过利用中间层可优化接头性能，基体与增强相间不会发生界面反应 ②可焊接异种材料	生产率低、成本高，参数选择较困难
	瞬时液相扩散焊	同上	同上
	摩擦焊	①通过焊后热处理可获得与母材等强度的接头 ②可焊接异种金属 ③不会发生界面反应	只能焊接尺寸较小、形状简单的部件
钎焊		①加热温度低，界面反应的可能性小 ②可焊接异种金属及复杂部件	需要在惰性气氛或真空中焊接，并需要进行焊后热处理

7.3 铝基复合材料的焊接

轻质复合材料的研发推动了焊接技术的发展。20世纪80年代美国航天飞机成功地采用了纤维增强铝基复合材料（B/Al）焊接结构制造航天飞机中部机身桁架。在B/Al复合材料管两端插入Ti-6Al-4V钛合金制成的套管，在B/Al复合化的同时完成B/Al管与Ti-6Al-4V套管之间的扩散连接；最后，将套管与Ti-6Al-4V钛合金构件进行电子束焊接，形成复合材料构件。在航天飞机机体中部，共用了242根这种复合材料构件，与先前用铝合金结构相比，机体中部重量减轻了145kg（减重约44%）；由于铝基复合材料导热性下降，在隔热方面比采用铝合金结构降低了要求。因此，铝基复合材料焊接受到世界各国的关注。

7.3.1 铝基复合材料的焊接特点

铝基复合材料是以纯铝、锻铝、硬铝、超硬铝和铸铝等为基体，以具有高强度、高模量、耐磨和耐高温等特性的颗粒、晶须或纤维（如SiC、Al_2O_3等）作为增强相构成的轻质复合材料。按增强方式的不同，铝基复合材料可分为连续纤维增强型和非连续增强型两大类。前者主要用B、C、SiC和B_4C等纤维作增强物，后者主要用SiC颗粒及晶须、Al_2O_3颗粒及短纤维、B_4C颗粒等作增强物。

连续纤维增强铝基复合材料由基体金属及增强纤维组成，这类材料的焊接不但涉及金属基复合材料之间的焊接，还涉及金属与非金属增强相之间的焊接以及增强相之间的焊接。铝基体是塑性、韧性好的金属，焊接性较好；而增强相是高强度、高模量、高熔点、低密度和低线胀系数的非金属，焊接性都很差。因此，连续纤维增强铝基复合材料的焊接性也很差，焊接这类材料遇到的主要问题如下。

（1）界面反应

铝基复合材料基体与增强相之间是热力学不稳定的，在较高的温度下两者的接触界面上易发生化学反应，生成对材料性能不利的脆性相。防止或减轻界面反应和生成脆性相是保证焊接质量的关键之一，该问题可通过冶金和工艺两个方面来解决。

① 冶金方式 通过加入一些活性比基体金属更强的元素或能阻止界面反应的元素来防止界面反应。例如加Ti可以取代Al与SiC反应，不仅避免了有害化合物Al_4C_3的产生，而且生成的TiC还能起强化相的作用；而提高基体Al中的Si含量或利用Si含量高的焊丝可抑制Al与SiC间的界面反应。

② 工艺方式 通过控制加热温度和时间来避免或限制反应的进行。例如采用固态焊工艺或低热量输入的熔焊工艺可限制SiC_f/Al复合材料的界面反应。

（2）熔池的流动性、基体金属对纤维的润湿性差

基体金属与增强相纤维的熔点相差较大，采用熔焊方法时基体金属熔池中存在大量的固体纤维，阻碍液态金属流动，易导致气孔、未焊透和未熔合等缺陷。

（3）接头残余应力大

增强相纤维与基体的线胀系数相差较大，在焊接加热和冷却中在界面附近产生很大的内应力，易使结合界面脱开。因此这种材料的热裂纹敏感性较大。

（4）纤维的分布状态被破坏

压力焊时，如果压力过大，增强纤维将发生断裂；被焊接件在界面处的纤维几乎是无法

对接的，在接头部位增强纤维是不连续的，导致接头的强度及刚度比母材低得多。

（5）接头设计问题

铝基复合材料接头中增强相（纤维、晶须或颗粒）的不连续性影响了材料的强度和刚度。因此，为了改善接头的性能，必须合理地设计接头形式。使焊接接头强度降低达不到复合材料母材强度的主要原因，是接头金属中增强相的体积分数比母材中的有所降低，增强相作用大大减弱，在较低的应力下就可能萌生裂纹。接头形式对获得复合材料接头的强度有重要影响。为保证增强纤维的连续性，合理的焊接接头形式如图7.4(d)、(e)所示。

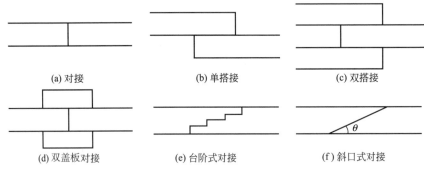

图 7.4 连续纤维增强金属基复合材料合理的接头形式

例如，钎焊的接头形式一般多为搭接接头，有时也可采用对接接头形式。采用搭接接头时，接头强度可通过调整搭接面积来改善，随搭接面积的增大而增加。当搭接面积增大到一定值时接头可达到母材的承载能力。但搭接接头增加了焊接结构的质量，而且接头的形式是非连续的，因此其应用受到很大限制。

理想的接头形式是台阶式和斜坡式的对接接头，这两种接头的特点是将不连续的纤维分散到不同的截面上。台阶的数量和斜坡的角度可根据工件受力情况进行设计。

铝基复合材料焊接前须将待连接的表面用金相砂纸打磨干净，去除试样表面的氧化膜，并放在丙酮溶液中进行超声波清洗。

表 7.12 给出了铝基复合材料常用的焊接方法及接头强度的示例。

表 7.12 铝基复合材料常用的焊接方法及接头强度的示例

接头	焊接方法	接头形式	接头强度/MPa	备注
B_f/Al 接头	钎焊	搭接 双盖板对接 斜口对接 双分叉盖板对接	590 820 640 320	—
SiC_f/Al 与 Al 接头	扩散焊	对接	60	—
SiC_f/Al 接头	扩散焊	对接	60	—
	CO_2 激光焊	堆焊	—	—
Nicalon SiC_f/Al 接头	扩散焊	搭接	96	剪切强度
C_f/Al 接头	CO_2 激光焊	堆焊	—	—
	GTAW	对界	—	—
	钎焊	搭接	—	—
	电阻点焊	搭接	—	—

7.3.2 铝基复合材料的电弧焊

电弧焊在铝基复合材料的焊接方面也受到了重视。连续纤维增强铝基复合材料电弧焊时，只能采用对接接头及搭接接头。这种焊接方法的主要问题是易引起界面反应、易导致纤维断裂等。为了防止界面反应，通常采用脉冲钨极氩弧焊（P-TIG）进行焊接，通过严格控制焊接热输入、缩短熔池存在时间来抑制界面反应。通过添加适当的填充焊丝，可降低电弧对纤维的直接作用，降低对纤维的破坏程度。

（1）焊接工艺特点

用于焊接非连续增强铝基复合材料的电弧焊方法主要有 TIG 焊及 MIG 焊。焊接 SiC_p/Al 或 SiC_w/Al 时，热量输入选择不当会引起严重的界面反应，生成针状 Al_4C_3。因此，最好采用脉冲 TIG 焊及 MIG 焊，以减小热量输入，减弱或抑制界面反应。脉冲电弧对熔池有一定的搅拌作用，可部分改善熔池的流动性、焊缝中的颗粒分布状态及结晶条件。

基体金属不同时，SiC_p/Al 或 SiC_w/Al 复合材料的焊接性有明显的不同。基体金属含 Si 量较高时，界面反应较轻，熔池的流动性也较好，裂纹及气孔的敏感性较小。基体金属含 Si 量较低时，应选用含 Si 量较高的焊丝进行焊接，以避免界面反应，提高接头的强度。SiC_p/Al 或 SiC_w/Al 复合材料的气孔敏感性非常大，焊缝及热影响区中易产生大量的氢气孔，严重时甚至出现层状分布的气孔，因此焊前必须对材料进行真空去氢处理。处理工艺是在 $10^{-2} \sim 10^{-4}$ Pa 的真空下，加热到 500℃，保温 24～48h。

不加填充金属进行 TIG 焊时，SiC_p/Al 复合材料熔池表面颜色灰暗无光泽，这是 SiC 颗粒上浮并聚集到熔池表面引起的；熔池金属基本上不流动，只是在重力及电弧力的作用下凹陷，焊缝成形极差。而填充 Al-Si 或 Al-Mg 焊丝时，熔池的流动性大大改善，熔化的母材金属与焊丝金属充分混合，熔池表面呈现出较明亮的金属光泽，悬浮在表面的 SiC 颗粒大大减少，焊缝成形较好。为了保证焊缝根部的良好熔合，焊接时应将焊丝插入到熔池中，熔池金属应稍稍过满一些。

MIG 焊时，由于熔池中 SiC 颗粒的存在，电弧容易发生飘移，因此尽量压低电弧，采用短路过渡规范，尽量使电弧潜入到熔池中。但这种焊接方法容易导致较多的气孔。

焊前不进行去氢处理时，SiC_p/Al、SiC_w/Al 焊缝及热影响区中均易产生大量的氢气孔，严重时气孔基至呈现层状分布特征。焊前经 500℃×30h 真空去氢处理后，焊缝中的气孔基本上被去除。通常情况下，由铸造法制造的 SiC_p/Al 复合材料中的含氢量一般是其基体金属含氢量的数倍，粉末冶金法制造的 SiC_p/Al 复合材料中的含氢量更高。而熔池中存在的 SiC 颗粒或晶须增大了熔池的黏度，致使氢气不易逸出，因此 SiC_p/Al 焊缝的气孔敏感性比铝合金要大得多。为了减少 SiC_p/Al 焊缝中的气孔，焊前应进行去氢处理。

无论是 TIG 焊缝还是 MIG 焊缝，SiC_p/Al 焊缝中颗粒的分布都极不均匀。这是因为熔池的结晶速度较小，前进中的液/固界面对 SiC 颗粒具有较大的推移作用。特别是熔合区附近，由于结晶速度很小，被液/固界面推移颗粒的作用非常强，因此该处容易出现一贫 SiC 颗粒层。在远离熔合区的焊缝中心区，温度梯度逐渐减小，结晶速度逐渐增大，结晶界面对颗粒的推移作用较小，颗粒的分布就变得均匀一些。

液/固界面推移颗粒，反过来颗粒又影响基体金属的结晶方式。焊缝的凝固过程中，颗粒与凝固前沿的液/固界面发生相互作用，使液/固界面发生扰动，增加了液/固界面的不稳定性，且阻碍了溶质原子的扩散，使成分过冷更显著，所以柱状晶向等轴晶转变的临界凝固速率将提前。因此，在 SiC_p/Al 焊缝中，只有熔合区附近才有方向性强、较发达的柱状晶；而焊缝中心部位往往是等轴晶。

利用 Al-Mg 焊丝进行焊接时，焊缝的熄弧部位易产生纵向穿透性裂纹。这些裂纹为结晶裂纹。产生结晶裂纹的原因有两个：一是结晶后期的液态金属不足且流动性很差；二是拉伸应力。与铝合金相比，由于 SiC 颗粒的存在，在凝固过程的最后阶段，SiC_p/Al 焊缝中液态薄膜的流动性更差，加之焊缝的热膨胀系数比母材大，焊缝在凝固过程中所受的拉伸应力较大，因此裂纹的敏感性更大。采用 Al-Si 焊丝时，焊缝中液态薄膜的流动性改善，因此裂纹敏感性较低。

（2）坡口形式

SiC_p/Al 及 SiC_w/Al 复合材料焊接时必须开坡口，厚度在 20mm 以下的可开 V 形或 X 形坡口，厚度在 20mm 以上的必须开 X 形坡口，并留出一定的钝边。V 形坡口的坡口角度一般为 60°，而 X 形坡口的坡口角度应为 90°。典型的坡口形式如图 7.5 所示。

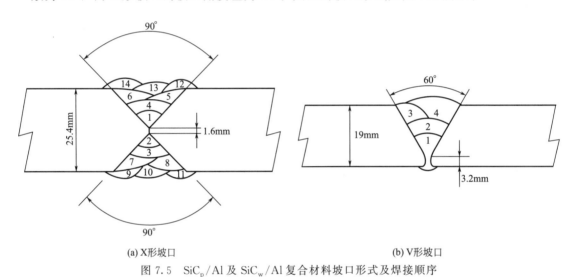

(a) X形坡口 (b) V形坡口

图 7.5 SiC_p/Al 及 SiC_w/Al 复合材料坡口形式及焊接顺序

（3）焊接工艺要点

① 焊前最好进行去氢处理。必须利用有机溶剂清理坡口附近的油污，并利用钢丝刷清理表面的氧化膜。

② 焊接 SiC_p/Al 或 SiC_w/Al 复合材料时，如热输入选择不当，将会引起严重的界面反应，生成针状 Al_4C_3。因此，最好采用脉冲 TIG 焊或脉冲 MIG 焊，以减小热输入，减轻或抑制界面反应。此外脉冲电弧对熔池有一定的搅拌作用，可部分改善熔池的流动性、焊缝中的颗粒分布状态及结晶条件。

③ 基体金属不同时，SiC_p/Al 或 SiC_w/Al 复合材料的焊接性具有明显的不同。基体金属含 Si 量较高时，不但界面反应较轻，而且熔池的流动性也较好，裂纹及气孔的敏感性较小。基体金属含 Si 量较低时，宜选用含 Si 量较高的焊丝焊接这类材料，以避免界面反应，提高接头的强度。

④ 按照图 7.5 所示的顺序进行焊接，焊接下一道焊缝之前，应去除当前焊缝表面的残渣及 SiC 颗粒，否则将出现严重的飘弧现象，焊缝成形困难。

⑤ 应保持 150℃ 的层间温度。

⑥ 对于 X 形坡口，焊接第二面之前，应刨焊根并利用着色渗透探伤检查根部的熔透情况，确保熔透后再焊接第二面。

（4）焊接参数及接头性能示例

① 对于厚度为 14mm 的 SiC_p/Al 板材，可采用图 7.5(b) 所示的坡口，推荐的 MIG 焊工艺参数见表 7.13。

表 7.13　SiC_p/Al（SiC_w/Al）MIG 焊的工艺参数

焊道	焊接位置	焊接电流/A	电弧电压/V	焊接速度/(mm/min)	焊丝直径/mm	保护气体	
						气体	流量/(L/min)
1	平焊	310	26	384	1.6	纯 Ar	20～23
2	平焊	310	26	254	1.6	纯 Ar	20～23
3	平焊	300	26	355	1.6	纯 Ar	20～23
4	平焊	300	26	355	1.6	纯 Ar	20～23

② 对于厚度为 3.2mm 的 $18\%SiC_w/6061Al$ 复合材料，可选用 TIG 焊，也可选用 MIG 焊，同样见图 7.5(b) 所示的坡口，焊 2～3 道，每道的焊接参数见表 7.14。

表 7.14　$18\%SiC_w/6061Al$ 复合材料的焊接参数

焊接方法	焊接位置	焊接电流/A	电弧电压/V	焊接速度/(mm/min)	焊丝		保护气体	
					牌号	直径	气体	流量/(L/min)
MIG	平焊	100～110	19～20	300～375	5356	1.6	纯 Ar	16.5～19
交流 TIG	平焊	145～1603	12～14	150～200	4043	1.6	纯 Ar	5.7～7.1

③ 对于厚度为 6.4mm 的 $20\%SiC_w/6061Al$ 复合材料板，焊前开一个 75° 的 V 形坡口，根部间隙为 2.3mm，将带槽的铜板作为焊缝背面垫板。MIG 焊工艺参数如下：焊接电流为 130～140A，电弧电压为 22～23V，焊丝为直径为 1mm 的 5356Al，焊接速度为 4.2～5.1mm/s，纯氩保护气体，单面两道焊。

表 7.15 所示为几种非连续增强铝基复合材料的焊接参数及接头性能示例。

表 7.15　几种非连续增强铝基复合材料的焊接参数及接头性能示例

接头	焊接参数					接头的热处理条件	抗拉强度/MPa	伸长率/%
	焊接方法	焊接电流/A	电弧电压/V	焊丝	焊前处理方式			
$10\%SiC_p/$ LD_2-Al	脉冲 TIG	$I_p=150$ $I_b=50$	12～14	311 (Al-Si)	真空去氢	焊态	210	4.1
					未处理	焊态	131	1.3
				LF6 (Al-Mg)	真空去氢	焊态	165	2.4
					未处理	焊态	122	1.2
$18.4\%SiC_w/$ $6061Al$	TIG	145～160	12～14	4043	真空去氢	焊态	181	3.7
					未处理	焊态	105	1.4
	MIG	100～110	19～20	5356	真空去氢	焊态	245	8.3
					真空去氢	T6	257	2.2

续表

接头	焊接参数					接头的热处理条件	抗拉强度/MPa	伸长率/%
	焊接方法	焊接电流/A	电弧电压/V	焊丝	焊前处理方式			
20%SiC$_p$/2028Al	TIG	154	12.0	4047	—	固溶+时效	218	—
		145	11.5		—		196	—
		149	12.0		—		153	—
		147	11.5		—		175	—
		147	12.8		—		125	—

SiC$_p$/6061Al 复合材料的维氏硬度为 79～91HV；热影响区的硬度逐渐从母材的硬度上升到 162HV；焊缝的硬度最低，只有 58～62HV。这种硬度分布与一般锻铝接头的维氏硬度分布有明显不同，在一般锻铝接头中，热影响区的硬度不会增加。造成这种差别的原因是，由于 SiC 颗粒的存在，铝基体中产生了的大量晶格缺陷，在焊接过程中热影响区内铝基体中的强化相易于析出。

与 SiC$_{p(w)}$/Al 复合材料不同，用电弧焊焊接 Al$_2$O$_{3p}$/Al 复合材料时不存在增强相与液态 Al 之间的界面反应问题，此时焊接的主要问题是熔池黏度大、流动性差以及熔池金属对 Al$_2$O$_3$ 增强相的润湿性不好等。采用含 Mg 量较高的填充材料可增加熔池流动性并改善熔池金属对 Al$_2$O$_3$ 增强相的润湿性。表 7.16 给出了 Al$_2$O$_{3p}$/Al 复合材料的典型 MIG 焊工艺参数及接头性能。

表 7.16 Al$_2$O$_{3p}$/Al 复合材料的典型 MIG 焊工艺参数及接头性能（焊态）

板厚/mm	坡口形式	焊道	焊接参数				抗拉强度/MPa	屈服强度/MPa	伸长率/%
			焊接电流/A	电弧电压/V	焊丝	焊接速度/(mm/min)			
6.4	V 形，坡口角度 60°，钝边 1.6mm	1	235	22	5356	—	228	132	6.6
		2	235	22	5356	—			
19	V 形，坡口角度 60°，钝边 3.2mm	1	305	26	5356	6.4	228	132	6.6
		2	305	26	5356	4.2			
		3	305	26	5356	5.9			
		4	305	26	5356	5.9			

7.3.3 铝基复合材料的钎焊

（1）焊接特点

钎焊时焊接温度较低，基体金属不熔化，不易引起界面反应。通过选择合适的钎料，可以将钎焊温度降低到纤维性能开始变差的温度以下。钎焊多采用搭接接头，在很大程度上把复合材料的焊接简化为基体自身的焊接，较适合复合材料的焊接，已经成为铝基复合材料的主要焊接方法之一。在钎焊过程中存在的主要问题如下。

① 钎焊时，熔化钎料在复合材料表面的润湿、流动并借助毛细作用填满整个接头是最重要的一步。对于 SiC 颗粒增强铝基复合材料来说，铝合金本身的钎焊性能不良，铝基钎料

几乎不能润湿 SiC 增强相。

② 材料表面的 Al_2O_3 氧化膜影响钎料的润湿与铺展，须在焊前对母材及钎料进行去膜处理，焊接过程中须根据钎焊工艺要求作进一步的去膜保护。为了改善钎料对母材的润湿性，可考虑添加钎剂，以保证焊接过程中更充分地去膜。

③ 钎焊过程中基体铝合金与增强相加热到一定温度后，因热力学性能不稳定，铝基体与增强相发生反应消耗 SiC 增强相，在 SiC/Al 界面处生成脆性相 Al_4C_3，使接头脆化；Al_4C_3 还会与水发生反应生成乙炔，在潮湿环境中接头处易发生低应力腐蚀开裂。

④ 铝基复合材料的熔点与钎料的熔点接近，钎焊过程中要求温度控制准确，一般应把温度偏差控制在 $\pm5℃$。温度过低不利于钎料的流动铺展，接头剪切强度低；温度过高易发生界面反应，损伤复合材料基体的性能；温度过高还易引起母材的过烧溶蚀。

⑤ 增强相的熔点很高，铝基体熔点低，在钎焊温度下部分基体熔化而增强相不分解也不熔化，影响钎料的流动铺展，导致基体与基体、基体与增强相、增强相与增强相之间的连接难以实现，同时增加了对气孔、未熔合等缺陷的敏感性，阻碍钎焊过程的实现。

⑥ 铝基复合材料基体的热导率、热膨胀系数高，而碳化硅增强相的热导率、热膨胀系数非常低，不适当的加热会使基体与增强体界面上产生热应力，增大变形和裂纹倾向，使钎缝接头的强度降低。

（2）连续纤维增强铝基复合材料的钎焊

1）硬钎焊

20 世纪 70 年代，国外利用钎焊技术连接了 B_f/Al 复合材料，成功地制造了航空器上的加强筋。利用 Al-Si、Al-Si-Mg 等硬钎料焊接时，由于钎焊温度为 577～616℃，而 B-Al 在 550℃ 就可能发生界面反应，生成脆性相 AlB_2，使接头的强度大大下降，因此 B_f/Al 不适于用硬钎焊进行焊接。但用同样的工艺钎焊纤维表面涂一层 0.01mm 厚的 SiC 的 B 纤维增强的铝基复合材料（Borsic/Al）时，可完全避免界面反应，这是由于 SiC 与 Al 之间的反应温度较高（593～608℃），具有保护 B 纤维的作用。硬钎焊可采用真空钎焊和浸渍钎焊两种工艺。浸渍钎焊的接头强度较高（T 形接头断裂强度达 310～450MPa），但抗腐蚀性较差；真空钎焊的接头强度较低（T 形接头断裂强度为 235～280MPa），但抗腐蚀性较好。

铝基复合材料钎料的选择有如下要求。

① 选择钎料的主组元和母材的主成分相同的钎料，要求对基体金属和增强相均能润湿，在冶金上相容；应具有合适的钎焊温度，对复合材料性能的影响应尽可能小。

② 钎料中的重要组元能与母材固溶，第二相能与钎料的主组元形成共晶，有利于向同组元的母材晶间渗透；钎缝在冷凝时，与母材同成分的过剩相（初晶）易以母材晶粒为晶核向外延生长，适量的晶间渗透和犬牙交错使钎焊成为牢固的结合。

③ 所选钎料的液相线要低于母材固相线至少 40～50℃。钎料的熔化区间，即钎料的固相线与液相线温差要尽可能小，否则将引起工艺上的困难，温差过大还易引起熔析。

④ 钎料中的主要成分与母材的主成分在元素周期表中的位置应当靠近，这样的钎料引起的电化学腐蚀较小，即获得钎焊接头的抗腐蚀性好。

⑤ 钎料的主要成分应具有较高的化学稳定性，即具有较低的蒸气压和低的氧化性，以免在钎焊过程中钎料成分发生改变。

铝基复合材料硬钎焊常用钎料示例见表 7.17。

钎焊时，由于某些钎料对母材的润湿性差，通过加入钎剂，在钎料和母材界面上将发生传质作用，并且降低固液界面的表面张力。

表 7.17　铝基复合材料硬钎焊常用钎料示例

钎料(箔)	厚度 /μm	熔化温度 /℃	钎料温度 /℃	接头组合
BAl88Si(718L)	70~200	577~582	582~616	Borsic/Al-Ti
BAl93Si(713L)	25	577~612	600~620	B/Al-Ti
Al86.6-Si11.6-Mg1.5-Bi	80~120	554~572	575~590	B/Al-Ti,Si/Al-SiC/Al B/Al-B/Al,SiC/Al-Ti
BAl88Si+LF21+BAl88Si (718L+3003+718L)	—	>577	588	Borsic/Al-Ti Borsic/Al-Borsic/Al

钎焊时向炉中通入的惰性气体（Ar）能降低钎焊区中的氧分压，保护铝金属在钎焊过程中不被重新氧化，还为原有的表面氧化膜分解创造了有利条件。虽然实际钎焊温度条件下，气氛难以达到氧化物自行分解所要求的极低的氧分压，但此时的温度和氧分压条件使母材表面的氧化膜处于不稳定状态，有利于去膜过程的实现。铝基复合材料在氩气保护下钎焊时，母材表面氧化膜的去除效果更好。

采用真空钎焊方法可将单层 Borsic/Al 复合材料带制造成多层的平板或不同截面形状的型材。例如在单层的 Borsic/Al 复合材料带之间夹上 Al-Si 钎料箔，密封在真空炉中加热到 577~616℃，并施加 1030~1380Pa 的压力，保温一定时间后就可得到平板。利用这种方法制造的 Borsic-45%（纤维体积分数为 45%）/Al 平板复合材料的抗拉强度为 978~1290MPa。截面复杂的构件更适合在热等静压容器中进行钎焊。真空钎焊所需的压力比扩散焊时的压力低。与扩散焊相比，B_f/Al 复合材料钎焊接头的强度低 20%~30%，但焊接成本也较低。

利用钎焊焊接 SiC_f/Al 复合材料时，存在一个最佳的钎焊温度，在该温度下焊接的接头强度最高。焊接温度低于该最佳温度时，断裂发生在焊缝上；焊接温度高于该最佳温度时断裂发生在母材上。这表明，尽管在钎焊时 SiC 与 Al 不会发生界面反应，但钎焊热循环对材料的性能还是有影响的。

2）软钎焊

可用 95%Zn-5%Al、95%Cd-5%Ag 及 82.5%Cd-17.5%Zn 三种钎料对 B_f/Al 或 Borsic/Al 复合材料进行软钎焊，这些钎料的熔化温度分别为 656K、672K 及 538K。软钎焊时，复合材料的表面处理对接头强度有很大的影响，在 B_f/Al 复合材料的焊接表面上镀一层 0.05mm 厚的 Ni 可显著改善润湿性并提高结合强度。采用化学镀时，接头强度比采用电镀时的接头强度提高 10%~30%。这是因为暴露在表面的 B 纤维是不导电的，利用电镀不能可靠地将 Ni 镀到 B 纤维上，因此钎料对 B 纤维的润湿性仍很差；而利用化学镀则不存在这个问题。

表 7.18 给出了利用这三种钎料焊接的 B_f/Al 复合材料与 6061Al(T6) 铝合金接头的剪切强度，钎焊工艺采用加熔剂的氧-乙炔火焰钎焊。

用 95%Zn-5%Al 钎料钎接的接头具有较高的高温强度，适于在 589K 温度下工作，但钎焊工艺较难控制；用 95%Cd-5%Ag 钎料焊接的接头具有较高的低温强度（366K 以下），而且焊缝成形好，焊接工艺易于控制；用 82.5%Cd-17.5%Zn 钎料焊接的接头非常脆，冷却过程中就可能发生断裂。

表 7.18 B_f/Al 软钎焊接头的力学性能

钎料成分	剪切强度/MPa	试验温度/℃	失效方式
95%Cd-5%Ag	81	294	1
	89	366	1
	69	422	1
	47	478	3
	29	533	2
	5.6	588	2
95%Zn-5%Al	80	294	1
	94	366	1
	30	588	3
82.5%Cd-17.5%Zn	74	294	1
	90	366	1
	59	422	3

注：失效方式为 1—复合材料层间剪切；2—从钎缝处断裂；3—1 与 2 均会发生。

3）共晶扩散钎焊

共晶扩散钎焊的工艺过程是：在焊接表面镀上中间扩散层或在焊接表面之间加入中间层薄膜，加热到适当的温度，使母材基体与中间层相互扩散，形成低熔点共晶液相层，经过等温凝固和均匀化扩散等过程后形成一个成分均匀的接头。适用于铝基复合材料共晶扩散钎焊的中间层有 Ag、Cu、Mg、Ge 及 Zn，它们与 Al 形成共晶的温度分别为 839K、820K、711K、697K 及 655K。中间层的厚度应控制在 $1\mu m$ 左右。

与单一金属材料的共晶扩散钎焊相比，共晶钎焊复合材料时，由于增强纤维阻碍了中间层元素向金属基复合材料基体中自由扩散，致使扩散均匀化速度急剧降低，因此接头中的脆性层很难最终完全通过扩散而消除。所以控制中间层厚度是非常重要的，而且还应当延长扩散均匀化的时间，以防止接头性能降低得过于严重。

用厚度为 $1.0\mu m$ 的 Cu 箔焊接 $B_f-45\%/1100Al$ 基复合材料，加热温度稍高于 548℃，均匀化处理温度为 504℃，保温时间为 2h。在加热过程中 Cu 和 Al 之间逐渐发生扩散，当温度超过 548℃时形成共晶液相（Al-Cu33.2%）；接着进行保温，随着保温过程的进行，Cu 不断向基体 Al 中扩散，当 Cu 的浓度降到低于 5.65%时，接头就等温凝固；然后进行 504℃×2h 的均匀化处理后，接头中的 Cu 浓度梯度进一步降低。采用该方法所得焊态下的接头抗拉强度为 1103MPa，接头强度有效系数达到 86%。Ag 中间层比 Cu 中间层的均匀化容易，接头性能更高一些。

（3）非连续增强铝基复合材料钎焊

并不是所有能钎焊铝合金的钎料均可用来钎焊铝基复合材料，这是因为，钎焊复合材料时不但要求对基体金属有良好的润湿性，还要能够润湿增强相颗粒或晶须，而且要求钎焊温度尽量低，避免热循环对增强颗粒或晶须的不利影响。Al-Si、Al-Ge 和 Zn-Al 这几种铝合金用钎料对 $SiC_w/6061Al$、SiC_p/LD_2 等有较好的润湿性，可钎焊铝基复合材料。钎焊中的主要问题是熔化的 Al-Si、Al-Ge 钎料中的 Si 或 Ge 易向复合材料基体中扩散，破坏基体原有的组织结构。

在钎焊的保温过程中，Si 或 Ge 向复合材料的基体中扩散，随着基体金属扩散区内含 Si 或 Ge 量的提高，液相线温度相应降低。当液相线温度降低至钎焊温度时，母材中的扩散区发生局部熔化，在随后的冷却凝固过程中 SiC 颗粒或晶须被推向尚未凝固的焊缝两侧，在此处形成富 SiC 层，使复合材料的组织遭到破坏。原来均匀分布的组织分离为由富 SiC_w 区和贫 SiC_w 区所构成的层状组织，而且在贫 SiC 区内含有来自共晶合金的高浓度的 Si 和 Ge，使接头性能降低。比较而言，Zn-Al 共晶与复合材料之间的相互作用较小，Zn 向基体金属中的扩散程度较低。

钎料与复合材料之间的相互作用与复合材料的加工状态有关，经挤压和交叉轧制的 SiC_w/6061Al 复合材料中，Si 和 Ge 的扩散程度较大，但在未经过二次加工的同一种复合材料的热压坯料中，Si 和 Ge 的扩散程度很小，不会引起复合材料组织的变化。这可能是因为复合材料经过挤压和交叉轧制加工后，基体中的位错密度增大，这些位错与层错及晶界一起为 Si 及 Ge 原子的扩散提供了快速扩散的通道。

钎焊这类复合材料时必须对钎焊工艺参数进行优化，正确匹配钎焊温度及保温时间。

为改善界面之间的结合，防止产生连接缺陷，使钎焊接头能够有效传递载荷，还须从冶金和工艺两个方面解决好基体/基体、基体/颗粒以及颗粒/颗粒等三种界面的结合。通常希望在钎焊连接过程中填充钎料能与母材基体之间发生一定程度的反应，以进一步改善增强体颗粒与基体金属之间的界面组织及其状态，增强填充钎料对母材的润湿与铺展。

金属基复合材料钎焊时，钎焊温度、保温时间、连接压力是最主要的工艺参数，钎料类型、接头形式也是影响接头性能的重要因素。

钎焊温度对复合材料的接头性能有很大影响，当加热到一定温度时，增强相和基体金属之间将发生界面反应，生成脆性化合物层。例如，复合材料加热到 550℃ 以上，界面反应生成化合物，在 570℃ 左右可以生成 Al_4C_3 反应层；B/Ti 复合材料在 900℃ 左右，可以生成 TiB2；钎焊温度在 700~800℃ 时，SiC 和 Ti 可以形成 TiC、Ti_5Si_3 等化合物，这些化合物层的厚度随温度的升高而急剧变厚。此外，钎焊温度的选择应考虑钎料的熔点，一般应比钎料熔点高 20~50℃。

采用 Al-28Cu-5Si-2Mg 钎料可以实现 SiC_p/LY12 复合材料的真空钎焊连接，其钎焊温度、保温时间、SiC 颗粒的体积分数以及焊后时效处理均会影响接头的连接强度。在钎缝中有少量的 SiC 颗粒存在，且分布不均匀，在靠近母材处出现贫化区，在钎缝中心两侧有较小的集聚区。在一定的保温时间（4min）下，钎焊温度对接头强度的影响如图 7.6(a) 所示，随着温度的升高焊接接头强度逐渐升高，在 550℃×4min 时接头剪切强度达到最高，继续升高温度则强

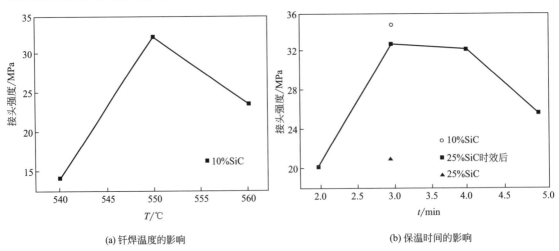

(a) 钎焊温度的影响　　　　　　　　　　(b) 保温时间的影响

图 7.6　钎焊温度和保温时间对接头强度的影响

度下降。在一定的钎焊温度（550℃）下，保温时间对接头强度的影响如图7.6(b)所示。

随着保温时间增加，接头强度增加，保温时间为3min时强度最大，随后随着保温时间的延长强度逐渐降低。从图7.6中还可看出，在550℃×3min时，随增强相SiC颗粒体积分数的增加，在相同钎焊工艺参数条件下，钎焊接头的剪切强度显著降低。对SiC颗粒体积分数为25%的SiC$_p$/LY12复合材料钎焊接头，焊后及时固溶时效处理，接头强度可提高一倍以上。因此，铝基复合材料钎焊后时效强化是非常必要的。

钎焊保温时间应与钎焊温度配合选择，在保证钎料熔化、铺展的前提下，尽可能选择短的钎焊时间。钎焊及液相扩散连接复合材料时必须施加一定的压力，压力的选择应既能保证接合面之间的良好接触，又要考虑不使复合材料中的纤维发生断裂或损坏。

7.3.4 铝基复合材料的摩擦焊

（1）铝基复合材料的摩擦焊特点

摩擦焊是利用摩擦产生的热量及顶锻压力下产生的塑性流变来实现焊接的方法，整个焊接过程中母材不发生熔化，因此是一种焊接SiC$_p$/Al、Al$_2$O$_{3p}$/Al等颗粒增强型复合材料的理想方法。由于被焊接表面附近需要发生较多的塑性变形，因此用这种方法焊接纤维增强型复合材料是不合适的。

对于颗粒增强金属基复合材料，由于颗粒的尺寸细小，摩擦焊过程中基体金属发生塑性流动时，颗粒可随基体金属同时发生移动，因此焊接过程一般不会改变粒子的分布特点。焊缝中粒子分布非常均匀，体积分数与母材中粒子的体积分数相近，而且由于在摩擦焊过程中界面上的颗粒被相互剧烈碰撞所破碎，焊缝中增强相颗粒还会变细，增强效果加强。

母材的加工状态及焊后热处理规范对接头的强度有很大的影响，对于经T6处理的SiC$_p$/357Al，由于焊接过程中β″-Mg$_2$Si粒子的大量溶解，焊缝的强度及硬度明显下降，但经焊后T6热处理后，焊缝强度及硬度又恢复到母材的水平。而对于经T3回火处理的SiC$_p$/357Al复合材料，由于晶粒的细化及位错密度的提高，焊缝的强度及硬度与母材相比反而有所提高。表7.19给出了两种铝基复合材料的力学性能。

表7.19 两种铝基复合材料的力学性能

材料	接头处理条件	屈服强度/MPa	抗拉强度/MPa	伸长率/%
SiC$_p$/2618Al(母材)	时效+固溶	396	455	4.2
SiC$_p$/2618Al(接头)	焊态	—	386	1.8
SiC$_p$/2618Al(接头)	时效+固溶	—	432	1.0
SiC$_p$/357Al(母材)	时效+固溶	315	352	3.6
SiC$_p$/357Al(接头)	焊态	207	268	3.0
SiC$_p$/357Al(接头)	时效+固溶	313	348	3.1

对Al$_2$O$_{3p}$/6061Al与6061-T6、5052-T4、2017-T4等铝合金的摩擦焊进行了研究，发现焊缝中复合材料与铝合金发生了充分的机械混合，粒子的尺寸及基体金属的晶粒尺寸均比母材小。焊接过程中复合材料中的粒子向铝合金中推移，移动的距离按6061、5052、2017的顺序增大。增强相粒子的体积分数较低时，Al$_2$O$_{3p}$/6061Al热影响区的硬度与母材相比明显减小，而粒子含量较高时，Al$_2$O$_{3p}$/6061Al热影响区的硬度没有明显减小。

（2）铝基复合材料的搅拌摩擦焊

搅拌摩擦焊由于焊接过程中搅拌针的搅拌作用以及低热输入特点，用于铝基复合材料的焊接可以有效避免熔化焊时造成的增强相聚集现象，焊缝增强相分布更均匀；并且可以有效避免脆性相的生成，获得性能良好的铝基复合材料接头。不过，对于连续纤维增强铝基复合材料来说，搅拌头会破坏增强相的连续性，制约其在连续纤维增强复合材料连接工艺方面的应用。

1）铝基复合材料搅拌摩擦焊的适应性

铝基复合材料是一种焊接性较差的材料，熔化焊、钎焊、瞬间液相扩散焊都存在一些问题：熔化焊时，液态金属黏度太大、流动性差，复合材料不易与填充材料融合，焊缝存在显微偏析和增强相（比如 SiC）分布不均匀，基体与增强相发生界面反应，SiC 在高温下烧损严重等；钎焊时，由于增强相的存在，严重阻碍了钎料的润湿，SiC 很难过渡到钎缝中去，而使接头力学性能达不到要求；瞬间液相扩散焊虽然是一种较好的焊接方法，但是焊接参数和中间层选择不当，会形成金属间化合物。可是搅拌摩擦焊是材料在摩擦热和转动摩擦力的作用下，焊接区的金属被挤压及摩擦加热，发生塑性变形，同时金属被挤压而发生流动转移、扩散、再结晶，形成焊缝。搅拌摩擦焊的搅拌器形状、材料性能和焊接参数对金属的流动会产生很大影响，对焊接质量起到关键作用。

由于增强颗粒使铝基复合材料的成形性较差，因此，铝基复合材料搅拌摩擦焊工艺参数的确定比铝合金更为困难。对于常规铝合金，即使在高达 2000mm/min 的焊接速度下，也能获得大范围的搅拌摩擦焊参数和高质量的焊缝。而为获得铝基复合材料和高质量焊接接头，则只能采用较低的焊接速度，而且随着颗粒增强相体积（或质量）分数的增大，其最佳焊接区域更窄。铝基复合材料各焊接参数（包括搅拌头旋转速度、焊接速度、轴向下压力等）对铝基复合材料焊接性的影响明显大于铝合金。

2）铝基复合材料搅拌摩擦焊的工艺参数

铝基复合材料搅拌摩擦焊的工艺参数包括：搅拌头的旋转速度、前进速度（即焊接速度）、轴向压力及搅拌头倾角等，存在一个合理的匹配，如果选择不当，焊缝表面会出现沟槽、孔洞、飞边等。

① 轴向压力的影响　利用搅拌摩擦焊进行焊接时，是利用摩擦热加热母材使之产生塑性流动而实现的。由于搅拌头旋转产生的热量，加热周围的金属达到塑性状态，形成一个塑性层，同时又有一个向前方向的运动，因此在搅拌头后方形成一个空腔。由于搅拌头肩部与工作台在上下形成一个封闭的环境，在搅拌头的挤压作用下，发生塑性流动的材料向后流动而填满空腔，形成焊缝。如果下压量不足（压力太小），搅拌头肩部与工作台在上下形成的封闭作用不理想，塑性流变的金属会逆出母材表面，在搅拌头下方形成一个凹槽；如果下压量太大（压力太大），搅拌头肩部会压入母材表面之下，焊缝表面出现凹陷，使得一部分金属存在于搅拌头肩部之外的凹部，这样在焊缝表面形成皱褶，使焊缝成形变差，甚至会焊穿材料，使工件与工作台粘接在一起。

② 搅拌头旋转速度与焊接速度的配合　搅拌头旋转速度与焊接热输入有关，搅拌头旋转速度越大，焊接热输入越大；搅拌头旋转速度越小，焊接热输入越小。如果搅拌头旋转速度一定，焊接速度较慢时，焊接热输入过大，使得焊缝金属温度过高，有可能发生软化，甚至熔化；反之，如果焊接速度太快，焊缝金属获得的热输入太小，母材不能获得足够的塑性区，就不能实现焊接过程，可能发生粉末从搅拌头压下形成的凹槽中逆出，不能形成焊缝，

导致沟槽及空洞等缺陷。搅拌摩擦焊热量主要由搅拌头和其肩部与母材摩擦产生的，在焊缝的深度范围内，分为上、中、下三部分：由于上部既有搅拌头与母材的摩擦，也有其肩部与母材的摩擦，因此，上部的热输入较大。

3）铝基复合材料搅拌摩擦焊接头的组织

铝基复合材料搅拌摩擦焊接头组织，与铝合金搅拌摩擦焊接头相似，焊后根据焊缝组织不同和产生机理不同，可将焊接接头分为：轴肩挤压区（shoulder-affected zone，SAZ）、焊核区（weld nugget）、热机影响区（thermo-mechanical affected zone，TMAZ）和热影响区（heat-affected zone，HAZ）。

图 7.7 所示为 $SiC_p/6061Al$ 复合材料母材的组织及搅拌摩擦焊接头的组织特征。图 7.7（b）所示为 $SiC_p/6061Al$ 复合材料搅拌摩擦焊焊缝终点处平行于母材表面截面的宏观组织，可以明显看到其塑性流变，成封闭环状结构，即所谓"年轮"状形貌；图 7.7(c) 所示为搅拌摩擦焊横截面前进侧组织，可以明显看到，在焊核（缝）与热影响区有一条分界线，热影响区很窄。

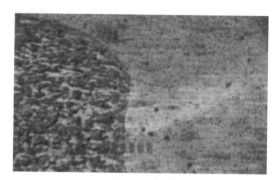
(a) FSW母材及焊缝

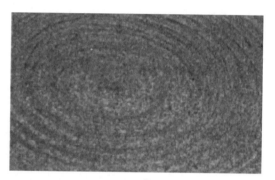
(b) 接头"年轮"状形貌

(c) 母材与焊缝之间的流线

图 7.7 $SiC_p/6061Al$ 复合材料与 FSW 焊缝组织特征

在 $SiC_p/2024Al$ 复合材料搅拌摩擦焊焊缝的不同区域，SiC 增强相及基体组织呈现出不同的分布特征。在轴肩区，金属受到搅拌头轴肩的强烈挤压，产生剧烈的塑性变形，金属组织为类似经过轧制的组织，晶粒被拉长，并且在拉伸方向上与轴肩的旋转方向保持一致。

在热影响区，晶粒没有受到轴肩和搅拌针的搅拌和摩擦作用，仅受到搅拌过程产生的热的影响，一些晶粒长大；而在热机影响区中晶粒变小，这是由于该区域受到搅拌摩擦产生的热、轴肩挤压作用以及搅拌针的搅拌作用综合影响的结果。在搅拌摩擦热的影响下，该区域晶粒长大，但是长大的晶粒在轴肩的挤压和搅拌针的搅拌作用下迅速破碎，形成小晶粒。在焊核区，晶粒虽然也长大，但这些晶粒并不完整。该区域是受搅拌针作用最剧烈的一个区域，在搅拌针的作用下，所有晶粒都被打碎，重新形成晶粒，当搅拌针从该区域走过后，由于冷却速率很快，晶粒长大的时间很短，在极短的时间内，大部分晶粒呈不完整的长大。

从焊缝不同位置的金相分析可知，SiC 颗粒在整个焊缝中分布并不均匀。在焊缝中心的焊核区，SiC 颗粒较少，而在热机影响区中 SiC 颗粒较多。在焊核区中，由于搅拌针强烈的搅拌作用，部分 SiC 颗粒被打碎，部分 SiC 颗粒受到铝合金及搅拌针的挤压作用被挤到焊核以外，使焊核位置 SiC 颗粒减少。如果焊接参数选择不当，在焊核位置甚至可能出现 SiC 颗粒消失的情况。在热机影响区中，搅拌头的搅拌作用减弱，在这个区域中虽然母材也发生流动，但是由于温度较低，流动速率较慢，材料的黏度较大，导致一部分 SiC 颗粒都堆积在这个区域中。在轴肩挤压区中，母材受到轴肩剧烈的摩擦作用，SiC 颗粒随铝基体一起运动，没有出现堆积的情况。

4）铝基复合材料 FSW 接头的力学性能

与可热处理强化铝合金的接头类似，可热处理强化铝基复合材料 FSW 接头在垂直焊接方向的剖面上硬度分布呈典型的 W 形。硬度最低区为热影响区，这是由该区域析出相的粗化和溶解所致。焊核区的硬度高于热影响区但低于母材，这也归因于焊接过程中析出相的溶解。

表 7.20 列出了铝基复合材料的 FSW 接头拉伸性能，可见，铝基复合材料的 FSW 接头的抗拉强度可达到母材的 70%～90%，明显高于其他焊接技术的接头强度。

表 7.20　铝基复合材料的 FSW 接头拉伸性能

材料	增强相体积分数 /%	旋转速度 /(r/min)	行进速度 /(mm/min)	焊接强度系数 /%
$SiC_p/2009Al$	15	600	50	90
$Al_2O_{3p}/6061Al$	20	400～700	150～500	70.7
$Al_2O_{3p}/7005Al$	10	600	300	82
$B_4C_p/6061Al$	15～30	670	114～138	84.4
$Al_2O_{3p}/6061Al$	20	800	56	86.8

7.3.5　铝基复合材料的扩散焊

在 Al 的表面上存在一层非常稳定而牢固的氧化膜，它严重地阻碍了两焊接表面之间的扩散结合。铝基复合材料的直接扩散焊是很困难的，需要较高的温度、压力及真空度，因此多采用加中间层的方法。加中间层后，不但可在较低的温度和较小的压力下实现扩散焊接，而且可将原来结合界面上的增强相-增强相（P-P）接触改变为增强相-基体（P-M）接触，如图 7.8 所示，由于 P-P 几乎无法结合，而 P-M 间可形成良好的结合，因此接头强度大大提高。根据所选用的中间层，扩散焊方法有两种：采用中间层的固态扩散焊及瞬时液相扩散焊。

（1）采用中间层的固态扩散焊

这种方法的关键是选择中间层。选择中间层的原则是：中间层能够在较小的变形下去除氧化膜，易于发生塑性流变，且与基体金属及增强相不会发生不利的相互作用。可用作中间

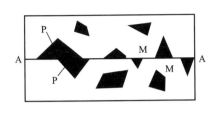
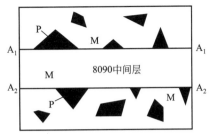

(a) 无中间层   (b) 有中间层

图 7.8 加中间层前后的界面结合情况

扩散层的金属及合金有：Al-Li 合金、Al-Cu 合金、Al-Mg 合金、Al-Cu-Mg 合金及纯 Ag 等。

Li 具有较高的活性，能与 Al_2O_3 反应生成一些比 Al_2O_3 容易破碎或较易溶解的氧化物，如 Li_2O、$LiAlO_2$、$LiAl_3O_5$ 等，因此，Al-Li 合金具有通过化学机制破碎氧化膜的作用。所以，利用含 Li 中间层焊接 $SiC_w/2124Al$ 时，在较低的变形量（＜20%）下就能得到强度较高（70.7MPa）的接头。

Al-Cu 合金对基体 Al 的润湿性较差，接头只有在较大的变形量（＞40%）下才能获得较高的强度。这是因为，利用这种材料作中间层时，对结合界面上氧化膜的破坏完全是靠塑性流变的机械作用进行的。在中等变形（20%～30%）的焊接条件下，氧化膜很难有效去除，所得接头的抗剪强度是很低的。

Ag 作中间扩散层时，焊缝与母材间的界面上会形成一层稳定的金属间化合物 δ 相，δ 相的形成有利于破碎氧化膜，促进焊接界面的结合。但 δ 相含量较大时，特别是当形成连续的 δ 相层时，接头将大大脆化，且强度降低。当中间扩散层足够薄（2～3μm）时，可防止焊缝中形成连续的 δ 相化合物，接头的强度仍较高。例如，将焊接表面镀上厚度为 3μm 的一层 Ag 时进行扩散焊（470～530℃，1.5～6MPa，60min），得到的接头抗剪强度为 30MPa。

破坏界面氧化膜实现焊接的机制有两种：一种是机械的机制，另一种是化学的机制。仅靠机械的机制，如采用超塑性 Al-Cu 合金作中间层时，工件结合界面上的变形很大，难以用于实际制品的焊接中。化学机制太强时，可能会产生对接头性能不利的脆性相，例如用 Ag 作中间层时，如果厚度超过 3μm，将形成连续分布的脆性金属间化合物，使接头强度降低。因此，最理想的破除氧化膜方式是这两种机制相结合的方式。

（2）过渡液相扩散焊接

由于粒子增强型金属基复合材料中存在大量的位错、亚晶界、晶界及相界面，中间扩散层沿这些区域扩散时可大大缩短扩散时间，因此这种材料的过渡液相扩散焊要比基体金属更容易。例如，用 Ga 作中间扩散层焊接 SiC_p/Al 时，在 423K 的温度下进行焊接时所需的焊接时间小于时效时间，因此焊接可以与时效同时进行。

① 中间层的选择 过渡液相扩散焊的中间层材料选择原则是：应能与复合材料中的基体金属生成低熔点共晶体或熔点低于基体金属的合金，易于扩散到基体中并均匀化，且不能生成对接头性能不利的产物。

铝基复合材料过渡液相扩散焊时可用作中间层的金属有 Ag、Cu、Mg、Ge、Zn 及 Ga 等，可用作中间层的合金有：Al-Si、Al-Cu、Al-Mg 及 Al-Cu-Mg 等。用 Ag、Cu 等金属作中间层时，共晶反应时焊接界面处的基体金属要发生熔化，重新凝固时增强相被凝固界面所推移，增强相聚集在结合面上，降低了接头强度。因此，应严格控制焊接时间及中间层的厚度。而用合金作中间层时，只要加热到合金的熔点以上就可形成瞬时液相，不需要在焊接过程中通过中间层和母材之间的相互扩散来形成瞬时液相，基体金属熔化较轻，可避免颗粒的偏聚问题。

表 7.21 所示为用不同中间层焊接的 $15\%Al_2O_{3p}/6061Al$ 复合材料接头的强度及焊接参数。用 Ag 与 BAlSi-4 作中间层时始终能获得较高的接头强度。用 Cu 作中间层时对焊接温度敏感，接头强度不稳定。这与焊接界面上 Al_2O_3 偏聚及存在一些孔洞有关。

表 7.21 加不同中间层焊接的 $15\%Al_2O_{3p}/6061Al$ 复合材料接头的强度及焊接参数

中间层		焊接参数			强度/MPa		
材质	厚度/μm	温度/℃	压力/MPa	时间/s	剪切强度	屈服强度	抗拉强度
$15\%Al_2O_{3p}/6061Al$（母材）	—	—	—	—	—	317	358
Ag	25	580	—	130	193	323	341
Cu	25	565	—	130	186	85	93
BAlSi-4	125	585	—	20	193	321	326
Sn-5Ag	125	575	—	70	100	—	—

中间层厚度太薄时，过渡液相不能去除焊接界面上的氧化膜，不能充分润湿焊接界面上的基体金属，甚至无法避免 P-P 接触界面，因此接头强度不会很高。中间层太厚时，焊接过程中难以完全消除，也限制了接头强度的提高，有时中间层太厚还会形成对接头性能不利的金属间化合物。

表 7.22 所示为用不同中间层焊接的 $15\%Al_2O_{3sf}/6063Al$ 复合材料接头的强度及焊接参数。不加中间层时，尽管也能得到强度较高的接头，但工艺参数的选择范围非常窄；而用 Cu、A2017 铝合金或 Ag 作中间扩散层时，在宽广的焊接参数范围均能获得接近母材性能的接头。

表 7.22 加不同中间层焊接的 $15\%Al_2O_{3sf}/6063Al$ 复合材料接头的强度及焊接参数

中间层		焊接参数			抗拉强度 /MPa	断裂位置
材质	厚度/μm	温度/℃	压力/MPa	时间/s		
无	—	873	2	—	98 97	
Ag	16	873	2	1800 1800	188 145	焊接界面
Cu	5	883	1	1800	125	焊接界面
		873	2	1800 1800	179 181	母材 焊接界面
			1	1800	162	焊接界面
		823	1	1800	119	焊接界面

续表

中间层		焊接参数			抗拉强度 /MPa	断裂位置
材质	厚度/μm	温度/℃	压力/MPa	时间/s		
Al-Cu-Mg(A2017)	75	883	1	1800	161	焊接界面
		873	2	1800 1800	184 181	母材
			1	1800	173	焊接界面
Al-Cu-Mg(A2017)	30	883	1	1800	177	焊接界面
		873	2	1800	187	焊接界面

② 焊接温度和保温时间　Ag、Cu、Mg、Ge、Zn 及 Ga 与 Al 形成共晶的温度分别为 839K、820K、711K、697K、655K 及 420K。用这些金属作中间层时，过渡液相扩散焊的焊接温度应超过其共晶温度，否则就不是过渡液相焊，而是加中间层的固态扩散焊。同样，用 Al-Si、Al-Cu、Al-Mg 及 Al-Cu-Mg 合金作中间层时，焊接温度应超过这些合金的熔点。焊接时温度不宜太高，在保证出现焊接所需液相的条件下，尽量采用较低的温度，以防止高温对增强相的不利作用。也就是说，在同样的焊接条件下，温度过高时，强度反而下降。

保温时间是影响接头性能的重要参数。时间过短时，中间层来不及扩散，结合面上残留较厚的中间层，限制了接头抗拉强度的提高。随着保温时间的延长，残余中间层逐渐减少，强度逐渐增加。当保温时间延长到一定程度时，中间层基本消失，接头强度达到最大。继续延长保温时间时，接头强度不但不再提高，反而降低，这是因为保温时间过长时，热循环对复合材料的性能有不利的影响。

例如，用厚度为 0.1mm 的 Ag 作中间层，在 580℃的焊接温度、0.5MPa 的压力下焊接 $30\%Al_2O_{3sf}/Al$ 复合材料，当保温时间为 20s 时，接头中间残留较多的中间层，接头的抗拉强度的平均值约为 56MPa；当保温时间为 100s 时，抗拉强度达到最高值，约为 95MPa；当保温时间为 240s 时，接头的抗拉强度降到 72MPa 左右。

③ 焊接压力　过渡液相扩散焊时，压力对接头性能也有很大的影响。压力太小时塑性变形小，焊接界面与中间层不能达到紧密接触，接头中会产生未焊合的孔洞，降低接头强度；压力过高时可将液态金属自结合界面处挤出，造成增强相偏聚，液相不能充分润湿增强相，因此也会形成孔洞。例如，用 0.1mm 厚的 Ag 作中间层，在 580℃的焊接温度下焊接 $30\%Al_2O_{3sf}/Al$ 时，压力小于 0.5MPa 及压力达到 1MPa 时，结合界面上均存在明显的孔洞，接头强度较低。在 1MPa、120s 条件下焊接的接头强度小于 60MPa，而在 0.5MPa、120s 条件下焊接的接头抗拉强度约为 90MPa。

④ 焊接表面的处理方式　焊接表面的处理方式对接头性能有很大的影响，比较电解抛光、机械切削以及用钢丝刷刷等三种处理方式对 Al_2O_{3sf}/Al 接头性能的影响，发现用电解抛光处理时接头强度最高，用钢丝刷刷时接头强度最低。这是因为用后两种方法处理时，被焊接面上堆积了一些细小的 Al_2O_3 碎屑，这些碎屑阻碍了基体表面的紧密接触，降低了接头的强度。

电解抛光时，被焊接表面上不存在 Al_2O_3 碎屑，但纤维会露出基体表面。电解抛光时间对接头的强度影响很大，电解抛光时间太长时，纤维露头变长，焊接时在压力的作用下断裂，阻碍基体金属接触，降低接头的性能。

7.3.6　铝基复合材料的高能密度焊接

（1）SiC_p/Al 或 SiC_w/Al 复合材料

电子束和激光束等高能量密度焊有加热及冷却速度快、熔池小且存在时间短等特点，这对金属基复合材料的焊接特别有利。不过，由于熔池的温度很高，焊接 SiC_p/Al 或 SiC_w/Al 复合材料时很难避免 SiC 与 Al 基体间的反应。特别是激光焊，由于激光优先加热电阻率较大的增强相，使增强相严重过热，快速溶解并与基体发生严重的反应。为了防止这种反应，通常采用以下措施。

① SiC_w/Al 或 SiC_p/Al 复合材料激光焊时，在两个连接表面之间插入一含硅量较大的铝薄片或 Ti 合金薄片，可以抑制基体与增强物之间的界面反应。薄片的厚度与激光束的直径相当。

② 采用脉冲激光焊，通过调节脉宽比来严格控制热输入。在小的脉宽比下，虽然加热时间短可防止熔池中的反应，但却使熔透性能力降低，焊缝性能不高；而采用过高的脉宽比时，由于热输入过大，焊缝中形成了粗大的 Al_4C_3，接头力学性能也很低。表 7.23 给出了 SiC_w/Al 或 SiC_p/Al 复合材料激光焊的焊接工艺参数。脉宽比为 67%（C 组参数）或 74%（D 组参数）时，接头强度最高，而采用其余的脉宽比（A、B、E 及 F 组参数）时，接头强度较低。

表 7.23　SiC_w/Al 或 SiC_p/Al 复合材料激光焊的焊接工艺参数

焊接参数	A	B	C	D	E	F
脉冲时间/ms	20	20	20	20	20	20
间歇时间/ms	20	15	10	7	5	2
脉宽比/%	50	57	67	74	80	91
平均功率/W	1600	1830	2130	2370	2560	2900

注：焊接速度为 25mm/s，激光模式为 TEM_{10}，激光束偏振为环形，聚焦点位于工件表面之下 0.5mm，保护气体为纯氩，保护气体流量为 4L/min，同轴下吹。

电子束焊和激光焊的加热机制不同，电子束可对基体金属及增强相均匀加热，因此适当控制焊接参数可将界面反应控制在很小的程度上，由于电子束的冲击作用以及熔池的快速冷却作用，焊缝中的颗粒非常均匀。利用这种方法焊接 SiC 颗粒增强的 Al-Si 基复合材料时效果较好，由于基体中的含 Si 量高，因此界面反应更容易抑制。

（2）Al_2O_{3p}/Al 复合材料

在用激光焊焊接 Al_2O_{3p}/Al 复合材料时，增强相与 Al 基体之间没有反应。但由于 Al_2O_3 颗粒因过热熔化而形成黏渣，这些黏渣容易堆积在小孔的尾部，当堆积到一定高度后很容易塌陷下来堵住小孔，同时，黏渣和等离子云相互作用，形成新的火口并隔绝光束，破坏了小孔的稳定性，甚至形不成小孔。解决该问题的办法是采用喷嘴对熔池表面吹惰性气体来抑制等离子云。

利用电子束焊接 Al_2O_3 颗粒增强的 Al-Mg 基或 Al-Mg-Si 基复合材料也可获得较好的效果。

7.4　钛基复合材料的焊接

7.4.1　纤维增强钛基复合材料的焊接方法

适用于纤维增强钛基复合材料的焊接方法主要有激光焊、扩散焊、钎焊等。由于摩擦焊需要在结合界面处发生较大的塑性变形，因此这种方法不适用于纤维增强钛基复合材料的焊接。表 7.24 给出了钛基复合材料常用的焊接方法及接头强度的示例。

表 7.24　钛基复合材料常用的焊接方法及接头强度的示例

接头	焊接方法	接头形式	接头强度/MPa	备注
B_f/Al 与 Ti-6Al-6V-2Sn 接头	钎焊	双搭接	496	—
SiC_f/Ti 接头	激光焊	对接	550	I 形坡口
	扩散焊	对接	850	I 形坡口
		12°斜口对接	1380	—
		双盖板对接	1300	—
SiC_f/Ti 与 Ti-6Al-6V 接头	激光焊	对接	850~991	I 形坡口

7.4.2　纤维增强钛基复合材料的激光焊

激光焊作为一种高能量密度的焊接方法，具有加热及冷却速度快、熔池小且存在时间短等特点。由于激光焊熔池的温度很高，因此焊接纤维增强钛基复合材料时既有优势也有缺点。利用激光焊方法焊接钛基复合材料的优势是：

① 可将加热区控制在很小的范围内，而且可以将熔池存在的时间控制得很短；

② 激光束不直接照射纤维时，纤维受到的机械冲击力很小，因此只要控制激光束的照射位置就可防止纤维断裂及移位。

激光焊的缺点是熔池温度很高，电阻率较高的增强相优先被加热，容易引起增强相熔化、溶解、升华以及界面反应。因此该方法不适用于易发生界面反应的复合材料，如 C_f/Al 及 SiC_f/Al 等；这种方法只能焊接一些具有较好化学相容性的复合材料，如 SiC_f/Ti 等。

利用激光焊焊接纤维增强钛基复合材料的关键是严格控制激光束的位置，使纤维处于激光束照射范围之外，即熔池中的"小孔"之外。例如，针对 TC4 钛合金（Ti-6Al-4V），焊接 SiC_f/Ti-6Al-4V 复合材料与 Ti-6Al-4V 钛合金的异种材料接头时，应将激光束适当偏向钛合金一侧，如图 7.9(a) 所示，使 SiC 纤维处于熔池中的小孔之外。

当焊接 SiC_f/Ti-6Al-4V 接头时，应在钛基复合材料焊接界面之间夹一层厚度大约等于小孔孔径两倍（约 300μm）的 Ti-6Al-4V 箔，使两个工件中的纤维均处于小孔之外 [见图 7.9(b)]，通过热传导将钛基复合材料熔化并与夹层熔合在一起形成接头。

研究表明，即使采取了这种措施，熔池中的 SiC 纤维与液态钛仍能发生反应。但由于熔池存在的时间很短，该反应可以被限制到很低的程度。

SiC_f/Ti-6Al-4V 复合材料与 Ti-6Al-4V 钛合金之间的激光焊接头强度，主要取决于焊接参数及激光束中心与复合材料边缘之间的距离（X）。激光焊参数一定时，有一最佳距离

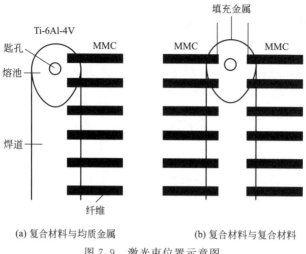

(a) 复合材料与均质金属　　　　　(b) 复合材料与复合材料

图 7.9　激光束位置示意图

X^*，在该最佳距离下，焊接接头抗拉强度达到最大值，如图 7.10 所示。当 $X < X^*$ 时，SiC 纤维损伤程度增大，且纤维附近产生 C 和 Si 的偏析，致使接头强度下降；当 $X > X^*$ 时，易导致未熔合且钛基复合材料与 Ti 合金的结合面处易出现晶界，也使接头强度降低。

从图 7.10 中可见，在 CO_2 激光焊的功率为 1.5kW、焊接速度为 50mm/s 的条件下，激光位置 $X = 250\mu m$ 时接头的抗拉强度达到最大值，为 991MPa。当 X 为 $225\sim280\mu m$ 时，接头抗拉强度高于 850MPa。对于 X 超出该范围的焊接接头，通过焊后热处理（900℃保温 60min）可提高抗拉强度，使接头抗拉强度达到 850MPa 的激光束位置范围扩大为 $190\sim310\mu m$。接头强度得以改善的主要原因是：对于 X 较小的接头，热处理使受损纤维附近的 C 和 Si 偏析消失；对于 X 较大的接头，热处理使沿着结合界面的晶界发生了迁移。

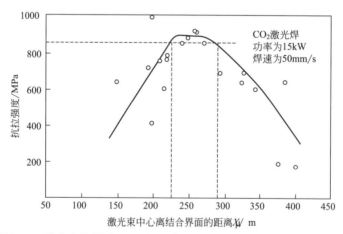

图 7.10　激光束位置对 Ti-6Al-4V 与 SiC_f/Ti-6Al-4V 接头性能的影响

当中间层厚度确定后，SiC_f/Ti-6Al-4V 复合材料接头的强度主要取决于激光功率。当中间层金属厚度一定时，有一最佳的激光功率，在该功率下接头强度达到最大。在激光功率较小时，焊缝底部的中间层未完全熔化或熔合，因此强度降低；激光束功率过大时，由于纤维与基体间的界面反应程度显著增大，生成的脆性相使接头强度降低。

7.4.3 纤维增强钛基复合材料的扩散焊

（1）扩散焊的特点

扩散焊过程中工件处于固态，避免了熔化金属对纤维增强相的侵蚀作用，因此这种方法被认为是纤维增强金属基复合材料的最佳焊接方法之一。但纤维增强金属基复合材料扩散焊时仍存在一些问题，主要问题如下：

① 由于扩散焊加热时间长，纤维与基体之间仍可能会发生相互作用；

② 两焊接面上的高强度和高刚度纤维相互接触时阻碍了焊接面的变形和紧密接触，使扩散结合难以实现；

③ 复合材料与其基体金属扩散焊时，基体金属一侧的变形过大；

④ 纤维增强金属基复合材料扩散焊接头的强度主要取决于结合面上金属基复合材料基体之间的结合强度，因此基体金属在整个接头的焊接界面上所占的百分比越大，接头的强度越高；反之，纤维所占百分比越大，接头的强度越低。也就是说，复合材料中纤维的体积分数越大，其焊接性越差。

（2）扩散焊温度及时间的选择

所选择的扩散焊温度及时间应确保不会发生明显的界面反应。下面以 SiC(SCS-6)$_f$/Ti-6Al-4V 复合材料的扩散焊为例，讨论焊接参数的选择原则。SCS-6 是一种专用于增强钛基复合材料的 SiC 纤维，直径约为 $140\mu m$，表面有一层厚度为 $3\mu m$ 的富 C 层。

图 7.11 所示为不同温度下 SiC（SCS-6)$_f$/Ti-6Al-4V 复合材料界面反应层厚度与加热时间的关系。可以看出，加热温度越高，反应层的增大速度越快，但加热到一定时间以后，反应层厚度增大速度变慢。由此可见，SCS-6 碳化硅纤维与钛合金基体之间的反应分两个阶段。

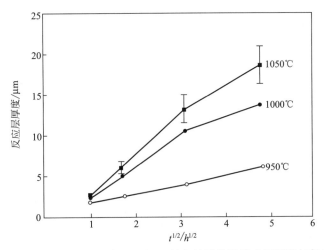

图 7.11 不同温度下 SiC(SCS-6)$_f$/Ti-6Al-4V 复合材料界面反应层厚度与保温时间的关系

根据热力学分析，高温下 SCS-6 碳化硅纤维与钛合金基体之间容易发生的反应是：

$$Ti+C \longrightarrow TiC$$

这是第一阶段发生的反应，该反应依赖于 Ti 或 C 的扩散。由于 C 在 TiC 中的扩散比 Ti 要快得多，因此 C 不断地穿过生成的 TiC 层向外扩散，并与钛基体进一步发生反应，直至表面的富 C 层完全耗尽。然后进行自由能变化较小的两个反应：

$$9Ti + 4SiC \longrightarrow 4TiC + Ti_5Si_4$$
$$8Ti + 3SiC \longrightarrow 3TiC + Ti_5Si_3$$

这是第二阶段的反应，反应物为两种硅化物和 TiC。进行这两个反应时，Ti 必须首先穿过一定厚度的反应层才能与 SiC 发生反应，由于反应层已较厚，而且 Ti 的扩散速度较慢，因此这两个反应的反应速度比较慢。

当反应层的厚度超过 $1.0\mu m$ 时，SiC/Ti-6Al-4V 复合材料的抗拉强度显著下降。图 7.12 给出了不同温度下反应层达到 $1.0\mu m$ 时所需的时间。对 SiC/Ti-6Al-4V 复合材料进行扩散焊时，焊接温度和保温时间所构成的点应位于图 7.12 所示的曲线下面。

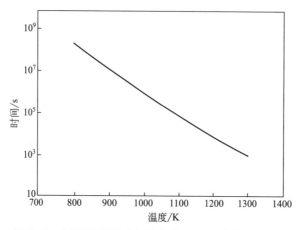

图 7.12　不同温度下反应层达到 $1.0\mu m$ 时所需的时间

（3）中间层及焊接压力

焊接 SiC/Ti-6Al-4V 与 Ti-6Al-4V 钛合金之间的异种材料接头时，两个对接界面上不存在纤维的直接接触，易于发生塑性流变，因此用直接扩散焊及瞬时液相扩散焊均能较容易地实现其连接。但是用直接扩散焊时所需的压力较大，Ti 合金一侧的变形过大；而采用瞬时液相扩散焊时，所需的焊接压力较低，Ti 合金一侧的变形也较小。例如，为使接头强度达到 850MPa，直接扩散焊所需的焊接压力为 7MPa，焊接时间为 180min；而采用 Ti-Cu-Zr 作中间层进行瞬时液相扩散焊时，所需的焊接压力仅为 1MPa，焊接时间为 30min。同时钛合金一侧的变形量也由固态直接扩散焊时的 5％降到瞬时液相扩散焊时的 2％。

纤维增强金属基复合材料的直接扩散焊是非常困难的，这是因为焊接界面上的高强度、高刚度纤维相互接触，阻碍了焊接面的紧密接触，并阻碍了焊接面上的塑性变形。为了克服这些问题，应在被焊接的复合材料中间插入一中间层，使焊接面上避免出现纤维与纤维的直接接触。

采用瞬时液相扩散焊方法焊接纤维增强金属基复合材料的接头效果也不好。瞬时液相只能使基体金属之间获得良好的结合，而纤维与基体之间的结合仍然很差，因此接头的整体强度仍很低。一般在利用瞬时液相层的同时，还要在结合界面上加入厚度适当的基体金属作中间过渡层。

图 7.13 示出了用 Ti-6Al-4V 合金作中间层，用 Ti-Cu-Zr 作瞬时液相层时 SiC_f/Ti-6Al-4V 复合材料的瞬时液相扩散焊。图 7.14 所示为中间层厚度对 $SiC_f - 30％$/Ti-6Al-4V 复合材料

接头强度的影响。当中间层厚度超过 $80\mu m$ 时所得复合材料接头的抗拉强度达到了 850MPa，等于 $SiC_f-30\%/Ti\text{-}6Al\text{-}4V$ 复合材料与 $Ti\text{-}6Al\text{-}4V$ 钛合金之间的接头强度。事实上，$Ti\text{-}6Al\text{-}4V$ 中间层达到一定厚度时，复合材料的焊接变成了 $SiC_f/Ti\text{-}6Al\text{-}4V$ 复合材料与 $Ti\text{-}6Al\text{-}4V$ 钛合金的焊接，不同的是要同时焊接两个这种异种材料接头。

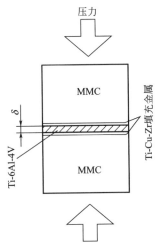

图 7.13 同时利用中间层及瞬时液相层的焊接方法

（4）接头的优化设计

焊接接头形式对接头强度有重要的影响。为了提高纤维增强金属基复合材料的接头强度，可将接头形式设计成斜口接头，图 7.14(a) 为加中间层的复合材料固态扩散焊斜口接头示意图。接头强度系数大约为 80% 时，断裂起始于接头界面 SiC 纤维不连续的位置 [图 7.14(b) 中的 A 点]，启裂后裂纹沿垂直于拉伸方向向前扩展，穿过整个复合材料断面。接头强度未达到复合材料基体强度是由于接头界面层纤维的不连续性，界面处纤维的增强作用大大降低，在较低的应力下就萌生裂纹。

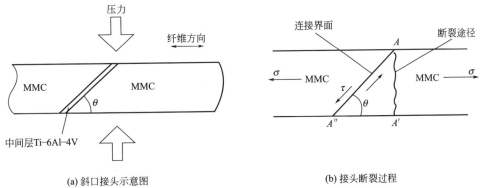

(a) 斜口接头示意图   (b) 接头断裂过程

图 7.14 加中间层的 $SiC_f-30\%/Ti\text{-}6Al\text{-}4V$ 扩散焊斜口接头及断裂过程

7.4.4 钛基复合材料的钎焊

钎焊的焊接温度较低，基体金属不熔化，不易引起界面反应。通过选择合适的钎料，甚至可以将钎焊温度降低到纤维性能开始变差的温度以下。钎焊一般采用搭接接头，这在很大程度上把复合材料的焊接简化为基体自身的焊接，因此这种方法比较适合于复合材料焊接，已成为金属基复合材料焊接的主要方法之一。

以纤维增强钛基复合材料为例，钎焊热循环一般不会损伤钛基复合材料的性能。通常使用的钎料有 Ti-Cu15-Ni15 及 Ti-Cu15 非晶态钎料，还可以利用由两片纯钛夹一片 50%Cu-50%Ni 合金轧合成的复合钎料。采用复合钎料时钎焊温度较高，保温时间较长，因此扩散层厚度较大。

用 Ti-Cu15-Ni15 钎料及由两片纯钛夹一片 50%Cu-50%Ni 合金轧合成的复合钎料焊接了 SCS-6/β21S 异种材料。β21S 是一种成分为 Ti-Mo15-Nb2.7-Al3-Si0.25 的钛合金。室温和高温（649℃、816℃）拉伸试验结果表明，钎焊过程并未降低 SCS-6/β21S 复合材料的拉伸性能。

通过快速红外线钎焊工艺，用厚度为 17μm 的非晶态钎料 Ti-Cu15 对 CSC-6/β21S 钛合金基复合材料进行共晶扩散钎焊，在通 Ar 的红外炉中进行加热，升温速度为 50℃/s。在 1100℃下加热 30s、120s 和 300s 时，反应层厚度分别为 0.19μm、0.44μm、0.62μm。但加热 30s 时未能形成等温凝固接头；加热 120s 后接头已扩散均匀化。因此，理想的焊接温度及时间参数为 1100℃×120s。在 650℃和 815℃下，对利用该参数焊接的接头进行了剪切试验。结果表明，利用该参数焊接的接头均未断在结合面上。

7.5 C/C 复合材料的连接

7.5.1 C/C 复合材料连接的主要问题

C/C 复合材料由于具有高比强度和优异的高温性能而在航空航天领域成为一种很有吸引力的高温结构材料，已用于飞机制动片、航天飞机的鼻锥和翼前缘以及涡轮引擎部件，如燃烧室和增压器的喷嘴等。由于其优异的热-力学性能、很低的中子激活能以及很高的熔点和升华温度也适合核聚变反应堆中的应用。由于 C/C 复合材料主要在一些具有特殊要求的极端环境下工作，因此将其连接成更大的零部件或将 C/C 复合材料与其他材料连接使用具有重要的意义。C/C 复合材料连接中可能出现的主要问题如下：

① 在连接过程中如何保证 C/C 复合材料原有的优异性能不受破坏，这是连接工艺要解决的问题；

② 如何获得与 C/C 复合材料性能相匹配的接头区（或连接层），这是连接材料要解决的问题。

针对以上两个问题，要实现 C/C 复合材料的连接，在目前的各种连接方法中真空扩散焊和钎焊是最有希望获得成功的连接技术。但是，由于 C/C 复合材料的工作条件特殊，在选择连接材料时必须考虑到 C/C 复合材料应用中的特殊要求。例如，作为宇航结构材料其主要要求为高比强度和高温性能；而作为核聚变反应堆材料则除了热-力学性能外，还必须满足特殊的低激活准则。

7.5.2 C/C 复合材料的扩散连接

一般采用加中间层的方法对 C/C 复合材料进行扩散连接，中间层材料可以采用石墨

（C）、硼（B）、钛（Ti）或 TiSi$_2$ 等。不管是哪种方式，都是通过中间层与 C 的界面反应，形成碳化物或晶体从而达到相互连接的目的。

（1）加石墨中间层的 C/C 复合材料扩散连接

采用能与碳作用生成碳化物的石墨作中间层材料，在扩散焊加热过程中，先通过固态扩散连接或液相与 C/C 复合材料母材相互作用，生成热稳定性较低的碳化物过渡接头；然后，加热到更高温度使碳化物分解为石墨和金属，并使金属完全蒸发消失，最终在连接层中仅剩下石墨晶片。

从接头的微观组成考虑，这种接头结构的匹配较为合理，即接头结构形式为：（C/C 复合材料）/石墨/（C/C 复合材料），其中除了 C 外没有任何其他的外来材料。但是从实际试验结果看，所得接头的强度性能不令人满意，主要原因是由于接头中石墨晶片的强度不足。作为提高石墨晶片强度的措施，以 Mn 作为填充材料生成石墨中间层扩散连接 C/C 复合材料可获得相对较好的效果。

采用这种形成石墨中间层扩散连接 C/C 复合材料的方法时，获得性能良好的接头的关键在于：

① 所加的中间层和填充金属要能与 C/C 复合材料中的 C 反应，形成完整的碳化物连接层。应指出，虽然碳化物只是扩散连接过程中的中间产物，但碳化物的形成也很关键，没有碳化物连接层，也就不能获得最终的石墨连接层。

② 借助高温下碳化物的分解和金属元素（或碳化物形成元素）的蒸发，形成石墨晶片连接层。应指出，形成碳化物连接层后不一定能形成完整的石墨连接层，还取决于所形成的碳化物连接层在高温下能否充分分解，分解后的金属又能否彻底蒸发掉。

研究表明，那些蒸气压过高的金属、易氧化的金属、生成的碳化物在很高温度（>2000℃）下分解的金属以及高温下不易蒸发的金属，都不适合用作形成石墨中间层扩散连接 C/C 复合材料的填充金属。有研究者曾用 Mg、Al 作为填充材料加石墨中间层扩散连接 C/C 复合材料，但未获成功。

以下是用 Mn 作填充材料生成石墨中间层扩散连接 C/C 复合材料获得成功的实例。

1）试验材料

扩散连接 C/C 复合材料（C-CAT-4）的试样：尺寸为 25.4mm×12.7mm×5mm，两块。用纯度为 99.9%（质量分数）、粒度为 -100 目（≤150μm）的金属锰粉做成的乙醇稀浆作为中间层填充材料，放在试样的被连接表面间。

2）连接工艺要点

通过加热和加压进行扩散连接。在加热的开始阶段，即中间层开始熔化前（1250℃左右）以及在连接过程后期，金属完全转变为固态碳化物相后（约 1700℃），在接触面上保持最低压力为 0.69MPa、最高压力为 5.18MPa。在有液相的温度区间为防止液相流失引起 Mn 元素失损，将所加压力调整为 0。

3）扩散连接过程分析

整个扩散连接过程可分为两个阶段：第一阶段是碳化物形成阶段，第二阶段是碳化物分解和石墨晶形成阶段。

① 第一阶段内中间层中的填充材料 Mn 与 C/C 复合材料中的 C 发生反应，生成 Mn 的碳化物。这一阶段中碳化物逐渐增加，Mn 逐渐减少直至完全消失，并形成碳化物连接层。第一阶段内为了生成更多的碳化物，减少金属 Mn 的蒸发损失，不应在真空条件下进行，而

应在充氦（He）条件下进行。氦气纯度为 99.99%（体积分数），其蒸气压约为 27.5kPa。

② Mn 与 C 形成碳化物的反应从固态（<1100℃）就开始进行，一直进行到 Mn 熔化后。在生成的碳化物中，Mn_7C_3 的稳定性最高，可以达到 1333℃。

③ 进入第二阶段，当温度进一步升高时，Mn_7C_3 会分解为石墨和 Mn-C 的溶液，即碳化物分解和石墨形成阶段。在第二阶段中为了加速 Mn 的蒸发，需在真空条件下进行。Mn 的沸点为 2060℃，其蒸气压在 1850℃ 时为 28.52kPa。因此，在真空条件下，Mn 在低于 1850℃ 很多时能很快蒸发。

④ 加热到 1850～2200℃ 时，真空度突然下降，这表明此时分解出来的 Mn 或一些没有反应完的 Mn 开始大量蒸发。因此，加热到 2200℃ 后，经保温使中间层中的 Mn 完全蒸发掉，最终获得全部由石墨晶组成的中间层。

4）接头强度性能

中间层的石墨形成过程进行得越充分，剪切断口石墨晶的面积百分比越大，接头强度也越高。为了获得完整的石墨连接层，应采用较厚的中间填充材料（约 100μm），并防止在 1246℃≤T<1700℃ 温度区间由液相流失导致的 Mn 量不足。

（2）提高 C/C 复合材料扩散连接强度的措施

针对加石墨中间层的 C/C 复合材料扩散焊接头强度低的问题，为了获得耐高温的接头，可采用形成碳化物的难熔金属（如 Ti、Zr、Nb、Ta 和 Hf 等）作中间层，在 2300～3000℃ 时进行扩散连接。因此，用难熔的化合物（如硼化物和碳化物）作为连接 C/C 复合材料的中间层可以提高接头的高温强度。

用 B 或 B+C 中间层扩散连接 C/C 复合材料时，B 与 C 在高温下发生化学反应，形成硼的碳化物。图 7.15 所示是连接温度对用 B 和 B+C 作中间层的 C/C 复合材料接头抗剪强度的影响（剪切试验温度为 1575℃）。所用试件的尺寸为 25.4mm×12.7mm×6.3mm，采用三维纤维增强。

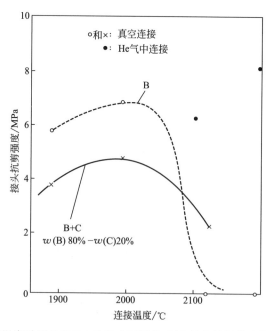

图 7.15　连接温度对用 B 和 B+C 作中间层的 C/C 复合材料接头抗剪强度的影响

　　由图 7.15 可知，扩散连接温度低于 2095℃时，B 中间层的接头强度比 B+C 中间层的强度高；温度超过 2095℃以后，由于 B 的蒸发损失，扩散接头强度急剧下降。扩散连接压力对接头抗剪强度有很大影响，在 1995℃的连接温度下，扩散连接压力由 3.10MPa 增加到 7.38MPa 时，扩散接头在 1575℃的抗剪强度由 6.94MPa 增加到 9.70MPa。这表明压力高时接头中间层的致密度较高，因此接头强度也较高。但过高的压力会导致 C/C 复合材料的性能受损。

　　图 7.16 所示为试验温度对用 B 作中间层的 C/C 复合材料接头抗剪强度的影响。所有试验都是在最佳连接条件下（加热温度为 1995℃，保温时间为 15min，压力为 7.38MPa）进行的。由图 7.16 可见，开始时接头的抗剪强度随试验温度升高而增加，原因与高温下 C/C 复合材料的强度较高和残余连接应力降低有关。但超过约 1600℃以后抗剪强度急剧下降，原因可能与连接中间层的强度下降有关。

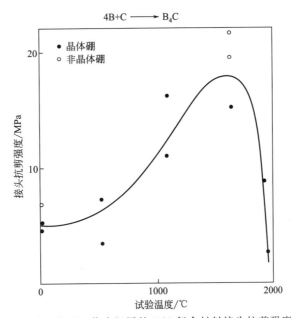

图 7.16　试验温度对 B 作中间层的 C/C 复合材料接头抗剪强度的影响

7.5.3　C/C 复合材料的钎焊连接

（1）钎焊连接要点

　　C/C 复合材料在加热过程中会释放出大量的气体，对钎焊工艺和接头质量有很大的影响。因此，钎焊前应在真空或氩气中、高于钎焊温度 100~150℃的条件下对 C/C 复合材料进行除气处理。由于 C/C 复合材料存在一定的孔隙，因此钎料难以保持在表面，将向母材中渗入，致使钎焊接头强度降低。

　　C/C 复合材料的钎焊连接一般是在气体保护的环境中进行的，最适宜的接头形式是搭接。可添加不同的填充材料对 C/C 复合材料进行钎焊连接，所加的填充材料可以是金属，也可以是非金属，主要有硅（Si）、铝（Al）、钛（Ti）、玻璃、化合物等。其中钎焊连接效果比较好的是用 Si 作填充材料。在 1400℃的钎焊温度下，虽然 Si 与 C 发生反应生成 SiC，但是试验结果表明这对接头强度没有太大的影响，接头的力学性能良好。

（2）C/C 复合材料钎焊实例

用厚度为 750μm 的硅片作填充材料钎焊连接 C/C 复合材料。C/C 复合材料（3D C/C）的试样尺寸为 5mm×10mm×3.1mm，在钎焊温度为 1700℃、保温时间为 90min 的条件下进行钎焊连接。钎焊时采用 Ar 气保护。焊后对钎焊接头进行拉伸型的剪切试验，试样接头状态如图 7.17 所示。

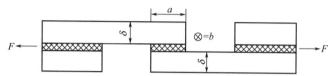

图 7.17　C/C 复合材料钎焊接头的拉伸型剪切试样

a—接头长度；b—接头宽度；δ—复合材料厚度；F—加的力

剪切试验结果表明，接头的平均抗剪强度为 22MPa（C/C 复合材料的层间抗剪强度为 20～25MPa）。

对钎焊接头剪切试样的断裂途径进行分析得知，断裂（裂纹扩展）以多平面的方式通过 Si、SiC 和 C/C 复合材料，没有发现单纯地在某一层发生断裂，也没有出现单纯地沿着 C/C 复合材料和 SiC 的界面（或 SiC/Si 的界面）的剪切断裂。因此，这种多层结构接头的综合力学性能良好，钎焊接头的平均抗剪强度与 C/C 复合材料固有的抗剪强度相当，SiC 反应层并没有减弱钎焊接头的力学性能。

（3）用 Ti 作中间层的 C/C 复合材料扩散钎焊

这种方法主要是为了能用于核聚变装置中 C/C 复合材料保护层与铜冷却套的连接。采用厚度为 0.01mm 的钛箔（Ti）作中间层，通过形成 Ti-Cu 共晶进行连接 C/C 复合材料与铜冷却套的扩散钎焊。

为了改善用 Ti 作中间层扩散钎焊 C/C 复合材料与 Cu 的结合强度，钎焊前可先对 C/C 复合材料表面进行预镀处理，然后再插入钛箔与 Cu 一起进行扩散钎焊。所采用的预镀处理方法有如下两种：

① 在 C/C 复合材料连接表面进行 Ti、Cu 的多层离子镀；

② 在 C/C 复合材料表面涂敷纯 Ti 粉和纯 Cu 粉加有机黏结剂的膏状物。

以上两种预镀方法所得的镀层或涂敷层均需经 1100℃、300s 真空重熔处理后再进行扩散钎焊。

扩散钎焊的工艺参数为加热温度为 1000℃、保温时间为 300s、真空中加热钎焊，并在试件上压具有一定质量的重物（施加一定的压力）。C/C 复合材料的纤维垂直于无氧铜的连接表面。分析表明，用钛箔作中间层的扩散钎焊接头的连接界面上有很薄的反应层以及厚度约为 0.05mm 的合金化层；在与连接界面相邻处有粒状沉淀析出物的凝聚。

对扩散钎焊接头的三点弯曲强度试验表明，C/C 复合材料表面无预处理时平均弯曲强度为 50MPa，用离子镀预处理后接头弯曲强度为 62～63MPa，用膏状涂敷层预处理后接头弯曲强度约为 72MPa。由此可见，对 C/C 复合材料表面预镀处理可以提高它与 Cu 扩散钎焊接头的弯曲强度，采用预涂敷 Ti-Cu 膏剂时的效果最好。

参 考 文 献

[1]　肯尼斯.G.克雷德.金属基复合材料.温仲元，等译.北京：国防工业出版社，1982.

[2] A. Hirose, S. Fukumoto and K. F. Kobayashi. Joining process for structure application of continuous fibre reinforced MMC. Key Engineering Material，1995（104-107）：853-872.

[3] I. W. Hall，et al. Microstructure analysis of isothermally exposed Ti/SiC MMC，Journal of Materials Science，1992（27）：3835-3842.

[4] E. K. Hoffman，et al. Effect of braze processing on SCS-6/β21S Ti matrix composite，Welding Journal，1994（73），8：185-191.

[5] C. A. Blue，et al，Infrared transient-liquid-phase joining of SCS-6/β21S Ti matrix composite，Metallurgical and Material Transactions，1996（27A）：4011-4018.

[6] 陈祝年. 焊接工程师手册. 第2版. 北京：机械工业出版社，2010.

[7] 魏月贞. 复合材料. 北京：机械工业出版社，1987.

[8] I. A. Ibrahim，et al. Particle reinforced metal matrix composite-A review，Journal of Materials Science，1991（26）：1137-1156.

[9] 陈茂爱，陈俊华，高进强. 复合材料的焊接. 北京：化学工业出版社. 2005.

[10] 任家烈，吴爱萍. 先进材料的焊接. 北京：机械工业出版社，2000.

[11] 车剑飞，黄洁雯，杨娟. 复合材料及其工程应用. 北京：机械工业出版社，2006.

[12] 于启湛、史春元. 复合材料的焊接. 北京：机械工业出版社，2012.

[13] 冯涛，郁振其，韩洋，等. SiC$_p$/2024Al铝基复合材料搅拌摩擦焊接头微观组织. 航空材料学报，2013，33（4）：27-31.

[14] 李敬勇，赵勇. 颗粒增强铝基复合材料的焊接性及其搅拌摩擦焊. 材料开发与应用，2004，19（6）：30-33.